U0228085

新视野电子电气科技丛书

# 电力拖动自动控制系统
# 与MATLAB仿真

## （第3版）

顾春雷　陈中　陈冲　编著

清華大學出版社

北京

# 内 容 简 介

本书主要介绍直流和交流调速系统的组成原理和应用,以及调速系统的建模与仿真技术,在适当阐述理论的基础上,重点介绍系统的分析和工程应用,以提高读者处理实际问题的能力。书中遵循理论和实际相结合的原则,以系统控制规律为主线,在强调闭环控制的前提下,由浅入深地介绍系统的动静态性能和设计方法及系统的工程实现,以及 MATLAB 及其图形仿真界面 Simulink 的应用基础知识、Simulink 模型库的电机模块的功能和使用,并通过实例介绍交直流调速系统的仿真方法和技巧。

本书特点是将交、直流调速运动控制技术与 MATLAB/Simulink 仿真技术有机地结合在一起,叙述简练、概念清楚,体现应用型本科的教学特色。

本书适合作为电气工程及其自动化专业、自动化专业和其他以培养应用型人才为目的的相近专业的教材或教学参考书,也可供有关工程技术人员参考。

**图书在版编目(CIP)数据**

电力拖动自动控制系统与 MATLAB 仿真/顾春雷,陈中,陈冲编著.—3 版.—北京:清华大学出版社,2021.10(2025.1重印)

(新视野电子电气科技丛书)

ISBN 978-7-302-58915-0

Ⅰ.①电… Ⅱ.①顾… ②陈… ③陈… Ⅲ.①电力传动—自动控制系统—系统仿真—Matlab 软件 Ⅳ.①TM921.5-39

中国版本图书馆 CIP 数据核字(2021)第 171769 号

责任编辑:文 怡
封面设计:王昭红
责任校对:李建庄
责任印制:沈 露

出版发行:清华大学出版社
    网   址:https://www.tup.com.cn,https://www.wqxuetang.com
    地   址:北京清华大学学研大厦 A 座    邮   编:100084
    社 总 机:010-83470000    邮   购:010-62786544
    投稿与读者服务:010-62776969,c-service@tup.tsinghua.edu.cn
    质量反馈:010-62772015,zhiliang@tup.tsinghua.edu.cn
    课件下载:https://www.tup.com.cn,010-83470236
印 装 者:三河市铭诚印务有限公司
经   销:全国新华书店
开   本:185mm×260mm  印  张:21.25    字   数:516 千字
版   次:2011 年 4 月第 1 版 2021 年 11 月第 3 版   印   次:2025 年 1 月第 4 次印刷
印   数:3501~4000
定   价:60.00 元

产品编号:093021-01

　　本书与时俱进地按照应用型人才培养的要求,根据读者反馈的建议和编者在教学过程中的经验总结,于2021年再次进行了修订。本次修订在基本保持原书体系的同时,对教材内容作了一些调整,主要有以下几方面。

　　对书中所有仿真模型进行了更新,全部采用新版的 MATLAB 进行建模。同时补充了按定子磁链定向控制的内容及仿真,使得本书更具有先进性和创新性。

　　本书共分9章,第1章介绍单环控制直流调速系统的原理组成及应用;第2章介绍多环控制直流调速系统的原理组成及应用;第3章介绍可逆调速系统和脉宽调速系统的原理组成及应用;第4章为 MATLAB 简介及直流调速系统仿真,主要介绍 MATLAB/Simulink/Power System 简介及直流调速系统仿真;第5章介绍交流调压调速系统的原理组成及应用;第6章介绍交流异步电动机变频调速系统的原理组成及应用;第7章介绍绕线转子异步电动机串级调速的原理组成及应用;第8章介绍交流调速系统的仿真;第9章为智能控制在直流调速系统中的应用与仿真分析。

　　本书由盐城工学院顾春雷、陈中和陈冲三位老师共同编写,由顾春雷统稿。本书由盐城工学院陈荣教授主审。盐城工学院王建冈教授在本书编写过程中提出了许多建设性的意见,本书同时还得到了盐城工学院何坚强教授、胡国文教授、南京航空航天大学黄文新教授、南京工程学院汪木兰教授的帮助,谨在此表示衷心的感谢。本书由盐城工学院教材资金资助出版。

　　由于编者水平有限,书中不足之处在所难免,欢迎广大读者批评指正。

编 者

2021 年 9 月

CONTENTS

# 第1章

# 单环控制直流调速系统

## 1.1　开环直流调速系统及调速指标

### 1.1.1　直流电动机的调速方法和方案

直流电动机的转速与电动机其他参数的关系为

$$n = \frac{U - I_a R_a}{K_e \Phi} \tag{1-1}$$

式中,$n$ 为电动机转速(r/min);$U$ 为电枢电压(V);$I_a$ 为电枢电流(A);$R_a$ 为电枢回路总电阻($\Omega$);$K_e$ 为电动机的电动势常数;$\Phi$ 为励磁磁通(Wb)。

由式(1-1)可知,直流电动机的调速方法有 3 种:①改变电枢电压调速;②改变励磁磁通;③改变接于电枢回路中的附加电阻。第 3 种调速方法损耗较大,机械特性软,故很少应用,工程上常用调压调速方法。

调压调速系统需要电压可调的可控直流电源,常用的可控直流电源有以下几种,相应的直流调速系统也有下面几种。

(1) 旋转变流机组:主要由交流电动机和直流发电机构成的机组向直流电动机提供可调直流电压。这种系统通常称为旋转变流机组供电的直流调速系统,简称 G-M 系统。

(2) 静止可控整流器:用静止的可控整流器把交流电整流成为直流电,向电动机提供可调直流电压。如果用晶闸管构成可控整流器向电动机供电,则称为晶闸管-电动机调速系统,简称 V-M 直流调速系统,这种系统目前国内外应用广泛。

(3) 直流斩波器或脉宽调制变换器:在铁道电力机车、工矿电力机车、城市电车和地铁电机车、电动汽车等电力牵引设备上,常采用直流串励或复励电动机,由恒压直流电网供电。过去用切换电枢回路电阻的方法来控制电动机的起动、制动和调速,在电阻中耗电很大。为了节能并实行无触点控制,现在多改用电力电子开关器件,如快速晶闸管、GTO、IGBT 等。采用简单的单管控制时,称为直流斩波器,后来逐渐发展成采用各种脉冲宽度调制开关的电路,统称脉宽调制变换器。

## 1.1.2 晶闸管-直流电动机开环调速系统

图 1-1 为晶闸管-直流电动机调速系统原理图,图中 VT 是晶闸管可控整流器,通过调节触发装置 GT 的控制电压 $U_c$ 来移动触发脉冲的相位,即可改变平均整流电压 $U_d$,从而实现平滑调速。图中 $L$ 是平波电抗器,主要用来限制电流脉动并使电枢电流连续。如果由于负载太轻或晶闸管移相控制角较大等原因使电枢电流不连续,会造成电动机机械特性很软,甚至引起系统振荡,工作不稳定,因此工程上一般都要设置平波电抗器。

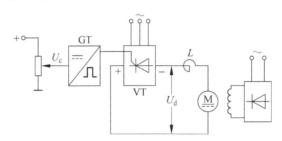

图 1-1　晶闸管-直流电动机调速系统(V-M 系统)原理图

与旋转变流机组及离子拖动变流装置相比,晶闸管整流装置不仅在经济性和可靠性上都有很大提高,而且在技术性能上也显示出较大的优越性。晶闸管可控整流器的功率放大倍数在 $10^4$ 以上,其门极电流可以直接用电子控制,不再像直流发电机那样需要较大功率的放大器。在控制作用的快速性上,交流机组是秒级,而晶闸管整流器是毫秒级,这将会大大提高系统的动态性能。

晶闸管整流器对过电压、过电流和过高的 $du/dt$ 与 $di/dt$ 都十分敏感,其中任一指标超过允许值都可能在很短的时间内损坏器件,因此必须有可靠的保护装置和符合要求的散热条件;当系统在低速运行时,晶闸管导通角很小,致使系统的功率因数很低,并产生较大的谐波电流,引起电网电压波形畸变,殃及附近的用电设备,甚至造成所谓的“电力公害”,在这种情况下,必须增设无功补偿和谐波滤波装置;由于晶闸管的单向导电性,不允许电流反向,这给系统的可逆运行造成了困难。

## 1.1.3 V-M 系统的机械特性

### 1. 电流连续时的机械特性

当电流连续时,V-M 系统的机械特性方程式为

$$n = \frac{1}{C_e}(U_{d0} - I_d R) = \frac{1}{C_e}\left(\frac{m}{\pi}U_m \sin\frac{\pi}{m}\cos\alpha - I_d R\right) \tag{1-2}$$

式中,$C_e$ 为电机在额定磁通下的电动势系数,$C_e = K_e \Phi$。

由式(1-2)可知,V-M 系统的机械特性曲线是一组向下倾斜的平行直线,其斜率为 $R/C_e$,理想空载转速 $n_0$ 为

$$n_0 = \frac{U_m}{C_e}\cos\alpha \tag{1-3}$$

当 $\alpha$ 增大时,理想空载转速 $n_0$ 下降,其机械特性曲线如图 1-2 所示。

图 1-2 中电流较小的部分画成虚线,表明这时电流波形可能断续,式(1-2)已经不适用了。上述结论说明,只要电流连续,晶闸管可控整流器就可以看作一个线性的可控电压源。

**2. 电流断续时的机械特性**

当负载电流较小或回路电感量不够大,致使电动机电流断续时,调速系统的机械特性变得很复杂,这里不作分析推导,此时 V-M 系统的机械特性如图 1-3 所示。

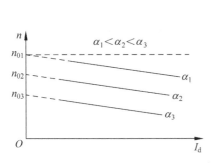

图 1-2 电流连续时 V-M 系统的机械特性

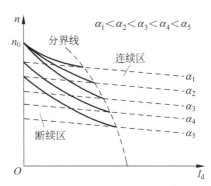

图 1-3 电流断续时 V-M 系统的机械特性

比较图 1-2 和图 1-3 可见,当电流连续时,特性比较硬;断续段特性则很软,而且呈显著的非线性,理想空载转速翘得很高。

## 1.1.4 生产机械对转速控制的要求及调速指标

根据各类生产机械对调速系统提出的控制要求,调速指标一般可以概括为静(稳)态和动态调速指标。静态调速指标要求电力拖动自动控制系统能在最高转速和最低转速的范围内平滑地调节转速,并要求在不同运行转速下速度要稳定。动态调速指标要求起动、制动快速且平稳;当稳定在某一设定转速下运行时,受到负载变化、电源电压波动等因素的影响尽可能小些。

调速系统静态品质的好坏,可用调速范围和静差率两个指标来衡量。

**1. 调速范围**

生产机械要求电动机在额定负载时所提供的最高转速 $n_{\max}$ 与最低转速 $n_{\min}$ 之比称为调速范围,通常表示为

$$D = \frac{n_{\max}}{n_{\min}} \tag{1-4}$$

对于不用弱磁的调速系统,电动机的最高转速就是其额定转速 $n_N$。

**2. 静差率**

系统在某一转速下稳定运行,当负载由理想空载增加到额定值时所对应的转速降落

$\Delta n_{\mathrm{N}}$ 与理想空载转速 $n_0$ 之比称为静差率,表示为

$$S = \frac{\Delta n_{\mathrm{N}}}{n_0} \qquad (1\text{-}5)$$

用百分数表示为

$$S = \frac{\Delta n_{\mathrm{N}}}{n_0} \times 100\% \qquad (1\text{-}6)$$

　　静差率是用来衡量调速系统在负载变化下转速的稳定度的。它和机械特性的硬度有关,特性越硬,静差率越小,转速的稳定度就越高。

　　但是静差率和机械特性硬度又是有区别的,调压调速系统在不同电压下的机械特性是相互平行的,它们的机械特性硬度相同,额定负载时的速降也相等,但它们的静差率却不同,因为两者的理想空载转速不一样。从静差率定义可知,理想空载转速高对应的静差率小,理想空载转速低对应的静差率较大,因此一个调速系统的静差率应是最低转速时的静差率,即

$$S = \frac{\Delta n_{\mathrm{N}}}{n_{0\min}} = \frac{\Delta n_{\mathrm{N}}}{n_{\min} + \Delta n_{\mathrm{N}}} \qquad (1\text{-}7)$$

### 3. 调速范围和静差率的关系

　　由式(1-7)解得 $n_{\min}$,代入式(1-4)可得

$$D = \frac{n_{\mathrm{N}} S}{\Delta n_{\mathrm{N}}(1-S)} \qquad (1\text{-}8)$$

式(1-8)表示调速范围、静差率和转速降落三者之间的关系,表明以下几点:

　　(1) 调速范围和静差率这两项指标是相互联系的,并不是彼此孤立的,因此必须同时提出要求才有实际意义。

　　(2) 式(1-8)是按最低转速时对应的静差率推导出来的,设计时必须按最低转速的静差率进行设计,如果低速时的静差率能满足设计要求,那么较高转速时的静差率自然就能更好地满足要求了。

　　(3) 只有设法减小静态速降 $\Delta n_{\mathrm{N}}$ 才能扩大调速范围,减小静差率,提高转速的稳定度。各类生产机械的工艺要求不同,对调速系统提出的静态指标($D$ 与 $S$)往往也有所不同。

## 1.1.5　开环调速系统存在的问题

　　**例 1-1**　设拖动某生产机械的电动机额定转速为900r/min,要求最低转速为100r/min,额定负载时的静态速降 $\Delta n_{\mathrm{N}} = 80$r/min,在最低转速时静差率 $S=0.1$,试问 V-M 开环调速系统能否满足要求?

　　**解**　生产机械要求的调速范围为

$$D = \frac{n_{\max}}{n_{\min}} = \frac{900}{100} = 9$$

而开环调速系统能达到的调速范围为

$$D = \frac{n_{\mathrm{N}} S}{\Delta n_{\mathrm{N}}(1-S)} = \frac{900 \times 0.1}{80 \times (1-0.1)} = 1.25$$

可见开环调速系统不能满足调速范围为 9 的要求。如果能使 $\Delta n_N$ 减小到

$$\Delta n_N = \frac{n_N S}{D(1-S)} = \frac{900 \times 0.1}{9 \times (1-0.1)} = 11.11$$

就可以同时满足调速系统的静态性能指标 $D$ 与 $S$ 的要求。

　　上例说明开环调速系统在满足静差率要求下能达到的调速范围是很小的,其根本原因就是额定负载时静态速降太大,这是开环调速系统存在的一个主要问题。

　　另外,当负载发生变化(扰动)时,比如负载电流增加,如果没有人工进行干预,由于主回路电阻压降 $I_a R$ 增大,使加到电枢两端的电压减小,这是导致转速降低的实质性原因,因此开环调速系统没有抵抗扰动的能力。这也是开环调速系统存在的一个主要问题。

　　由上面分析可见,开环调速系统只能适用于调速精度和调速范围要求低的场合,如果对调速系统的静态性能指标要求较高,则必须设法减小静态速降,采用反馈控制的闭环调速系统是减小或消除静态速降的一个有效途径。

## 1.2　转速负反馈单闭环有静差直流调速系统

### 1.2.1　调速系统的组成及其工作原理

　　图 1-4 为转速负反馈单闭环有静差直流调速系统的组成原理图,该系统与图 1-1 所示的开环 V-M 系统相比,增加了一个速度闭环控制环节:测速装置、速度比较及速度调节器。测速装置的形式、类别很多,这里仅以直流测速发电机为例。在电动机轴上装上一台测速发电机 TG,引出与转速成正比的反馈电压 $U_n$,$U_n$ 与给定电压 $U_n^*$ 比较后,得偏差电压 $\Delta U_n$,经放大器 A 产生触发装置所需的控制电压 $U_c$,用于控制电动机的转速。

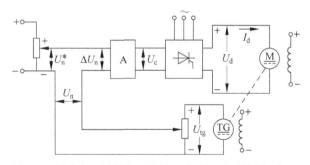

图 1-4　转速负反馈单闭环有静差直流调速系统原理框图

　　系统调(节)速(度)过程如下:$U_n^*$ 改变→$U_c$ 改变→$\alpha$(移相控制角)大小改变→$U_d$ 改变→转速 $n$ 改变。

　　闭环系统稳定转速过程即抗干扰调节过程如下:设负载发生变化,比如 $I_d \uparrow \rightarrow$ $n \downarrow \rightarrow U_n \downarrow \rightarrow \Delta U_n \uparrow \rightarrow U_c \uparrow \rightarrow \alpha \downarrow \rightarrow U_d \uparrow \rightarrow n \uparrow$,经过如此反复自动调节,首先抑制转速的急剧下降,然后转速逐步回升,直到转速基本回升到给定转速时调节过程才停止,系统又进入稳定运行状态。可见,当负载变化时,整流器输出电压也相应变化,这是闭环系统能基本维持转速不变的实质原因。

### 1.2.2 闭环调速系统的静特性

从图 1-4 可以看出,转速负反馈单闭环调速系统是由一些典型环节组成的,所以首先要确定系统中各个环节输入输出的静态关系,然后在此基础上建立系统的静特性方程式,以便讨论分析系统的静特性。

为了抓住主要矛盾和分析方便,先作如下的假定:

(1) 忽略各种非线性因素,各典型环节输入输出都为线性关系。

(2) 忽略控制电源和电位器的内阻。

这样,各环节的稳态关系如下:

电压比较环节 $\qquad\qquad \Delta U_n = U_n^* - U_n$

放大器 $\qquad\qquad\qquad U_c = K_p \Delta U_n$

晶闸管触发装置与整流桥 $\qquad U_{d0} = K_s U_c$

直流电动机转速 $\qquad\qquad n = \dfrac{U_{d0} - I_d R}{C_e}$

测速发电机 $\qquad\qquad\qquad U_n = \alpha n$

式中,$K_p$ 为放大器的电压放大系数;$K_s$ 为晶闸管触发装置与整流桥的电压放大系数;$\alpha$ 为转速反馈系数。

根据以上 5 个关系式联立求解并整理后可得转速负反馈单闭环调速系统的静特性方程式为

$$n = \frac{K_p K_s U_n^*}{C_e(1+K)} - \frac{R I_d}{C_e(1+K)} \qquad (1\text{-}9)$$

式中,$K = K_p K_s \alpha / C_e$ 称为闭环系统的开环放大系数,它相当于把转速负反馈信号输出端的引线断开,从放大器的输入端起直到测速反馈输出端为止的各个环节放大系数的乘积。

式(1-9)表明了闭环调速系统电动机转速与负载电流(或转矩)的稳态关系,它在形式上与开环机械特性相似,但在本质上有很大的不同,故称之为"静特性",以示区别。

闭环调速系统的静特性方程式也可以用稳态结构图运算的方法求得,根据上面给出的各个环节静态输入输出的关系,可画出图 1-5 所示的转速负反馈单闭环有静差直流调速系统的稳态结构图,图中各方框内的符号代表该环节的放大系数(传递系数),对于线性系统可应用叠加原理,首先分别求出给定电压下和扰动单独作用时对应的输出量,然后把两者叠加起来,即可求得系统的静特性方程。

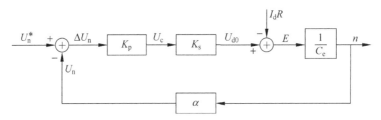

图 1-5 转速负反馈单闭环有静差直流调速系统的稳态结构图

### 1.2.3　开环系统机械特性与闭环系统静特性的比较

把闭环调速系统的静特性方程与开环系统的机械特性进行比较，就可很清楚地看到负反馈闭环控制的优越性，如果把测速反馈回路断开，那么闭环系统就变成开环系统，这时上述系统的开环机械特性方程为

$$n = \frac{U_{d0} - R I_d}{C_e} = \frac{K_p K_s U_n^*}{C_e} - \frac{R I_d}{C_e} = n_{0op} - \Delta n_{op} \tag{1-10}$$

而闭环系统的静特性可写成

$$n = \frac{K_p K_s U_n^*}{C_e(1+K)} - \frac{R I_d}{C_e(1+K)} = n_{0cl} - \Delta n_{cl} \tag{1-11}$$

式中，$n_{0op}$ 和 $n_{0cl}$ 分别表示开环和闭环系统的理想空载转速；$\Delta n_{op}$ 和 $\Delta n_{cl}$ 分别表示开环和闭环系统的静态速降，比较式(1-10)和式(1-11)，可得出以下结论。

（1）在相同的负载($I_d$)条件下，闭环系统静特性比开环系统静特性硬得多，因为两者静态速降分别为

$$\Delta n_{op} = \frac{R I_d}{C_e}$$

$$\Delta n_{cl} = \frac{R I_d}{C_e(1+K)}$$

它们的关系是

$$\Delta n_{cl} = \frac{\Delta n_{op}}{1+K} \tag{1-12}$$

式(1-12)说明，系统闭环后，在相同负载下的转速降落减小到开环时转速降落的 $1/(1+K)$，这就是闭环系统的静特性要硬得多的根本原因，也是系统闭环控制后调速范围扩大、静差率减小的根本原因。

（2）在相同的理想空载转速和负载下，闭环系统比开环系统的静差率要小得多，因为开环系统与闭环系统的静差率分别为

开环时
$$S_{op} = \frac{\Delta n_{op}}{n_{0op}}$$

闭环时
$$S_{cl} = \frac{\Delta n_{cl}}{n_{0cl}}$$

按理想空载转速相同的情况比较，则有

$$S_{cl} = \frac{S_{op}}{1+K} \tag{1-13}$$

（3）在相同的静差率和最高转速条件下，闭环系统比开环系统的调速范围宽得多，因为开环系统与闭环系统的调速范围分别为

开环时
$$D_{op} = \frac{n_N S}{\Delta n_{op}(1-S)}$$

闭环时
$$D_{cl} = \frac{n_N S}{\Delta n_{cl}(1-S)}$$

再考虑式(1-12),得

$$D_{cl} = (1 + K)D_{op}$$

**例 1-2** 设某转速负反馈闭环调速系统如图 1-6 所示,已知数据如下。

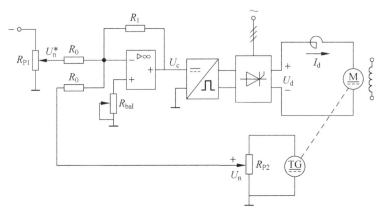

图 1-6  转速负反馈闭环调速系统

直流电动机:额定数据为 $P_N = 22\text{kW}, U_N = 220\text{V}, I_N = 112\text{A}, R_a = 0.25\Omega, n_N = 1500\text{r/min}$。

晶闸管装置:三相桥式可控整流电路,整流变压器为△/丫接法,二次侧相电压有效值 $U_2 = 133\text{V}$,电压放大系数 $K_s = 30$。

V-M 系统主回路总电阻 $R = 0.5\Omega$。

测速发电机:永磁式,额定数据为 $P_{Ntg} = 23.1\text{W}, U_{Ntg} = 110\text{V}, I_{Ntg} = 0.21\text{A}, n_{Ntg} = 1900\text{r/min}$。

若生产机械要求的调速范围 $D = 10$,静差率 $S \leqslant 5\%$,试计算调速系统的稳态参数。

**解**  (1)为了满足调速系统的稳态性能指标要求,额定负载时的稳态速降应为

$$\Delta n_{cl} = \frac{n_N S}{D(1-S)} \leqslant \frac{1500 \times 0.05}{10 \times (1-0.05)} \approx 7.89(\text{r/min})$$

(2)求闭环系统应有的开环放大系数

先计算电动机的电动势系数:

$$C_e = \frac{U_N - I_N R_a}{n_N} = \frac{220 - 112 \times 0.25}{1500} = 0.128(\text{V} \cdot \text{min/r})$$

则开环系统的额定速降为

$$\Delta n_{op} = \frac{I_N R}{C_e} = \frac{112 \times 0.5}{0.128} = 437.5(\text{r/min})$$

闭环系统的开环放大系数应为

$$K = \frac{\Delta n_{op}}{\Delta n_{cl}} - 1 \geqslant \frac{437.5}{7.89} - 1 \approx 55.5 - 1 = 54.5$$

(3)转速反馈系数 $\alpha$ 的估算和电位器的选择

转速反馈系数 $\alpha$ 的估算:当系统处于稳定运行时,可近似认为 $U_n^* = U_n = \alpha n$,通常按转速给定电压最大值 $U_{nm}^*$ 和主电动机额定转速 $n_N$ 估算 $\alpha$,一般取 $U_{nm}^* = 10\text{V}$ 左右,可通过调

节电位器电阻 $R_{P2}$ 确定实际需要 $U_n$ 的数值,所以

$$\alpha \approx \frac{U_{nm}^*}{n_N} = \frac{10}{1500} = 0.0067(\text{V} \cdot \text{min/r})$$

电位器 $R_{P2}$ 的选择:当电动机在额定转速下运行时,测速发电机输出电压 $U_{tg}$ 为

$$U_{tg} = \frac{110}{1900} \times 1500 = 86.84(\text{V})$$

为了使测速发电机输出电压与转速间呈线性关系,以保证转速检测的精确性,一般测速发电机的负载电流为其额定电流的 20% 左右,于是电位器的电阻 $R_{P2}$ 和电位器的功率 $W_{P2}$ 分别为

$$R_{P2} = \frac{U_{tg}}{0.2I_{Ntg}} = \frac{86.84}{0.2 \times 0.21} = 2067.7(\Omega)$$

$$W_{P2} = U_{tg} \times (0.2I_{Ntg}) = 86.84 \times (0.2 \times 0.21) = 3.6(\text{W})$$

为了使电位器不发热,以保证检测精确度,可选 10W、2.2kΩ 的电位器。

(4) 计算运算放大器的放大系数和参数

根据调速指标要求,前面已求出闭环系统的开环放大系数应为 $K \geq 54.5$,则运算放大器的放大系数 $K_p$ 应为

$$K_p = \frac{K}{\alpha K_s/C_e} \geq \frac{54.5}{0.0067 \times 30/0.128} = 34.7 \approx 35$$

## 1.2.4 闭环控制系统的基本特征

转速闭环调速系统是一种基本的反馈控制系统,它具有下述的基本特征,也是负反馈控制的基本规律。

(1) 带有比例调节器的闭环系统总是有静差的

分析闭环调速系统的静态性能可知,在闭环系统中设置一个比例放大器,增大开环放大系数 $K$ 值,对扩大调速范围、减小静态速降非常有利,$K$ 值越大,静态速降越小,但是不可能消除,这是因为静态速降为

$$\Delta n_{cl} = \frac{RI_d}{C_e(1+K)}$$

可见只有 $K$ 趋于无穷大,$\Delta n_{cl}$ 才能为 0,但这是不可能的,因为 $K$ 值总是有限的,况且 $K$ 值还受系统稳定性的约束;再者,带有比例调节器的闭环系统是依靠偏差电压 $\Delta U$ 进行调节控制的,假如 $\Delta U=0$,则移相控制电压和整流输出电压也随之为零,电动机就会停止运转,所以闭环系统总是有静差的。

(2) 闭环控制系统具有良好的抗干扰性能

凡是被负反馈环包围的前向通道上的一切扰动作用,都能被闭环系统有效地加以抑制。所谓"扰动作用"是指给定信号不变时作用在系统上引起被调量变化的所有因素,例如负载的变化、交流电源电压的波动、调节器输出电压的漂移、电动机励磁变化、由温升引起主回路电阻的增大等。转速闭环调速系统的扰动作用如图 1-7 所示。

抗扰性能强是反馈控制系统最突出的特征,利用这一特征,在设计闭环系统时,只要按

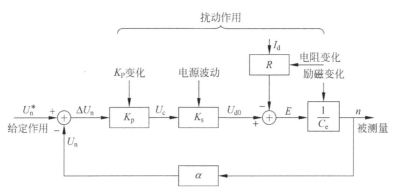

图 1-7 转速闭环调速系统的扰动作用

照克服某一种主要扰动(比如负载扰动)的要求进行设计,其他扰动也就自然地被抑制了。

(3) 系统的精度依赖于给定电源和反馈检测的精度

因为闭环系统的运作是依靠给定的电源电压发号施令的,如果"指令"发生偏差,系统依令运作,必然偏离原来的给定值,可见系统的精度依赖于给定电源的精度,高精度系统需要有高精度的给定电源。

反馈检测装置的误差也是反馈控制系统无法克服的。比如测速发电机励磁不稳定,转速反馈回路中电位器阻值在运行中变大,直流测速发电机输出电压中出现纹波等,闭环系统对这些误差引起转速的变化是无法克服的。采用光电编码盘的数字测速,可以大大提高调速系统的精度。

## 1.2.5 限流保护——电流截止负反馈

当转速负反馈单闭环调速系统突加转速给定电压时,由于惯性,转速负反馈电压来不及参与调节作用,整流器输出电压很快达到最高值,电动机相当于全电压起动,如果没有限流措施,会产生很大的冲击电流,这不仅对电动机的换向不利,而且有可能损坏过载能力差的晶闸管。另外,有些生产机械在运行过程中电动机可能会遇到堵转的情况,例如挖土机运行时碰到坚硬的石块等,此时会产生过大的电流。

解决反馈闭环调速系统起动和堵转时电流过大的问题,如果只依靠过流继电器或熔断器保护,一旦过载就跳闸,这会给正常工作带来不便,因此系统中必须有自动限制电枢电流的环节。电流截止负反馈是较常用的自动限流保护措施,当电动机起动或堵转时,电流负反馈起作用,把电流限制在允许范围内,当电动机正常运行时再切断电流负反馈,以免调速系统静特性变得太软而无法工作。这种当电流大到一定程度时才出现的电流负反馈称为电流截止负反馈。

### 1. 系统的组成和工作原理

带有电流截止负反馈环节的闭环直流调速系统的原理图如图 1-8 所示。这种系统是在转速闭环调速系统的基础上,引入电流截止负反馈环节而构成的。从图 1-8 上方可见,电流截止负反馈环节由主回路电流信号检测和比较电压两部分组成。采用三相交流电流互感器

TA 对主回路电流 $I_d$ 进行检测,TA 经电阻将三相交流电流变成交流电压,经整流后得到电流信号电压 $U_{i1}$,$U_{i1}$ 与 $I_d$ 成正比,即 $U_{i1}=\beta I_d$,$\beta$ 为电流反馈系数。将稳压管 VS 的稳压值 $U_{br}$ 作为比较电压,对 $U_{i1}$ 与 $U_{br}$ 进行比较。设临界截止电流为 $I_{dcr}$,当 $I_d<I_{dcr}$ 时,$U_{i1}<U_{br}$,VS 截止,将电流反馈切断;当 $I_d>I_{dcr}$ 时,$U_{i1}>U_{br}$,稳压管 VS 反向击穿,通过负反馈电流,于是就有了电流负反馈信号电压 $U_i$,迫使 $U_d$ 迅速减小,电动机转速随之降低,$I_d$ 继续增大时,转速继续下降直至堵转,当造成 $I_d$ 迅速增加的原因排除后,$I_d$ 又小于 $I_{dcr}$,电流负反馈被截止,系统又自动恢复正常运行。

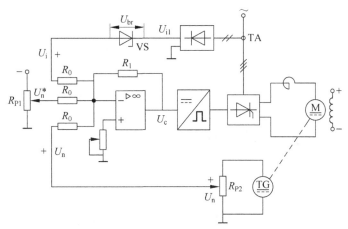

图 1-8  带电流截止负反馈环节的闭环直流调速系统原理图

**2. 带电流截止负反馈环节的闭环直流调速系统的稳态结构图和静特性**

在转速负反馈直流调速系统稳态结构图的基础上,可画出带电流截止负反馈环节的闭环直流调速系统的稳态结构图,如图 1-9 所示。图中左上角方框内的特性为电流截止负反馈环节的输入输出特性,由稳态结构图可导出系统两段静特性方程式。

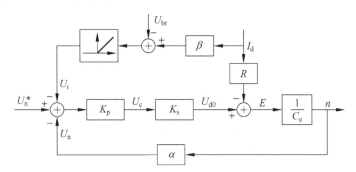

图 1-9  带电流截止负反馈环节的闭环直流调速系统稳态结构图

当 $I_d \leqslant I_{dcr}$,电流负反馈被截止,系统只有转速负反馈起作用时,得

$$n = \frac{K_p K_s U_n^*}{C_e(1+K)} - \frac{R I_d}{C_e(1+K)} \tag{1-14}$$

当 $I_d > I_{dcr}$,电流负反馈起作用时,得

$$n = \frac{K_p K_s U_n^*}{C_e(1+K)} - \frac{K_p K_s}{C_e(1+K)}(\beta I_d - U_{br}) - \frac{R I_d}{C_e(1+K)}$$

$$= \frac{K_p K_s(U_n^* + U_{br})}{C_e(1+K)} - \frac{(R + K_p K_s \beta) I_d}{C_e(1+K)} \tag{1-15}$$

根据式(1-14)和式(1-15)可画出系统的静特性,如图 1-10 所示。

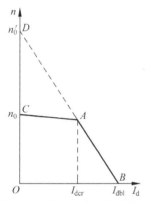

图 1-10 带电流截止负反馈环节的闭环直流调速系统的静特性

电流负反馈被截止时相当于图中的 CA 段,它就是闭环调速系统本身的静特性,显然是比较硬的。电流负反馈起作用后,相当于图中的 AB 段。把式(1-14)和式(1-15)进行比较,可看出有以下两个特点:

(1) 比较电压与给定电压的作用一致,好像把理想空载转速提高到

$$n_0' = \frac{K_p K_s(U_n^* + U_{br})}{C_e(1+K)}$$

即把 $n_0'$ 提高到图中的 D 点,但 DA 段在系统正常运行时实际上是不起作用的,因而用虚线画出。

(2) 电流负反馈的作用相当于在主电路中串入了一个大电阻$(K_p K_s \beta)$,使系统静态速降大大增加,因此转速随着负载电流的增加而迅速下降,直至电机堵转。通常把系统的这种工作特性称为下垂特性或挖土机特性。

把 $n=0$ 代入式(1-15),可求得堵转电流为

$$I_{dbl} = \frac{K_p K_s(U_n^* + U_{br})}{R + K_p K_s \beta}$$

一般 $R \ll K_p K_s \beta$,可把 R 忽略不计,于是

$$I_{dbl} = \frac{U_n^* + U_{br}}{\beta} \tag{1-16}$$

$I_{dbl}$ 应小于电动机允许的最大电流,一般为$(1.5 \sim 2) I_N$。另外,从调速系统的稳态性能上看,希望 CA 段的运行范围足够大,截止电流 $I_{dcr}$ 应大于电动机的额定电流,通常取$(1.1 \sim 1.2) I_N$。

## 1.3 反馈控制闭环直流调速系统的动态分析

前面讨论了单闭环调速系统的静态性能,下面将分析系统的动态品质和稳定性,为此必须首先推导各典型环节和系统的传递函数及其动态结构图,建立系统的动态数学模型。

### 1.3.1 反馈控制闭环直流调速系统的动态数学模型

为了分析调速系统的稳定性和动态品质,必须首先建立描述系统动态物理规律的数学模型,对于连续的线性定常系统,其数学模型是常微分方程,经过拉普拉斯变换,可用传递函

数和动态结构图表示。建立系统动态数学模型的基本步骤如下：

（1）根据系统中各环节的物理规律，列出描述该环节动态过程的微分方程。

（2）求出各环节的传递函数。

（3）组成系统的动态结构图，并求出系统的传递函数。

**1. 比例放大器和测速发电机的传递函数**

因为比例放大器和测速发电机的输出响应都可认为是瞬时的，所以它们的传递函数分别为

$$K_{\text{p}} = \frac{U_{\text{c}}(s)}{\Delta U(s)} \tag{1-17}$$

$$\alpha = \frac{U_{\text{n}}(s)}{n(s)} \tag{1-18}$$

**2. 直流电动机的传递函数**

额定励磁时的他励直流电动机的等效电路如图 1-11 所示，图中电枢回路电阻 $R$ 和电感 $L$ 包括了整流装置内阻、平波电抗器的电阻和电感。

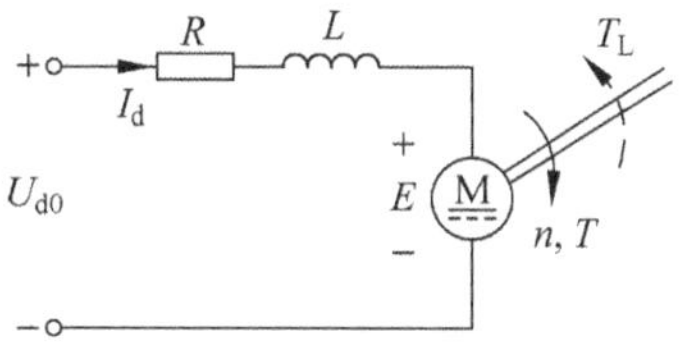

假定电流连续，则可由图 1-11 列出电枢回路电压平衡方程式：

$$U_{\text{d0}} = RI_{\text{d}} + L\frac{\text{d}I_{\text{d}}}{\text{d}t} + E$$

整理得

$$U_{\text{d0}} - E = R\left(I_{\text{d}} + T_{\text{l}}\frac{\text{d}I_{\text{d}}}{\text{d}t}\right)$$

图 1-11 他励直流电动机等效电路

式中，$T_{\text{l}} = \dfrac{L}{R}$ 为电枢回路电磁时间常数（s）。

在零初始条件下对上式进行拉普拉斯变换得

$$U_{\text{d0}}(s) - E(s) = RI_{\text{d}}(s)(1 + T_{\text{l}}s)$$

整理后可得传递函数

$$\frac{I_{\text{d}}(s)}{U_{\text{d0}}(s) - E(s)} = \frac{1/R}{T_{\text{l}}s + 1} \tag{1-19}$$

忽略黏性摩擦及弹性转矩，电动机轴上的动力学方程为

$$T - T_{\text{L}} = \frac{GD^2}{375}\frac{\text{d}n}{\text{d}t} \tag{1-20}$$

额定励磁下的感应电动势和电磁转矩分别为

$$E = C_{\text{e}}n \tag{1-21}$$

$$T = C_{\text{m}}I_{\text{d}} \tag{1-22}$$

式中，$T_{\text{L}} = C_{\text{m}}I_{\text{dL}}$ 为包括电动机空载转矩在内的负载转矩（N·m），$I_{\text{dL}}$ 为负载电流（A）；$GD^2$ 为电力拖动系统运动部分折算到电动机轴上的飞轮惯量（N·m²）；$C_{\text{m}}$ 为额定励磁下电动机的转矩系数（N·m/A）。

将式(1-21)和式(1-22)代入式(1-20)并经整理后得

$$I_{\text{d}} - I_{\text{dL}} = \frac{T_{\text{m}}}{R} \frac{\text{d}E}{\text{d}t}$$

式中，$T_{\text{m}} = \dfrac{GD^2 R}{375 C_{\text{e}} C_{\text{m}}}$ 为电力拖动系统的机电时间常数(s)。

在零初始条件下对上式进行拉普拉斯变换得

$$\frac{E(s)}{I_{\text{d}}(s) - I_{\text{dL}}(s)} = \frac{R}{T_{\text{m}} s} \tag{1-23}$$

将式(1-19)和式(1-23)的输入输出量连接起来，并考虑到式(1-21)，则可得到图 1-12 所示的额定励磁下他励直流电动机的动态结构图。

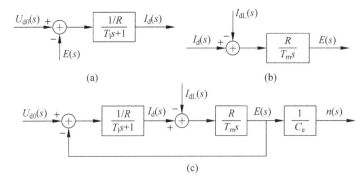

图 1-12 额定励磁下他励直流电动机的动态结构图

(a)电压电流间的结构框图；(b)电流电动势间的结构框图；(c)直流电动机的动态结构框图

从图 1-12 可以看出，直流电动机有两个输入量，一个是理想空载整流电压 $U_{\text{d0}}$，作为控制输入量；另一个是负载电流 $I_{\text{dL}}$，作为扰动输入量。对图 1-12 进行等效变换后，可把扰动量 $I_{\text{dL}}$ 的综合点前移，如图 1-13(a)所示；理想空载 $I_{\text{dL}} = 0$ 时，简化结构图如图 1-13(b)所示。

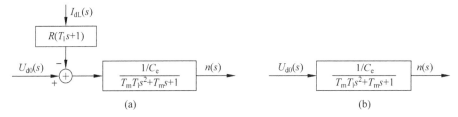

图 1-13 直流电动机动态结构图的变换和简化

(a) $I_{\text{dL}} \neq 0$；(b) $I_{\text{dL}} = 0$

### 3. 晶闸管触发和整流装置的传递函数

在分析系统时，往往把触发电路和可控整流桥合并当作一个环节来看待，这一环节的输入量是触发电路的控制电压 $U_{\text{c}}$，输出量是整流输出电压 $U_{\text{d0}}$。如果把它们之间的放大系数 $K_{\text{s}}$ 看成常数，则这个环节就是一个纯滞后的放大环节，其滞后作用是由晶闸管整流装置的失控时间引起的。由于普通晶闸管被触发开通后，门极失去控制作用，称之为失控。失控时

间 $T_s$ 的长短与交流电源频率和整流桥形式有关,由下式确定:

$$T_{smax} = \frac{1}{mf}$$

式中,$m$ 为交流电源一周内整流输出电压的脉动次数;$f$ 为交流电源频率(Hz)。

相对于整个系统响应时间来说,$T_s$ 是很小的,通常取其平均值 $T_s = 0.5T_{smax}$,并认为是常数,不同形式的整流电路的失控时间如表 1-1 所示。

表 1-1　不同形式的整流电路的失控时间

| 电路形式 | 单相半波 | 单相桥式 | 三相半波 | 三相桥式 |
|---|---|---|---|---|
| 一周内脉动次数 $m$ | 1 | 2 | 3 | 6 |
| 失控时间 $T_s$/ms | 10 | 5 | 3.33 | 1.67 |

可把晶闸管触发和整流装置看成一个纯滞后环节,根据拉普拉斯变换的滞后定理,传递函数为

$$\frac{U_{d0}(s)}{U_c(s)} = K_s e^{-T_s s} \tag{1-24}$$

由于式(1-24)含有指数函数,分析设计都比较麻烦,为了简化,将式(1-24)展成泰勒级数,得

$$\frac{U_{d0}(s)}{U_c(s)} = K_s e^{-T_s s} = \frac{K_s}{1 + T_s s + \frac{1}{2!}T_s^2 s^2 + \frac{1}{3!}T_s^3 s^3 + \cdots} \tag{1-25}$$

从工程观点看,当控制系统开环频率特性的截止角频率 $\omega_c \leqslant \dfrac{1}{3T_s}$ 时(推导略),可忽略式(1-25)分母中的高次项,使式(1-24)近似为一个一阶惯性环节,即晶闸管触发和整流装置的传递函数近似为

$$\frac{U_{d0}(s)}{U_c(s)} \approx \frac{K_s}{1 + T_s s} \tag{1-26}$$

其动态结构图如图 1-14 所示。

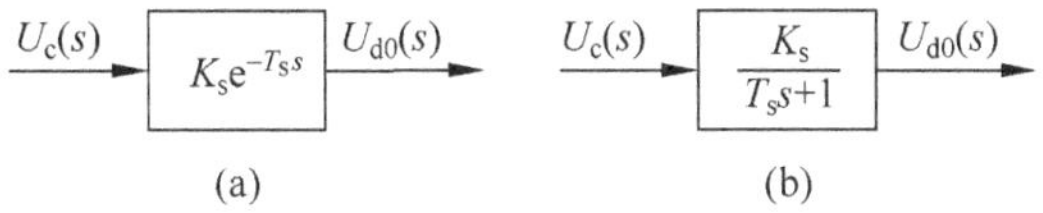

$U_c(s)$ → [ $K_s e^{-T_s s}$ ] → $U_{d0}(s)$　　　$U_c(s)$ → [ $\dfrac{K_s}{T_s s + 1}$ ] → $U_{d0}(s)$

(a)　　　　　　　　　　　(b)

图 1-14　晶闸管触发和整流装置的动态结构图

(a) 准确的;(b) 近似的

## 1.3.2　单闭环有静差调速系统的动态结构图

在分析推导出各环节的传递函数、动态结构图之后,将它们在系统中的相互关系组合起来,就可画出图 1-15 所示的单闭环有静差调速系统的动态结构图。由图 1-15 可以看到,将晶闸管触发和整流装置按一阶惯性环节近似处理后,单闭环有静差调速系统可以看成一个三阶线性系统。

设 $I_{dL} = 0$,断开反馈回路,则系统的开环传递函数为

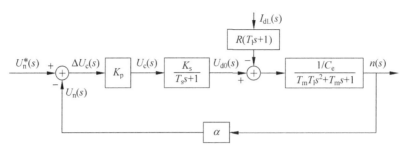

图 1-15 单闭环有静差调速系统的动态结构图

$$W(s) = \frac{K}{(T_s s + 1)(T_m T_1 s^2 + T_m s + 1)} \tag{1-27}$$

式中，$K = K_p K_s \alpha / C_e$。

从给定输入作用上看，闭环调速系统的闭环传递函数是

$$W_{cl}(s) = \frac{\dfrac{K_p K_s / C_e}{(T_s s + 1)(T_m T_1 s^2 + T_m s + 1)}}{1 + \dfrac{K_p K_s \alpha / C_e}{(T_s s + 1)(T_m T_1 s^2 + T_m s + 1)}} = \frac{K_p K_s / C_e}{(T_s s + 1)(T_m T_1 s^2 + T_m s + 1) + K}$$

$$= \frac{\dfrac{K_p K_s}{C_e(1 + K)}}{\dfrac{T_m T_1 T_s}{1 + K} s^3 + \dfrac{T_m(T_1 + T_s)}{1 + K} s^2 + \dfrac{T_m + T_s}{1 + K} s + 1} \tag{1-28}$$

### 1.3.3 单闭环有静差调速系统的稳定性分析

由式(1-28)可见，单闭环有静差调速系统的特征方程为

$$\frac{T_m T_1 T_s}{1 + K} s^3 + \frac{T_m(T_1 + T_s)}{1 + K} s^2 + \frac{T_m + T_s}{1 + K} s + 1 = 0 \tag{1-29}$$

其对应的一般表达式为

$$a_0 s^3 + a_1 s^2 + a_2 s + a_3 = 0$$

根据三阶系统的劳斯-赫尔维茨判据，系统稳定的充分必要条件是

$$a_0 > 0, \quad a_1 > 0, \quad a_2 > 0, \quad a_3 > 0, \quad a_1 a_2 - a_0 a_3 > 0$$

显然，式(1-29)中的各项系数均大于零，因此系统稳定的条件只有

$$\frac{T_m(T_1 + T_s)}{1 + K} \cdot \frac{T_m + T_s}{1 + K} - \frac{T_m T_1 T_s}{1 + K} > 0$$

整理后得系统稳定的充要条件是

$$K < \frac{T_m(T_1 + T_s) + T_s^2}{T_1 T_s} \tag{1-30}$$

式(1-30)的右边称为系统的临界放大系数，如果 $K$ 超出此值，系统将不稳定。对自动控制系统来说，稳定性是系统能否正常工作的首要条件，是必须保证的。

在 1.2 节对系统的静特性分析中已经知道,为了减小静差、扩大调速范围,希望 $K$ 值越大越好,但从动态的稳定性来看,又不能把 $K$ 值取得过大,否则会造成系统的不稳定。可见,系统的稳态精度和动态稳定性对 $K$ 值的要求是矛盾的。为了解决这一矛盾,使闭环控制系统既能保证稳定,又能满足稳态调速性能指标,就只能在控制系统中增加另外一些环节,人为地改变控制系统的结构,这就是校正。校正方法有多种,在电力拖动调速系统中,最常用的方案有串联校正和反馈校正两种。串联校正较简单,且易于用运算放大器实现,故在调速系统中常优先考虑串联校正方案。串联校正环节有比例积分(PI)调节器(相位滞后校正)、比例微分(PD)调节器(相位超前校正)、比例积分微分(PID)调节器(相位滞后-超前校正)等。下面以 PI 调节器组成的无静差调速系统为例分析校正环节的具体应用与工作原理。

**例 1-3**　在例 1-2 中,已知 $R=0.5\Omega, K_s=30, C_e=0.128\text{V}\cdot\text{min/r}$,系统运动部分的飞轮惯量 $GD^2=9.4\text{N}\cdot\text{m}^2$。根据稳态性能指标 $D=10$、$S\leqslant 5\%$ 计算出系统的开环放大系数应满足 $K\geqslant 54.5$,试判别该系统的稳定性。

**解**　首先应确定主电路的电感值,用于计算电磁时间常数。对于 V-M 系统,为了使主电路电流连续,应设置平波电抗器。例 1-2 给出的是三相桥式可控整流电路,为了保证最小电流 $I_{\text{dmin}}=10\% I_N$ 时电流仍能连续,电枢回路总电感量可通过下式计算,即

$$L=0.693\frac{U_2}{I_{\text{dmin}}}$$

则

$$L=0.693\frac{U_2}{I_{\text{dmin}}}=0.693\times\frac{133}{112\times 10\%}\approx 8.23(\text{mH})$$

取 $L=8.5\text{mH}=0.0085\text{H}$。

计算系统中各环节的时间常数如下:

电磁时间常数

$$T_1=\frac{L}{R}=\frac{0.0085}{0.5}=0.017(\text{s})$$

机电时间常数

$$T_m=\frac{GD^2 R}{375 C_e C_m}=\frac{9.4\times 0.5}{375\times 0.128\times\frac{60}{2\pi}\times 0.128}\approx 0.08(\text{s})$$

对于三相桥式整流电路,晶闸管装置的滞后时间常数为

$$T_s=0.00167(\text{s})$$

为保证系统稳定,开环放大系数应满足式(1-30)的稳定条件

$$K<\frac{T_m(T_1+T_s)+T_s^2}{T_1 T_s}=\frac{0.08\times(0.017+0.001\,67)+0.001\,67^2}{0.017\times 0.001\,67}\approx 52.7$$

按稳态调速性能指标要求 $K\geqslant 54.5$,因此,此闭环系统是不稳定的。

## 1.4　比例积分控制规律和无静差调速系统

前面讨论的有静差调速系统是指调速系统稳定运行时,系统的给定值与被调量的反馈值不相等,即系统偏差电压 $\Delta U=U_n^*-U_n\neq 0$,在采用比例放大器(调节器)的有静差调速系

统中,增大系统开环放大系数 $K$ 固然可减少静差,但 $K$ 值过大又往往引起系统的不稳定,而且事实上在有静差调速系统中 $\Delta U$ 也不可能为零,采用比例积分调节器组成的无静差调速系统就能很好地解决系统静态和动态之间的这种矛盾。本节将研究的无静差调速系统是指调速系统稳定运行时系统的给定值与被调量的反馈值理论上完全相等,即系统的偏差电压 $\Delta U = U_n^* - U_n = 0$。

### 1.4.1　积分调节器和比例积分调节器及其控制规律

#### 1. 积分调节器及其积分控制规律

图 1-16(a)为用运算放大器构成的积分调节器(I 调节器)的原理图,因为 $A$ 点为虚地,且 $i = U_{in}/R_0$,则有

$$U_{ex} = \frac{1}{C}\int i\,dt = \frac{1}{R_0 C}\int U_{in}\,dt = \frac{1}{\tau}\int U_{in}\,dt \tag{1-31}$$

式中,$\tau$ 为积分时间常数,$\tau = R_0 C$。

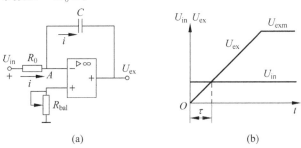

图 1-16　积分调节器
(a)原理图；(b)阶跃输入时的输出特性

当输出电压 $U_{ex}$ 的初值为零时,在阶跃输入作用下,对式(1-31)进行积分运算,可得积分调节器的输出特性,如图 1-16(b)所示。

$$U_{ex} = \frac{U_{in}}{\tau}t$$

积分调节器的传递函数为

$$W_i(s) = \frac{U_{ex}(s)}{U_{in}(s)} = \frac{1}{\tau s} \tag{1-32}$$

积分调节器具有以下几个重要的特点。

(1)延缓作用:输入阶跃信号时,输出按线性增长,输出响应滞后于输入,这就是积分调节器的延缓作用。

(2)积累作用:只要有输入信号,哪怕是很微小的,就会有积分输出,直至输出达到限幅值为止,这就是积分调节器的积累作用。

(3)记忆作用:在积分过程中,如果输入信号突然变为零,其输出仍然保持在输入信号改变之前的数值上,这就是积分调节器的记忆作用。

调速系统正是利用积分调节器的这种积累和记忆功能消除静态偏差的。

（4）动态放大系数自动变化的作用：若积分调节器初始状态为零，随着时间的增长输出逐渐增大，这表明积分调节器的动态放大系数是自动变化的。当停止积分输出时，放大系数达到最大，等于放大器本身的开环放大系数。利用积分调节器这一重要特点，就能巧妙地处理好调速系统静态和动态性能之间的矛盾。因为它能使系统在稳态时有很大的放大系数，从而使静态偏差极小，理论上消除偏差；而在动态时又能使放大系数大为降低，从而保持系统具有良好的稳定性。

将比例调节器（简称 P 调节器）和积分调节器进行比较，两者控制规律主要差别在于：前者输出响应快，放大系数增大时能使系统静差减少，但不能消除，而且放大系数过大又会破坏系统的稳定性；而后者是积累输出，响应慢，动态时其放大系数小使系统动态稳定性好，在稳态时其放大系数又能保持很大，使系统能消除静差。

### 2. 比例积分调节器及其控制规律

从无静差的角度看积分控制优于比例控制，但从控制的快速性上看，积分控制却又不如比例控制。同样在阶跃输入作用下，比例调节器的输出可以立即响应，而积分调节器的输出却只能逐渐变化。那么，如果既要稳态精度高，又要动态响应快，该怎么办呢？只要把比例和积分两种控制结合起来就可实现，这便是比例积分控制。

图 1-17(a)所示为比例积分(PI)调节器的原理图。$A$ 点为虚地，有下列关系式：

$$i_1 = i_0 = \frac{U_{in}}{R_0}$$

$$U_{ex} = i_1 R_1 + \frac{1}{C_1}\int i_1 dt = \frac{U_{in}}{R_0}R_1 + \frac{1}{C_1}\int \frac{U_{in}}{R_0}dt$$

$$= \frac{R_1}{R_0}U_{in} + \frac{1}{C_1 R_0}\int U_{in}dt = K_p U_{in} + \frac{1}{\tau}\int U_{in}dt \qquad (1-33)$$

式中，$K_p$ 为 PI 调节器比例部分放大系数，$K_p = R_1/R_0$；$\tau$ 为积分时间常数，$\tau = R_0 C$。

在初始状态为零和阶跃输入作用下，由式(1-33)可得 PI 调节器的输出特性曲线，如图 1-17(b)所示。

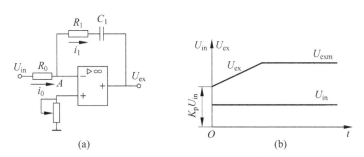

图 1-17　比例积分(PI)调节器

(a)原理图；(b)阶跃输入时的输出特性

由此可见，PI 调节器输出电压 $U_{ex}$ 是由比例和积分两部分的输出相加而成的。当突加输入电压 $U_{in}$ 时，电容 $C_1$ 两端瞬时短路，放大部分立即起作用，使输出电压跃升到 $K_p U_{in}$，以保证一定的快速控制要求，发挥了比例控制的长处。此后，随着 $C_1$ 不断被充电，开始积分输出,$U_{ex}$ 不断增长,积分作用不断增强,直到稳态 $C_1$ 两端电压等于 $U_{ex}$ 时,$C_1$ 才停止充电,此时调节器处于开环状态,放大系数很大,实现了稳态无静差,这就发挥了积分控制的长处。可见 PI 调节器兼容了 P 调节器和 I 调节器的控制功能和优点,可大大提高系统的动态和静态性能。

在零初始条件下,对式(1-33)进行拉普拉斯变换可得 PI 调节器的传递函数为

$$W_{pi}(s) = \frac{U_{ex}(s)}{U_{in}(s)} = K_p + \frac{1}{\tau s} = \frac{K_p \tau s + 1}{\tau s}$$

令 $\tau_1 = K_p \tau = R_1 C_1$,则 PI 调节器的传递函数也可以写成如下的形式:

$$W_{pi}(s) = \frac{\tau_1 s + 1}{\tau s} = K_p \frac{\tau_1 s + 1}{\tau_1 s} \tag{1-34}$$

式(1-34)表明,PI 调节器也可以用一个积分环节和一个比例微分环节表示,$\tau_1$ 是微分项中的超前时间常数,它和积分时间常数 $\tau$ 的物理意义是不同的。

## 1.4.2　采用 PI 调节器的无静差直流调速系统

只要把图 1-8 所示的带电流截止负反馈环节的有静差直流调速系统中的比例调节器改换成 PI 调节器,系统就变成采用 PI 调节器的无静差直流调速系统了,如图 1-18 所示。

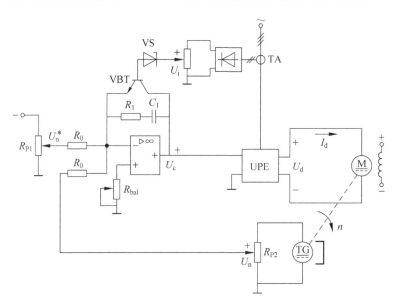

图 1-18　采用 PI 调节器的无静差直流调速系统

图 1-18 中,TA 为检测电流的交流互感器,经整流后得到电流反馈信号 $U_i$。当电流超过截止电流 $I_{dcr}$ 时,$U_i$ 高于稳压管 VS 的击穿电压,使晶体三极管 VBT 导通,则 PI 调节器的输出电压 $U_c$ 接近于零,电力电子变换器 UPE 的输出电压 $U_d$ 急剧下降,从而达到限制电流的目的。

当电动机电流低于其截止值时,上述系统的稳态结构图如图 1-19 所示,带电流截止的无静差直流调速系统的理想静特性如图 1-20 所示。当 $I_d < I_{dcr}$ 时,系统无静差,静特性是

不同转速时的一组水平线。当 $I_d \geqslant I_{dcr}$ 时,电流截止负反馈起作用,静特性急剧下垂,基本上是一条垂直线,整个静特性近似呈矩形。

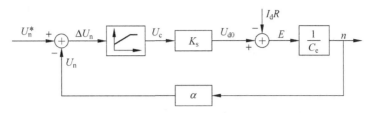

图 1-19　无静差直流调速系统的稳态结构图($I_d < I_{dcr}$)

严格地说,"无静差"只是理论上的,实际系统在稳态时,PI 调节器积分电容 $C_1$ 两端电压不变,相当于运算放大器的反馈回路开路,其放大系数等于运算放大器本身的开环放大系数,数值虽大,但并不是无穷大。因此其输入端仍存在很小的 $\Delta U_n$,而不是零。这就是说,实际上仍有很小的静差,只是在一般精度要求下可以忽略不计而已。

在实际系统中,为了避免运算放大器长期工作产生零点漂移,常常在 $R_1 C_1$ 两端再并联一个几兆欧的电阻,以便把放大系数压低一些。这样就成为一个近似的 PI 调节器,或称准PI 调节器,如图 1-21 所示。该系统也只是一个近似的无静差调速系统,其静特性如图 1-20 中的虚线所示。

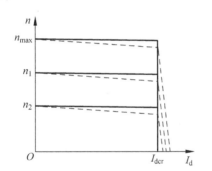

图 1-20　带电流截止的无静差直流调速系统的理想静特性

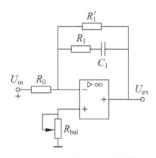

图 1-21　准 PI 调节器

无静差调速系统的稳态参数计算,在理想情况下,稳态时 $\Delta U_n = 0$,因而 $U_n = U_n^*$,转速反馈系数计算公式如下:

$$\alpha = \frac{U_{nmax}^*}{n_{max}} \tag{1-35}$$

式中,$n_{max}$ 为电动机调压时的最高转速(r/min);$U_{nmax}^*$ 为相应的最高给定电压(V)。

## 1.5　电压反馈电流补偿控制的直流调速系统

直流调速系统中最基本的形式是目前广泛应用的晶闸管直流调速系统,采用直流测速发电机作为转速检测元件,实现转速的闭环控制,再加上一些积分与校正方法,可以获得比较满意的静、动态性能。然而,在实际应用中,其安装和维护都比较麻烦,常常是系统装置中可靠性的薄弱环节。此时,可用电动机端电压负反馈取代转速负反馈,构成电压负反馈调速系统。但这种系统只能维持电动机端电压恒定,而对电动机电枢电阻压降引起的静态速降不能予以抑制,因此,系统静特性较差,只适用于对精度要求不高的调速系统。

为弥补电压负反馈调速系统的不足,可以在系统中引入电流正反馈,以补偿电枢电阻压降引起的速降,这就是电压负反馈电流补偿控制调速系统。

### 1.5.1 电压负反馈直流调速系统

电压负反馈直流调速系统的原理图如图 1-22 所示,图中作为反馈检测元件的只是一个起分压作用的电位器。电压反馈信号为

$$U_u = \gamma U_d \tag{1-36}$$

式中,$U_u$ 为电压反馈信号(V);$\gamma$ 为电压反馈系数。

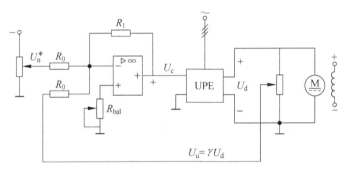

图 1-22　电压负反馈直流调速系统原理图

这种系统对电动机电枢电阻 $R_a$ 引起静态速降,电压负反馈不能对它起抑制作用,故必须把主回路总电阻 $R$ 分成两部分 $R = R_r + R_a$,$R_r$ 为晶闸管整流装置的内阻(含平波电抗器电阻)。因而有以下两个关系式:

$$U_{d0} - I_d R_r = U_d$$

$$U_d - I_d R_a = E$$

仿照绘制转速负反馈直流调速系统稳态结构图的思路和方法,可画出电压负反馈直流调速系统的稳态结构图,如图 1-23 所示。

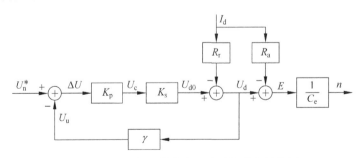

图 1-23　电压负反馈直流调速系统稳态结构图

利用叠加原理和结构图运算规则,导出电压负反馈直流调速系统的静特性方程如下

$$n = \frac{K_p K_s U_n^*}{C_e(1+K)} - \frac{R_r}{C_e(1+K)}I_d - \frac{R_a}{C_e}I_d \qquad (1-37)$$

式中,$K = \gamma K_p K_s$。

从静特性方程可见,与开环系统相比较,电压负反馈作用使整流装置内阻 $R_r$ 引起的静态速降减小到开环时的 $1/(1+K)$,但由电枢电阻引起的速降 $I_d R_a / C_e$ 和开环时相同,这一点从结构图上也可明显看出,因为电压负反馈系统实际上只是一个自动调压系统,扰动量 $I_d R_a$ 不被反馈环包围,电压负反馈系统对由它引起的速降也就无法克服了。这是电压负反馈系统调速性能指标差的一个重要原因,在电压负反馈调速系统中引入电流正反馈可提高系统的稳态性能指标。

## 1.5.2 电流正反馈和补偿控制规律

电流正反馈的作用又称为电流补偿控制。附加电流正反馈的电压负反馈直流调速系统原理图如图 1-24 所示。在主电路中串入取样电阻 $R_s$,由 $I_d R_s$ 取电流正反馈信号。要注意串接电阻 $R_s$ 的位置,须使 $I_d R_s$ 的极性与转速给定信号 $U_n^*$ 的极性一致,而与电压反馈信号 $U_u = \gamma U_d$ 的极性相反。在运算放大器的输入端,转速给定和电压负反馈的输入电阻都是 $R_0$,电流正反馈的输入电阻是 $R_2$,以便获得适当的电流反馈系数 $\beta$,定义为

$$\beta = \frac{R_0}{R_2}R_s \qquad (1-38)$$

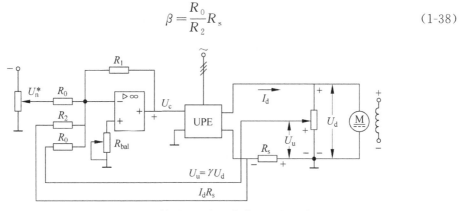

图 1-24 附加电流正反馈的电压负反馈直流调速系统原理图

当负载增大使静态速降增加时,电流正反馈信号也增大,通过运算放大器使晶闸管整流装置控制电压随之增加,从而补偿了转速的降落。具体的补偿作用有多少,由系统各环节的参数决定。

附加电流正反馈的电压负反馈直流调速系统稳态结构图如图 1-25 所示。利用结构图运算规则,可以直接写出系统的静特性方程

$$n = \frac{K_p K_s U_n^*}{C_e(1+K)} + \frac{K_p K_s \beta}{C_e(1+K)}I_d - \frac{R_r + R_s}{C_e(1+K)}I_d - \frac{R_a}{C_e}I_d \qquad (1-39)$$

由式(1-39)可见,电流正反馈作用的项 $\dfrac{K_p K_s \beta}{C_e(1+K)}I_d$ 能够补偿另两项的静态速降,当然就可

以减小静差了。只要加大电流反馈系数 $\beta$ 就能够减小静差,若把 $\beta$ 加大到一定程度,就可以做到无静差。

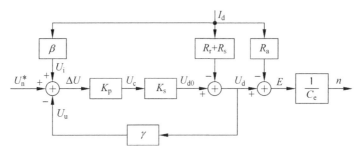

图 1-25 附加电流正反馈的电压负反馈直流调速系统稳态结构图

但是必须指出:电流正反馈和电压负反馈(或转速负反馈)是性质完全不同的两种控制作用。电压(转速)负反馈属于被调量的负反馈,是"反馈控制",具有反馈控制规律,在采用比例放大时总是有静差的。放大系数 $K$ 值越大,静差越小,但总还是有。电流正反馈在调速系统中的作用则不是这样,从静特性方程看,它不是用 $(1+K)$ 去除 $\Delta n$ 项以减小静差,而是用一个正项去抵消原系统中负的速降项。从这个特点上看,电流正反馈不属于"反馈控制",而属于"补偿控制"。由于电流的大小反映了负载扰动,又称为扰动量的补偿控制。

补偿控制的参数配合得恰到好处时,可使静差为零,称为全补偿。由式(1-39)可知,如果

$$\frac{K_{\mathrm{p}}K_{\mathrm{s}}\beta}{1+K} - \frac{R_{\mathrm{r}}+R_{\mathrm{s}}}{1+K} - R_{\mathrm{a}} = 0$$

就可以做到无静差了。整理后,可得到无静差的条件为

$$\beta = \frac{R + KR_{\mathrm{a}}}{K_{\mathrm{p}}K_{\mathrm{s}}} = \beta_{\mathrm{cr}} \tag{1-40}$$

式中,$R$ 为电枢回路总电阻($\Omega$),$R = R_{\mathrm{r}} + R_{\mathrm{s}} + R_{\mathrm{a}}$;$\beta_{\mathrm{cr}}$ 为临界电流反馈系数。

若 $\beta < \beta_{\mathrm{cr}}$,则仍旧有一些静差,称为欠补偿;若 $\beta > \beta_{\mathrm{cr}}$,则静特性上翘,称为过补偿。若取消电压负反馈,单纯采用电流正反馈的补偿控制,则静特性方程变成

$$n = \frac{K_{\mathrm{p}}K_{\mathrm{s}}U_{\mathrm{n}}^{*}}{C_{\mathrm{e}}} + \frac{K_{\mathrm{p}}K_{\mathrm{s}}\beta}{C_{\mathrm{e}}}I_{\mathrm{d}} - \frac{R}{C_{\mathrm{e}}}I_{\mathrm{d}} \tag{1-41}$$

这时,全补偿条件是

$$\beta = \frac{R}{K_{\mathrm{p}}K_{\mathrm{s}}} \tag{1-42}$$

可见,只用电流正反馈就足以把静差补偿到零。

反馈控制只能使静差尽量减小,补偿控制却能把静差完全消除,这似乎是补偿控制的优点,但是,反馈控制无论环境怎么变化都能可靠地减小静差,而补偿控制则完全依赖于参数的配合,当参数受温度等因素的影响而发生变化时,全补偿的条件就要随之变化。再进一步看,反馈控制对一切包在负反馈环内前向通道上的扰动都可起到抑制作用,而补偿控制只是针对一种扰动而言的。电流正反馈只能补偿负载扰动,对于电网电压波动那样的扰动,它所起的反而是坏作用。因此全面地看,补偿控制是不及反馈控制的。

有一种特殊的欠补偿状态,当参数配合恰当,使电流正反馈作用恰好抵消掉电枢电阻产

生的一部分速降,即

$$K_p K_s \beta = K R_a$$

时,则式(1-39)变成

$$n = \frac{K_p K_s U_n^*}{C_e(1+K)} - \frac{R}{C_e(1+K)} I_d \qquad (1\text{-}43)$$

可见,带电流补偿控制的电压负反馈调速系统的静特性方程与转速负反馈系统的静特性方程就完全一样了。这时的电压负反馈加电流正反馈与转速负反馈完全相当。一般把这样的电压负反馈和电流正反馈称为电动势负反馈,但是,这只是参数的一种巧妙配合,系统的本质并未改变。虽然可以认为电动势是正比于转速的,但是这样的"电动势负反馈"调速系统绝不是真正的转速负反馈调速系统。

## 思考题与习题

**1-1**　什么称为调速范围?什么称为静差率?调速范围与静态速降和最小静差率有什么关系?如何扩大调速范围?为什么?

**1-2**　在直流调速系统中,改变给定电压能否改变电动机的转速?为什么?若给定电压不变,调整反馈电压的分压比,是否能够改变转速?为什么?

**1-3**　转速负反馈系统的开环放大系数为 10,在额定负载时电动机速降为 50r/min,如果将系统开环放大系数提高为 30,它的速降为多少?在同样静差率的要求下,调速范围可以扩大多少倍?

**1-4**　某调速系统的调速范围是 $100 \sim 1000$r/min,要求 $S = 5\%$,系统允许的静态速降是多少?如果开环系统的静态速降为 50r/min,则闭环系统的开环放大系数应为多大?

**1-5**　某调速系统的调速范围 $D = 10$,额定转速 $n_N = 1000$r/min,开环速降 $\Delta n_N = 200$r/min,若要求系统的静差率由 $15\%$ 减小到 $5\%$,则系统的开环放大系数将如何变化?

**1-6**　在转速负反馈系统中,当电网电压、负载转矩、励磁电流、电枢电阻、测速发电机磁场各量发生变化时,都会引起转速的变化,问系统对它们有无调节能力?为什么?

**1-7**　积分调节器有哪些主要功能特点?采用积分调节器的转速负反馈调速系统为什么能使转速无静差?

**1-8**　采用 PI 调节器的转速负反馈调速系统为什么能够较好地解决系统稳态精度和动态稳定性之间的矛盾?

**1-9**　采用 PI 调节器的电压负反馈调速系统能实现转速无静差吗?为什么?

**1-10**　在无静差调速系统中,如果转速检测环节参数或转速给定电压发生了变化,是否会影响调速系统的稳态精度?为什么?

**1-11**　设某 V-M 调速系统,电动机参数为 $P_N = 2.5$kW,$U_N = 220$V,$I_N = 14$A,$n_N = 1500$r/min,电动机内阻 $R_a = 2\Omega$,整流装置等电阻 $R_r = 1\Omega$,触发整流装置的放大系数 $K_s = 30$。要求调速范围 $D = 20$,静差率 $S \leqslant 8\%$。

(1)计算开环系统的静态速降和调速指标要求的静态速降。

(2)画出转速负反馈组成的单闭环有静差调速系统的静态结构图。

(3) 调整该系统参数,使得当 $U_n^* = 10V$ 时,$I_d = I_N$,$n = 1000r/min$,计算转速反馈系数 $\alpha$。

(4) 计算所需放大器的放大系数。

(5) 如果把转速负反馈改为电压负反馈,能否满足上述调速静态指标的要求?假设开环放大系数不变,调整 $U_n^* = 15V$、$I_d = I_N$、$n = 1000r/min$、静差率 $S = 30\%$ 时,调速范围是多少?

**1-12** 某调速系统如图1-8所示,已知数据如下:电动机的 $P_N = 30kW$,$U_N = 220V$,$I_N = 160A$,$n_N = 1000r/min$,$R_a = 0.1\Omega$,整流装置内阻 $R_r = 0.3\Omega$,$K_s = 40$,额定转速时给定电压 $U_n^* = 12V$,主回路电流最大时电流反馈电压整定为 10V。

调速系统要求 $D = 40$,$S \leqslant 0.1$,堵转电流 $I_{dbl} = 1.5I_N$,截止电流 $I_{dcr} = 1.1I_N$。

(1) 试画出调速系统静态结构图。

(2) 计算转速反馈系数。

(3) 计算放大器的放大系数 $K_P$ 及其参数 $R_1$(已知 $R_0 = 10k\Omega$)。

(4) 计算稳压管的稳压值。

**1-13** 某调速系统原理图如图1-26所示,已知数据如下:直流电动机 $P_N = 18kW$,$U_N = 220V$,$I_N = 94A$,$n_N = 1000r/min$,$R_a = 0.15\Omega$,整流装置内阻 $R_r = 0.3\Omega$,触发整流环节的放大系数 $K_s = 40$。最大给定电压 $U_n^* = 15V$,当主电路电流达到最大值时,整定电流反馈电压 $U_{im} = 10V$。

设计指标:要求系统满足调速范围 $D = 20$,静差率 $S \leqslant 10\%$,堵转电流 $I_{dbl} = 1.5I_N$,截止电流 $I_{dcr} = 1.1I_N$。

(1) 试画出调速系统静态结构图。

(2) 计算转速反馈系数。

(3) 计算放大器的放大系数 $K_p$。

(4) 计算电阻 $R_1$ 的数值(放大器输入电阻 $R_0 = 20k\Omega$)。

(5) 计算电阻 $R_2$ 的数值和稳压管 VS 的击穿电压值。

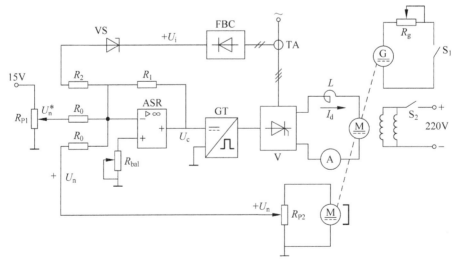

图 1-26 题 1-13 图

# 第2章

# 多环控制直流调速系统

在第 1 章讨论了单闭环调速系统,本章将重点阐述转速负反馈、电流负反馈的双闭环调速系统,这种系统是其他多闭环系统和可逆调速系统的基础。所谓多闭环调速系统,是指按一环套一环的嵌套结构组成的具有两个或两个以上闭环的控制系统。

## 2.1  转速、电流双闭环直流调速系统的组成及其静特性

### 2.1.1  问题的提出

采用 PI 调节器的转速负反馈、电流截止负反馈的直流调速系统可以在保证系统稳定的前提下实现转速无静差。但是,如果对系统的动态性能要求较高,例如要求快速起制动、突加负载动态速降小等,则单闭环系统就难以满足需要,这主要是因为在单闭环系统中不能完全按照需要来控制动态过程中的电流和转矩。从图 2-1(a)所示波形图可见,当电流上升到临界截止电流值 $I_{\mathrm{dcr}}$ 之后,电流截止负反馈起作用,这时虽能限制最大起动电流的冲击,但是维持最大起动电流的时间是短暂的,维持最大允许起动转矩的时间也就极短,这就不能充分利用电动机的过载能力,获得最快的起动响应了。如果调速系统在起动过程中电流和转速的波形达到如图 2-1(b)所示的理想快速起动过程,那么电动机在整个起动过程中就能恒流加速起动,实现允许条件下的最短起动时间控制了。

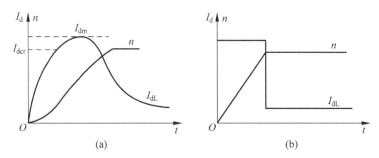

图 2-1  直流调速系统起动过程中的电流和转速的波形

(a) 带电流截止负反馈的单闭环调速系统起动过程;(b) 理想的快速起动过程

此外,在带电流截止环节的转速闭环调速系统中,把转速和电流两种反馈信号都加到同一个调节器上进行综合,相互关联影响,很难调整调节器的参数以保证两种调节过程同时具有良好的动态性能。

实际上,由于主电路电感的作用,电流不能突跳,图 2-1(b)所示的理想起动波形只能得到近似的逼近,不能完全实现。为了实现在允许条件下最快起动,关键是要获得一段使电流保持为最大值 $I_{dm}$ 的恒流过程。按照反馈控制规律,采用某个物理量的负反馈就可以保持该物理量基本不变,那么采用电流负反馈就应该能得到近似的恒流过程,这样就要控制转速和电流两个信号。在这两个信号中,转速可以人为给定且在整个运行过程中都要控制,而电流信号在稳定运行时由负载决定,无法人为给定,只有在实际转速与给定转速产生误差时,才能对它进行控制,且这时的控制值也只是不让电流超过允许的最大值,这样就不能让它和转速负反馈同时加到一个调节器的输入端,前述的单闭环直流调速系统就不能满足要求了。可以把转速和电流两种反馈信号分开分别进行调节控制,以达到系统具有优良的稳态和动态品质。于是提出了转速、电流双闭环直流调速系统,该系统能很好地解决上述问题。

## 2.1.2　转速、电流双闭环直流调速系统的组成

转速、电流双闭环直流调速系统如图 2-2 所示。由图可见,在系统中设置转速调节器 ASR 和电流调节器 ACR 分别对转速和电流进行调节,二者之间实行嵌套(或称串级)连接,即把转速调节器的输出作为电流调节器的输入,再用电流调节器的输出控制晶闸管整流器的触发装置,从闭环结构上看,电流环在里面,称为内环;而转速环在外面,称为外环。这样便组成了转速负反馈、电流负反馈的双闭环直流调速系统。

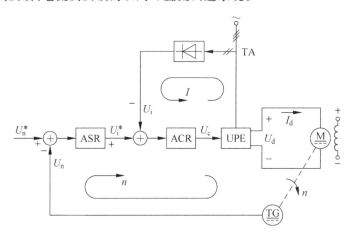

图 2-2　转速、电流双闭环直流调速系统

为了获得良好的静态和动态性能,通常转速调节器 ASR 和电流调节器 ACR 均采用 PI 调节器,两个调节器的输出均带有限幅,ASR 的输出限幅电压为 $U_{im}^*$,它决定了 ACR 给定电压的最大值,也就设定了电动机的最大电流 $I_{dm}$。$U_{im}^*$ 的大小可根据电动机的过载能力和系统对起动过程快速性的需要整定。ACR 的输出限幅电压 $U_{cm}$ 限制了晶闸管整流器的最大输出电压 $U_{dm}$。

### 2.1.3　双闭环直流调速系统的稳态结构图和静特性

利用第1章阐述的思路和结果,并注意用带限幅的输出特性表示 PI 调节器,就可以很方便地由图 2-2 画出双闭环直流调速系统的稳态结构图,如图 2-3 所示。分析系统静特性时应充分注意到具有限幅特性的 PI 调节器在稳态时的特性,当调节器输出一旦饱和(限幅)时,就不再受输入的影响了,相当于该调节器开环,调节器工作于非线性段,只有输入信号反向,调节器才能退出饱和状态。当调节器输出不饱和时,调节器工作于线性段才起调节作用。由于两个具有输出限幅特性的 PI 调节器相互配合,对系统进行调节控制,所以双闭环系统具有良好的静特性,如图 2-4 所示。由图可见,系统静特性由两段组成。

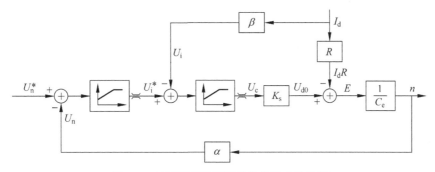

图 2-3　双闭环直流调速系统的稳态结构图

#### 1. 转速调节器不饱和

系统稳定运行时,两个调节器都不饱和,它们的输入偏差电压都是零,因此有如下关系:

$$U_n^* = U_n = \alpha n = \alpha n_0$$

$$U_i^* = U_i = \beta I_d$$

由第一个关系式可得

$$n = \frac{U_n^*}{\alpha} = n_0 \qquad (2\text{-}1)$$

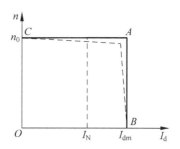

图 2-4　双闭环直流调速系统的
静特性

从而可得到图 2-4 所示静特性的 $CA$ 段。与此同时,由于 ASR 不饱和,$U_i^* < U_{im}^*$,从上述第二个关系式可知 $I_d < I_{dm}$。也就是说,$CA$ 段特性从理想空载状态的 $I_d = 0$ 一直延续到 $I_d = I_{dm}$,而 $I_{dm}$ 一般都是大于额定电流 $I_N$ 的。这就是静特性的运行段,它是一条水平的特性。

#### 2. 转速调节器饱和

当 ASR 输出饱和时,其输出达到限幅值,即 $U_i^* = U_{im}^*$,转速外环呈开环状态,转速变化对系统不再产生影响,双闭环系统变成依靠 ACR 调节的恒流系统,由于 ACR 也是 PI 调节器,所以可实现电流无静差调节,从而获得极好的下垂特性,即图 2-4 中的 $AB$ 段,起到限流保护作用。此时

$$I_{d} = \frac{U_{im}^{*}}{\beta} = I_{dm} \tag{2-2}$$

式(2-2)中,最大电流是由设计者选定的,取决于电动机的允许过载能力和拖动系统允许的最大加速度。这样的下垂特性只适合 $n < n_{0}$ 的情况,因为如果 $n \geqslant n_{0}$,则 $U_{n} \geqslant U_{n}^{*}$,ASR 将退出饱和状态。

从上面分析可知,双闭环调速系统的静特性为:在负载电流小于 $I_{dm}$ 时,转速负反馈起主要调节作用,表现为转速无静差;当负载电流达到 $I_{dm}$ 后,转速调节器饱和,电流调节器起调节作用,系统表现为电流无静差,自动实现过电流保护。显然,双闭环调速系统的静特性比带电流截止负反馈的单闭环调速系统的静特性好。但是,实际的静特性并不是理想化的,而是如图 2-4 中的虚线所示,这是由于运算放大器的开环放大系数并非无穷大以及检测存在误差,所以这两段特性仍都存在很小的静差。

双闭环调速系统稳态运行且当两个调节器都不饱和时,有如下关系式:

$$U_{n}^{*} = U_{n} = \alpha n = \alpha n_{0} \tag{2-3}$$

$$U_{i}^{*} = U_{i} = \beta I_{d} = \beta I_{dL} \tag{2-4}$$

$$U_{c} = \frac{U_{d0}}{K_{s}} = \frac{C_{e}n + I_{d}R}{K_{s}} = \frac{C_{e}U_{n}^{*}/\alpha + I_{dL}R}{K_{s}} \tag{2-5}$$

上述关系式表明,在稳态工作点上,转速 $n$ 是由给定电压 $U_{n}^{*}$ 决定的,ASR 的输出量 $U_{i}^{*}$ 是由负载电流 $I_{dL}$ 决定的,而控制电压 $U_{c}$ 的大小则同时取决于 $n$ 和 $I_{d}$,或者说同时取决于 $U_{n}^{*}$ 和 $I_{dL}$。这些关系式反映了 PI 调节器不同于 P 调节器的特点。比例调节器的输出量总是正比于其输入量,而 PI 调节器则不然,其输出量的稳态值与输入无关,而是由它后面环节的需要决定的,需要 PI 调节器提供多大的输出值,它就能提供多大,直到饱和为止。

鉴于这一特点,双闭环调速系统的稳态参数计算与单闭环有静差调速系统完全不同,而与无静差调速系统的稳态计算相似,即根据各调节器的给定值与反馈值计算有关的反馈系数。

转速反馈系数

$$\alpha = \frac{U_{nm}^{*}}{n_{max}} \tag{2-6}$$

电流反馈系数

$$\beta = \frac{U_{im}^{*}}{I_{dm}} \tag{2-7}$$

两个给定电压的最大值 $U_{nm}^{*}$ 和 $U_{im}^{*}$ 由设计者选定,受运算放大器允许输入电压和稳压电源的限制。

## 2.2 双闭环直流调速系统的数学模型和动态性能分析

### 2.2.1 双闭环直流调速系统的动态结构图

只要把各环节的传递函数填入双闭环直流调速系统稳态结构图(如图 2-3 所示)相应的

方框内,便可绘出双闭环直流调速系统的动态结构图,如图 2-5 所示。图中 $W_{ASR}(s)$ 和 $W_{ACR}(s)$ 分别表示转速调节器和电流调节器的传递函数。为了引出电流反馈,在电动机的动态结构图中必须把电枢电流 $I_d$ 显露出来。

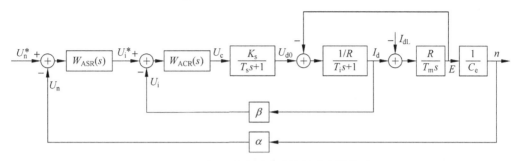

图 2-5　双闭环直流调速系统的动态结构图

## 2.2.2　起动过程分析

双闭环直流调速系统突加给定电压 $U_n^*$ 后,由静止状态起动时转速和电流的动态过渡过程如图 2-6 所示。由于在起动过程中转速调节器 ASR 经历了不饱和、饱和、退出饱和 3 个阶段,因此,整个过渡过程也分为 I 、II 、III 这 3 个阶段。

第 I 阶段($0 \sim t_1$)是电流上升阶段。突加给定电压 $U_n^*$ 后,电动机的惯性使转速和反馈电压 $U_n$ 增长较慢,$\Delta U_n = U_n^* - U_n$ 的数值较大,ASR 的输出迅速上升到限幅值 $U_{im}^*$,$U_c$ 和 $U_{d0}$ 上升,$U_{im}^*$ 强迫电流 $I_d$ 迅速上升,在 $I_d$ 没有达到负载电流 $I_{dL}$ 以前,电动机还不能转动,当 $I_d \geqslant I_{dL}$ 后,电动机开始起动。直到 $I_d \approx I_{dm}$、$U_i \approx U_{im}^*$ 时,电流调节器很快就压制了 $I_d$ 的增长,标志着这一阶段的结束。在这一阶段中,ASR 很快进入并保持饱和状态,而 ACR 不饱和。

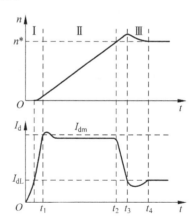

图 2-6　双闭环直流调速系统起动时的转速和电流波形

第 II 阶段($t_1 \sim t_2$)是恒流升速阶段,即从电流上升到最大值 $I_{dm}$ 开始,到转速升到给定值为止,属于恒流升速阶段,这是起动过程中的重要阶段。在这个阶段中,ASR 始终是饱和的,转速环相当于开环状态,而 ACR 不饱和,电流调节器对系统进行恒流调节,$I_{dm}$ 基本恒定,因而电动机恒加速起动,转速线性上升,如图 2-6 所示。与此同时,电动机的反电动势 $E$ 随着转速的上升也线性增长,对电流调节系统来说,$E$ 是一个线性渐增的扰动量,为了克服它的扰动,$U_{d0}$ 和 $U_c$ 也必须基本上按线性增长,才能保持 $I_d$ 恒定。当 ACR 采用 PI 调节器时,要使其输出量按线性增长,其输入偏差电压 $\Delta U_i = U_{im}^* - U_i$ 必须维持一定的恒值,也就是说,$I_d$ 应略低于 $I_{dm}$。此外还应指出,为了保证电流环的这种调节作用,在起动过程中 ACR 不应饱和,晶闸管整流装置的最大输出电压也需留有余地,这些都是设计时必须注意的。

第Ⅲ阶段($t_2$以后)是转速调节阶段。当转速上升到给定值 $n^* = n_0$ 时,转速调节器 ASR 的输入偏差减小到零,但 ASR 的输出由于积分保持作用仍维持在限幅值 $U_{im}^*$,所以电动机仍在最大电流下加速,必然使转速超调。转速超调后,ASR 输入偏差电压变负,使它开始退出饱和状态,$U_i^*$ 和 $I_d$ 很快下降。但是,只要 $I_d$ 仍大于负载电流 $I_{dL}$,转速就继续上升。直到 $I_d = I_{dL}$ 时,转矩 $T = T_L$,则 $\mathrm{d}n/\mathrm{d}t = 0$,转速 $n$ 才到达峰值($t = t_3$ 时)。此后,电动机在负载的阻力作用下开始减速,与此对应,在 $t_3 \sim t_4$ 时间内,$I_d < I_{dL}$,直到稳定。如果调节器参数整定得不够好,也会有一段振荡过程。在最后的转速调节阶段内,ASR 和 ACR 都不饱和,同时起调节作用,由于转速调节在外环,ASR 起主导的转速调节作用,而 ACR 的作用是力图使 $I_d$ 尽快地跟随其给定值 $U_i^*$ 的变化,因此电流内环处于从属地位,成为一个电流随动子系统。

从上面分析可见,转速、电流双闭环直流调速系统在突加阶跃给定的起动过程中,巧妙地利用了 ASR 的饱和非线性,使系统成为一个恒流调节控制系统,实现电流在约束条件下的最短时间控制,或称"时间最优控制"。当 ASR 退饱和后,系统便进入稳定运行状态,表现为一个转速无静差直流调速系统。在不同条件下表现为不同结构的线性系统,就是饱和非线性的特征,因此决不能简单地应用线性控制理论分析和设计这样的系统。分析过渡过程时,还须注意初始状态,前一阶段的终结状态就是后一阶段的初始状态。不同的初始状态,即使控制系统的结构和参数都不变,过渡过程还是不一样的。

最后还应指出,由于晶闸管整流装置的输出电流是单方向的,因此双闭环直流调速系统不能实现回馈制动,在制动时,当电流下降到零以后,只好自由停车。当需快速停车时,应采用能耗制动或电磁抱闸制动等方法。

## 2.2.3 双闭环直流调速系统的动态抗扰性能

一般来说,双闭环直流调速系统具有比较满意的动态性能。对于调速系统,最重要的动态性能是抗扰性能,主要是抗负载扰动和抗电网电压扰动的性能。

### 1. 抗负载扰动

由图 2-5 所示的双闭环直流调速系统的动态结构图可以看出,负载电流扰动作用在转速环之内而在电流环之外,只能依靠转速外环来抑制负载扰动,因此在突加(减)负载时,必然会引起动态速降(升),在设计 ASR 时应考虑到减小动态速降(升)的问题。对于 ACR 的设计,在抗负载扰动时,要求电流环具有良好的跟随性能就可以了。

### 2. 抗电网电压扰动

从图 2-5 可见,电网电压扰动是从 $U_{d0}$ 处的综合比较点加入的,这种扰动被包围在电流环之内,当电压波动时,可通过电流反馈得到及时调节,不必等到影响转速后才在系统中有所反应。但是,对于图 1-19 所示的单闭环无静差直流调速系统动态结构图,电压扰动也是从 $U_{d0}$ 处综合比较点加入的,由于没有电流内环的调节,电压波动时首先受到电磁惯性的阻挠后影响到电枢电流,再经过机电惯性的滞后才能反映到转速上,等到转速反馈发挥调节作用时为时已晚。相比之下,显然双闭环调速系统对电网电压的扰动调节比单闭环调速系统及时,即前者对电网电压的扰动抑制能力比后者强。

### 2.2.4　转速和电流两个调节器的作用

综上所述,转速调节器和电流调节器在双闭环直流调速系统中的作用可概括如下。

**1. 转速调节器的作用**

(1) 转速调节器是调速系统的主导调节器,它能使转速 $n$ 很快地跟随给定电压 $U_n^*$ 的变化,稳态时可减小转速误差,如果采用 PI 调节器,则可实现无静差。

(2) 对负载变化起抗扰作用。

(3) 其输出限幅值决定电动机允许的最大电流。

**2. 电流调节器的作用**

(1) 作为内环的调节器,在转速外环的调节过程中,它的作用是使电流紧紧跟随其给定电压 $U_i^*$(即外环调节器的输出量)的变化。

(2) 对电网电压的波动起及时抗扰的作用。

(3) 在转速动态过程中,保证获得电动机允许的最大电流,从而加快动态过程。

(4) 当电动机过载甚至堵转时,限制电枢电流的最大值,起快速自动保护的作用。一旦故障消失,系统立即自动恢复正常。这个作用对系统的可靠运行来说是十分重要的。

## 2.3　双闭环直流调速系统调节器的工程设计

### 2.3.1　调节器工程设计方法的必要性、可能性与基本思路

**1. 必要性**

对某个调速系统进行动态校正的目的,就是要设计合适的调节器,使系统能同时满足稳、准、快、抗干扰等各方面互有矛盾的静态与动态性能要求。但经典的动态校正方法不但需要设计者有相当强的理论基础与实践经验,而且设计过程十分繁杂;另一方面,由于对各环节参数测量的精确度的限制与设计计算中不可避免地要采用线性化与近似处理,这样即使采用了复杂与"精确"的计算方法,所得到的调节器的参数也仍是近似的,实际使用的参数必须在现场调试中才能最后确定。因此,采用不那么精确但方便实用的工程设计方法就很有必要了。

**2. 可能性**

现代的电力拖动自动控制系统,除电动机外,都是由惯性很小的电力电子器件、集成电路等组成的。经过合理的简化处理,整个系统一般都可以近似为低阶系统,以运算放大器为核心的有源校正网络(调节器)可以方便地实现比例、积分、微分等控制规律,因此,有可能将

多种多样的控制系统简化和近似成少数典型的低阶结构。如事先对这些系统作深入的研究,弄清它们的参数与性能指标的关系,写成简单的公式或制成简明的图表,在设计实际系统时,只要能把它校正或简化成典型系统的形式,就可以利用现成的公式或图表来进行参数计算,设计过程就要简便得多。这样,就有了建立工程设计方法的可能性。

有了必要性和可能性,各种控制方法便相继提出。在我国应用较多的有西门子公司的"二阶最佳"和"三阶最佳"参数设计法,在随动系统设计中常用的"振荡指标法",还有我国学者提出的"模型系统法"等。

**3. 工程设计方法的基本思路**

作为工程设计方法,首先要使问题简化,突出主要矛盾。简化的基本思路是把调节器的设计过程分作两步:

第一步,先选择调节器的结构,以确保系统动态稳定,同时满足所需的稳态精度。

第二步,再选择调节器的参数,以满足动态性能指标的要求。

这样做就把稳、准、快和抗干扰之间相互交叉的矛盾问题分为两步来解决,第一步先解决主要矛盾,即动态稳定性和稳态精度,然后在第二步再进一步满足其他动态性能指标。

由于典型系统的参数与性能指标的关系都已找到,故具体选择参数时只要按现成的公式和表格中的数据进行计算就可以了,这就大大减少了设计工作量,而且经过实际调试,一般都能达到预期目的。所以,这种工程设计方法深受广大工程技术人员的欢迎。

## 2.3.2 控制系统的动态性能指标

控制系统的性能指标是指用来评价系统性能优劣的量化标准,因而是设计系统的主要依据。控制系统的性能指标有稳态性能指标与动态性能指标之分。控制系统的动态性能指标包括对给定输入信号的跟随性能指标和对扰动输入信号的抗扰性能指标。

**1. 跟随性能指标**

控制系统在给定阶跃信号 $R(t)$ 作用下,其输出量 $C(t)$ 的变化情况称为阶跃响应,如图 2-7 所示。从阶跃响应曲线上可得到跟随性能指标有上升时间、超调量与峰值时间和调节时间。

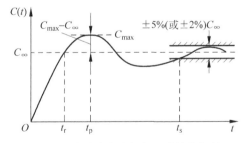

图 2-7 阶跃响应过程与跟随性能指标

（1）上升时间 $t_r$。图 2-7 中输出量从零开始上升至第一次达到稳态值 $C_\infty$ 所经过的时间称为上升时间，它表示动态响应的快速性。

（2）超调量 $\sigma$ 与峰值时间 $t_p$。在阶跃响应过程中，超过 $t_r$ 以后，输出量有可能继续升高，到峰值时间 $t_p$ 时达到最大值 $C_{max}$，然后回落。$C_{max}$ 超过稳态值 $C_\infty$ 的百分数称为超调量，即

$$\sigma = \frac{C_{max} - C_\infty}{C_\infty} \times 100\% \tag{2-8}$$

超调量反映系统的相对稳定性。超调量越小，相对稳定性越好。

（3）调节时间 $t_s$。阶跃响应曲线 $C(t)$ 与稳定值 $C_\infty$ 之差在允许范围内（一般取 $C(t)$ 稳态值的 $\pm2\%$ 或 $\pm5\%$）而且此后不再超出这个范围所需的时间称为调节时间，又称过渡过程时间。显然，调节时间既反映了系统的快速性，也包含着系统的稳定性。

**2. 抗扰性能指标**

抗扰性能也是评价和设计系统的重要动态性能指标之一。调速系统的主要扰动有负载变化、电源电压波动等，这些因素的变化都会引起输出量转速的变化，输出量变化多大，经过多长时间后才能恢复稳定运行，这两个量表示系统抵抗扰动的能力。图 2-8 所示为系统在突加一个使输出量降低的扰动量以后，输出量由降低到恢复的过渡过程。常用的抗扰性能指标有动态降落和恢复时间。

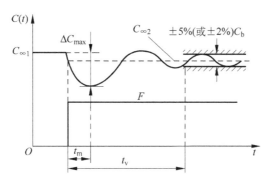

图 2-8 突加扰动时的动态过程和抗扰性能指标

（1）动态降落 $\Delta C_{max}$。系统稳定运行时，突加一个负扰动量所引起的输出量最大降落值 $\Delta C_{max}$ 称为动态降落，一般用 $\Delta C_{max}$ 占输出量原稳态值 $C_{\infty 1}$ 的百分数 $\Delta C_{max}/C_{\infty 1} \times 100\%$ 来表示。输出量在动态降落后逐渐恢复，达到新的稳态值 $C_{\infty 2}$，$(C_{\infty 1} - C_{\infty 2})$ 是系统在该扰动作用下的稳态误差，即静差。动态降落一般都大于稳态误差。调速系统突加额定负载扰动时转速的动态降落称为动态速降 $\Delta n_{max}$。

（2）恢复时间 $t_v$。从扰动作用开始到输出量与新稳态值 $C_{\infty 2}$ 之差进入某基准值 $C_b$ 的 $\pm5\%$（或取 $\pm2\%$）范围之内所经过的时间称为恢复时间。抗扰指标中输出量的基准值视具体情况选定。

动态降落和恢复时间越短，表示系统的抗扰性能越好。一般反馈控制系统的抗扰性能与跟随性能之间存在一定的矛盾。实际控制系统对于各种动态指标的要求也不相同，如可逆轧钢机需要连续正反向轧制许多道次，因而对转速的跟随性能与抗扰性能要求都较高，而

一般生产中用的不可逆调速系统则主要要求一定的转速抗扰性能,其跟随性能如何没有多大关系。工业机器人和数控机床用的位置随动系统(伺服系统)要求有严格的跟随性能。多机架的连轧机则要求有高抗扰性能,而对跟随性能只要求没有超调,调节时间长些关系不大。总的来说,调速系统的动态指标以抗扰性能为主,而随动系统的动态指标则以跟随性能为主。

### 2.3.3 典型Ⅰ型系统以及系统性能指标和参数的关系

一般来说,任何系统的开环传递函数都可以用下式表示:

$$W(s) = \frac{K \prod_{j=1}^{m}(\tau_j s + 1)}{s^r \prod_{i=1}^{n}(T_i s + 1)} \tag{2-9}$$

若按系统中所含串联积分环节的个数(用 $r$ 表示)来区分系统,定义 $r=0,1,2,\cdots$ 时的系统分别为 0 型系统,Ⅰ型系统,Ⅱ型系统,$\cdots$。由自动控制原理可知,0 型系统稳态精度低,而Ⅲ型和Ⅲ型以上的系统很难稳定。因此,为了保证稳定性和较好的稳态精度,在Ⅰ型和Ⅱ型系统中各选一种结构作为典型系统。

**1. 典型Ⅰ型系统**

作为典型的Ⅰ型系统,其开环传递函数为

$$W(s) = \frac{K}{s(Ts+1)} \tag{2-10}$$

式中,$T$ 为系统的惯性时间常数;$K$ 为系统的开环增益。

它的闭环系统结构图如图 2-9(a)所示,其开环对数频率特性如图 2-9(b)所示。为了保证系统的稳定性,应使开环对数频率特性的中频段以 $-20$dB/dec 的斜率穿越 0dB 线。为此,显然应有

$$\omega_c < \frac{1}{T} \quad 或 \quad \omega_c T < 1$$

否则就不能称为典型Ⅰ型系统,典型Ⅰ型系统的相角裕度为

$$\gamma = 180° - 90° - \arctan\omega_c T = 90° - \arctan\omega_c T > 45° \tag{2-11}$$

**2. 典型Ⅰ型系统性能指标和参数的关系**

典型Ⅰ型系统的开环传递函数中有两个参数,即开环增益 $K$ 和时间常数 $T$。时间常数 $T$ 在实际系统中是控制对象本身固有的,能够由调节器改变的只有开环增益 $K$,亦即 $K$ 是唯一的待定参数。所以只要找出性能指标与 $K$ 的关系即可。

由图 2-9(b)典型Ⅰ型系统的开环对数频率特性可知

$$\frac{-20\lg K}{\lg\omega_c - \lg 1} = -20(\text{dB/dec})$$

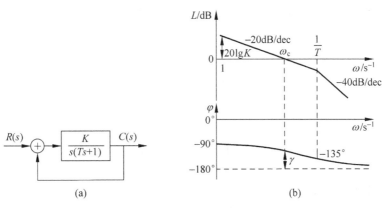

图 2-9 典型 I 型系统

(a) 闭环系统结构图；(b) 开环对数频率特性

所以

$$K = \omega_c \quad \left(\text{当} \; \omega_c < \frac{1}{T} \; \text{时}\right) \tag{2-12}$$

由式(2-11)得

$$\gamma = 90° - \arctan \omega_c T = \arctan \frac{1}{\omega_c T} = \arctan \frac{1}{KT} \tag{2-13}$$

可见，反映系统快速性的截止角频率 $\omega_c$ 取决于开环增益 $K$，$K$ 增大可以提高系统的快速性，但同时又会使系统的稳定裕度 $\gamma$ 减小，超调量增加。所以，系统的快速性与系统的稳定性是矛盾的，因而在确定 $K$ 值时要兼顾快速性与超调量这两项指标。

(1) 典型 I 型系统跟随性能指标与参数的关系

① 稳态跟随性能指标。系统的稳态跟随性能指标可以用不同输入信号作用下的稳态误差来表示，如表 2-1 所示。由表可见，阶跃输入下的典型 I 型系统在稳态时是无误差的；但在斜坡输入下则有恒定的稳态误差，且与 $K$ 值呈反比；在加速度输入下稳态误差为 $\infty$，因此，典型 I 型系统不能用于具有加速度输入的随动系统。

表 2-1 典型 I 型系统在不同的输入信号作用下的稳态误差

| 输入信号 | 阶跃输入 $R(t) = R_0$ | 斜坡输入 $R(t) = v_0 t$ | 加速度输入 $R(t) = \dfrac{a_0 t^2}{2}$ |
|---|---|---|---|
| 稳态误差 | 0 | $v_0 / K$ | $\infty$ |

② 动态跟随性能指标。典型 I 型系统是二阶系统，其闭环传递函数的一般形式为

$$W_{cl}(s) = \frac{C(s)}{R(s)} = \frac{\omega_n^2}{s^2 + 2\zeta\omega_n s + \omega_n^2} \tag{2-14}$$

式中，$\omega_n$ 为无阻尼时的自然振荡角频率，或称固有角频率；$\zeta$ 为阻尼比，或称衰减系数。

由典型 I 型系统的开环传递函数式(2-10)可以求出其闭环传递函数为

$$W_{cl}(s) = \frac{W(s)}{1 + W(s)} = \frac{\dfrac{K}{s(Ts+1)}}{1 + \dfrac{K}{s(Ts+1)}} = \frac{\dfrac{K}{T}}{s^2 + \dfrac{1}{T}s + \dfrac{K}{T}} \tag{2-15}$$

比较式(2-14)和式(2-15)可得

$$\omega_{\mathrm{n}} = \sqrt{\frac{K}{T}} \tag{2-16}$$

$$\zeta = \frac{1}{2}\sqrt{\frac{1}{KT}} \tag{2-17}$$

$$\zeta\omega_{\mathrm{n}} = \frac{1}{2T} \tag{2-18}$$

由二阶系统的性质可知,当$\zeta<1$时系统的动态响应是欠阻尼的振荡特性;当$\zeta>1$时是过阻尼的单调特性;当$\zeta=1$时是临界阻尼。由于过阻尼特性动态响应较慢,所以一般把系统设计成欠阻尼状态,即$0<\zeta<1$。在典型Ⅰ型系统中,$KT<1$,得$\zeta>0.5$,因此在典型Ⅰ型系统中应取$0.5<\zeta<1$。由此可以求出欠阻尼二阶系统在零初始条件下的阶跃响应动态指标计算公式:

超调量

$$\sigma = \mathrm{e}^{-(\zeta\pi/\sqrt{1-\zeta^2})} \times 100\% \tag{2-19}$$

上升时间

$$t_{\mathrm{r}} = \frac{2\zeta T}{\sqrt{1-\zeta^2}}(\pi - \arccos\zeta) \tag{2-20}$$

峰值时间

$$t_{\mathrm{p}} = \frac{\pi}{\omega_{\mathrm{n}}\sqrt{1-\zeta^2}} \tag{2-21}$$

表 2-2 中列出了 $0.5<\zeta<1$ 时,典型Ⅰ型系统各项动态跟随性能指标和频域指标与参数 $KT$ 的关系。由表中数据可见,当系统的时间常数 $T$ 已固定时,随着 $K$ 的增大,阻尼比 $\zeta$ 减小,超调量 $\sigma$ 增大,相角稳定裕度 $\gamma$ 减小,系统的稳定性变差,但上升时间 $t_{\mathrm{r}}$ 减小,截止角频率 $\omega_{\mathrm{c}}$ 增大,系统的快速性提高。

表 2-2　典型Ⅰ型系统动态跟随性能指标和频域指标与参数的关系

| 参数关系 $KT$ | 0.25 | 0.39 | 0.50 | 0.69 | 1.0 |
|---|---|---|---|---|---|
| 阻尼比 $\zeta$ | 1.0 | 0.8 | 0.707 | 0.6 | 0.5 |
| 超调量 $\sigma$ | 0 | 1.5% | 4.3% | 9.5% | 16.3% |
| 上升时间 $t_{\mathrm{r}}$ | $\infty$ | $6.6T$ | $4.7T$ | $3.3T$ | $2.4T$ |
| 峰值时间 $t_{\mathrm{p}}$ | $\infty$ | $8.3T$ | $6.2T$ | $4.7T$ | $3.6T$ |
| 相角稳定裕度 $\gamma$ | $76.3°$ | $69.9°$ | $65.5°$ | $59.2°$ | $51.8°$ |
| 截止角频率 $\omega_{\mathrm{c}}$ | $0.243/T$ | $0.367/T$ | $0.455/T$ | $0.596/T$ | $0.786/T$ |

在具体选择参数时,如果主要要求动态响应快,可取 $\zeta=0.5\sim0.6$,则 $KT$ 较大;如果主要要求超调小,可取 $\zeta=0.8\sim1$,则 $KT$ 较小;如果要求无超调,可取 $\zeta=1.0$,$KT=0.25$;无特殊要求时,一般可取 $\zeta=0.707$,$KT=0.5$,此时 $\sigma=4.3\%$,略有超调。

若出现无论怎样选择参数,总是顾此失彼,不可能满足所需的全部性能指标,说明采用典型Ⅰ型系统不合适,须采用其他控制方法。

选择 $KT=0.5$、$\zeta=0.707$ 这种参数时的二阶系统就是工程技术人员广泛采用的所谓"二阶最佳系统",或称"模最佳系统"。值得提出的是,这里所指"最佳"的含义是调节器的最佳参数整定,与控制理论中的"最佳(最优)控制"不是一回事。

(2) 典型 I 型系统抗扰性能指标与参数的关系

抗扰性能是评价自动控制系统品质的一个重要指标,它标志着系统对扰动信号的抑制能力。在电力拖动自动控制系统中,主要的扰动是负载扰动和电网电压波动,当扰动作用于系统时,要求系统能迅速克服扰动的影响,把输出值恢复到设定值上。

图 2-10(a)是在扰动量 $F$ 作用下的典型 I 型系统,而且

$$W(s) = W_1(s)W_2(s) = \frac{K}{s(Ts+1)} \tag{2-22}$$

只讨论抗扰性能时,可令输入变量 $R(s) = 0$,即得等效结构图如图 2-10(b)所示。由图可得,在扰动作用下的输出表达式为

$$\Delta C(s) = \frac{F(s)}{W_1(s)} \cdot \frac{W(s)}{1+W(s)} \tag{2-23}$$

若令

$$W_1(s) = \frac{K_1(T_2 s + 1)}{s(T_1 s + 1)}$$

$$W_2(s) = \frac{K_2}{T_2 s + 1}$$

且 $T_2 > T_1 = T$。

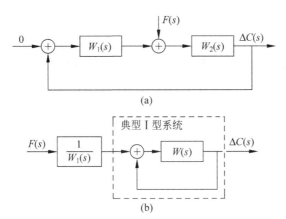

图 2-10 扰动作用下的典型 I 型系统

(a) 扰动 $F$ 作用下的典型 I 型系统;(b) 等效结构框图

在阶跃扰动下,$F(s) = \dfrac{F}{s}$,代入式(2-23)后可得

$$\Delta C(s) = \frac{F}{s} \cdot \frac{W_2(s)}{1+W_1(s)W_2(s)} = \frac{\dfrac{FK_2}{T_2 s + 1}}{s + \dfrac{K_1 K_2}{Ts+1}} = \frac{FK_2(Ts+1)}{(T_2 s + 1)(Ts^2 + s + K)}$$

如果按"最佳"法选定 $KT = 0.5$,即 $K = K_1 K_2 = 1/2T$,则

$$\Delta C(s) = \frac{2FK_2 T(Ts+1)}{(T_2 s + 1)(2T^2 s^2 + 2Ts + 1)} \tag{2-24}$$

利用拉普拉斯反变换,可得阶跃扰动后输出变化量过渡过程的时间函数为

$$\Delta C(t) = \frac{2FK_2 m}{2m^2-2m+1} \left[ (1-m)e^{-t/T_2} - (1-m)e^{-t/2T}\cos\frac{t}{2T} + m e^{-t/2T}\sin\frac{t}{2T} \right]$$

(2-25)

式中,$m = \dfrac{T_1}{T_2}$,为控制对象中两个时间常数的比值,它的值小于1。

取不同的 $m$ 值,可计算出相应的 $\Delta C(t) = f(t)$ 动态曲线,从而求得动态降落 $\Delta C_{\max}$(用基准值 $C_b$ 的百分数表示)和对应的时间 $t_m$ 以及允许误差带为 $\pm 5\% C_b$ 时的恢复时间 $t_v$($t_m$、$t_v$ 都用 $T$ 的倍数表示),计算结果列于表 2-3。

表 2-3　典型 I 型系统动态抗扰性能指标与参数的关系　　　　　（$KT=0.5$）

| $m = \dfrac{T_1}{T_2} = \dfrac{T}{T_2}$ | $\dfrac{1}{5}$ | $\dfrac{1}{10}$ | $\dfrac{1}{20}$ | $\dfrac{1}{30}$ |
|---|---|---|---|---|
| $\dfrac{\Delta C_{\max}}{C_b} \times 100\%$ | 55.5% | 33.2% | 18.5% | 12.9% |
| $t_m/T$ | 2.8 | 3.4 | 3.8 | 4.0 |
| $t_v/T$ | 14.7 | 21.7 | 28.7 | 30.4 |

从表 2-3 的数据可看出,控制对象的两个时间常数相距越大(即 $m = T_1/T_2$ 越小),动态降落越小,但恢复时间越长。

## 2.3.4　典型 II 型系统以及系统性能指标和参数的关系

### 1. 典型 II 型系统

典型 II 型系统的开环传递函数为

$$W(s) = \frac{K(\tau s + 1)}{s^2(Ts + 1)}$$

(2-26)

它的闭环系统结构图和开环对数频率特性如图 2-11 所示,其开环对数频率特性的中频段以 $-20\mathrm{dB/dec}$ 的斜率穿越零分贝线。由于典型 II 型系统开环传递函数分母中已有 $s^2$,对应的相频特性为 $-180°$,分母中还有一个惯性环节 $Ts+1$,所以分子上必须有一个惯性环节 $\tau s+1$,而且必须有 $\tau > T$,才能把相频特性抬到 $-180°$ 线以上,否则无法使系统稳定。显然应保证

$$\frac{1}{\tau} < \omega_c < \frac{1}{T}$$

图 2-11 中,$\omega_1 = 1/\tau$,为低频转折角频率;$\omega_2 = 1/T$,为高频转折角频率,且有 $\omega_2 > \omega_1$。

而相角稳定裕度为

$$\gamma = 180° - 180° + \arctan\omega_c\tau - \arctan\omega_c T = \arctan\omega_c\tau - \arctan\omega_c T$$

$\tau$ 比 $T$ 大得越多,系统的相角稳定裕度越大。

### 2. 典型 II 型系统性能指标和参数的关系

与典型 I 型系统相比,典型 II 型系统所不同的是有两个参数 $K$ 和 $\tau$ 待确定,这就增加

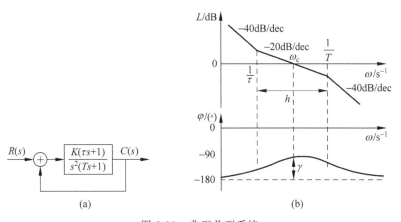

图 2-11 典型 Ⅱ 型系统

(a) 闭环系统结构图；(b) 开环对数频率特性

了选择参数工作的复杂性。为了分析方便起见，引入一个新的变量 $h$，令

$$h = \frac{\tau}{T} = \frac{\omega_2}{\omega_1} \tag{2-27}$$

$h$ 表示在对数坐标中斜率为 $-20\text{dB/dec}$ 的中频段的宽度，称为"中频宽"。由于中频段的状况对控制系统的动态品质起着决定性的作用，因此 $h$ 是一个很关键的参数。

在图 2-11 中，若设 $\omega = 1$ 处是 $-40\text{dB/dec}$ 特性段，则

$$20\lg K = 40\lg\omega_1 + 20\lg\frac{\omega_c}{\omega_1} = 20\lg\omega_1\omega_c$$

因此

$$K = \omega_1\omega_c \tag{2-28}$$

从频率特性可看出，由于 $T$ 一定，改变 $\tau$ 就等于改变了中频宽 $h$，在 $\tau$ 确定以后，再改变 $K$ 相当于使开环对数频率特性上下平移，从而改变了截止角频率 $\omega_c$。因此在设计调节器时，选择两个参数 $h$ 和 $\omega_c$，就相当于选择参数 $\tau$ 和 $K$。

在工程设计中，如果对两个参数都进行任意选择，就需要比较多的图表和数据。目前已提出了许多有关确定这些参数的简便方法。

若采用"振荡指标法"中的闭环幅频特性峰值 $M_r$ 最小准则，就可以找出 $h$ 和 $\omega_c$ 两个参数之间的一种最佳配合关系。这一准则表明，对于一定的 $h$ 值，只有一个确定的，可以得到的最小闭环幅频特性峰值 $M_{r\min}$，这时，$\omega_c$ 和 $\omega_1$、$\omega_2$ 之间的关系是

$$\frac{\omega_2}{\omega_c} = \frac{2h}{h+1} \tag{2-29}$$

$$\frac{\omega_c}{\omega_1} = \frac{h+1}{2} \tag{2-30}$$

以上两式称为"最佳频比"，因而有

$$\omega_1 + \omega_2 = \frac{2\omega_c}{h+1} + \frac{2h\omega_c}{h+1} = 2\omega_c$$

$$\omega_c = \frac{\omega_1 + \omega_2}{2} = \frac{1}{2}\left(\frac{1}{\tau} + \frac{1}{T}\right) \tag{2-31}$$

对应的最小的闭环幅频特性峰值 $M_{rmin}$ 为

$$M_{rmin} = \frac{h+1}{h-1} \tag{2-32}$$

表 2-4 列出了不同 $h$ 值时的 $M_{rmin}$ 和对应的最佳频比。

表 2-4　不同 $h$ 值时的 $M_{rmin}$ 和最佳频比

| $h$ | 3 | 4 | 5 | 6 | 7 | 8 | 9 | 10 |
|---|---|---|---|---|---|---|---|---|
| $M_{rmin}$ | 2 | 1.67 | 1.5 | 1.4 | 1.33 | 1.29 | 1.25 | 1.22 |
| $\omega_2/\omega_c$ | 1.5 | 1.6 | 1.67 | 1.71 | 1.75 | 1.78 | 1.80 | 1.82 |
| $\omega_c/\omega_1$ | 2.0 | 2.5 | 3.0 | 3.5 | 4.0 | 4.5 | 5.0 | 5.5 |

由表 2-4 可见,加大中频宽 $h$,就可减小闭环幅频特性峰值 $M_{rmin}$,从而降低超调量 $\sigma$,但 $h$ 增大,$\omega_c$ 将减小,使系统快速性下降。确定了 $h$ 和 $\omega_c$ 之后,就可计算 $\tau$ 和 $K$ 了。

$$\tau = hT \tag{2-33}$$

由式(2-28)和式(2-30)可得

$$K = \omega_1\omega_c = \omega_1^2 \frac{h+1}{2} = \left(\frac{1}{hT}\right)^2 \frac{h+1}{2} = \frac{h+1}{2h^2T^2} \tag{2-34}$$

由式(2-33)和式(2-34)可见,典型Ⅱ型系统的两个特定参数 $K$ 与 $\tau$ 都可用一个参数 $h$ 求得。只要按动态性能指标的要求确定了 $h$ 值,即可根据这两个公式计算 $K$ 和 $\tau$,并由此来计算调节器参数。

(1) 典型Ⅱ型系统跟随性能指标与参数的关系

① 稳态跟随性能指标。典型Ⅱ型系统属二阶无差系统,在阶跃输入与斜坡输入时,其稳态误差均为零;在加速度输入 $R(t) = a_0 t^2/2$ 时,其稳态误差为 $a_0/K$。

② 动态跟随性能指标。按最小谐振峰值选择调节器参数时,可先用式(2-33)和式(2-34)代入典型Ⅱ型系统的开环传递函数,得

$$W(s) = \frac{K(\tau s+1)}{s^2(Ts+1)} = \frac{h+1}{2h^2T^2}\frac{hTs+1}{s^2(Ts+1)}$$

然后求出系统的闭环传递函数

$$W_{cl}(s) = \frac{W(s)}{1+W(s)} = \frac{hTs+1}{\dfrac{2h^2}{h+1}T^3s^3 + \dfrac{2h^2}{h+1}T^2s^2 + hTs + 1}$$

因为 $W_{cl}(s) = \dfrac{C(s)}{R(s)}$,当 $R(t)$ 为单位阶跃函数时,$R(s) = \dfrac{1}{s}$,则

$$C(s) = \frac{hTs+1}{s\left(\dfrac{2h^2}{h+1}T^3s^3 + \dfrac{2h^2}{h+1}T^2s^2 + hTs + 1\right)} \tag{2-35}$$

以 $T$ 为基准值,当 $h$ 取不同值时,可由式(2-35)求出对应的单位阶跃响应函数 $C(t/T)$,从而计算出 $\sigma$、$t_r/T$、$t_s/T$ 与振荡次数 $k$,计算出的各项动态性能指标与 $h$ 的关系列于表 2-5 中。

表 2-5 典型 Ⅱ 型系统阶跃输入跟随性能指标(按 $M_{rmin}$ 准则确定参数关系)

| $h$ | 3 | 4 | 5 | 6 | 7 | 8 | 9 | 10 |
|---|---|---|---|---|---|---|---|---|
| $\sigma$ | 52.6% | 43.6% | 37.6% | 33.2% | 29.8% | 27.2% | 25.0% | 23.3% |
| $t_r/T$ | 2.40 | 2.65 | 2.85 | 3.0 | 3.1 | 3.2 | 3.3 | 3.35 |
| $t_s/T$ | 12.15 | 11.65 | 9.55 | 10.45 | 11.30 | 12.25 | 13.25 | 14.20 |
| $k$ | 3 | 2 | 2 | 1 | 1 | 1 | 1 | 1 |

由表可见,当 $h$ 增加时,$\sigma$ 减小,而调节时间 $t_s/T$ 随 $h$ 的变化不是单调的,当 $h=5$ 时,$t_s/T$ 最小,动态跟随性能最好。比较表 2-5 与表 2-2 可以看出,典型 Ⅱ 型系统的超调量都比典型 Ⅰ 型系统的大,上升时间 $t_r/T$ 则比典型 Ⅰ 型系统的小,即从快速性来看,典则 Ⅱ 型系统优于典型 Ⅰ 型系统。

(2) 典型 Ⅱ 型系统抗扰性能指标与参数的关系

以负载的阶跃扰动为例,分析系统抗扰性能与参数的关系。阶跃扰动作用下的系统动态结构图如图 2-12 所示。图 2-12(b)为 $R(s)=0$ 时的简化结构图,图中扰动作用点前后两个环节的传递函数分别为

$$W_1(s) = \frac{K_1(hTs+1)}{s(Ts+1)}, \quad W_2(s) = \frac{K_2}{s}$$

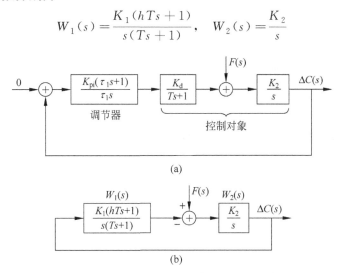

图 2-12 典型 Ⅱ 型系统在扰动作用下的动态结构图

(a) 扰动 $F$ 作用下的结构;(b) 等效框图

式中,$K_1 = \dfrac{K_{pi}K_d}{\tau_1}$,$\tau_1 = hT$,设 $K_1K_2 = K$,考虑到式(2-34),则在阶跃扰动下 $F(s) = \dfrac{F}{s}$,图 2-12 所示系统的输出表达式为

$$\Delta C(s) = \frac{F}{s} \frac{W_2(s)}{1+W_1(s)W_2(s)} = \frac{FK_2(Ts+1)}{s^2(Ts+1)+K(hTs+1)}$$

$$= \frac{\dfrac{2h^2}{h+1}FK_2T^2(Ts+1)}{\dfrac{2h^2}{h+1}T^3s^3 + \dfrac{2h^2}{h+1}T^2s^2 + hTs+1} \qquad (2\text{-}36)$$

取输出量基准值为

$$C_b = 2FK_2T \tag{2-37}$$

根据式(2-36)可计算出对应于不同 $h$ 值的动态抗扰过程曲线 $\Delta C(t)$,从而求出各项动态抗扰性能指标,列于表2-6中。设计时可根据所要求的性能指标,从表中查出 $h$ 值,然后再计算调节器参数 $K$ 和 $\tau$。

表 2-6 典型Ⅱ型系统动态抗扰性能指标与参数的关系

| $h$ | 3 | 4 | 5 | 6 | 7 | 8 | 9 | 10 |
|---|---|---|---|---|---|---|---|---|
| $\Delta C_{max}/C_b$ | 72.2% | 77.5% | 81.2% | 84.0% | 86.3% | 88.1% | 89.6% | 90.8% |
| $t_m/T$ | 2.45 | 2.70 | 2.85 | 3.00 | 3.15 | 3.25 | 3.30 | 3.40 |
| $t_v/T$ | 13.60 | 10.45 | 8.80 | 12.95 | 16.85 | 19.80 | 22.80 | 25.85 |

由表2-6中数据可见,$h$ 值越小,$\Delta C_{max}/C_b$ 也越小,$t_m$ 和 $t_v$ 也较小,因而抗扰性能越好。这与跟随性能中的超调量恰好相反,反映了快速性与稳定性的矛盾。但当 $h<5$ 时,由于振荡次数的增加,$h$ 减小,恢复时间 $t_v$ 反而加长了。由此可见,$h=5$ 是较好的参数选择,这与跟随性能中缩短调节时间 $t_s$ 的要求一致。所以,若选 $h=5$,则跟随性能指标与抗扰性能指标都比较好。

根据2.3.3节和2.3.4节分析的结果可以看出,典型Ⅰ型系统和典型Ⅱ型系统除了在稳态误差上的区别以外,一般来说,在动态性能中典型Ⅰ型系统在跟随性能上可以做到超调量小,但抗扰性能稍差;而典型Ⅱ型系统的超调量相对较大,抗扰性能却比较好。这是设计时选择典型系统的重要依据。

### 2.3.5 非典型系统的典型化

在电力拖动自动控制系统中,大部分控制对象配以适当的调节器就可以校正成典型系统了。但也有些实际系统不可能简单地校正成典型系统的形式,这就需要经过近似处理,才能使用前述的工程设计方法。

#### 1. 调节器结构的选择

采用工程设计方法选择调节器时,应先根据控制系统的需要,确定要校正成哪一类典型系统。为此,应清楚地掌握两类典型系统的主要特性和它们在性能上的区别。典型Ⅰ型系统动态跟随性能较好,但抗扰性能较差;典型Ⅱ型系统的超调量较大,而抗扰性能较好。如果控制系统既要求抗扰性能强,又要阶跃响应超调小,似乎两类系统都无法满足。实际上在大多数情况下,在突加阶跃给定后的相当一段时间内,转速调节器的输出是饱和的,这就与当初所假定的线性条件不一致,则表2-5中所列的超调量数据就不适用了,也就是说,考虑到调节器饱和的因素,实际系统的超调量并没有按线性系统计算出来的那样大,对这个问题后面将进行专门讨论。

确定了要采用哪一种典型系统之后,选择调节器的方法就是把控制对象与调节器的传递函数相乘,匹配成典型系统的形式,或当这两个传递函数不能简单地配成典型系统的形式时,先对控制对象的传递函数进行近似处理,然后再与调节器的传递函数配成典型的形式,举例如下。

(1) 设控制对象是双惯性型的,如图 2-13 所示,其传递函数为

$$W_{obj}(s) = \frac{K_2}{(T_1 s + 1)(T_2 s + 1)}$$

其中,$T_1 > T_2$,$K_2$ 为控制对象的放大系数。若要校正成典型 I 型系统,调节器必须具有一个积分环节并含有一个比例微分环节,以便与控制对象中的一个惯性环节对消(一般都是与大惯性环节对消,使校正后的系统响应更快一些)。这样,就应选择 PI 调节器,其传递函数为

$$W_{pi}(s) = \frac{K_{pi}(\tau_1 s + 1)}{\tau_1 s}$$

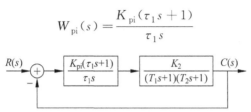

图 2-13 用 PI 调节器把双惯性型的控制对象校正成典型 I 型系统

校正后系统的开环传递函数变成

$$W(s) = W_{pi}(s)W_{obj}(s) = \frac{K_{pi} K_2 (\tau_1 s + 1)}{\tau_1 s (T_1 s + 1)(T_2 s + 1)} \tag{2-38}$$

取 $\tau_1 = T_1$,并令 $K_{pi} K_2 / \tau_1 = K$,则有

$$W(s) = \frac{K}{s(T_2 s + 1)} \tag{2-39}$$

这就是典型 I 型系统。

(2) 设控制对象为积分-双惯性型的,如图 2-14 所示,其传递函数为

$$W_{obj}(s) = \frac{K_2}{s(T_1 s + 1)(T_2 s + 1)}$$

且 $T_1$ 和 $T_2$ 大小接近。要求校正成典型 II 型系统,这时可采用 PID 调节器,其传递函数为

$$W_{pid}(s) = \frac{(\tau_1 s + 1)(\tau_2 s + 1)}{\tau s}$$

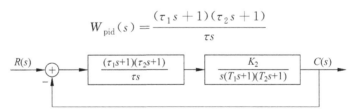

图 2-14 用 PID 调节器把积分-双惯性型的控制对象校正成典型 II 型系统

令 $\tau_1 = T_1$,使($\tau_1 s + 1$)与控制对象中的大惯性环节对消。校正后,系统的开环传递函数即为典型 II 型系统的形式。

$$W(s) = W_{pi}(s)W_{obj}(s) = \frac{\dfrac{K_2}{\tau}(\tau_2 s + 1)}{s^2 (T_2 s + 1)} \tag{2-40}$$

对象的传递函数为其他形式时,要校正成典型 I 型系统或典型 II 型系统,方法与上述类似。所选调节器形式与参数配合关系列于表 2-7 和表 2-8 中。

**表 2-7  校正成典型 I 型系统的调节器选择和参数配合**

| 控制对象 | $\dfrac{K_2}{(T_1s+1)(T_2s+1)}$ $T_1>T_2$ | $\dfrac{K_2}{Ts+1}$ | $\dfrac{K_2}{s(Ts+1)}$ | $\dfrac{K_2}{(T_1s+1)(T_2s+1)(T_3s+1)}$ $T_1,T_2>T_3$ | $\dfrac{K_2}{(T_1s+1)(T_2s+1)(T_3s+1)}$ $T_1\gg T_2,T_3$ |
|---|---|---|---|---|---|
| 调节器 | $\dfrac{K_{pi}(\tau_1s+1)}{\tau_1 s}$ | $\dfrac{K_i}{s}$ | $K_p$ | $\dfrac{(\tau_1s+1)(\tau_2s+1)}{\tau s}$ | $\dfrac{K_{pi}(\tau_1s+1)}{\tau_1 s}$ |
| 参数配合 | $\tau_1=T_1$ | | | $\tau_1=T_1,\tau_2=T_2$ | $\tau_1=T_1,T_\Sigma=T_2+T_3$ |

**表 2-8  校正成典型 II 型系统的调节器选择和参数配合**

| 控制对象 | $\dfrac{K_2}{s(Ts+1)}$ | $\dfrac{K_2}{(T_1s+1)(T_2s+1)}$ $T_1\gg T_2$ | $\dfrac{K_2}{s(T_1s+1)(T_2s+1)}$ $T_1,T_2$ 相近 | $\dfrac{K_2}{s(T_1s+1)(T_2s+1)}$ $T_1,T_2$ 都很小 | $\dfrac{K_2}{(T_1s+1)(T_2s+1)(T_3s+1)}$ $T_1\gg T_2,T_3$ |
|---|---|---|---|---|---|
| 调节器 | $\dfrac{K_{pi}(\tau_1s+1)}{\tau_1 s}$ | $\dfrac{K_{pi}(\tau_1s+1)}{\tau_1 s}$ | $\dfrac{(\tau_1s+1)(\tau_2s+1)}{\tau s}$ | $\dfrac{K_{pi}(\tau_1s+1)}{\tau_1 s}$ | $\dfrac{K_{pi}(\tau_1s+1)}{\tau_1 s}$ |
| 参数配合 | $\tau_1=hT$ | $\tau_1=hT_2$ 认为：$\dfrac{1}{T_1s+1}\approx\dfrac{1}{T_1s}$ | $\tau_1=hT_1$(或$hT_2$) $\tau_2=T_2$(或$T_1$) | $\tau_1=h(T_1+T_2)$ | $\tau_1=h(T_2+T_3)$ 认为：$\dfrac{1}{T_1s+1}\approx\dfrac{1}{T_1s}$ |

若采用 P、I、PI、PID 及 PD 等调节器都不能直接校正成所要求的典型系统的形式时,就要先对对象的传递函数作某些近似处理。

**2. 传递函数的近似处理**

(1) 高频段小惯性环节的近似处理

实际系统中常常包含若干小时间常数的惯性环节,如晶闸管整流装置的滞后环节,电流和转速检测装置里的滤波环节等,这些小时间常数所对应的频率都处于频率特性的高频段,形成一个小惯性群。例如,若系统的开环传递函数为

$$W_{op}(s)=\frac{K(\tau s+1)}{s(T_1s+1)(T_2s+1)(T_3s+1)}$$

式中,$T_2$ 和 $T_3$ 是小时间常数,即 $T_1\gg T_2$,$T_1\gg T_3$,且 $T_1>\tau$,高频段小惯性群近似处理对频率特性的影响如图 2-15 所示。

小惯性环节的频率特性为

$$\frac{1}{(j\omega T_2+1)(j\omega T_3+1)}=\frac{1}{(1-T_2T_3\omega^2)+j\omega(T_2+T_3)}\approx\frac{1}{(T_2+T_3)s+1}$$

近似的条件是

$$T_2T_3\omega^2\ll 1$$

工程计算中,一般允许有 10% 以内的误差,则上面的近似条件可以写成

$$T_2T_3\omega^2\leqslant\frac{1}{10}$$

或

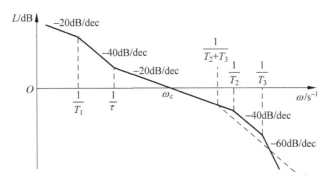

图 2-15  高频段小惯性群近似处理对频率特性的影响

$$\omega \leqslant \sqrt{\frac{1}{10T_2T_3}}$$

开环对数频率特性的截止角频率 $\omega_c$ 附近的频率特性对系统动态性能影响最大,为了计算方便,可以把近似条件转化为

$$\omega_c \leqslant \sqrt{\frac{1}{10T_2T_3}} \approx \frac{1}{3\sqrt{T_2T_3}} \tag{2-41}$$

在此条件下,传递函数近似式为

$$\frac{1}{(T_2s+1)(T_3s+1)} \approx \frac{1}{(T_2+T_3)s+1} \tag{2-42}$$

简化后的对数频率特性如图 2-15 中的虚线所示。同理当系统有多个小惯性环节时,在一定条件下,可以将它们近似地看成一个小惯性环节,其时间常数等于原系统各小惯性环节的时间常数之和。

(2) 高阶系统的降阶近似处理

小惯性群的近似处理实际上是高阶系统降阶处理的一种特例,它把多阶小惯性环节降为一阶小惯性环节。下面讨论一般的情况,即在一定条件下,可以忽略特征方程的高次项。以三阶系统为例,设

$$W(s) = \frac{K}{as^3 + bs^2 + cs + 1} \tag{2-43}$$

式中,$a$、$b$、$c$ 都是正系数,且 $bc > a$,即系统是稳定的。若能忽略高次项,可得近似一阶系统的传递函数为

$$W(s) \approx \frac{K}{cs+1} \tag{2-44}$$

近似条件可以从频率特性导出

$$\begin{aligned}
W(\mathrm{j}\omega) &= \frac{K}{a(\mathrm{j}\omega)^3 + b(\mathrm{j}\omega)^2 + c(\mathrm{j}\omega) + 1} \\
&= \frac{K}{(1 - b\omega^2) + \mathrm{j}\omega(c - a\omega^2)} \\
&\approx \frac{K}{1 + \mathrm{j}\omega c}
\end{aligned}$$

近似条件是

$$
\begin{cases}
b\omega^2 \leqslant \dfrac{1}{10} \\[2mm]
a\omega^2 \leqslant \dfrac{c}{10}
\end{cases}
$$

仿照上述方法,可将近似条件写成

$$
\omega_c \leqslant \frac{1}{3}\min\left(\sqrt{\frac{1}{b}}, \sqrt{\frac{c}{a}}\right) \tag{2-45}
$$

(3) 低频段大惯性环节的近似处理

把系统校正成典型 II 型系统时,有时需要被控对象的传递函数中有一个积分环节,为此,可以把系统中存在的大惯性环节近似处理为积分环节。设系统的开环传递函数为

$$
W(s) = \frac{K(T_2 s + 1)}{s(T_1 s + 1)(T_3 s + 1)}
$$

其中,$T_1 > T_2 > T_3$,且 $\omega_1 = \dfrac{1}{T_1} \ll \omega_c$。若把大惯性环节 $\dfrac{1}{T_1 s + 1}$ 近似为积分环节 $\dfrac{1}{T_1 s}$,从其频率特性

$$
\frac{1}{\mathrm{j}\omega T_1 + 1} = \frac{1}{\sqrt{\omega^2 T_1^2 + 1}} \angle -\arctan\omega T
$$

可得近似条件为

$$
\omega^2 T_1^2 \gg 1, \quad \frac{1}{\sqrt{\omega^2 T_1^2 + 1}} \approx \frac{1}{\omega T_1}
$$

按工程惯例 $\omega T_1 \geqslant \sqrt{10}$,仿上述方法并取整数,得

$$
\omega_c \geqslant \frac{3}{T_1} \tag{2-46}
$$

近似处理后系统开环传递函数变为

$$
W(s) = \frac{K(T_2 s + 1)}{T_1 s^2(T_3 s + 1)}
$$

这种处理,因近似因素发生在低频段,故对系统的动态特性影响不大。但从稳态性能上看,由于系统稳态性能正是由低频段决定的,近似处理后,相当于把系统的类型人为地提高了一级,如原来是 I 型系统,近似处理后变成了 II 型系统,而它们的稳态性能是截然不同的。因此,在考虑系统的稳态精度时,仍需采用原来的传递函数。

## 2.4　按工程设计方法设计双闭环调速系统的调节器

本节将应用前述的工程设计方法来设计转速、电流双闭环调速系统的两个调节器,根据设计多环系统从内环到外环的一般原则,首先设计好电流调节器,然后把整个电流环看作转

速调节系统中的一个环节,再设计转速调节器。

双闭环调速系统的动态结构图如图 2-16 所示。这是一个实际系统的动态结构图,与图 2-5 的动态结构图比较,不同之处在于增加了滤波环节,包括电流滤波、转速滤波和两个给定信号的滤波环节。由于电流检测信号中常会有交流分量,因此需要设置低通滤波器,滤波时间常数 $T_{oi}$ 按需要选定,以滤平电流检测信号为准。滤波环节可以抑制反馈信号中的交流分量,但同时也给反馈信号带来延滞,为了平衡这一延滞作用,在给定信号通道中也加入一个时间常数相同的惯性环节,让给定信号与反馈信号经过同样的延滞,使二者在时间上得到适当的配合,同时,这也给设计者带来了方便。由测速发电机得到的转速反馈信号含有电动机的换向纹波,因此也需要滤波,滤波时间常数用 $T_{on}$ 表示,和电流环一样,在转速给定通道中也设置时间常数为 $T_{on}$ 的给定滤波环节。

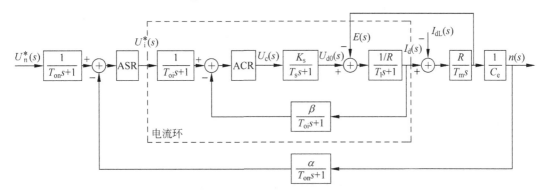

图 2-16　双闭环调速系统的动态结构图

## 2.4.1　电流调节器的设计

### 1. 电流环的结构图

电流环的结构图如图 2-16 中虚线框内所示,设计电流环时,首先遇到的问题是反电动势产生的反馈作用,它代表反电动势对电流环的影响。由于这个反馈是与电流反馈交叉的,在单独设计电流环时使问题变得十分复杂。实际上,由于电动机的电磁时间常数 $T_1$ 一般都远小于机电时间常数 $T_m$,因而电流的调节过程比转速的调节过程快得多,即反电动势的作用对电流环来说相当于一个变化缓慢的扰动作用,在电流的瞬变过程中,可以近似地认为反电动势基本不变。这样,在设计电流环时,可以忽略反电动势变化的影响而把电动势反馈线断开,从而得到电流环的近似动态结构图如图 2-17(a)所示。忽略反电动势对电流环作用的近似条件是

$$\omega_{ci} \geqslant 3\sqrt{\frac{1}{T_m T_1}} \tag{2-47}$$

式中,$\omega_{ci}$ 为电流环开环频率特性的截止角频率。

把图 2-17(a)作等效处理,把给定滤波环节与反馈滤波环节移入环内,得到图 2-17(b),由于 $T_s$ 和 $T_{oi}$ 一般都比 $T_1$ 小得多,可作为小惯性环节处理,令其时间常数为

$$T_{\Sigma i} = T_s + T_{oi}$$

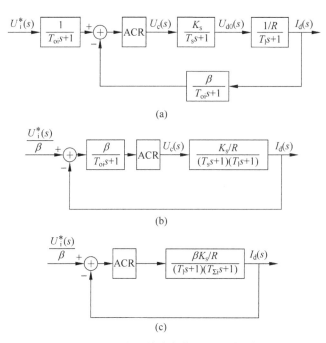

图 2-17 电流环的动态结构图及其化简

(a) 忽略反电动势的动态影响；(b) 等效成单位负反馈系统；(c) 小惯性环节近似处理

则电流环的动态结构图又可简化成图 2-17(c)。简化的近似条件是

$$\omega_{ci} \leqslant \frac{1}{3} \sqrt{\frac{1}{T_s T_{oi}}} \tag{2-48}$$

### 2. 电流调节器结构的选择

首先考虑应把电流环校正成哪一类典型系统。从稳态要求看,希望电流做到无静差以得到理想的堵转特性；从动态要求看,不允许电枢电流有过大的超调量以保证电枢电流在动态过程中不超过允许值,而对电网电压波动的及时抗扰作用只是次要因素。因此,电流环应以跟随性能为主,即应把电流环校正成典型 I 型系统。

由图 2-17(c)可见,要把电流环校正成典型 I 型系统,电流调节器应采用 PI 调节器,其传递函数为

$$W_{ACR}(s) = \frac{K_i(\tau_i s + 1)}{\tau_i s}$$

式中,$K_i$ 为电流调节器的比例系数；$\tau_i$ 为电流调节器的超前时间常数。

为了让调节器的零点与控制对象的大时间常数极点对消,选择

$$\tau_i = T_l$$

则电流环动态结构图及开环对数幅频特性如图 2-18 所示,其中

$$K_1 = \frac{K_i K_s \beta}{\tau_i R}$$

得到以上结果的近似条件如下。

（1）晶闸管整流及触发装置纯滞后环节的近似处理

$$\omega_{ci} \leqslant \frac{1}{3T_s}$$

（2）忽略反电动势对电流环的影响

$$\omega_{ci} \geqslant 3\sqrt{\frac{1}{T_m T_l}}$$

（3）电流环小惯性环节的近似处理

$$\omega_{ci} \leqslant \frac{1}{3}\sqrt{\frac{1}{T_s T_{oi}}}$$

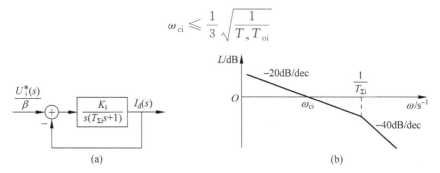

图 2-18　校正成典型 I 型系统的电流环

（a）动态结构框图；（b）开环对数幅频特性

### 3. 电流调节器的参数计算

由电流调节器的传递函数可以看出，其参数主要是 $K_i$ 和 $\tau_i$，$\tau_i$ 已选定为 $\tau_i = T_l$，剩下的是确定比例系数 $K_i$，可根据所需要的动态性能指标选取。在一般情况下，希望电流超调量 $\sigma_i \leqslant 5\%$，由表 2-2，可选 $\zeta = 0.707$，$K_I T_{\Sigma i} = 0.5$，则

$$K_I = \omega_{ci} = \frac{1}{2T_{\Sigma i}} \tag{2-49}$$

$$K_i = \frac{T_l R}{2K_s \beta T_{\Sigma i}} = \frac{R}{2K_s \beta}\left(\frac{T_l}{T_{\Sigma i}}\right) \tag{2-50}$$

如果要求不同的跟随性能指标，则式（2-49）、式（2-50）应做相应的改变。若对电流环的抗扰性能指标也有具体要求，则还要检测一下是否能满足该指标。

### 4. 电流调节器的实现

含给定滤波器和反馈滤波器的 PI 型电流调节器原理图如图 2-19 所示。图中 $U_i^*$ 为给定电压，$-\beta I_d$ 为电流负反馈电压，调节器的输出就是晶闸管整流装置的控制电压 $U_c$。

根据运算放大器的电路原理，可以容易地导出

$$K_i = \frac{R_i}{R_0}$$

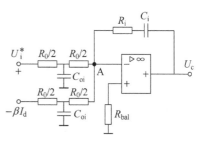

图 2-19　含给定滤波器与反馈滤波器的
PI 型电流调节器

$$\tau_i = R_i C_i$$

$$T_{oi} = \frac{1}{4} R_0 C_{oi}$$

以上各式可用于计算电流调节器的具体电路参数。

**例 2-1** 某晶闸管供电的双闭环直流调速系统,整流装置采用三相桥式电路,基本数据如下。

直流电动机参数为 $220\text{V}$,$55\text{A}$,$1000\text{r/min}$,$C_e = 0.1925\text{V} \cdot \text{min/r}$,允许过载倍数 $\lambda = 1.5$;晶闸管装置放大系数 $K_s = 44$;电枢回路总电阻 $R = 1.0\Omega$;时间常数 $T_1 = 0.017\text{s}$,$T_m = 0.075\text{s}$;电流反馈系数 $\beta = 0.121\text{V/A}(\approx 10\text{V}/1.5I_N)$。

设计要求:设计电流调节器,要求电流超调量 $\sigma_i \leqslant 5\%$。

**解** (1)确定时间常数

① 整流装置滞后时间常数 $T_s$。按表 1-1,三相桥式电路平均失控时间 $T_s = 0.0017\text{s}$。

② 电流滤波时间常数 $T_{oi}$。三相桥式电路每个波头的时间是 $3.3\text{ms}$,为了基本滤平波头,应有 $(1 \sim 2) T_{oi} = 3.33\text{ms}$,因此取 $T_{oi} = 2\text{ms} = 0.002\text{s}$。

③ 电流环小时间常数之和 $T_{\Sigma i}$。按小时间常数近似处理,取 $T_{\Sigma i} = T_s + T_{oi} = 0.0037\text{s}$。

(2)选择电流调节器结构

根据设计要求 $\sigma_i \leqslant 5\%$,无静差,可按典型 I 型系统设计电流调节器。电流环控制对象是双惯性型的,因此可用 PI 型电流调节器。

检查对电源电压的抗扰性能:$\dfrac{T_1}{T_{\Sigma i}} = \dfrac{0.017}{0.0037} = 4.59$,参照表 2-3 的典型 I 型系统动态抗扰性能,各项指标都是可以接受的。

(3)计算电流调节器参数

电流调节器超前时间常数 $\tau_i = T_1 = 0.017\text{s}$。

电流环开环增益:要求 $\sigma_i \leqslant 5\%$ 时,按表 2-2,应取 $K_I T_{\Sigma i} = 0.5$,因此

$$K_I = \frac{0.5}{T_{\Sigma i}} = \frac{0.5}{0.0037} = 135.1(\text{s}^{-1})$$

ACR 选用 PI 调节器,其比例系数为

$$K_i = \frac{K_I \tau_i R}{\beta K_s} = \frac{135.1 \times 0.017 \times 1.0}{0.121 \times 44} = 0.43$$

(4)校验近似条件

电流环截止频率 $\omega_{ci} = K_I = 135.1\text{s}^{-1}$,且:

① 晶闸管整流装置传递函数的近似条件为

$$\frac{1}{3T_s} = \frac{1}{3 \times 0.0017} = 196.1 > \omega_{ci} = 135.1(\text{s}^{-1})$$

满足近似条件。

② 忽略反电动势对电流环影响的近似条件为

$$3\sqrt{\frac{1}{T_m T_1}} = 3 \times \sqrt{\frac{1}{0.075 \times 0.017}} = 84 < \omega_{ci} = 135.1(\text{s}^{-1})$$

满足近似条件。

③ 小时间常数环节的近似处理条件

$$\frac{1}{3}\sqrt{\frac{1}{T_s T_{oi}}} = \frac{1}{3} \times \sqrt{\frac{1}{0.0017 \times 0.002}} = 180.8 > \omega_{ci} = 135.1(s^{-1})$$

满足近似条件。

（5）计算调节器电阻和电容

电流调节器如图 2-19 所示,取 $R_0 = 20k\Omega$,则

$$R_i = K_i R_0 = 0.43 \times 20k\Omega = 8.6k\Omega, \quad 取 10k\Omega$$

$$C_i = \frac{\tau_i}{R_i} = \frac{0.017}{10 \times 10^3} = 1.7 \times 10^{-6}F = 1.7\mu F, \quad 取 2.0\mu F$$

$$C_{oi} = \frac{4T_{oi}}{R_0} = \frac{4 \times 0.002}{20 \times 10^3} = 0.4 \times 10^{-6}F = 0.4\mu F, \quad 取 0.4\mu F$$

按上述参数,电流环可达到的动态跟随性能指标为 $\sigma_i = 4.3\% < 5\%$,满足设计要求。 ■

## 2.4.2 转速调节器的设计

### 1. 电流环的等效闭环传递函数

电流环经简化后可视作转速环中的一个环节,为此需求出它的闭环传递函数,由图 2-18(a)可知

$$\frac{I_d(s)}{U_i^*(s)/\beta} = \frac{\dfrac{K_I}{s(T_{\Sigma i}s+1)}}{1 + \dfrac{K_I}{s(T_{\Sigma i}s+1)}} = \frac{1}{\dfrac{T_{\Sigma i}}{K_I}s^2 + \dfrac{1}{K_I}s + 1} \tag{2-51}$$

忽略高次项,上式可降阶近似为

$$\frac{I_d(s)}{U_i^*(s)/\beta} \approx \frac{1}{\dfrac{1}{K_I}s + 1} \tag{2-52}$$

近似条件可由式(2-45)求出

$$\omega_{cn} \leqslant \frac{1}{3}\sqrt{\frac{K_I}{T_{\Sigma i}}} \tag{2-53}$$

式中,$\omega_{cn}$ 为转速环开环频率特性的截止角频率。

接入转速环内,电流环等效环节的输入量应为 $U_i^*(s)$,因此电流环在转速环中应等效为

$$\frac{I_d(s)}{U_i^*(s)} \approx \frac{\dfrac{1}{\beta}}{\dfrac{1}{K_I}s + 1} \tag{2-54}$$

这样,原来是双惯性环节的电流环控制对象,经闭环控制后,可以近似地等效成只有较小时间常数 $1/K_I$ 的一阶惯性环节。这就表明,电流的闭环控制改造了控制对象,加快了电流的

跟随作用,这是局部闭环(内环)控制的一个重要功能。

### 2. 转速调节器结构的选择

把电流环用一个等效传递函数代替后,调速系统的动态结构图如图 2-20(a)所示。对它进行简化与近似处理,把给定滤波和反馈滤波环节等效地移入环内,同时将给定信号改为 $U_n^*(s)/\alpha$,再把时间常数为 $1/K_I$ 和 $T_{on}$ 的两个小惯性环节合并起来,近似成一个时间常数为 $T_{\Sigma n}$ 的惯性环节,其中

$$T_{\Sigma n} = \frac{1}{K_I} + T_{on} \tag{2-55}$$

则转速环结构图可简化成图 2-20(b)。为了满足生产机械对转速的快速性与抗扰性能的要求,一般把转速环校正成典型 Ⅱ 型系统。同时,也实现了转速无静差。前文已提到,当按线性系统计算时,典型 Ⅱ 型系统的阶跃响应超调量相当大,但实际上转速调节器在起动过程中大部分时间是饱和的,这就使转速超调量大大降低。由图 2-20(b)可知,要把转速环校正成典型 Ⅱ 型系统,转速调节器 ASR 应采用 PI 调节器,其传递函数为

$$W_{ASR}(s) = \frac{K_n(\tau_n s + 1)}{\tau_n s} \tag{2-56}$$

式中,$K_n$ 为转速调节器的比例系数;$\tau_n$ 为转速调节器的超前时间常数。

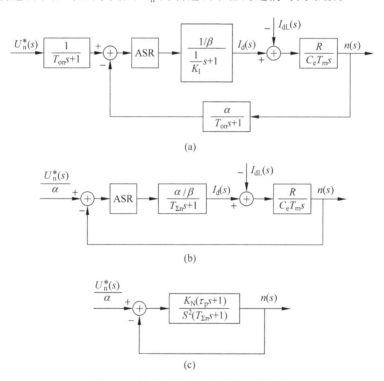

(a)

(b)

(c)

图 2-20 转速环的动态结构图及其简化

(a)用等效环节代替电流环;(b)等效成单位负反馈系统和小惯性的近似处理;(c)校正后成为典型 Ⅱ 型系统

这样,系统的开环传递函数为

$$W_n(s) = \frac{K_n(\tau_n s + 1)}{\tau_n s} \cdot \frac{\alpha R / \beta}{C_e T_m s (T_{\Sigma n} s + 1)}$$

$$= \frac{K_n \alpha R (\tau_n s + 1)}{\tau_n \beta C_e T_m s^2 (T_{\Sigma n} s + 1)} = \frac{K_N (\tau_n s + 1)}{s^2 (T_{\Sigma n} s + 1)} \quad (2\text{-}57)$$

式中

$$K_N = \frac{K_n \alpha R}{\tau_n \beta C_e T_m} \quad (2\text{-}58)$$

为转速环的开环放大系数。若不考虑负载扰动时,校正后的系统动态结构图如图 2-20(c)所示。

上述结果所需服从的近似条件归纳如下:

$$\omega_{cn} \leqslant \frac{1}{3} \sqrt{\frac{K_I}{T_{\Sigma i}}}$$

$$\omega_{cn} \leqslant \frac{1}{3} \sqrt{\frac{K_I}{T_{on}}} \quad (2\text{-}59)$$

**3. 转速调节器的参数选择**

按照典型 Ⅱ 型系统的调节器参数关系,一般取 $h = 5$,则

$$\tau_n = h T_{\Sigma n} \quad (2\text{-}60)$$

$$K_N = \frac{h + 1}{2 h^2 T_{\Sigma n}^2} \quad (2\text{-}61)$$

$$K_n = \frac{(h + 1) \beta C_e T_m}{2 h \alpha R T_{\Sigma n}} \quad (2\text{-}62)$$

**4. 转速调节器的实现**

图 2-21 画出了带给定滤波器和反馈滤波器的 PI 型转速调节器,与电流调节器相似,转速调节器的参数与电阻、电容的关系为

$$K_n = \frac{R_n}{R_0} \quad (2\text{-}63)$$

$$\tau_n = R_n C_n \quad (2\text{-}64)$$

$$T_{on} = \frac{1}{4} R_0 C_{on} \quad (2\text{-}65)$$

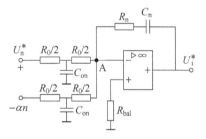

图 2-21 带给定滤波器与反馈滤波器
的 PI 型转速调节器

**例 2-2** 在例 2-1 中,除已给数据外,已知转速反馈系数 $\alpha = 0.01 \text{V} \cdot \text{min/r} (\approx 10 \text{V}/n_N)$,要求转速无静差,空载起动到额定转速时的转速超调量 $\sigma_n \leqslant 20\%$。试按工程设计方法设计转速调节器,并校验转速超调量的要求能否得到满足。

**解** (1)确定时间常数

① 电流环等效时间常数 $1/K_I$

$$\frac{1}{K_I} = 2T_{\Sigma i} = 2 \times 0.0037 = 0.0074(s)$$

② 转速滤波时间常数 $T_{on}$。根据所用测速发电机纹波情况,取 $T_{on} = 0.01s$。

③ 转速环小时间常数 $T_{\Sigma n}$。按小时间常数近似处理,取

$$T_{\Sigma n} = \frac{1}{K_I} + T_{on} = 0.0074 + 0.01 = 0.0174(s)$$

(2)选择转速调节器结构

按照设计要求,选用 PI 调节器,其传递函数见式(2-56)。

(3)计算转速调节器参数

按跟随和抗扰性能都较好的原则,取 $h = 5$,则 ASR 的超前时间常数为

$$\tau_n = hT_{\Sigma n} = 5 \times 0.0174 = 0.087(s)$$

转速环的开环放大系数为

$$K_N = \frac{h+1}{2h^2 T_{\Sigma n}^2} = \frac{6}{50 \times 0.0174^2} = 396.4$$

ASR 的比例系数为

$$K_n = \frac{(h+1)\beta C_e T_m}{2h\alpha R T_{\Sigma n}} = \frac{6 \times 0.121 \times 0.1925 \times 0.075}{10 \times 0.01 \times 1.0 \times 0.0174} = 6.02$$

(4)检验近似条件

转速环截止角频率为

$$\omega_{cn} = \frac{K_N}{\omega_1} = K_N \tau_n = 396.4 \times 0.087 = 34.5(s^{-1})$$

① 电流环传递函数简化条件为

$$\frac{1}{3}\sqrt{\frac{K_I}{T_{\Sigma i}}} = \frac{1}{3}\sqrt{\frac{135.1}{0.0037}} = 63.7 s^{-1} > \omega_{cn}$$

② 转速环小时间常数近似处理条件为

$$\frac{1}{3}\sqrt{\frac{K_I}{T_{on}}} = \frac{1}{3}\sqrt{\frac{135.1}{0.01}} = 38.7 s^{-1} > \omega_{cn}$$

二项近似处理均满足近似条件。

(5)计算调节器电阻和电容

取 $R_0 = 20k\Omega$,则

$$R_n = K_n R_0 = 6.02 \times 20 = 120.4(k\Omega), \quad 取 R_n = 120k\Omega$$

$$C_n = \frac{\tau_n}{R_n} = \frac{0.087 \times 10^3}{120} = 0.73(\mu F), \quad 取 C_n = 0.7\mu F$$

$$C_{on} = \frac{4T_{on}}{R_0} = \frac{4 \times 0.01 \times 10^3}{20} = 2(\mu F), \quad 取 C_{on} = 1\mu F$$

(6)校核转速超调量

当 $h = 5$ 时,查表得 $\Delta C_{max}/C_b = 81.2\%$,由此求得

$$\sigma_n = 81.2\% \times 2 \times 1.5 \times \frac{285.7}{1000} \times \frac{0.0174}{0.075} = 16\% < 20\%$$

满足超调量指标要求。

### 2.4.3　转速调节器退饱和时转速超调量的计算

　　实际的转速、电流双闭环调速系统中,突加给定电压后,由于转速的反馈电压 $U_n$ 还为零,且上升较慢,则转速调节器在较大的偏差电压 $\Delta U_n$ 作用下,其输出电压 $U_i^*$ 迅速上升并达到限幅(饱和)值 $U_{im}^*$,且在转速达到给定值以前维持此值不变。电动机在恒流条件下起动,起动电流 $I_d = I_{dm} = U_{im}^*/\beta$ 达到最大允许值,转速 $n$ 按线性规律增长,如图 2-22 所示。由于 ASR 输出设置了限幅环节,使起动电流受到限制(这是必要的),同时,也使起动过程要比调节器没有限幅时慢得多,但转速超调量也小得多了。转速调节器一旦饱和后,只有当转速上升到给定电压 $U_n^*$ 所对应的稳态值 $n^*$(图 2-22 中的 $O'$ 点)之后,

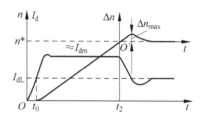

图 2-22　转速环按典型 Ⅱ 型系统
设计时的起动特性

才退出饱和,系统进入线性调节状态。ASR 刚退出饱和时,由于电流 $I_d$ 仍大于负载电流 $I_{dL}$,因此转速继续上升而产生转速超调,直到 $I_d \le I_{dL}$ 后,转速才开始下降。显然这种超调不是线性系统的超调,而是经历了饱和非线性区域之后的超调,称为"退饱和超调"。

　　计算退饱和超调量,可把起动过程的最后一个阶段——转速调节阶段分出来考虑,当 ASR 退出饱和后,调速系统恢复到线性工作范围,其动态结构图与图 2-20(b)一样,描述系统的微分方程也和前面分析线性系统跟随性能时相同,只是初始条件不同,分析线性系统跟随性能时,初始条件为

$$n(0) = 0, \quad I_d(0) = 0$$

讨论退饱和超调时,饱和阶段的结束即退饱和阶段的开始,只要把纵坐标从 $t=0$ 移到 $t=t_2$ 时刻即可。这样,退饱和阶段的初始条件为

$$n(0) = n^*, \quad I_d(0) = I_{dm}$$

　　由于初始条件发生了变化,退饱和阶段的过渡过程也就与把整个起动过程当作线性过程时的情况不一样了。因此,退饱和超调量与前述典型 Ⅱ 型系统跟随性能指标中的超调量不同。

　　为计算简单起见,不用求解过渡过程的方法,而用计算负载扰动作用下的转速变化来对比计算退饱和超调量,因为退饱和过程与负载扰动过程有相同的规律。

　　转速退饱和以后,人们感兴趣的是在稳态转速 $n^*$ 以上的超调部分,即只考虑实际转速与给定转速的差值 $\Delta n = n^* - n$,所以,可以把图 2-22 的坐标原点由 $O$ 移到 $O'$,设调速系统在 $I_d = I_{dm}$ 的负载下以 $n = n^*$ 的稳定转速运行,在 $t = t_2$(即 $O'$ 处)时突然将负载由 $I_{dm}$ 减小到 $I_{dL}$,即系统有一个负载突减的扰动,产生转速升高与恢复的动态过程,这个过程的初始条件与退饱和超调过程的初始条件完全相同,即

$$\Delta n(0) = 0, \quad I_d(0) = I_{dm}$$

因此,突卸负载的速升过程 $\Delta n = f(t)$ 也就是退饱和转速超调过程。可以直接利用表 2-6 给

出的典型Ⅱ型系统的抗扰性能指标来计算退饱和转速超调量,不过两者的基准值不同,需要进行换算。当 ASR 采用 PI 调节器时,图 2-20(b)所示的系统动态结构图可以画成图 2-23(a)。因为只考虑扰动作用下的转速变化 $\Delta n = n^* - n$,可以忽略给定信号的作用,则图 2-23(a)可简化成图 2-23(b),在典型Ⅱ型系统中,抗扰性能指标 $\Delta C$ 的基准值 $C_b$ 为

$$C_b = 2FK_2T \tag{2-66}$$

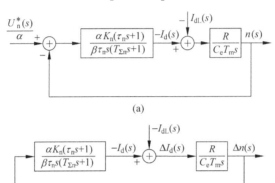

(a)

图 2-23 转速负反馈直流调速系统动态结构图

(a) 以转速 $n$ 为输出量; (b) 以转速超调 $\Delta n$ 为输出量

对比图 2-12(b)与图 2-23(b),可知

$$K_2 = \frac{R}{C_eT_m}$$

$$T = T_{\Sigma n}$$

而

$$F = I_{dm} - I_{dL}$$

所以 $\Delta n$ 的基准值应该是

$$\Delta n_b = \frac{2RT_{\Sigma n}(I_{dm} - I_{dL})}{C_eT_m} \tag{2-67}$$

设 $\lambda$ 表示电动机允许的过载倍数,即 $I_{dm} = \lambda I_{dN}$;$z$ 表示负载系数,$I_{dL} = zI_{dN}$;$\Delta n_N$ 为调速系统开环机械特性的额定稳态速降,$\Delta n_N = I_{dN}R/C_e$。代入式(2-67),可得

$$\Delta n_b = 2(\lambda - z)\Delta n_N \frac{T_{\Sigma n}}{T_m} \tag{2-68}$$

作为转速的超调量 $\sigma_n$,其基准值应该是 $n^*$,因此退饱和超调量可以由表 2-6 列出的 $\Delta C_{max}/C_b$ 数据经基准值换算后求得,即

$$\sigma_n = \left(\frac{\Delta C_{max}}{C_b}\right)\frac{\Delta n_b}{n^*} = 2\left(\frac{\Delta C_{max}}{C_b}\right)(\lambda - z)\frac{\Delta n_N}{n^*}\frac{T_{\Sigma n}}{T_m} \tag{2-69}$$

例如,设 $\lambda = 1.5, z = 0, (I_{dL} = 0,$理想空载起动$), \Delta n_N = 0.3n_N, T_{\Sigma n}/T_m = 0.1$,则

$$\Delta n_b = 2 \times 1.5 \times 0.3n_N \times 0.1 = 0.09n_N$$

若计算 ASR 参数时选 $h = 5$,查得 $\Delta C_{max}/C_b = 81.2\%$,起动到额定转速 $n^* = n_N$,此时退饱和超调量为

$$\sigma_n = 81.2\% \times 0.09 = 7.3\%$$

可见,退饱和超调量比按线性系统计算的超调量小得多。这里必须注意,按线性系统计算超调量时,当 $h$ 选定后,不论稳态转速 $n^*$ 多大,超调量 $\sigma_n$ 都是一样的,但按照退饱和过程计算超调量,其具体数值与稳态转速 $n^*$ 有关,上述例子中如果只起动到 $n^* = 0.25 n_N$,由于 $\Delta n_{max}$ 未变,则退饱和超调量变为

$$\sigma_n\big|_{0.25 n_N} = \frac{\Delta n_{max}}{n^*} = \frac{\Delta n_{max}}{0.25 n_N} = \frac{7.3\%}{0.25} = 29.2\%$$

比起动到额定转速时大得多。

从上面的分析计算还可得到一条重要的结论,就是退饱和超调量的大小与动态速降的大小是一致的,也就是说,考虑 ASR 的饱和非线性特点后,调速系统的跟随性能与抗扰性能并不矛盾。

## 2.5  转速超调的抑制——转速微分负反馈

串联校正的双闭环调速系统具有良好的稳态和动态性能,而且结构简单,工作可靠,设计方便,实践证明它是一种应用广泛的调速系统。然而,略有不足之处就是转速必然有超调,而且抗扰性能的提高也受到限制。在某些对转速超调和动态抗扰性能要求很高的场合,仅用串联校正的电流、转速两个 PI 调节器的双闭环调速系统就显得无能为力了。

解决上述问题的简单有效的办法就是在转速调节器上增设转速微分负反馈,这样可以使电动机比转速提前动作,从而改善系统过渡过程的质量,亦即提高了系统的性能。这一环节的加入,可以抑制转速超调甚至消灭超调,同时可以大大降低动态速降。

### 2.5.1  带转速微分负反馈双闭环调速系统的基本原理

双闭环调速系统中,加入转速微分负反馈的转速调节器的原理图如图 2-24 所示。它与普通的转速调节器相比,是在转速反馈环节上并联了微分电容 $C_{dn}$ 和滤波电阻 $R_{dn}$,即在转速负反馈的基础上再叠加一个转速微分负反馈信号。

由前文已知,转速调节器 ASR 只有当反馈信号 $U_n$ 与给定信号 $U_n^*$ 平衡以后(即 $U_n \geqslant U_n^*$),ASR 才开始退饱和。现在反馈端加上了转速微分负反馈信号($-\alpha dn/dt$),显然比只有($-\alpha n$)与 $U_n^*$ 平衡的时间提前了,亦即把 ASR 的退饱和时间提前了,从而可以减小超调量,降低扰动作用时的速降。$C_{dn}$ 的作用是对转速信号进行微分,由于纯微分电路容易引入干扰,因此串联电阻 $R_{dn}$ 构成小时间常数的滤波环节,用来抑制微分带来的高频噪声。

加入转速微分负反馈后,对系统起动过程

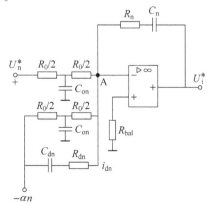

图 2-24  带转速微分负反馈的转速调节器

的影响如图 2-25 所示,图中曲线 1 为普通双闭环调速系统的起动过程,曲线 2 为加入转速微分负反馈后的起动过程。普通双闭环系统的退饱和点为 $O'$,加入微分负反馈环节后,退饱和点提前到 $T$ 点,$T$ 点所对应的转速 $n_t$ 比 $n^*$ 低,因而有可能在进入线性闭环系统工作之后不出现超调就趋于稳定。

在图 2-24 的转速调节器中,$i_{dn}$ 为微分负反馈支路的电流,用拉普拉斯变换式表示为

$$i_{dn}(s) = \frac{\alpha n(s)}{R_{dn} + \dfrac{1}{C_{dn}s}} = \frac{\alpha C_{dn} sn(s)}{R_{dn}C_{dn}s + 1}$$

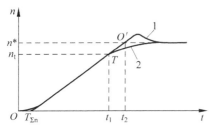

图 2-25  转速微分负反馈对起动过程的影响

虚地点 A 的电流平衡方程式为

$$\frac{U_n^*(s)}{R_0(T_{on}s+1)} - \frac{\alpha n(s)}{R_0(T_{on}s+1)} - \frac{\alpha C_{dn} sn(s)}{R_{dn}C_{dn}s+1} = \frac{U_i^*(s)}{R_n + \dfrac{1}{C_n s}}$$

整理后得

$$\frac{U_n^*(s)}{T_{on}s+1} - \frac{\alpha n(s)}{T_{on}s+1} - \frac{\alpha \tau_{dn} sn(s)}{T_{odn}s+1} = \frac{U_i^*(s)}{K_n \dfrac{\tau_n s+1}{\tau_n s}} \qquad (2\text{-}70)$$

式中,$\tau_{dn}$ 为转速微分时间常数,$\tau_{dn} = R_0 C_{dn}$;$T_{odn}$ 为转速微分滤波时间常数,$T_{odn} = R_{dn}C_{dn}$。

根据式(2-70)可以绘出带转速微分负反馈的转速环动态结构框图,如图 2-26(a)所示,为了分析方便,取 $T_{odn} = T_{on}$,再将滤波环节都移到转速环内,并按小惯性环节近似处理,设 $T_{\Sigma n} = T_{on} + 2T_{\Sigma i}$,得简化后的结构框图如图 2-26(b)所示。与图 2-20(b)的普通双闭环系

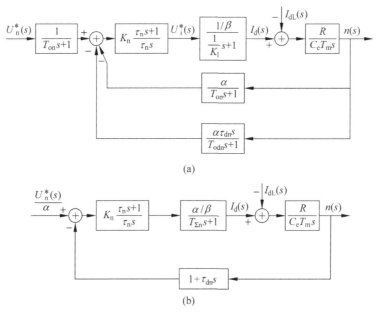

(a)

(b)

图 2-26  带转速微分负反馈的转速环动态结构图

(a) 原始结构图;(b) 简化后的结构图

统相比,图 2-26 只是在反馈通道中增加了微分项 $(\tau_{dn}s+1)$。

## 2.5.2　退饱和时间和退饱和转速

转速调节器退饱和后,系统进入线性过渡过程,其初始条件为退饱和点(图 2-25 中的 $T$ 点)的转速 $n_t$ 和电流 $I_{dm}$。退饱和转速 $n_t$ 需通过退饱和时间 $t_t$ 来计算,当 $t<t_t$ 时,ASR 饱和,$I_d=I_{dm}$,为方便计算,将小时间常数 $T_{\Sigma n}$ 的影响近似看作转速开始上升时的纯滞后时间,此后不再影响转速的变化,如图 2-25 中折线 $O—T_{\Sigma n}—T$ 所示,那么,转速上升过程可用下式描述:

$$n(t)=\frac{R(I_{dm}-I_{dL})}{C_eT_m}(t-T_{\Sigma n})\cdot 1(t-T_{\Sigma n}) \tag{2-71}$$

式中,$1(t-T_{\Sigma n})$ 为从 $T_{\Sigma n}$ 开始的单位阶跃函数。

当 $t=t_t$ 时,ASR 开始退饱和,其输入信号之和为零,由图 2-26(b)可知

$$\frac{U_n^*(s)}{\alpha}-(1+\tau_{dn}s)n(s)=0$$

则有

$$\frac{U_n^*}{\alpha}=n_t+\tau_{dn}\frac{dn}{dt}\bigg|_{t=t_t} \tag{2-72}$$

由式(2-71),考虑到 $t_t>T_{\Sigma n}$,则

$$n_t=\frac{R(I_{dm}-I_{dL})}{C_eT_m}(t-T_{\Sigma n}) \tag{2-73}$$

取导数

$$\frac{dn}{dt}\bigg|_{t=t_t}=\frac{R(I_{dm}-I_{dL})}{C_eT_m} \tag{2-74}$$

将式(2-73)、式(2-74)代入式(2-72),并注意到 $\dfrac{U_n^*}{\alpha}=n^*$,得

$$n^*=\frac{R(I_{dm}-I_{dL})}{C_eT_m}(t_t-T_{\Sigma n}+\tau_{dn})$$

因此,退饱和时间 $t_t$ 为

$$t_t=-\frac{C_en^*T_m}{R(I_{dm}-I_{dL})}+T_{\Sigma n}-\tau_{dn} \tag{2-75}$$

代入式(2-73),得退饱和转速为

$$n_t=n^*-\frac{R(I_{dm}-I_{dL})}{C_eT_m}\tau_{dn} \tag{2-76}$$

由式(2-75)、式(2-76)可见,与未加微分负反馈的情况相比,退饱和时间的提前量恰好是微分时间常数 $\tau_{dn}$,而退饱和转速的提前量是 $\dfrac{R(I_{dm}-I_{dL})}{C_eT_m}\tau_{dn}$。

### 2.5.3 转速微分负反馈参数的工程设计方法

转速微分负反馈环节中待定的参数是 $C_{dn}$ 和 $R_{dn}$,由于 $\tau_{dn} = R_0 C_{dn}$,而且已选定 $T_{odn} = R_{dn} C_{dn} = T_{on}$,只要确定 $\tau_{dn}$,$C_{dn}$ 和 $R_{dn}$ 就可以确定了。参考文献[1]给出了 $\tau_{dn}$ 的计算公式:

$$\tau_{dn} = \frac{4h+2}{h+1} T_{\Sigma n} - \frac{2\sigma n^* T_m}{(\lambda - z)\Delta n_N} \tag{2-77}$$

式中,$\sigma$ 为用小数表示的允许超调量。

如果要求无超调,可令 $\sigma = 0$,则

$$\tau_{dn} \mid_{\sigma=0} \geqslant \frac{4h+2}{h+1} T_{\Sigma n} \tag{2-78}$$

由此得到

$$C_{dn} = \frac{\tau_{dn}}{R_0}, \quad R_{dn} = \frac{T_{odn}}{C_{dn}} = \frac{T_{on}}{C_{dn}}$$

引入转速微分负反馈后,动态速降大大降低,$\tau_{dn}$ 越大,动态速降越低,但恢复时间却延长了。

## 思考题与习题

**2-1** 在转速、电流双闭环调速系统中,若要改变电动机的转速,应调节什么参数?改变转速调节器的放大系数行不行?改变触发整流装置的放大系数行不行?改变转速反馈系数行不行?

**2-2** 在转速、电流双闭环调速系统中,转速调节器在动态过程中起什么作用?电流调节器起什么作用?

**2-3** 转速、电流双闭环调速系统起动过程的 3 个阶段中,转速调节器是不是都在起调节作用?电流调节器呢?

**2-4** 在转速、电流双闭环调速系统的动态结构图中,为什么常可略去电动机的电动势反馈回路?

**2-5** 为什么转速、电流双闭环调速系统的静特性具有很好的挖土机特性?

**2-6** 在转速、电流双闭环调速系统中,转速调节器与电流调节器为什么采用 PI 调节器?它们的输出限幅如何整定?

**2-7** 双闭环调速系统与单闭环调速系统相比,系统动态性能有哪些改进?

**2-8** 转速、电流双闭环调速系统中,改变哪些参数才能调整堵转电流的大小?堵转电流为何受限制?

**2-9** 转速、电流双闭环调速系统稳态运行时,转速调节器与电流调节器的输入偏差各为多大?

**2-10** 转速、电流双闭环调速系统的转速调节器在哪些情况下会出现饱和?电流调节

器在起动过程中能否饱和？为什么？

**2-11**　在转速、电流双闭环调速系统中，两个调节器 ASR、ACR 均采用 PI 调节器。已知参数 $U_N = 220V, I_N = 20A, n_N = 1000r/min$，电枢回路总电阻 $R = 1\Omega$，设 $U_{nm}^* = U_{im}^* = U_{cm} = 10V$，电枢回路最大电流 $I_{dm} = 40A$，触发整流装置的放大系数 $K_s = 40$。试求如下问题。

(1) 电流反馈系数 $\beta$ 和转速反馈系数 $\alpha$。

(2) 当电动机在最高转速发生堵转时的 $U_{d0}$、$U_i^*$、$U_i$、$U_c$ 值。

**2-12**　在转速、电流双闭环调速系统中，出现电网电压波动与负载扰动时，哪个调节器起主要作用？

**2-13**　试从下述几方面比较双闭环调速系统和带电流截止负反馈的单闭环调速系统。

(1) 静特性。

(2) 动态限流特性。

(3) 起动快速性。

(4) 抗负载扰动性能。

(5) 抗电源电压波动的性能。

**2-14**　某反馈控制系统已校正成典型 I 型系统，已知时间常数 $T = 0.1s$，要求阶跃响应超调量 $\sigma \leqslant 10\%$。

(1) 求系统的开环增益。

(2) 计算上升时间 $t_r$。

(3) 绘出开环对数幅频特性。如果要求上升时间 $t_r < 0.25s$，则 $K$、$\sigma$ 分别为多少？

**2-15**　有一个系统，其控制对象的传递函数为 $W_{obj}(s) = \dfrac{K_1}{\tau s + 1} = \dfrac{10}{0.01s + 1}$，要求设计一个无静差系统，在阶跃输入下系统超调量 $\sigma \leqslant 5\%$（按线性系统考虑）。试对该系统进行动态校正，确定调节器结构，并选择其参数。

**2-16**　有一个闭环系统，其控制对象的传递函数为 $W_{obj}(s) = \dfrac{K_1}{s(Ts + 1)} = \dfrac{10}{s(0.02s + 1)}$，要求校正为典型 II 型系统，在阶跃输入下系统超调量 $\sigma \leqslant 30\%$（按线性系统考虑）。试决定调节器结构，并选择其参数。

**2-17**　调节对象的传递函数为 $W_{obj}(s) = \dfrac{18}{(0.25s + 1)(0.005s + 1)}$，要求用调节器分别将其校正为典型 I 型和 II 型系统，求调节器的结构与参数。

**2-18**　某三相零式晶闸管供电的转速、电流双闭环调速系统，其基本数据如下。

直流电动机：$P_N = 60kW, U_N = 220V, I_N = 305A, n_N = 1000r/min$，电动势系数 $C_e = 0.2V \cdot min/r$，主回路总电阻 $R = 0.18\Omega$。

晶闸管整流装置放大系数：$K_s = 30$。

电磁时间常数：$T_l = 0.012s$。

机电时间常数：$T_m = 0.12s$。

反馈滤波时间常数：$T_{oi} = 0.0025s, T_{on} = 0.015s$。

额定转速时的给定电压:$(U_n^*)_N = 15V$。

调节器饱和输出电压:12V。

系统的动、静态指标:稳态无静差,调速范围 $D = 10$,电流超调量 $\sigma_i \leqslant 5\%$,空载起动到额定转速时的转速超调量 $\sigma_n \leqslant 10\%$。试求如下问题:

(1) 确定电流反馈系数 $\beta$(假设起动电流限制在 330A 以内)和转速反馈系数 $\alpha$。

(2) 试设计电流调节器 ACR,计算其参数 $R_i$、$C_i$、$C_{oi}$。画出其电路图,调节器输入回路电阻 $R_0 = 40k\Omega$。

(3) 设计转速调节器 ASR,计算其参数 $R_n$、$C_n$、$C_{on}$($R_0 = 40k\Omega$)。

(4) 计算电动机带 40% 额定负载起动到最低转速时的转速超调量 $\sigma_n$。

**2-19**    有一转速、电流双闭环调速系统,采用三相桥式整流电路,已知电动机参数:$P_N = 550kW$,$U_N = 750V$,$I_N = 775A$,$n_N = 375r/min$,$C_e = 1.92V \cdot min/r$,电枢回路总电阻 $R = 0.12\Omega$,允许电流过载倍数 $\lambda = 1.5$,触发整流装置的放大系数 $K_s = 75$,电磁时间常数 $T_l = 0.03s$,机电时间常数 $T_m = 0.09s$,电流反馈滤波时间常数 $T_{oi} = 0.002s$,转速反馈滤波时间常数 $T_{on} = 0.02s$。设调节器输入输出电压 $U_{nm}^* = U_{im}^* = U_{cm} = 12V$,调节器输入电阻 $R_0 = 40k\Omega$。

设计指标:稳态无静差,电流超调量 $\sigma_i \leqslant 5\%$,空载起动到额定转速时的转速超调量 $\sigma_n \leqslant 10\%$。电流调节器已按典型 I 型系统设计,并取参数 $KT = 0.5$。试求如下问题。

(1) 选择转速调节器结构,并计算其参数。

(2) 计算电流环的截止角频率 $\omega_{ci}$ 和转速环的截止角频率 $\omega_{cn}$,并考虑它们是否合理。

# 第3章

# 直流电动机可逆调速及直流斩波调速系统

在生产实际中许多场合要求直流电动机能够正转、反转,且能够快速起动或制动,也即电动机能够四象限运行,这就需要可逆的调速系统。

在直流电力拖动系统中,无论是正转、反转还是制动,均要求改变直流电动机电磁转矩方向。要改变直流电动机电磁转矩方向有两种方法:一是改变电枢电流方向,即改变电枢电压的极性;二是改变电动机励磁磁通方向,即改变励磁电流方向。与这两种方法相对应的可逆调速系统也分两类:一类是通过改变电枢电压极性实现的可逆运行的系统,称为电枢可逆系统;另一类是通过改变励磁电流方向实现的可逆运行的系统,称为磁场可逆系统。

## 3.1 晶闸管-电动机(V-M)可逆调速系统主电路结构形式

### 1. 单组晶闸管供电切换电流极性的可逆线路

(1) 改变电动机电枢与电源之间的连接极性

当电动机电流需要反向时,把电动机与整流桥的连接反过来,电流就能反向了。电路结构形式如图 3-1 所示。图 3-1(a)所示利用接触器改变电动机两端电枢电压极性,图 3-1(b)所示利用无触点的晶闸管来改变电动机两端电枢电压极性。当接触器 $KM_1$ 闭合时,电动机流过正向电流,电动机正转;当接触器 $KM_2$ 闭合时,电动机流过反向电流,电动机就可以反转。

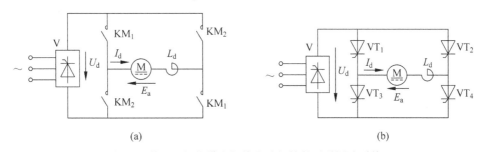

(a)          (b)

图 3-1 单组晶闸管供电切换电流极性的可逆调速系统

(a) 采用接触器改变电枢电压极性;(b) 采用晶闸管改变电枢电压极性

当电动机正向运转需要停车时,先使整流器停止工作,由于电动机电枢电流不能突变,电流方向仍然保持不变,但电磁转矩小于负载转矩,电动机转速下降,电流逐渐变小。当电

流变为零时,把 $KM_1$ 断开,$KM_2$ 闭合,同时使整流桥处于逆变状态,使 $U_d$ 极性变反,成为下正上负,但由于电动机仍在正向运转,$E_a$ 的方向不变,通过控制逆变角 $U_{d0f}$,使 $|U_d| < E_a$,电流将通过 $KM_2$ 反向,电动机处于回馈制动状态,机械能转换成电能通过整流桥将能量回送到电网。制动过程中电动机运行在第Ⅱ象限,在制动转矩作用下,电动机转速很快下降,$E_a$ 也下降,只要 $|U_d|$ 总小于 $E_a$,就可保证系统在所整定的最大制动电流下使电动机转速下降到零。若把 $KM_1$ 与 $KM_2$ 调换,电动机就可以工作在第Ⅲ、第Ⅳ象限。

(2) 改变电动机励磁电流方向

电动机四象限运行控制的本质是电动机电磁转矩方向发生变化,转矩方向发生变化,除通过电枢电流方向发生改变外,也可以通过使直流电动机磁通反向实现,也即改变励磁电流的方向,其原理图如图 3-2 所示。

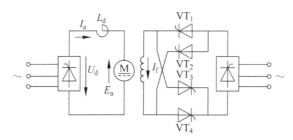

图 3-2  改变励磁电流方向的可逆直流调速系统

当需要制动时,$I_f$ 反向,电动机电枢电流方向没有变化,电磁转矩将反向,变为制动转矩;又因转速方向不变,$E_a$ 将反向,若把整流桥改为逆变状态,则 $U_d$ 也反向,控制逆变角 $\beta$ 使得 $|U_d| < |E_a|$ 时,产生的制动转矩使系统工作在第Ⅱ象限。

由于励磁电感很大,$I_f$ 反向需要较长的过渡时间,磁通 $\Phi$ 从正向变为反向的过程必定要经历 $\Phi = 0$ 阶段,因此在切换的过程中,主电路必须停止供电,否则会引起过流及"飞车"等故障。

### 2. 两组晶闸管供电的可逆电路

两组晶闸管整流电路供电的可逆电路有两种连接方式:反并联连接及交叉连接。

(1) 反并联连接

反并联连接的可逆调速系统如图 3-3 和图 3-4 所示。图 3-3 所示是采用三相桥式全控整流电路的可逆调速系统。图 3-4 所示是采用三相零式可控整流电路的可逆调速系统。在图 3-3 和图 3-4 中,VF 是正组整流桥,VR 是反组整流桥。

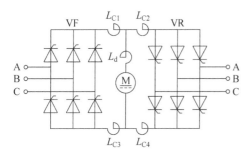

图 3-3  采用三相桥式全控整流电路的
可逆调速系统

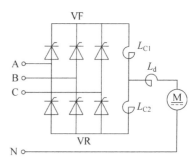

图 3-4  采用三相零式可控整流电路的
可逆调速系统

（2）交叉连接

交叉连接的可逆电路如图 3-5 所示,图 3-5（a）是三相零式可控整流电路构成的交叉可逆直流调速系统,图 3-5（b）是三相桥式全控整流电路构成的交叉可逆直流调速系统。从图 3-5（b）和图 3-3 看,如把图 3-5（b）的反组桥垂直翻转过来,则两图之间似乎没有多大区别。实际上,这两种电路的主要区别是两组整流桥所接的交流电源不同。反并联连接电路的两组整流桥使用的是同一个交流电源,交叉连接电路的两组整流桥使用的是无电气连接的两个独立电源。由于使用的电源不同,限制环流电抗器的数量也有差别。

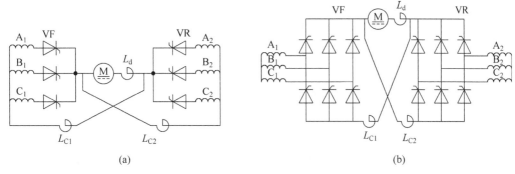

图 3-5　交叉连接的可逆调速系统

（a）三相零式可控整流电路构成的交叉可逆调速系统；（b）三相桥式全控整流电路构成的交叉可逆调速系统

图 3-1（a）所示的接触器开关可逆电路使用的是触点切换来达到制动状态,由于触点切换慢,切换时会有火花、出现瞬态过电压及触点容易损坏等缺点,现已很少使用。对于图 3-1（b）的晶闸管开关切换电路,控制电路也不算简单。目前常用的可逆电路是采用两组晶闸管整流桥的电路。下面就以两组整流桥反并联可逆电路为例,讨论电路的工作状态。

较大功率的直流调速系统多采用 V-M（晶闸管-电动机）系统,由于晶闸管的单向导电性,需要可逆运行时经常采用两组晶闸管可控装置反并联的可逆电路,图 3-6 为图 3-3 的简化图。当电动机正转时,由正组晶闸管 VF 装置供电,反转时,由反组晶闸管 VR 装置供电,两组晶闸管分别由两套触发装置控制,都能灵活地控制电动机的起制动和升降速。但在一般的情况下不允许两组晶闸管同时处于整流状态,否则会造成电源短路。

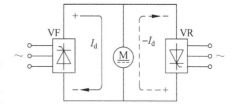

图 3-6　两组晶闸管反并联可逆调速系统

在两组晶闸管反并联线路的系统中,晶闸管装置工作在整流或有源逆变状态,例如当正组晶闸管 VF 工作在整流状态时,电动机正向运转,电动机从电网输入能量做电动运行。但此时反组晶闸管 VR 必须处于有源逆变状态或封锁状态,以防止两整流桥之间电源短路。当需要制动时,由于电动机转速方向未发生变化以及晶闸管的单向导电性,要使反向电流流通必须靠反组晶闸管 VR。在电枢电流过零后,使 VR 整流桥处于整流状态,电动机处于反接制动状态,当电枢电流略超调时,又使 VR 处于逆变状态,适当调整 VR 的逆变角,使得电动机的感应电动势大于 VR 逆变电压,电枢电流便通过 VR 流通,把机械能转化为电能回馈到电网,实现回馈制动。

同样的分析方法也可以得出电动机在反向运转时也能够实现制动,所以两组反并联晶闸管很容易实现直流电动机在第Ⅳ象限运行。即使是不可逆的调速系统,只要是需要快速的回馈制动,常常也采用两组反并联的晶闸管装置,由正组整流桥提供电动运行所需要的整流供电,反组整流桥只提供逆变制动,这时,两组晶闸管装置的容量大小可以不同,反组整流桥只在短时间内给电动机提供制动电流,并不提供稳态运行的电流,实际采用的容量可以小一些。

表 3-1 所列是两组晶闸管反并联可逆电路正反转时晶闸管装置和电动机的工作状态。

表 3-1 V-M 系统反并联可逆线路的工作状态

| V-M 系统的工作状态 | 正向运行 | 正向制动 | 反向运行 | 反向制动 |
|---|---|---|---|---|
| 电枢端电压极性 | + | + | − | − |
| 电枢电流极性 | + | − | − | + |
| 电动机旋转方向 | + | + | − | − |
| 电动机运行状态 | 电动 | 回馈制动 | 电动 | 回馈制动 |
| 晶闸管工作组别和状态 | 正组、整流 | 反组、逆变 | 反组、整流 | 正组、逆变 |
| 机械特性所在象限 | Ⅰ | Ⅱ | Ⅲ | Ⅳ |

# 3.2 可逆调速系统中环流分析

## 3.2.1 环流的定义

所谓环流,是指不通过电动机或其他负载,而直接在两组晶闸管之间流动的电流,如图 3-7 所示反并联线路中的电流 $I_c$,即为环流。

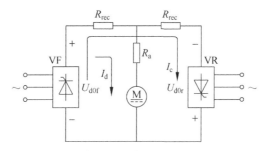

图 3-7 两组晶闸管反并联直流可逆调速系统中的环流

$I_d$—负载电流;$I_c$—环流

### 1. 环流的优缺点

优点:在保证晶闸管安全工作的前提下,适度的环流能使晶闸管-电动机系统在空载或轻载时保持电流连续,避免电流断续对系统性能的影响。可逆系统中的少量环流,可以保证电流无换向死区,加快过渡过程。

缺点：环流的存在会显著地加重晶闸管和变压器负担，消耗无用功率，环流太大时甚至会损坏晶闸管，为此必须予以抑制。

**2. 环流的种类**

环流分为两大类。

(1) 静态环流。当晶闸管装置在一定的控制角下稳定工作时，可逆线路中出现的环流称为静态环流。静态环流又分为直流平均环流和瞬时脉动环流。由于两组晶闸管装置之间存在正向直流平均电压差而产生的环流称为直流平均环流；由于整流器电压和逆变器电压瞬时值不相等而产生的环流称为瞬时脉动环流。

(2) 动态环流。系统稳态运行时并不存在，只在系统处于过渡过程中出现的环流称为动态环流。本章不作动态环流分析。

## 3.2.2　直流平均环流产生的原因及消除办法

**1. 直流平均环流产生的原因**

在图 3-7 的反并联可逆线路中，如果正组晶闸管 VF 和反组晶闸管 VR 都处于整流状态，且正组整流电压和反组整流电压正负相连，将造成直流电源短路，此短路电流即为直流平均环流。

**2. 消除直流平均环流的措施**

为防止产生直流平均环流，最好的解决办法是当正组晶闸管 VF 处于整流状态输出平均电压 $U_{d0f}$ 时，让反组晶闸管 VR 处于逆变状态，输出一个逆变平均电压 $U_{d0r}$ 把 $U_{d0f}$ 顶住，即两个电压幅值相等，方向相反。

设 VF 组处于整流状态，其输出平均电压为 $U_{d0f}$，对应的 VR 组处于逆变状态，其输出平均电压为 $U_{d0r}$。它们分别为

$$U_{d0f} = U_{d0m} \cos \alpha_f \tag{3-1}$$

$$U_{d0r} = U_{d0m} \cos \alpha_r \tag{3-2}$$

又 $U_{d0f} = -U_{d0r}$，则

$$\cos \alpha_f = -\cos \alpha_r$$

即

$$\alpha_f + \alpha_r = 180° \tag{3-3}$$

如果反组的控制角用逆变角 $\beta_r$ 表示，则 $\alpha_f = \beta_r$，这种工作方式通常称为 $\alpha = \beta$ 配合控制。

当 $\alpha_f \geqslant \beta_r$ 时，虽然 $U_{d0r}$ 幅值大于 $U_{d0f}$，但由于晶闸管的单向导电性，电流不能反向，仍然可以消除平均直流环流。

同理，若 VF 处于逆变状态，VR 处于整流状态，同样可以分析出当 $\alpha_r \geqslant \beta_f$ 时无直流平均环流。

所以,在两组晶闸管组成的可逆线路中,消除直流环流的方法是使 $\alpha \geqslant \beta$,即整流组的触发角 $\alpha$ 大于或等于逆变组的逆变角 $\beta$。

### 3. 实现方法

实现 $\alpha = \beta$ 的配合控制比较容易。采用同步信号为锯齿波的触发电路时,移相控制特性是线性的。用同一个控制电压 $U_c$ 去控制两组触发装置,使两组触发装置的移相控制电压大小相等极性相反。即正组触发装置 GTF 由 $U_c$ 直接控制,而反组触发装置 GTR 控制电压 $\overline{U_c}$ 是经过反号器 AR 后得到的。当控制电压 $U_c = 0$ 时,使 $\alpha_{f0} = \beta_{r0} = 90°$,此时 $U_{d0f} = U_{d0r} = 0$。增大控制电压 $U_c$ 时,$\alpha_f$、$\beta_r$ 同样减小,这样就会使得正组整流、反组逆变,在控制过程中始终保持 $\alpha = \beta$,从而消除平均直流环流,如图 3-8 所示。

为了防止晶闸管有源逆变器因逆变角 $\beta$ 太小而发生逆变颠覆事故,必须在控制电路中设置限制最小逆变角 $\beta_{min}$ 的保护环节,同时为了保证 $\alpha = \beta$ 的配合控制,也必须对 $\alpha$ 加以限制,使 $\alpha = \beta$,通常取 $\alpha_{min} = \beta_{min} = 30°$,如图 3-9 所示。

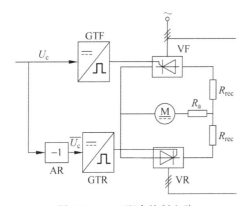

图 3-8 $\alpha = \beta$ 配合控制电路

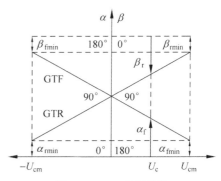

图 3-9 $\alpha = \beta$ 控制特性

## 3.2.3 瞬时脉动环流及其抑制

### 1. 瞬时脉动环流产生的原因

当采用 $\alpha = \beta$ 配合控制时,整流器和逆变器输出直流平均电压 $U_{d0f}$、$U_{d0r}$ 是相等的,因而没有直流平均环流。然而,此时晶闸管输出的瞬时电压是不相等的,当正组整流电压瞬时值 $u_{d0f}$ 大于反组逆变电压瞬时值 $u_{d0r}$ 时,便产生瞬时电压差 $\Delta u_{d0}$,从而产生瞬时环流 $i_{cp}$。控制角不同时,瞬时电压差 $\Delta u_{d0}$ 和瞬时环流 $i_{cp}$ 也不同,图 3-10 画出了三相零式反并联可逆线路的情况,图 3-10(b) 是正组瞬时整流电压波形,图 3-10(c) 是反组瞬时逆变电压的波形,图中打阴影线部分是 a 相整流和 b 相逆变时的电压,显然它们的瞬时值不相等,而它们的平均电压却相等。瞬时电压差 $\Delta u_{d0}$ 的波形绘于图 3-10(d) 中,由于这个瞬时电压差的存在,两组晶闸管之间便产生了瞬时脉动环流 $i_{cp}$,图 3-10(a) 绘出了 a 相整流和 b 相逆变时的瞬时环流回路,由于晶闸管装置内阻很小,电流回路的阻抗主要是电感,$i_{cp}$ 不能突变,并且落

后于 $\Delta u_{d0}$，又由于晶闸管的单相导电性，只能在一个方向脉动，所以称为瞬时脉动环流，这个瞬时脉动环流存在直流分量 $I_{cp}$，但与平均电压差所产生的直流环流是有根本区别的。

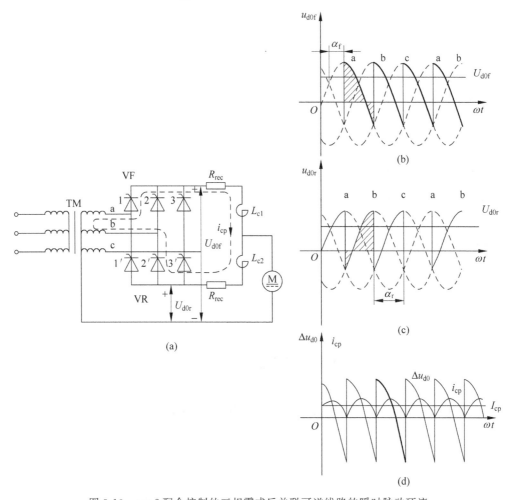

图 3-10　$\alpha = \beta$ 配合控制的三相零式反并联可逆线路的瞬时脉动环流

(a) 三相零式可逆线路和瞬时脉动环流回路；(b) 正组瞬时整流电压 $u_{d0f}$ 波形；
(c) 反组瞬时逆变电压 $u_{d0r}$ 波形；(d) 瞬时电压差 $\Delta u_{d0}$ 和瞬时脉动环流 $i_{cp}$ 波形

**2. 瞬时脉动环流的抑制**

直流平均环流可以用 $\alpha = \beta$ 的配合控制来消除，而抑制瞬时脉动环流的办法是在环流回路中串入电抗器，这种电抗器称为环流电抗器或均衡电抗器，如图 3-10(a) 中的 $L_{c1}$ 和 $L_{c2}$ 所示，一般要求把瞬时脉动环流中的直流分量 $I_{cp}$ 限制在负载额定电流的 5%～10%。

在图 3-10 所示的三相零式可逆线路中，有一条环流通路，故设有两个环流电抗器，在环流回路中它们是串联的，当正组整流时，$L_{c1}$ 因流过过大的负载电流而饱和，失去了限制环流的作用，而反组逆变回路中的电抗器 $L_{c2}$ 由于没有负载电流通过，才真正起限制瞬时脉动环流的作用。

三相桥式反并联可逆线路中由于有并联的两条环流通路，应设置 4 个环流电抗器，如

图 3-11 所示。若采用交叉连接的可逆线路中只有一条环流通路,环流电抗器的数量可以减少一半,如图 3-12 所示。

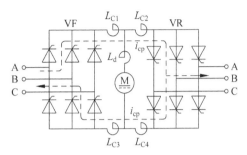

图 3-11　三相桥式反并联可逆线路中的环流

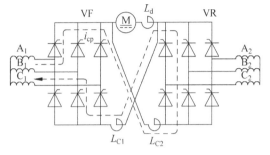

图 3-12　交叉连接的可逆线路中的环流

不同连接方式可逆电路的环流电抗器设置个数如表 3-2 所示。

表 3-2　可逆电路环流电抗器设置的个数

| 连接方式 | 反并联连接 | | 交叉连接 | |
|---|---|---|---|---|
| 整流电路形式 | 三相零式 | 三相桥式 | 三相零式 | 三相桥式 |
| 环流电抗器个数 | 2 | 4 | 2 | 2 |

## 3.3　有环流可逆调速系统

### 3.3.1　$\alpha = \beta$ 配合控制的有环流可逆调速系统

由于 $\alpha = \beta$ 配合控制可逆调速系统仍采用转速电流双闭环控制,其起动和制动过渡过程都是在允许最大电流限制下进行的,转速基本上按线性变化的"准时间最优控制"过程变化,起动过程和不可逆的双闭环系统没有什么区别,只是转速调节器 ASR 和电流调节器 ACR 都设置了双向输出限幅,以限制最大起制动电流、最小控制角 $\alpha_{min}$ 与最小逆变角 $\beta_{min}$。由于是可逆调速系统,给定电压 $U_n^*$、转速反馈电压 $U_n$、电流反馈电压 $U_i$ 都应该能够反映正、负极性。$\alpha = \beta$ 配合控制的有环流可逆调速系统原理框图如图 3-13 所示。

**1. 电动机正向运行状态分析**

电动机在正向运转稳态工作时,给定电压 $U_n^*$ 极性为"+",转速反馈电压 $U_n$ 极性为"−",由于转速反馈电压 $U_n$ 略小于给定电压 $U_n^*$,所以转速调节器输出电压 $U_i^*$ 极性为"−",因电流是负反馈,故电流反馈电压 $U_i$ 为"+",且也略小于 $U_i^*$,所以电流调节器输出电压 $U_c$ 为"+",正组整流桥 VF 处于整流状态;$U_c$ 经过反向器 AR 后控制反组触发装置,使得反组整流桥 VR 处于逆变状态,但由于反组整流桥除了环流外没有负载电流通过,它实际上处于"待逆变"状态。

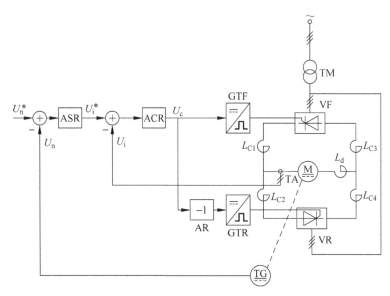

图 3-13　$\alpha = \beta$ 配合控制的有环流可逆调速系统原理框图

### 2. 正向回馈制动过程分析

$\alpha = \beta$ 配合控制的有环流可逆调速系统制动过程中有它的特点,整个制动过程可以分为 3 个主要阶段。当发出停车指令(或反向)后,转速给定电压 $U_n^*$ 突变为"0"或"$-$",由于转速方向没有发生改变,$U_n$ 极性仍然为"$-$",则 ASR 输出跃变到正限幅值 $+U_{im}^*$,其数值约等于 $\beta I_{dm}$,又因为回路电感的作用,电枢电流也不能突变,$U_{im}^*$、$U_i$ 极性都为"$+$",故 ACR 输出跃变成负限幅值 $-U_{cm}$,使 VF 由整流状态很快变成逆变状态,同时反组整流桥 VR 由待逆变状态转变成待整流状态,在 V-M 回路中,由于 VF 变成逆变状态,$U_{dof}$ 的极性变"$-$",而电动机反电动势 $E$ 极性未变,使 $I_d$ 迅速下降,主电路电感迅速释放电能,企图维持正向电流,这时

$$L \frac{\mathrm{d}I_d}{\mathrm{d}t} - E > |U_{d0f}| = |U_{d0r}| \tag{3-4}$$

大部分能量通过 VF 回馈电网,所以称为"本组逆变阶段"。由于电流的迅速下降,这个阶段所占时间很短,转速来不及产生明显的变化,其波形如图 3-14 中阶段 I 所示。

当主电路电流 $I_d$ 下降到零时,本组逆变终止,第 I 阶段结束,转到反组整流桥 VR 工作,开始通过反组制动,从这时起直到制动过程结束统称"它组制动阶段"。它组制动阶段又分为第 II 和第 III 两部分。开始时,$I_d$ 过零并反向,直到 $-I_{dm}$ 以前,ACR 并未脱离饱和状态,其输出仍为 $-U_{cm}$。当本组逆变停止时,电流变化延缓,$L \frac{\mathrm{d}I_d}{\mathrm{d}t}$ 的数值略减,使

$$L \frac{\mathrm{d}I_d}{\mathrm{d}t} - E < |U_{d0f}| = |U_{d0r}| \tag{3-5}$$

反组整流桥 VR 由"待整流"进入整流,为主电路提供 $-I_d$,由于反组整流电压 $U_{d0r}$ 和反组电动势 $E$ 的极性相同(转速方向仍然没有发生变化),反向电流很快增长,电动机处于反接

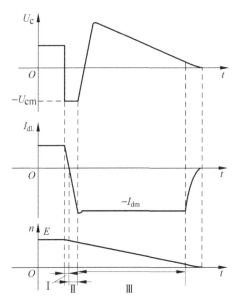

图 3-14  $\alpha=\beta$ 配合控制的有环流可逆调速系统正向制动过渡过程波形

制动状态,转速明显降低,如图 3-14 的阶段 Ⅱ 所示,称为"它组反接制动状态"。

由于 ASR 的输出仍然为 $+U_{im}^*$,当反向电流达到 $-I_{dm}$ 并略有超调时, $|U_i| > |U_i^*|$ ,ACR 输出电压 $U_c$ 退出饱和,其数值很快减小,极性由"一"变"+",然后再增大,使 VR 回到逆变状态,而 VF 变成待整流状态,此后,在 ACR 的调节作用下,力图维持接近最大的反向电流 $-I_{dm}$ ,电感电流基本不变。因而

$$L\frac{dI_d}{dt} \approx 0, \quad E > |U_{d0f}| = |U_{d0r}| \tag{3-6}$$

电动机在恒减速条件下回馈制动,把动能转换成电能,其中大部分通过 VR 逆变回馈电网,过渡过程波形为图 3-14 的第 Ⅲ 阶段,称为"它组回馈制动阶段"或"它组逆变阶段"。由图 3-14 可见,这个阶段所占的时间最长,是制动过程中的主要阶段。

最后,转速下降至很低,无法再维持 $-I_{dm}$ ,于是,电流和转速都减小,电动机停止。

如果需要在制动后紧接着反转, $I_d = -I_{dm}$ 的过程就会延续下去,直到反向转速稳定时为止,正转制动和反转起动的过程完全衔接起来,没有间断或死区,这是有环流可逆调速系统的优点,适用于要求快速正转、反转的系统,其缺点是需要添置环流电抗器,而且晶闸管等器件都要负担负载电流及环流。

### 3.3.2  可控环流可逆调速系统

为了更充分利用有环流可逆系统制动和反向过程的平滑性和连续性,最好能有电流波形连续的环流。当主回路电流可能断续时,采用 $\alpha < \beta$ 控制方式有意提供一个附加的直流平均环流,使电流连续,当主回路负载电流连续了,设法形成 $\alpha > \beta$ 控制方式,遏制环流至零。这样根据实际情况来控制环流的大小和有无,扬环流之长而避其短,称为可控环流的可逆调速系统。可控环流可逆调速系统原理图如图 3-15 所示。

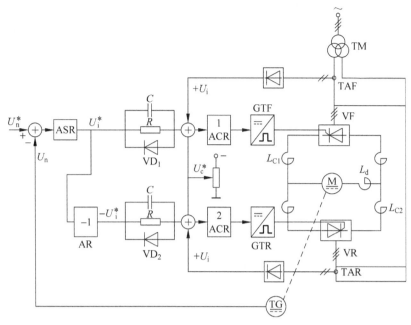

图 3-15　可控环流可逆调速系统原理框图

### 1. 可控环流可逆调速系统工作原理

可控环流可逆调速系统的主电路采用两组晶闸管交叉连接线路,将变压器二次绕组,一组接成星形,另一组接成三角形,使两组电源电压的相位差为 30°,这样可以使系统处于零位时避开瞬时脉动环流的峰值,从而可使环流电抗器的值大为减小。控制线路仍为典型的转速、电流双闭环系统,但电流互感器和电流调节器都用了两套,分别组成正反向各自独立的电流闭环,并在正、反组电流调节器 1ACR、2ACR 输入端分别加上了控制环流的环节,控制环流的环节包括环流给定电压 $-U_c^*$ 和由二极管 VD、电容 $C$、电阻 $R$ 组成的环流抑制电路,为了使 1ACR 和 2ACR 的给定信号极性相反,$U_i^*$ 经过放大系数为 1 的反号器 AR 输出 $-U_i^*$,$-U_i^*$ 作为 2ACR 的电流给定,这样,当一组整流时,另一组就可作为控制环流。

当速度给定电压 $U_n^*=0$ 时,ASR 输出电压 $U_i^*=0$,则 1ACR 和 2ACR 仅依靠环流给定电压 $-U_c^*$ 使两组晶闸管同时处于微导通的整流状态,输出相等的电流 $I_F=I_R=I_c$,使晶闸管在原有的瞬时脉动环流之外,又加上恒定的直流平均环流,其大小可控制在额定电流的 5%～10%,而电动机的电枢电流为 $I_a=I_F-I_R=0$,正向运行时,$U_i^*$ 为负,二极管 VD$_1$ 导通,负的 $U_i^*$ 加在正组电流调节器 1ACR 上,使得正组整流桥输出电压 $U_{d0f}$ 增大,正组流过的电流也增大,与此同时,反组的电流给定 $-U_i^*$ 为正电压,二极管 VD$_2$ 截止,正电压 $U_i^*$ 通过与 VD$_2$ 并联的电阻 $R$ 加到反组电流调节器 2ACR 上,$U_i^*$ 抵消了环流给定电压 $-U_c^*$ 的作用,抵消程度取决于电流给定信号的大小,稳态时,电流给定信号基本上和负载电流成正比,即 $U_i^* \approx U_i = \beta I_a$,$\beta$ 为电流反馈系数。当负载电流较小时,正的 $U_i^*$ 不足以抵消 $-U_c^*$,所以反组有很小的环流通过,电枢电流 $I_a=I_F-I_R$,随着负载电流的增大,正的 $U_i^*$

继续增大,抵消$-U_c^*$的程度增大,当负载电流大到一定程度时,$U_i^* = |U_c^*|$,环流就完全被遏制住了,这时正组流过负载电流,反组无电流通过。与$R$、$VD_2$并联的电容$C$则对遏制环流的过渡过程起加快作用,反向运行时,反组提供负载电流,正组提供控制环流。

**2. 系统参数计算**

可控环流的大小可按实际需要来确定,其定量计算方法如下。图 3-16 为可控环流系统的电流调节器 ACR 信号综合情况。当电动机正向运行时,对 1ACR、2ACR 可分别列出下列方程组。

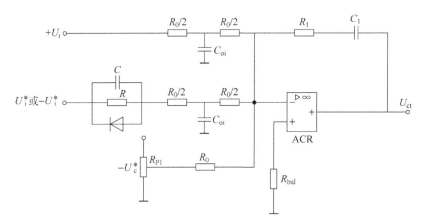

图 3-16  可控环流系统的电流调节器

对于正组电流调节器 1ACR,$U_i^*$ 为负,$VD_1$ 导通,则

$$\frac{U_{if}}{R_0} - \frac{U_i^*}{R_0} - \frac{U_c^*}{R_0} = 0$$

因此

$$U_{if} = U_i^* + U_c^* \tag{3-7}$$

对于反组电流调节器 2ACR,$\overline{U_i^*}$ 为正,$VD_2$ 截止,则

$$\frac{U_{ir}}{R_0} + \frac{U_i^*}{R_0 + R} - \frac{U_c^*}{R_0} = 0$$

因此

$$U_{ir} = U_c^* - \frac{R_0}{R_0 + R} U_i^* \tag{3-8}$$

设两组的电流反馈系数都是$\beta$,则

$$U_{if} = \beta I_f, \quad U_{ir} = \beta I_r$$

将式(3-7)和式(3-8)分别改写为

$$\beta I_f = U_i^* + U_c^* \tag{3-9}$$

$$\beta I_r = U_c^* - \frac{R_0}{R_0 + R} U_i^* \tag{3-10}$$

设电动机为理想空载时，$U_i^* = 0$，则

$$I_{f0} = I_{r0} = \frac{1}{\beta}U_c^* = I_c^* \tag{3-11}$$

这就是环流给定值。

当电动机正向运行，负载电流增大到一定程度时，环流完全被遏制住了，$I_r = 0$，由式(3-10)可知，这时的电流给定信号为

$$U_i^* \big|_{I_r = 0} = \frac{R_0 + R}{R_0}U_c^* \tag{3-12}$$

代入式(3-9)，则得

$$I_f = \frac{1}{\beta}\left(\frac{R_0 + R}{R_0}U_c^* + U_c^*\right) = \left(2 + \frac{R}{R_0}\right)\frac{1}{\beta}U_c^* = \left(2 + \frac{R}{R_0}\right)I_c^* \tag{3-13}$$

式(3-13)表明，当整流电流增大到空载给定环流的$(2 + R/R_0)$倍时，直流平均环流就等于零了。例如，给定环流为$5\% I_N$，并要求整流电流增大到$20\% I_N$时将环流遏制到零。则环流给定电压应整定为$U_c^* = 5\%\beta I_N$。而电阻应该选择为$20\% I_N = (2 + R/R_0)5\% I_N$，则$R = 2R_0$。

由以上分析可知，可控环流系统充分利用了环流的有利一面，避开了电流断续区，使系统在正反向过渡过程中没有死区，提高了快速性，同时又克服了环流不利的一面，减小了环流的损耗，所以在各种对快速性要求较高的可逆调速系统中得到了广泛的应用。

## 3.4　无环流控制的可逆晶闸管-电动机系统

有环流可逆系统虽然具有反向快、过渡平滑等优点，但还必须设置几个环流电抗器，因此，当工艺过程对系统正反转的平滑过渡特性要求不是很高时，特别是对于大容量的系统，常采用既没有直流平均环流又没有瞬时脉动环流的无环流控制可逆系统。按照实现无环流控制原理的不同，无环流可逆系统又分为两大类：逻辑控制无环流系统和错位控制无环流系统。

当一组晶闸管工作时，用逻辑电路或逻辑算法去封锁另一组晶闸管的触发脉冲，使它完全处于阻断状态，以确保两组晶闸管不同时工作，从根本上切断环流的通路，这就是逻辑控制的无环流可逆系统。

采用配合控制原理，当一组晶闸管装置整流时，让另一组处于待逆变状态，而且两组触发脉冲的零位错开得比较远，避免了瞬时脉动环流产生的可能性，这就是错位控制的无环流可逆系统。在$\alpha = \beta$配合控制的有环流可逆系统中，两组触发脉冲的配合关系是，$\alpha_f = \beta_r$时的初始相位整定在$\alpha_{f0} = \beta_{r0} = 90°$，从而消除了直流平均环流，但仍存在瞬时脉动环流。在错位控制的无环流可逆系统中，同样采用配合控制的触发移相方法，但两组脉冲的关系是$\alpha_f + \alpha_r = 300°$或$\alpha_f + \alpha_r = 360°$，初始相位定在$\alpha_{f0} + \alpha_{r0} = 150°$或$180°$，这样当待逆变组的触发脉冲到来时，它的晶闸管已经完全处于反向阻断状态，不可能导通，当然就不会产生瞬时脉动环流了。

## 逻辑控制无环流可逆调速系统的组成和工作原理

逻辑控制的无环流可逆调速系统的原理框图如图 3-17 所示,主电路采用两组晶闸管装置反并联线路,由于没有环流,不用设置环流电抗器,但为了保证稳定运行时电流波形连续,仍保留平波电抗器,控制系统采用典型的转速、电流双闭环系统。为了得到不反映极性的电流检测方法,在图 3-17 中画出了交流互感器和整流器,可以为正反向电流环分别各设一个电流调节器,1ACR 用来控制正组触发装置,2ACR 控制反组触发装置,1ACR 的给定信号 $U_i^*$ 经反号器 AR 后作为 2ACR 的给定信号,为了保证不出现环流,设置了无环流逻辑控制环节 DLC,这是系统中的关键环节,它按照系统的工作状态指挥正组、反组的自动切换,其输出信号 $U_{blf}$、$U_{blr}$ 用来控制正组或反组触发脉冲的封锁或开放,在任何情况下,两个信号必须是相反的,决不允许两组晶闸管同时开放脉冲,以确保主电路没有出现环流的可能。同时,和自然环流系统一样,触发脉冲的零位仍整定在 $\alpha_{f0} + \alpha_{r0} = 90°$,移相方法采用 $\alpha = \beta$ 配合控制。

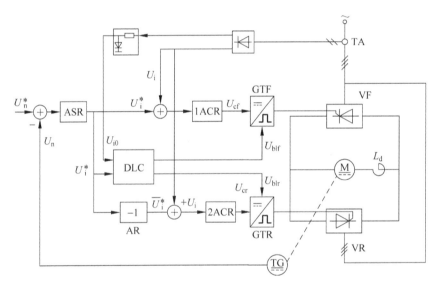

图 3-17　逻辑控制无环流可逆调速系统原理图

### 1. 无环流逻辑控制环节

无环流逻辑控制环节是逻辑控制无环流系统的关键环节,它的任务是当需要切换到正组晶闸管工作时,封锁反组触发脉冲而开放正组脉冲,当需要切换到反组工作时,封锁正组而开放反组。通常都用数字控制,如数字逻辑电路、微机等,用以实现同样的逻辑控制关系。

完成上述任务的约束条件如下:

(1) 任何时候只允许一组整流桥有触发脉冲。

(2) 工作中的整流桥只有断流后才能封锁其脉冲,以防在逆变工作时因触发脉冲消失导致逆变颠覆。

（3）只有当原先工作的整流桥完全关断且延时一段时间后才能开放另一组，以防止环流出现。

应该根据什么信息来指挥逻辑控制环节的切换动作呢？似乎转速给定信号 $U_n^*$ 的极性可以决定正组或反组工作。但当电动机反转时需要开放反组，在正转运行中要制动或减速时，也要利用反组逆变来实现回馈制动，可是这时 $U_n^*$ 并未改变极性。考察图 3-17 的控制系统就可以发现，ASR 的输出信号 $U_i^*$ 能够胜任这项工作，反转运行和正转制动都需要电动机产生负的转矩，反之，正转运行和反转制动都需要电动机产生正的转矩，$U_i^*$ 的极性恰好反映了电动机电磁转矩方向的变化趋势，因此，在图 3-17 中采用 $U_i^*$ 作为逻辑控制环节的一个输入信号，称为转矩极性鉴别信号。

$U_i^*$ 极性的变化只是逻辑切换的必要条件，还不是充分条件，从有环流可逆系统制动过程的分析可以看到，当正向制动开始时，$U_i^*$ 的极性由负变正，但在实际电流方向未变以前，仍须保持正组开放，以便进行本组逆变，只有在实际电流降到零的时候，DLC 才应该发出切换命令，封锁正组，开放反组，转入反组制动。因此，在 $U_i^*$ 改变极性以后，还需要检测电流是否真正到零，真正到零时，才能发出正组、反组切换指令，这就是逻辑控制环节的第二个输入信号。

逻辑切换指令发出后并不能马上执行，还必须经过两段延时时间，以确保系统的可靠工作，这就是封锁延时 $t_{dbl}$ 和开放延时 $t_{dt}$。

从发出切换指令到真正封锁掉原来工作的那组晶闸管之间应该留出来的一段等待时间称为封锁延时 $t_{dbl}$。由于主电流的实际波形是脉动的，而电流检测电路发出零电流数字信号 $U_{i0}$ 时总有一个最小动作电流 $I_0$，如果脉动的主电流瞬时低于 $I_0$ 就立即发出 $U_{i0}$ 信号，实际上电流仍在连续地变化，这时本组正处于逆变状态，突然封锁触发脉冲将产生逆变颠覆。为了避免这种事故，应在检测到零电流信号后等一段时间，若仍不见主电流再超过 $I_0$，说明电流确已为零，再进行封锁本组脉冲。封锁延时 $t_{dbl}$ 需要半个到一个脉波的时间。

从封锁本组脉冲到开放它组脉冲之间也要留一段等待时间，这就是开放延时 $t_{dt}$，因为在封锁触发脉冲后，已导通的晶闸管要经过一段时间后才能关断，再过一段时间才能恢复阻断能力，如果在此之前就开放它组脉冲，仍有可能造成两组晶闸管同时导通，产生环流，为了防止这种事故，就必须再设置一段开放延时时间 $t_{dt}$，$t_{dt}$ 一般应大于一个波头的时间。

最后，在逻辑控制环节的两个输出信号之间必须有互相连锁的保护，决不允许出现两组脉冲同时开放的状态。

根据以上要求，DLC 组成及输入输出信号如图 3-18 所示。

图 3-18　DLC 组成及输入输出信号

**2. 各环节组成及工作原理**

（1）电平检测

电平检测的任务是将输入的两个模拟量 $U_i^*$、$U_{i0}$ 转化为数字量 $U_T$、$U_Z$，对 $U_T$ 来说，它只反映电流指令信号的极性，当 $U_i^* < 0$ 时，说明电动机是正向转矩、正向电流；当 $U_i^* > 0$ 时，电动机是反向转矩、反向电流，转换的门槛电平应是 0V。这种只鉴别输入信号极性的电路称为"转矩极性鉴别器"。电平检测电路通常是由具有正反馈的运算放大器组成的，它工作在继电状态，其输入与输出特性曲线如图 3-19(a)所示。

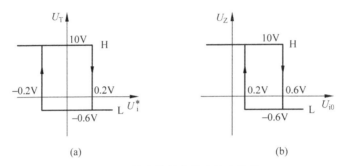

图 3-19　继电特性的输入输出特性

(a) 转矩极性鉴别器输入输出特性；(b) 零电流电平检测器输入输出特性

由于被检测信号中难免有交流或干扰成分，为了避免误动作，电平检测电路应具有一定的环宽，以提高抗干扰能力。但如果回环太宽，则动作迟钝，容易产生振荡和超调，DLC 中的转矩极性鉴别器电路一般把环宽整定在 0.2V 左右。

零电流电平 $U_{i0}$ 转换成 $U_Z$ 的电路也是电平转换电路，只是门槛电平应为大于零小于 1.4V 的一个值，其输入输出特性曲线如图 3-19(b)所示。从图中可以得知：当主电路电流为零时，$U_Z =$ "H"；当主电路电流不为零时，$U_Z =$ "L"。

（2）逻辑判断

逻辑判断电路的任务是根据 $U_T$、$U_Z$ 信号来决定哪一组整流桥工作，由前面提到的第(2)条约束条件可知，只要主电路有电流，就不应有任何动作而应该保持原状态不变，要想有动作，则必须在主电路电流为零时才能进行切换动作。既然电流已经为零，这时的动作只需要根据 $U_i^*$ 指令行事即可，$U_i^* < 0$ 时，要求正电流，应开放正组 VF，封锁反组 VR，使 $U_{blf} =$ "H"，$U_{blr} =$ "L"；$U_i^* > 0$ 时则反之，因此可得到逻辑判断电路的真值表如表 3-3 所示。

表 3-3　逻辑判断电路真值表

| 输　　入 | | 输　　出 | |
|---|---|---|---|
| $U_Z$(零电流) | $U_T$(电流指令极性) | $U_F$ | $U_R$ |
| "L"(电流不为零) | × | 保持不变 | 保持不变 |
| "H"(电流为零) | H(正向电流指令) | H(正组开放) | L(反组封锁) |
| | L(反向电流指令) | L(正组封锁) | H(反组开放) |

根据真值表,可列出下列逻辑代数式:

$$\overline{U}_F = U_R(\overline{U}_T U_Z + \overline{U}_T \overline{U}_Z + U_T \overline{U}_Z) \tag{3-14}$$

$$\overline{U}_R = U_F(U_T U_Z + U_T \overline{U}_Z + \overline{U}_T \overline{U}_Z) \tag{3-15}$$

按照逻辑代数运算法则,式(3-14)和式(3-15)可简化为

$$\overline{U}_F = U_R[\overline{U}_T(U_Z + \overline{U}_Z) + U_T \overline{U}_Z] = U_R(\overline{U}_T + U_T \overline{U}_Z) = U_R(\overline{U}_T + \overline{U}_Z) \tag{3-16}$$

$$\overline{U}_R = U_F[U_T(U_Z + \overline{U}_Z) + \overline{U}_T \overline{U}_Z] = U_F(U_T + \overline{U}_T \overline{U}_Z) = U_F(U_T + \overline{U}_Z) \tag{3-17}$$

为了使逻辑装置具有较强的抗干扰能力,常采用 TTL 与非门电路,这样需将式(3-16)和式(3-17)变成用与非门表示的形式

$$U_F = \overline{U_R(\overline{U}_T + \overline{U}_Z)} = \overline{U_R \overline{(U_T U_Z)}} \tag{3-18}$$

$$U_R = \overline{U_F \overline{[(U_T U_Z)U_Z]}} \tag{3-19}$$

根据真值表很容易设计出用与非门组成的电路,即 DLC 逻辑可控器,如图 3-20 所示。

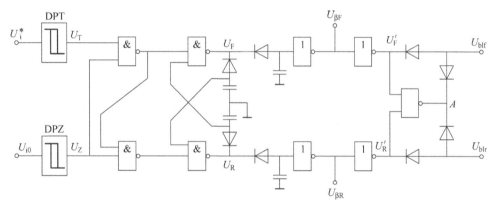

图 3-20 DLC 逻辑可控器

（3）延时电路

延时电路可完成约束条件的第(3)条。在逻辑电路发出切换指令 $U_F$、$U_R$ 后,还必须经过封锁延时和开放延时才能执行切换命令。所以在逻辑装置中必须设置延时电路,延时电路的方式是多种多样的,最简单的延时电路是在 HTL 与非门的输入端加接二极管 VD 和电容 C。延时时间可通过调整电容参数来改变,利用二极管的隔离作用,先使电容 C 充电,待电容端电压充到开门电平时,使与非门动作,从而得到延时。

（4）连锁保护电路

连锁保护电路又称为多 1 保护电路。当系统正常工作时,逻辑电路的两个输出端 $U_F'$ 和 $U_R'$ 总是相反的,以保证不出现两组脉冲同时开放的情况。但是一旦电路发生故障,若出现 $U_{blf}$ 和 $U_{blr}$ 同时为"1"的情况,则造成两组晶闸管同时开放而导致电源短路,为了避免这种事故,增设了逻辑连锁保护环节。其工作原理如下:正常工作时,$U_F'$ 和 $U_R'$ 一个是"1",另一个是"0",这时保护电路的与非门输出 $A$ 点电位始终为"1",实际的脉冲信号 $U_{blf}$ 和 $U_{blr}$ 与 $U_F'$ 和 $U_R'$ 的状态完全相同,使一组开放,另一组封锁。当 $U_F'$ 和 $U_R'$ 同时为"1"时,$A$ 点电位立即变为"0"态,将 $U_{blf}$ 和 $U_{blr}$ 都拉到"0",使两组脉冲同时封锁。因此连锁保护

电路的真值表如表 3-4 所示。从表中可以看出,它绝不允许同时开放两组,满足了约束条件的第(1)条。

表 3-4　连锁保护电路真值表

| 输　　　入 | | 输　　　出 | | 说　　　明 |
|---|---|---|---|---|
| $U'_{\mathrm{F}}$ | $U'_{\mathrm{R}}$ | $U_{\mathrm{blf}}$ | $U_{\mathrm{blr}}$ | |
| L | L | L | L | 两组封锁,允许 |
| L | H | L | H | VF 封锁,VR 开放,允许 |
| H | L | H | L | VF 开放,VR 封锁,允许 |
| H | H | L | L | 要两组同时开放,不允许,保护 |

### 3. 系统各种状态运行分析

当电动机正向运行时,给定电压 $U_{\mathrm{n}}^*$ 极性为"+",转速反馈电压 $U_{\mathrm{n}}$ 极性为"−"。转速调节器 ASR 输出信号 $U_{\mathrm{i}}^*$ 极性为"−",电流反馈信号 $U_{\mathrm{i}}$ 极性为"+",1ACR 输出信号 $U_{\mathrm{cf}}$ 极性为"+"。逻辑控制环节 DLC 输出的 $U_{\mathrm{blf}}$="1", $U_{\mathrm{blr}}$="0"。开放正组 VF,封锁反组 VR,VF 整流桥处于整流状态,VR 整流桥处于封锁状态。当给定信号 $U_{\mathrm{n}}^*$ 为"0"时,转速调节器 ASR 饱和,输出信号 $U_{\mathrm{im}}^*$($U_{\mathrm{im}}^*=\beta I_{\mathrm{dm}}$)极性为"+",由于电枢电流方向未变且不为零,电流反馈信号 $U_{\mathrm{i}}$ 的极性仍为"+"(即使电流方向发生变化,其电流反馈信号 $U_{\mathrm{i}}$ 极性仍然不变化),仍然开放正组 VF,由 $U_{\mathrm{i}}^*$ 和 $U_{\mathrm{i}}$ 共同作用,使得 1ACR 的输出信号 $U_{\mathrm{cf}}$ 的极性为"−",所以正组整流桥 VF 处于逆变状态,电动机转速下降,向电网回馈电能。当电流过零后,DLC 发出切换指令,封锁正组 VF,开放反组 VR,由于 ASR 的输出仍为 $U_{\mathrm{im}}^*$,其极性为"+",经过反号器 AR 后变为 $\bar{U}_{\mathrm{im}}^*$,极性为"−",电流反馈信号 $U_{\mathrm{i}}$ 极性为"+",$|\bar{U}_{\mathrm{im}}^*|>|U_{\mathrm{i}}|$,因此 2ACR 的输出信号 $U_{\mathrm{cr}}$ 极性为"+",VR 处于整流状态,电动机开始反接制动。随着反向电枢电流逐渐增大,$U_{\mathrm{i}}$ 也随之增大,当增大到 $|\bar{U}_{\mathrm{im}}^*|<|U_{\mathrm{i}}|$ 时,2ACR 的输出信号 $U_{\mathrm{cr}}$ 极性为"−",VR 处于逆变状态,电动机处于回馈制动状态,向电网回馈电能。最后转速与电流都减小,电动机停止。

在图 3-17 所示的逻辑控制无环流可逆调速系统中,采用了两个电流调节器和两套触发装置分别控制正、反组晶闸管。实际上任何时刻都只有一组晶闸管在工作,另一组由于脉冲封锁而处于阻断状态,这时它的电流调节器和触发装置都处于等待状态,采用模拟控制时,可以利用电子模拟开关选择一套电流调节器和触发装置工作,另一套装置就可以节省下来了。这样的系统称为逻辑选触无环流可逆系统,其原理图如图 3-21 所示。采用数字控制时,电子开关的任务可以用条件选择程序来完成,因此实际逻辑无环流直流可逆调速系统都是采用逻辑选触无环流可逆系统。此外,触发装置可采用由定时器进行移相控制的数字触发器或采用集成触发电路。

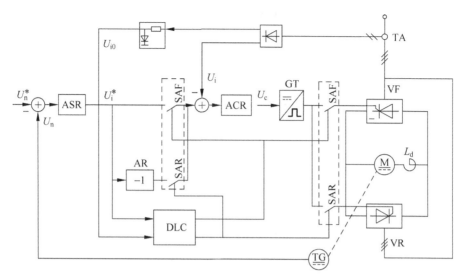

图 3-21 逻辑选触无环流可逆调速系统的原理图

## 3.5 直流脉宽调速系统

自从全控型电力电子器件问世以后,就出现了采用脉冲宽度调制的高频开关控制方式,形成了脉宽调制变换器-直流电动机调速系统,简称直流脉宽调速系统或直流 PWM 调速系统,与 V-M 系统相比,PWM 系统在很多方面有较大的优越性。

(1) 主电路线路简单,需用的功率器件少。

(2) 开关频率高,电流容易连续,谐波少,电动机损耗及发热都较小。

(3) 低速性能好,稳速精度高,调速范围宽,可达 1:10000 左右。

(4) 与快速响应的电动机配合,可使系统频带宽,动态响应快,动态抗扰能力强。

(5) 功率开关器件工作在开关状态,导通损耗小,当开关频率适当时,开关损耗不大,因而装置效率较高。

(6) 直流电源采用不可控整流时,电网功率因数比相控整流器高。

由于有上述优点,直流脉宽调速系统的应用日益广泛,特别是在中、小容量的高动态性能系统中,已经完全取代了 V-M 系统。

### 3.5.1 PWM 变换器的工作状态和电压、电流波形

脉宽调制变换器的作用是用脉冲宽度调制的方法,把恒定的直流电源电压调制成频率一定、宽度可变的脉冲电压序列,从而可以改变平均输出电压,以调节电动机转速。变换电路有多种形式,可分为不可逆与可逆两大类,下面分别阐述工作原理。

### 1. 不可逆变换器

图 3-22 所示是简单的不可逆变换器-直流电动机系统主电路原理图,其中 VT 表示任

意一种全控型功率开关器件,这样的电路又称为直流降压斩波器。

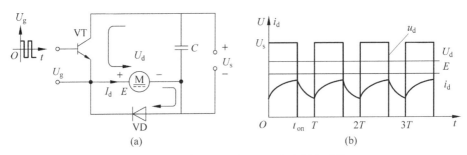

图 3-22　简单的不可逆 PWM 直流调速系统

(a) 主电路原理图; (b) 电压和电流波形

　　VT 的控制极由脉宽可调的脉冲电压序列 $U_g$ 驱动,在一个开关周期 $T$ 内,当 $0 \leqslant t < t_{on}$ 时,$U_g$ 为正,VT 导通,电源电压 $U_s$ 通过 VT 加到电动机电枢两端。

　　当 $t_{on} \leqslant t < T$ 时,$U_g$ 为负,VT 关断,电枢失去电源,电枢绕组电流经 VD 续流,电动机电枢绕组两端电压为零,这样,电动机电枢两端得到的平均电压为

$$U_d = \frac{t_{on}}{T} U_s = \rho U_s \tag{3-20}$$

改变占空比 $\rho$ 即可调节电动机的转速。

　　图 3-22 中绘出了稳态时电枢两端电压波形 $u_d = f(t)$ 和平均电压 $U_d$,由于电磁惯性,电枢电流 $i_d$ 的变化幅度比电压波形小,但仍然是脉动的。图 3-22 中还绘出了电动机的反电动势 $E$,由于变换器的开关频率高,电流脉动幅值不大。

　　在轻载时,简单不可逆 PWM 直流调速系统的电枢电流有可能断续。当 VT 截止时,电枢电流通过 VD 续流,但由于电流较小,在 VT 尚未开通之前,电流已达到零,就会出现电流断续情况,使其机械特性变软。

　　在简单的不可逆电路中电流 $i_d$ 不能反向,因而没有制动能力,只能单象限运行。需要制动时,必须为反向电流提供通路,如图 3-23 所示的双管交替开关电路。此驱动电路的特点是功率开关器件 $VT_1$ 和 $VT_2$ 的驱动电压是大小相等、极性相反的。当 $VT_1$ 导通时,流过正向电流 $+i_d$,$VT_2$ 导通时,流过 $-i_d$,这个电路还是不可逆的,只能工作在第 I、第 II 象限,因为平均电压 $U_d$ 并没有改变极性。

　　图 3-23 所示电路的电压和电流波形有 3 种不同情况。在一般电动状态中,$i_d$ 始终为正值,设 $t_{on}$ 为 $VT_1$ 的导通时间,则在 $0 \leqslant t < t_{on}$ 时,$U_{g1}$ 为正,$VT_1$ 导通,$U_{g2}$ 为负,$VT_2$ 关断,此时,电源电压 $U_s$ 加到电枢两端,电流 $i_d$ 沿图中的回路 1 流通;在 $t_{on} \leqslant t < T$ 时,$U_{g1}$ 和 $U_{g2}$ 都改变极性,$VT_1$ 关断,但 $VT_2$ 却不能导通,因为 $i_d$ 沿回路 2 经二极管 $VD_2$ 续流,在 $VD_2$ 两端产生压降,给 $VT_2$ 施加反压,使它失去导通的可能。因此,实际上是 $VT_1$ 和 $VD_2$ 交替导通,虽然电路中多了一个功率开关器件,但并没有被用上,一般电动状态下的电压和电流波形就和简单的不可逆电路波形完全一样。

　　在制动状态时,$U_{g1}$ 为负值,$VT_2$ 就发挥作用了,这种情况发生在电动运行过程中需要降速的时候,这时,先减小控制电压,使得 $U_{g1}$ 正脉冲变窄、负脉冲变宽,从而使平均电枢电压 $U_d$ 降低,但是由于机械惯性,转速和反电动势还来不及变化,因而造成 $E > U_d$,很快使电

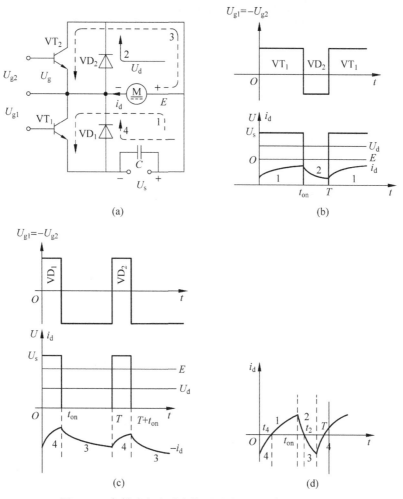

图 3-23　有制动电流通路的不可逆 PWM 直流调速系统
(a) 电路原理图；(b) 一般电动状态的电压、电流波形；
(c) 制动状态的电压、电流波形；(d) 轻载电动状态的电流波形

流 $i_d$ 反向。在 $t_{on} \leqslant t < T$ 时，$U_{g2}$ 变正，于是 $VT_2$ 导通，反向电流沿回路 3 流通，产生能耗制动作用；在 $T \leqslant t < T + t_{on}$ 时，$VT_2$ 关断，$-i_d$ 沿回路 4 经 $VD_1$ 续流，向电源回馈制动，与此同时，$VD_1$ 两端电压降钳住 $VT_1$ 使它不能导通，在制动状态下，$VT_2$ 和 $VD_1$ 轮流导通，而 $VT_1$ 始终是关断的，此时的电流和电压波形如图 3-23(c) 所示。

在轻载电动状态时，这时电枢电流较小，以至在 $VT_1$ 关断后，$i_d$ 经 $VD_2$ 续流时，还没有达到周期 $T$，电流已经衰减到零，这时 $VD_2$ 两端电压也降到零，由于此时 $U_{g2}$ 为正，$VT_2$ 导通，直流电动机感应电动势 $E$ 产生的电流与原来的电流反向，产生局部时间的制动作用。当 $U_{g1}$ 为正时，$U_{g2}$ 为负，反向电流通过 $VD_1$ 续流，$VT_1$ 却不能导通，直到电枢电流为零时，$VT_1$ 导通，正向电流逐渐增大，因此在轻载时，电流可在正负方向之间脉动，平均电流等于负载电流，一个周期分成 4 个阶段，如图 3-23(d) 所示。表 3-5 归纳了不同工作状态下的导通器件和电流的回路与方向。

表 3-5　二象限不可逆 PWM 直流调速系统在不同工作状态下的导通器件和电流回路与方向

| 工作状态 | 期间 | $0\sim t_{on}$ | | $t_{on}\sim T$ | |
| --- | --- | --- | --- | --- | --- |
| | | $0\sim t_4$ | $t_4\sim t_{on}$ | $t_{on}\sim t_2$ | $t_2\sim T$ |
| 一般电动状态 | 导通器件 | $VT_1$ | | $VD_2$ | |
| | 电流回路 | 1 | | 2 | |
| | 电流方向 | + | | + | |
| 制动状态 | 导通器件 | $VD_1$ | | $VT_2$ | |
| | 电流回路 | 4 | | 3 | |
| | 电流方向 | — | | — | |
| 轻载电动状态 | 导通器件 | $VD_1$ | $VT_1$ | $VD_2$ | $VT_2$ |
| | 电流回路 | 4 | 1 | 2 | 3 |
| | 电流方向 | — | + | + | — |

### 2. 桥式可逆变换器

可逆变换器主电路有多种形式。图 3-24 所示为 H 桥式可逆 PWM 直流调速系统,这时,电动机两端电压 $U_{AB}$ 的极性随开关器件驱动电压极性的变化而改变,其控制方式有双极式、单极式、受限单极式等多种,这里只着重分析双极式控制的可逆变换器。

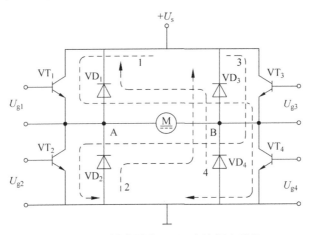

图 3-24　H 桥式可逆 PWM 直流调速系统

双极式控制可逆 PWM 变换器的 4 个驱动电压波形如图 3-25 所示,它们的关系是 $U_{g1}=U_{g4}=-U_{g2}=-U_{g3}$,在一个开关周期内,当 $0\leqslant t<t_{on}$ 时,$VT_1$、$VT_4$ 导通,$U_{AB}=U_s$,电枢电流沿回路 1 流通。当 $t_{on}\leqslant t<T$ 时,驱动电压反相,但 $VT_2$、$VT_3$ 由于受续流二极管 $VD_2$、$VD_3$ 反向电压钳住却无法导通,电枢电流沿回路 2 经二极管 $VD_2$、$VD_3$ 续流,$U_{AB}=-U_s$。因此 $U_{AB}$ 在一个周期内具有正负相间的脉冲波形。

图 3-25 也绘出了双极式控制时的输出电压和电流波形,$i_{d1}$ 相当于一般负载的情况,脉动电流方向始终为正,$i_{d2}$ 相当于轻载情况,电流可在正负方向之间脉动,存在制动电流。在不同的情况下,器件的导通、电流的方向与回路都和有制动电流通路的不可逆 PWM 变换器

相似,电动机的正反转则体现在驱动电压正、负脉冲的宽窄上,当正脉冲较宽时,$t_{on} > T/2$,则 $U_{AB}$ 的平均值为正,电动机正转,反之则反转,如果正负脉冲相等,平均输出电压 $U_{AB}$ 为零,则电动机停止。

双极式控制可逆变换器的输出平均电压为

$$U_d = \frac{t_{on}}{T}U_s - \frac{T-t_{on}}{T}U_s = \left(\frac{2t_{on}}{T}-1\right)U_s = (2\rho-1)U_s$$

$$(3-21)$$

调速时,$\rho$ 的可调范围为 $0 \sim 1$,相应地,当 $\rho > 1/2$ 时,$U_d > 0$,电动机正转;当 $\rho < 1/2$ 时,$U_d < 0$,电动机反转;当 $\rho = 1/2$ 时,$U_d = 0$,电动机停止。但电动机停止时电枢电压的瞬时值并不等于零,而是正负脉宽相等的交变脉冲电压,因而电流也是交变的,这个交变电流的平均值为零,不产生转矩,陡然增大电动机的损耗,这是双极式控制的缺点,但它也有好处,在电动机停止时仍有高频微振电流,从而消除了正、反方向时的静摩擦死区,起着所谓"动力润滑"作用。

双极式控制的桥式可逆变换器有下列优点。

(1)电流一定连续。

(2)可使电动机在四象限运行。

(3)电动机停止时有微振电流,能消除静摩擦死区。

(4)低速平稳性好,系统的调速范围宽。

(5)低速时,每个开关器件的驱动脉冲仍较宽,有利于保证器件的可靠导通。

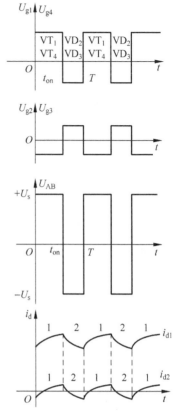

图 3-25 双极式控制可逆 PWM 变换器的驱动电压、输出电压和电流波形

双极式控制方式不足之处是,在工作过程中,4 个开关器件可能都处于开关状态,开关损耗大,而且在切换时可能发生上、下桥臂直通事故,为了防止直通,在上、下桥臂的驱动脉冲之间,应设置逻辑延时。为了克服上述缺点,可采用单极式控制,使部分器件处于常通或常断状态,以减小开关次数和开关损耗,提高可靠性,但系统的静、动态性能会降低。

## 3.5.2 直流脉宽调速系统的机械特性

由于采用了脉宽调制,严格来说,即使在稳态情况下,脉宽调速系统的转矩和转速也都是脉动的。所谓稳态,是指电动机的平均电磁转矩与负载转矩相平衡的状态,机械特性是平均转速与平均转矩的关系。但在中、小容量的脉宽直流调速系统中,功率开关器件的开关频率较高,电流脉动量很小,可以忽略不计。

采用不同形式的 PWM 变换器,系统的机械特性是不一样的。对于带制动电流通路的不可逆电路和双极式控制的可逆电路,电流方向是可逆且都是连续的,因而机械特性关系式比较简单,下面就分析这种情况。

对于带制动电流通路的不可逆电路,电压平衡方程式分两个阶段

$$U_s = Ri_d + L\frac{di_d}{dt} + E \quad (0 \leqslant t < t_{on}) \tag{3-22}$$

$$0 = Ri_d + L\frac{di_d}{dt} + E \quad (t_{on} \leqslant t < T) \tag{3-23}$$

式中,$R$、$L$分别为电枢回路的电阻和电感。

对于双极式控制的可逆电路

$$U_s = Ri_d + L\frac{di_d}{dt} + E \quad (0 \leqslant t < t_{on}) \tag{3-24}$$

$$-U_s = Ri_d + L\frac{di_d}{dt} + E \quad (t_{on} \leqslant t < T) \tag{3-25}$$

按电压方程求一个周期内的平均值,即可导出机械特性方程式,无论是上述哪一种情况,电枢两端在一个周期内的平均电压都是$U_d$,平均电流和转矩分别用$I_d$、$T_e$表示,平均转速$n = E/C_e$,而电枢电感压降的平均值在稳态时为零。于是,对于上述电压方程,平均值方程都可写成

$$U_d = RI_d + E = RI_d + C_e n$$

则机械特性方程式为

$$n = \frac{U_d}{C_e} - \frac{R}{C_e}I_d = n_0 - \frac{R}{C_e}I_d \tag{3-26}$$

用转矩表示为

$$n = \frac{U_d}{C_e} - \frac{R}{C_e C_m}T_e = n_0 - \frac{R}{C_e C_m}T_e \tag{3-27}$$

### 3.5.3  双闭环的 PWM 可逆直流调速系统

中、小功率的可逆直流调速系统多采用由电力电子功率开关器件组成的桥式可逆PWM变换器,图3-26是双闭环直流可逆PWM调速系统的原理图,其中主电路与图3-24相同,UR为二极管整流桥,UPEM为H桥主电路,TG为测速发电动机,TA为霍尔电流传感器,GD为驱动电路模块,内部含有光电隔离电路和开关放大电路,UPW为PWM波生成环节,其算法由软件确定,图中的给定量$n^*$、$I_d^*$和反馈量$n$,$I_d$都是数字量。

PWM可逆直流调速系统的控制部分与直流V-M系统相似,为了取得较高的动、静态性能指标,控制系统一般都采用转速、电流双闭环控制,电流环为内环,转速环为外环,内环的采样周期小于外环的采样周期,由于电流采样值和转速采样值都有交流分量,常采用硬件和软件相结合的方法进行滤波。在V-M系统中移相控制得到的是可控的触发角$\alpha$,在本系统中得到的是可控的占空比$\rho$。转速调节环节ASR和电流调节环节ACR采用PI调节,当系统对动态性能要求较高时,可以采用其他控制算法。

转速给定信号可以由电位器给出模拟信号,经A/D转换后送入微机系统,也可以直接给出数字信号,当转速给定信号在$-n_{max}^* \sim 0 \sim n_{max}^*$变化时,由微机输出的信号占空比$\rho$在$0 \sim 1/2 \sim 1$变化,实现了双极式可逆控制。在控制过程中,为了避免同一桥臂上、下两个电

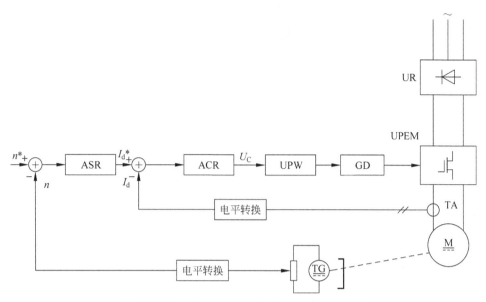

图 3-26　双闭环直流可逆 PWM 调速系统原理图

力电子器件同时导通造成直流电源短路,在由导通切换到截止或反向切换时,须留有死区时间。

## 3.5.4　交流电源供电时的制动

当采用直流脉宽调速系统的电动机处于减速或停车时,就会产生回馈制动状态,即把机械能转化为电能送回直流电源。但由于直流脉宽调速系统大多是由交流电源经不可控整流桥供电的,这部分能量无法再通过整流桥送回交流电网,只能输入到直流环节的滤波电容,对电容充电的结果是使电容两端的电压不断上升,这个电压称为"泵升电压"。当电压超过电容或主开关元件的耐压时,必然会损坏元器件,因此这样的泵升电压必须加以限制。限制泵升电压的能耗制动电路如图 3-27 所示。

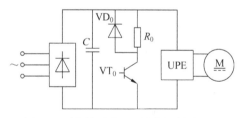

图 3-27　限制泵升电压的能耗制动电路

若没有限压措施,泵升电压的升高是很快的。例如,假设正常工作时 $U_d = 500\mathrm{V}$,电容 $C = 2200\mu\mathrm{F}$,若回馈制动时回馈功率 $P = 2.2\mathrm{kW}$,全部能量由电容 $C$ 吸收,1s 后电容的电压值为 $U_x$,则根据能量平衡关系可知

$$\frac{1}{2}CU_x^2 - \frac{1}{2}CU_d^2 = Pt \qquad (3\text{-}28)$$

将数据代入得

$$\frac{1}{2} \times 2200 \times 10^{-6} \times (U_x^2 - 500^2) = 2200 \times 1$$

则

$$U_x = 1500(\mathrm{V})$$

在这并不大的回馈功率下,1s就使电压上升了1000V,可见,在无其他措施情况下,会使电容击穿,因此必须加限制泵升电压的装置,最常见的办法是在直流环节装一个能耗制动单元,把回馈的能量通过图3-27中的电阻 $R_0$ 来消耗掉。也即当 $U_d$ 大于一定值时,$\mathrm{VT}_0$ 导通,使回馈电流经 $R_0$、$\mathrm{VT}_0$ 流通,能量消耗在制动电阻 $R_0$ 上。

## 思考题与习题

**3-1** 环流分为哪几类?有什么优缺点?

**3-2** 改变直流电动机转矩有哪几种方式?

**3-3** 单组晶闸管和两组晶闸管都可以使直流电动机可逆运行,各有什么特点?

**3-4** 环流电抗器有什么特点?

**3-5** $\alpha = \beta$ 配合控制可以消除直流平均环流,为什么还需要环流电抗器?

**3-6** 试分析 $\alpha = \beta$ 配合控制有环流调速系统反向起动和制动过程。并说明在每个阶段中 ASR 和 ACR 各起什么作用? VF 和 VR 各处于什么状态?

**3-7** 两组晶闸管供电的可逆电路有哪几种形式?

**3-8** 两组晶闸管供电的可逆电路中两组晶闸管反并联连接和交叉连接的主要区别是什么?

**3-9** 试画出三相零式交叉连接线路环流的途径。

**3-10** 试简述瞬时脉动环流及其抑制方法。

**3-11** 两组晶闸管反并联调速时为什么要限制最小逆变角 $\beta_{\min}$?

**3-12** 在两组晶闸管反并联调速中是如何实现 $\alpha = \beta$ 配合控制的?

**3-13** 无环流逻辑控制环节的任务是什么?

**3-14** 逻辑切换指令发出后并不能马上执行,为什么还必须经过两段延时时间?

**3-15** 试分析逻辑无环流直流调速系统正向起动和制动时晶闸管的状态。

**3-16** 试比较可控环流可逆调速系统和逻辑无环流直流调速系统各有什么特点?

**3-17** 一个逻辑无环流调速系统在某一速度稳定工作时,速度给定信号 $U_n^* = 8\mathrm{V}$,转速调节器 ASR 输出 $U_i^* = -4\mathrm{V}$,现在突然把 $U_n^*$ 由 8V 降至 4V,稳定后转速调节器输出 $U_i^* = ?$ 试分析此过程中逻辑切换装置是否改变?为什么?在这种情况下($U_n^*$ 由 8V 降至 4V),系统中晶闸管经过几种状态?

**3-18** 在可控环流可逆调速系统中,电流调节器接线如图3-28所示,已知电动机的额定电流为 $I_N = 160\mathrm{A}$,ASR 输出限幅为 $U_{im}^* = 8\mathrm{V}$,设电动机过载倍数 $\lambda = 1$,要求 $U_i^* = 0$ 时空载给定环流为 $I_{f0} = I_{r0} = I_c = 16\mathrm{A}$,当负载电流上升到 $I_f = 30\%I_N$ 时,让 $I_c = 0$。

(1) 求环流给定电压应整定为多大?

(2) 如 $R_0 = R_1 = 24\mathrm{k}\Omega$,求当 $I_c = 0$ 时,电流给定值的最小值 $U_i^* = ?$(不考虑交流环流)

**3-19** 在轻载时简单不可逆 PWM 直流调速系统会对调速性能造成什么影响?

**3-20** 直流脉宽调速(PWM)系统和晶闸管-电动机调速系统相比有什么优点?

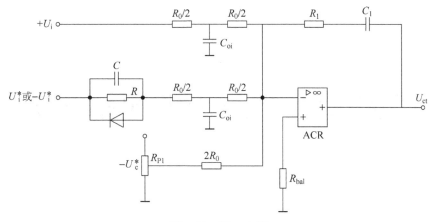

图 3-28　题 3-18 图

**3-21**　试分析二象限不可逆 PWM 直流调速系统在不同工作状态下的导通器件和电流回路与方向。

**3-22**　桥式可逆 PWM 直流调速系统如何实现可逆调速？

**3-23**　桥式可逆 PWM 直流调速系统轻载时电流能否断续？

**3-24**　如何限制泵升电压？

# 第4章

# MATLAB简介与直流调速系统仿真

## 4.1 MATLAB 简介

MATLAB 是由美国的莫勒尔(Cleve Moler)于 1980 年开发的,在 MathWorks 公司及许多专家的努力下,经过多次扩充修改,历经升级,现已发行到 MATLAB R2021a 以上版本,成为流行全球、深受用户欢迎的计算机辅助设计软件工具。本书使用的是 R2014a 版本。

MATLAB 语言设计者最早是为了解决数学中的矩阵运算而进行 MATLAB 语言的开发。MATLAB 是 Matrix Laboratory(矩阵实验室)的缩写,早期主要用于解决科学和工程的复杂数学计算问题,由于它使用方便、输入便捷、运算高效、适应科技人员思维方式,因而成为科技界广为使用的软件。

基于框图仿真平台的 Simulink 是在 1993 年发行的,它以 MATLAB 强大的计算功能为基础,通过直观的模块框图进行仿真和计算。Simulink 提供了各种仿真工具,尤其是它不断扩展的、内容丰富的模块库,为系统仿真提供了极大的便利。在 Simulink 平台上,通过拖拉和连接典型的模块就可以绘制仿真对象的框图,对模型进行仿真,仿真模型可读性强,这就避免了在 MATLAB 窗口中使用 MATLAB 命令和函数仿真时需要熟悉记忆大量函数的问题。

由于 Simulink 原本是为控制系统的仿真而建立的工具箱,所以在使用中易编程、易拓展,并且可以解决 MATLAB 不易解决的非线性、变系数等问题,它能支持连续系统和离散系统的仿真,并且支持多种采样频率系统的仿真,也就是不同的系统能以不同的采样频率组合,这样就可以仿真较大较复杂的系统。各学科领域根据自己的需要,以 MATLAB 为基础,开发了大量的专用仿真程序,把这些程序以模块的形式放入 Simulink 中,就形成了多种多样的模块库。

Simulink 环境下的电力系统模块库(Powersystem Blockset)是由加拿大 Hydro Quebec 公司和 TESCIM Internation 公司共同开发的,其功能非常强大,可以用于电路、电力电子系统、电机控制系统、电力传输系统等领域的仿真。本章相关内容主要介绍直流调速系统仿真模型的建立和仿真。

## 4.2　Simulink/SimPowerSystems 模型窗口

### 4.2.1　Simulink 的工作环境

从 MATLAB 窗口进入 Simulink 环境有以下几种方法。

（1）在 MATLAB 的菜单栏上选择"新建"菜单，在下拉菜单中的选项下选中 Simulink Model 命令。

（2）在 MATLAB 的工具栏上单击"Simulink 库"按钮，然后在打开的模型库浏览窗口菜单上单击 🔤 按钮。

（3）在 MATLAB 的命令窗口中输入"simulink"后按回车键，然后在打开的模型库浏览窗口菜单上单击 🔤 按钮。

完成上述操作之一后，屏幕上出现 Simulink 的工作窗口，如图 4-1 所示。在菜单栏有 File（文件）、Edit（编辑）、View（查看）、Display（显示）、Diagram（图表）、Simulation（仿真）、Analysis（分析）、Code（代码）、Tools（工具）和 Help（帮助）等主要功能菜单，第二栏是菜单命令的等效按钮。窗口下方有仿真状态提示栏，启动仿真后，在该栏中可以提示仿真进度和使用的仿真算法。窗口空白部分是搭建仿真模型框图的空间，这就是对系统仿真的主要工作平台。

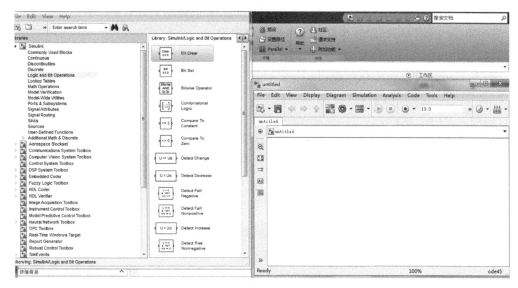

图 4-1　Simulink 工作窗口

10 项主菜单项都有下拉菜单，每个菜单项为一个命令，只要用鼠标选中，即可执行菜单项命令所规定的操作，以下是各个菜单项命令的等效快捷键及功能。

**1. File 文件菜单**

（1）New：创建新的模型。

(2) Open Ctrl＋O：打开已存在的模型文件。

(3) Close：关闭当前的 Simulink 工作窗口模型。

(4) Save Ctrl＋S：保存当前的文件模型，文件名、路径、子目录保持不变。

(5) Save as：将模型另外保存。

(6) Sources control：设置 Simulink 与资源控制接口。

(7) Export Model to：把模型发送到。

(8) Report：报告。

(9) Model properties：模型属性。

(10) Print Ctrl＋P：打印模型。

(11) Simulink Preferences：仿真优先。

(12) Exit MATLAB Ctrl＋Q：退出 MATLAB。

## 2. Edit 编辑菜单

(1) Undo Copy Ctrl＋Z：撤销前次操作。

(2) Can't Redo Ctrl＋Y：恢复前次操作。

(3) Cut　Ctrl＋X：剪切当前选定内容，放在剪贴板上。

(4) Copy Ctrl＋C：复制 。

(5) Copy Current View to Clipboard：复制选定内容，放在剪贴板上。

(6) Paste Ctrl＋V：将剪贴板上内容粘贴到光标所在位置。

(7) Paste Duplicate Import：为子系统或外部输入创建输入端口。

(8) Select All Ctrl＋A：全部选定整个窗口内容。

(9) Comment Through：过程讲解。

(10) Comment Out：过程输出。

(11) Delete：删除。

(12) Find…：查找。

(13) Find Referenced Variables：查找引用的变量。

(14) Find & Replace in Chart：在图表中查找与代替。

(15) Bus Editor：总线编辑。

(16) Lookup Table Editor：查找表格编辑器。

## 3. View 查看菜单

(1) Library Browser：模块库浏览。

(2) Model Explorer：打开模块资源管理器。

(3) Variant Manager：变量管理。

(4) Simulink Project：仿真工程。

(5) Model Dependency Viewer：模型属性查看。

(6) Diagnostic Viewer：诊断查看。

(7) Requirements　Traceability at This Level：需求追踪。

(8) Model Browser：模型浏览。

(9) Configure Toolbars：配置工具栏。

(10) Toolbars：工具栏。

(11) Status Bar：显示或隐藏状态栏。

(12) Explore Bar：探索栏。

(13) Navigate：导航。

(14) Zoom：放大模型显示比例。

(15) Smart Guides：智能指南。

(16) MATLAB Desktop：MATLAB 桌面。

### 4. Display 显示菜单

(1) Library Links：模块库连接。

(2) Sample Time：采样时间。

(3) Blocks：模块。

(4) Signals & Ports：信号与端口。

(5) Chart：表格。

(6) Data Display in simulation：仿真中显示数据。

(7) Highlight Signal to Source：到源的高亮显示信号。

(8) Highlight Signal to Destination：到目的地的高亮显示信号。

(9) Remove Highlight：删除高亮显示。

### 5. Diagram 图表菜单

(1) Refresh Blocks：刷新模块。

(2) Subsystem & Model Reference：子系统和参考模型。

(3) Format：格式。

(4) Rotate & Flip：旋转与翻转。

(5) Arrange：布局。

(6) Mask：封装。

(7) Library Link：模块库连接。

(8) Signals & Ports：信号与端口。

(9) Block Parameters：模块参数。

(10) Properties...：属性。

### 6. Simulation：仿真菜单

(1) Update Diagram：更新图表。

(2) Model Configuration Parameters：模型配置参数。

(3) Mode：模型。

(4) Data Display：显示数据。

(5) Step back(uninitialized)：向后单步运行(未初始化)。

(6) Run：运行。

(7) Step Forward：向前单步运行。

(8) Stop：停止。

(9) Output：输出。

(10) Stepping Options：单步选择。

(11) Debug：调试。

### 7. Analysis 分析菜单

(1) Model Advisor：打开模型咨询工具，帮助用户检查和分析模型配置。

(2) Model Dependencies：使用模型文件清单。

(3) Compare Simulink XML Files…：选择文件导出到 XML 进行比较。

(4) Simscape：动静态观测。

(5) Performance Tools：执行工具。

(6) Requirements Traceability：被要求的可追踪性。

(7) Control Design：控制设计。

(8) Parameter Estimation…：参数估计。

(9) Response Optimization…：响应优化。

(10) Design Verifier：打开设置验证器。

(11) Coverage：覆盖。

(12) Fixed-Point Tool…：定点工具。

### 8. Code 代码菜单

(1) C/C++ Code：C/C++代码。

(2) HDL Code：HDL 代码。

(3) PLC Code：PLC 代码。

(4) Data Objects：数据对象。

(5) External Model Control Panel：外部模型控制面板。

(6) Simulink Code Inspector…：仿真代码检查。

(7) Verification Wizards：选择协同仿真向导方式，指定为 FPGA 硬件在环选项。

(8) Polyspace：软件运行时错误检测。

### 9. Tools 工具菜单

(1) Library Browser：模块库浏览。

(2) Model Explorer：模型检测。

(3) Report Generator…：生成报告。

(4) System Test：系统测试。

(5) Mplay Video Viewer：打开 Mplay 视频浏览窗口。

(6) Run on Target Hardware：进入安装或更新硬件目标串口。

**10．Help 帮助菜单**

（1）Simulink：仿真。

（2）Stateflow：系统建模。

（3）Keyboard Shortcuts：键盘快捷键。

（4）Web Resources：网络资源。

（5）Terms of Use：使用条款。

（6）Patents：专利。

（7）About Simulink：关于仿真。

（8）About stateflow：关于系统建模。

## 4.2.2　模型窗口工具栏

模型窗口中主菜单下面是工具栏,工具栏有 15 个按钮,用来执行最常用功能。归纳起来有两类。

**1．文件管理类**

（1）第一个按钮。单击该按钮将创建一个新模型文件,与主菜单 File 中执行 New 命令相同。

（2）第二个按钮。单击该按钮将保存模型文件,与主菜单 File 中执行 Save 命令相同。

**2．对象管理类**

（1）第三个按钮。单击该按钮由封装的子系统内部返回到仿真模型平台。

（2）第四个按钮。单击该按钮将由仿真模型平台进入封装的子系统内部。

（3）第五个按钮。与第三个按钮功能相同。

（4）第六个按钮。单击该按钮将打开模型库浏览器。

（5）第七个按钮。单击该按钮将进行仿真参数设置。

（6）第八个按钮。单击该按钮打开模块资源管理器。

（7）第九个按钮。单击该按钮将执行单步选择。

（8）第十个按钮。单击该按钮将进行仿真,与主菜单 Simulation 中执行 Run 命令相同。

（9）第十一个按钮。单击该按钮将向前单步运行。

（10）第十二个按钮。单击该按钮将停止仿真,与主菜单 Simulation 中执行 Stop 命令相同。

（11）第十三个按钮。单击该按钮将记录和观测仿真输出。

（12）第十四个按钮。单击该按钮将打开模型咨询工具,帮助用户检查和分析模型配置。

（13）第十五个按钮。单击该按钮将建立模型。

## 4.3　有关模块的基本操作及仿真步骤

有关模块的基本操作有很多,这些操作都可用菜单功能和鼠标来完成,这里仅介绍一些主要的、常用的操作。

**1. 模块的提取**

对系统进行仿真时,第一步就是将需要的模块从模型库中提取出来放到仿真平台上,方法有以下几种。

(1) 在模型浏览器窗口选中所需要的模块(鼠标单击),选中的模块名会反色,然后在 Edit 菜单栏下选择 Add Selected Block to untitled 命令,这时选中的模型会出现在仿真平台上。

(2) 在选中的模块上右击,在出现的快捷菜单上单击 Add to untitled 命令,这时选中的模型会出现在仿真平台上。

(3) 将光标指针移动到需要的模块上,按住鼠标左键将模型图表拖到平台上,然后松开鼠标即可。这是最常用的快捷方法。

**2. 模块的复制和粘贴**

已经放到平台上的模块,如果系统中需要用到几个,可以对该模块进行复制。操作步骤如下。

将光标指针移动到需要的模块上,模块的 4 个角出现 4 个小方框,表明该模块被选中,然后右击,在出现的快捷菜单上单击 Copy 命令,在需要该模块的地方右击,单击 Paste 命令即可复制所需要的模块。

采用这种方法也可以复制几个不同的模块或者复制仿真模型中的一部分乃至全部,然后转移到其他地方使用,方法是按下鼠标左键拖拽鼠标,在平台上出现一个虚线方框,包围需要复制的模块,这时被包围的所有模块都出现反色,即表示这些模块被选中,然后用复制和粘贴命令就可以将其复制到其他地方使用。

**3. 模块的移动、放大和缩小**

为了使绘制的系统比较美观,需要将各个调用模块放到合适的位置上,或者需要调整模块的大小比例,可以采用如下方法:

(1) 移动模块仅需要将光标指针移到该模块上,按住鼠标左键拖动该模块到相应的位置即可。

(2) 放大或缩小模块,只需要在选中该模块后,将光标移到模块 4 个角的小方框上,这时光标变成双向小箭头,按下鼠标左键沿箭头方向拖动,就可调节模块图标外形的大小。

**4. 模块的转动**

为了模块与模块之间的连线方便,有时需要转动模块的方向。转动模块的方向只需要在选中模块后右击,弹出快捷菜单,使用 Rotate & Flip 右拉菜单中的 Clockwise、Counterclockwise、Flip Block 三条命令即可。Clockwise 命令使模块顺时针作 90° 旋转,

Counterclockwise 命令使模块逆时针作 90°旋转,Flip Block 命令使模块水平翻转。

### 5．模块名的修改

在每个模块下方都有一个模块名,模块名可以修改、放大、翻转和隐藏。修改模块名时,首先单击该模块名,模块名上出现光标后,就可以修改模块名称,模块名称可以是中文或英文。

### 6．模块名放大或缩小

在选中所需要放大模块名的模块后右击,在弹出的快捷菜单中单击 Format 中的 Font Style…命令,会弹出如图 4-2 所示的对话框,对话框中有字体、字形和大小选项,单击相应的选项就可改变模块名的字体、字形及大小。

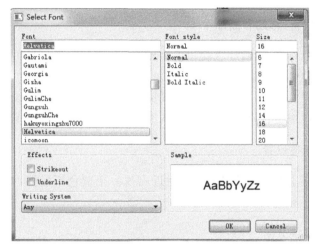

图 4-2　模块名字体格式的选择

R2014a 版本的模块名只能上下或左右调整位置。翻转模块名称位置只需要在选中模块后右击,弹出快捷菜单,使用 Rotate & Flip 右拉菜单中的 Flip Block Name 命令即可。

如果不需要显示模块名,在 Format 右拉菜单中单击 Show Block Name 前面小方框中的“√”,就可以隐藏模块名;如果需要重新显示模块名,在 Format 右拉菜单中再次单击 Show Block Name 前面小方框中的“√”,隐藏的模块名会重新显示出来。

### 7．模块的参数设置

模型库里的模块放到仿真窗口之后,在使用前大多数模块都需要设置模块的参数。将光标箭头移到模块图标上,双击弹出参数对话框,框中上部是模块功能的简要介绍,下部是模块参数设置栏,在设置栏中可以按要求输入参数。参数设置好后,单击 OK 按钮关闭对话框,模块参数设置完毕。模块参数在仿真过程中是不能进行修改的。

### 8．模块的删除和恢复

对放在平台上的模块,如果不再需要可以将其删除,操作步骤是选中要删除的模块后,按键盘的 Delete 键;如果要删除一部分模块,可以在要删除的部分上单击拖拉出一个方框,框内的全部模型和连线被选中后按 Delete 键,这部分模型包括连线就被删除。模型浏览器中的模块是只读的,因而不能删除。

### 9. 模块的连接

在使用 Simulink/SimPowerSystems 仿真时,系统模型由多个模块组成,模块与模块之间需要用信号线连接,连接的方法是将光标箭头指向模块的端口,对准后光标变成"＋"字形,这时按下鼠标左键拖动"＋"字形到另一个模块的端口后松开鼠标左键,在两个模块的输出和输入端就出现了带箭头的连线,并且箭头实现了信号的流向。

如果要在信号线的中间拉出分支连接另一个模块,可以先将光标移到需要分岔的地方,同时按住 Ctrl 键和鼠标左键,这时可以看到光标变成"＋"字形,按住鼠标左键不松,拖拽鼠标就可以拉出一根支线,然后将支线引到另一个模块的输入端口松开鼠标即可。

### 10. 信号线的弯折、移动和删除

如果信号线需要弯折,只需要在拉出信号线时,在需要弯折的地方松开鼠标停顿一下,然后继续按下鼠标左键改变鼠标移动方向就可以画出折线。

如果要移动信号的位置,首先选中要移动的线条,将光标指向该线条后单击,线条上出现反色表明该线条被选中,然后再将光标指向线条上需要移动的那一段拖拽鼠标即可。

### 11. 信号线的标签设置

在信号线附近双击即可在该信号线的附近出现一个蓝色矩形框,在矩形框内的光标处输入该信号线的说明标签。

### 12. 信号线与模块分离

将鼠标指到要分离的模块上,按住 Shift 键不放,再用鼠标把模块拖到别处,即可以把模块与连接线分离。

若要删除已画好的信号线,只要选中该信号线后,按 Delete 键即可。

下面简要介绍仿真步骤的一般方法。

在 Simulink 环境下,仿真的一般过程是首先打开一个空白的编辑窗口,然后将需要的模块从模块库中拖动到编辑窗口中并连接起来,按照需要设置各模块的参数,确定好仿真参数后就可以对整个模型进行仿真了。下面以简单的阻感性负载为例,说明仿真步骤。

(1) 按照前文所述方法,建立仿真平台。

(2) 在模型库中找到 Series RLC Branch、AC Voltage Source、Scope 等模块,拖动到仿真平台中进行如图 4-3 所示的连接。

(3) 把 powergui 模块拖动到仿真平台中,否则仿真不能顺利进行。

(4) 模块参数设置。单击 Series RLC Branch、AC Voltage Source 模块,打开模块对话框,进行如图 4-4、图 4-5 所示的参数设置。

(5) 仿真参数设置。单击工具栏上的 ◉ 的图标,打开仿真参数设置窗口,如图 4-6 所示。该对话框中有多个选项卡,其内容为 Solver(解算器)、Data Import/Export(数据输入和输出)、Optimization(设置仿真优化模式)、Diagnostics(诊断)、Hardware Implementation

（仿真硬件的实现）、Model Referencing（设置模型引用的有关参数）等。

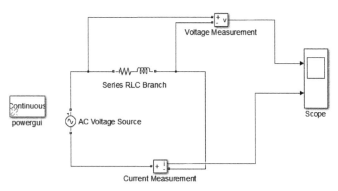

图 4-3　阻感性负载仿真模型

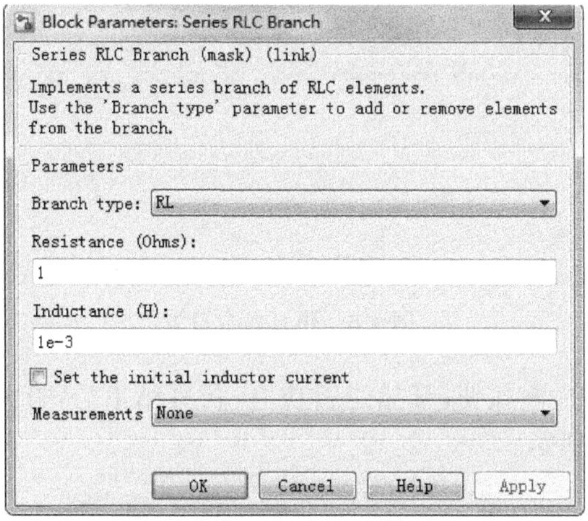

图 4-4　阻感性负载参数设置

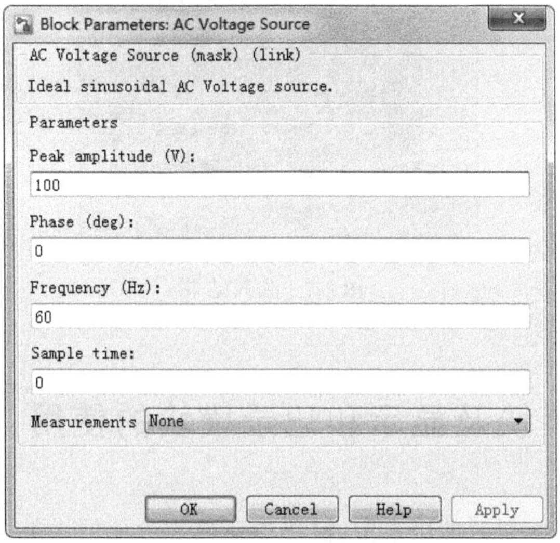

图 4-5　电压源参数设置

如图 4-6 所示的参数设置表明仿真采用 ode23tb 算法,仿真开始时间为零,结束时间为 5s。

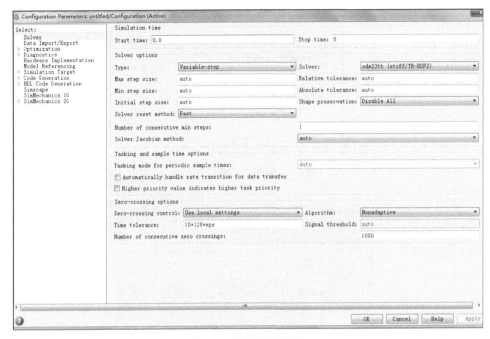

图 4-6    仿真参数设置

(6) 单击工具栏上的 ⊙ 按钮,开始进行仿真,仿真结束后,打开示波器,经调整得到局部放大的曲线如图 4-7 所示。

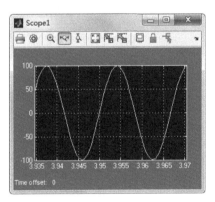

图 4-7    仿真结果

## 4.4    测量模块及显示和记录模块的使用

在 MATLAB 6.5.1 以后的版本中,模块端口标志分成两大类,一类是小方块,另一类是三角形,这表明信号性质是不同的。可以简单地认为端口为小方块的用于主电路,而端口为三角形的用于控制电路。这两类端口信号无法用信号线直接连接但可以通过测量模块进行连接。在仿真过程中常用的测量模块有电压测量模块（路径为 Simscape/SimPower Systems/Specialized Technologys/Measurements/Voltage Measurements）、电流测量模块（路径为 Simscape/SimPower Systems/Specialized Technology/Measurements/Current Mesurement）、多路测量仪模块（路径 Simscape/SimPowerSystem/Specialized Technologys/Measurements/Multimeter）。

下面通过实例说明常用模块的使用方法。

### 1. 多路测量仪的使用

对于如图 4-3 所示的仿真模型，需要测量电路的电流和电压，可以采用多路测量仪。首先选择需要测量的物理量，比如需要测量 RL 回路的电压和电流，在仿真平台上加入多路测量仪后，可以进行如图 4-8 所示的连接。双击 Series RLC Branch 图标进行参数设置，如图 4-9 所示，在 Measurements 下拉列表框中选择 Branch voltage and current 选项，然后单击 OK 按钮关闭对话框。

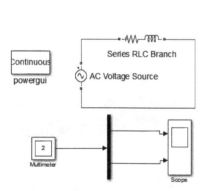

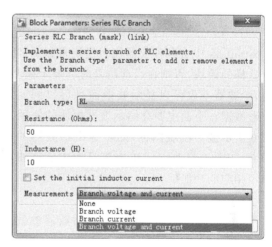

图 4-8　采用多路测量仪时阻感性　　　　图 4-9　阻感性负载参数测量设置
负载仿真模型

双击多路测量仪模块图标，可以看到如图 4-10(a)所示的对话框，在左边的列表框中有 Ub Series RLC Branch 和 Ib Series RLC Branch 两个物理量，表明多路测量仪可以测量的物理量有 Series RLC Branch 的电压和电流。单击需要测量的物理量，使其变蓝色，表明选中该物理量，再单击两框中间的>>按钮，此物理量就移到右边的列表框中，用同样的方法把下一个需要测量的物理量移到右边的列表框中，如图 4-10(b)所示。

从图 4-10 可以看出，多路测量仪输出多路信号，从上到下依次为电压、电流信号，如果想改变输出信号顺序，单击右边需要改变的测量量，使其变成蓝色，再单击 Up 或 Down 按钮，多路输出信号上下位置发生改变，其输出信号就对应发生改变。如果不再需要输出某一路信号，选中该信号后，单击 Remove 按钮即可。如果多路测量仪里只有一个测量的信号，把多路测量仪输出端直接连接到示波器即可；如果多路测量仪里有多个测量信号，可以采用 Demux 模块，把多个信号分解输出到示波器中就可以分别观测到每路信号。

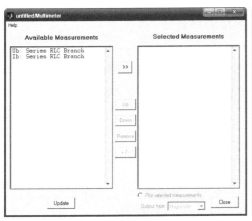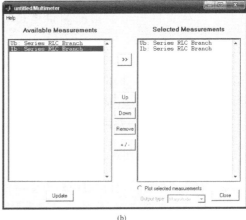

(a)　　　　　　　　　　　　　　　(b)

图 4-10　多路测量仪对话框

（a）双击多路测量仪图标后出现的对话框；（b）选中需测量的物理量

**2. 示波器的使用**

Simulink 中有各种仪器仪表模块来显示和记录仿真的结果,在仿真的模型图中必须有一个这样的模块,否则在启动仿真时会提示模型不完整。在这些仪器中,示波器是最经常使用的,示波器不仅可以显示波形而且可以同时保存波形数据。下面主要介绍示波器模块的使用。

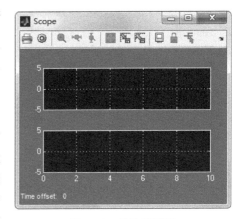

双击示波器模块图标,即可弹出示波器的窗口界面,如图 4-11 所示。单击工具栏中的按钮可以使用相应的功能。

（1）示波器参数

单击示波器参数按钮可以弹出示波器参数对话框,如图 4-12 所示。在 General 选项卡中设置参数,Number of axes 项用于设定示波器的 Y 轴数量,即示波器输入信号端口的个数,其默认值为1,也就是该示波器可以观测一路信号,当将其设为 2 时,可以观测二路信号,同时示波器图标也自动变为有两个输入端口,以此类推。这样示波器可以同时观测多路信号。

图 4-11　示波器界面

在 History 选项卡中有两个选项。第一项是数据点数,预置值是 5000,即显示 5000 个数据,若超过 5000 个数据,则删掉前面的数据而保留后面的。一般可以将其设置为5 000 000,基本上就可以显示较完整的曲线。

（2）图形缩放

在示波器窗口工具栏中有 3 个放大镜,分别用于图形的区域放大、X 轴向和 Y 轴向的图形放大。区域放大,首先在工具栏中单击“区域放大器”按钮,然后在需要放大的区域用鼠标单击即可。X 轴向和 Y 轴向放大,同样只要在工具栏中单击相应按钮,在需要放大的区域单击,曲线就沿着 X 轴或 Y 轴放大。单击次数增加,曲线沿坐标轴放大倍数也随

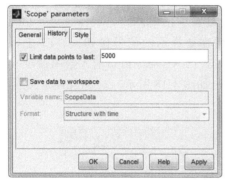

图 4-12　示波器参数设置对话框

着增加。

（3）示波器曲线的编辑

在已经打开的示波器图中，在示波器窗口的图形部分右击，在弹出的快捷菜单中选择
Axes properties...项，则可以弹出如图 4-13 所示的对话框，Y-min、Y-max 分别表示 Y 轴的
取值范围。在 Title 下面的编辑框中显示信号命名，例如在 Title 下面的编辑框中写入"电
流曲线"，则示波器就显示信号名称为电流曲线，如图 4-14 所示。

图 4-13　Y 轴设定范围及曲线名称的编辑

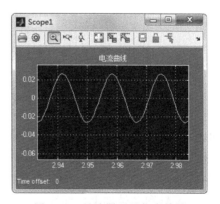

图 4-14　示波器显示仿真结果

（4）示波器背景及曲线颜色的更改

在 Style 选项卡中 Figure color 右边的下拉选项中选择示波器边框的颜色，默认值是灰

色。Axes colours 分别选择示波器背景颜色和坐标轴的颜色,默认值分别是黑色和白色,现依次改为白色和蓝色,在 Line 右边的下拉选项中分别选择曲线的类型、曲线的宽度和曲线

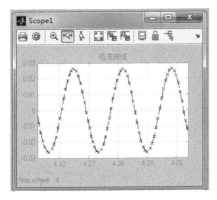

的颜色。曲线颜色的默认值是黄色,现改为黑色。在 Marker 右边的下拉选项中给曲线加上不同的标注。设置完成后单击 OK 按钮就得到图 4-15 所示修饰后的示波器波形。

**3. OUT1 模块的使用**

OUT1 模块的路径为 Simulink/sinks/out1,当使用 OUT1 模块观测仿真输出结果时,首先选中仿真参数设置中的 Save to work space/Output 复选框,把所需要显示的信号接到 OUT1 上,仿真结束后,在 MATLAB 命令窗口输入绘图命令 plot(tout,

图 4-15  修饰后的示波器波形

yout),即可得到未经编辑的 Figure 1 输出曲线,如图 4-16 所示。对 Figure 1 图形可用下列方法进行编辑。

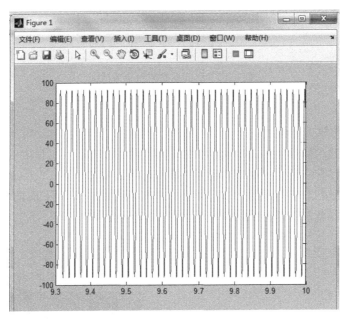

图 4-16  未经编辑的 Figure 1 输出曲线

单击 Figure 1 的菜单"编辑"中的"轴属性"后,可得到图 4-17 所示的界面,左下边窗口的"标题"是 Figure 1 输出的名称,在其右边文本框中写入"仿真结果"。下面是背景颜色选择,默认值为白色,右边是坐标轴的颜色选择,默认值为黑色。在"网格"右边的文本框中分别对 X 轴、Y 轴和 Z 轴加上坐标线,如果在对应文本框中打"√",就能显示对应的坐标线。右下边窗口中是 X 轴、Y 轴和 Z 轴的标签,在 X 轴标签右边的文本框中输入"电流曲线"可得图 4-18 所示的界面,选择 Figure 1 图形菜单后,在其编辑下拉菜单中单击"复制图形"命令,可复制 Figure 1 输出曲线,最终可得到经过编辑后的 Figure 1 输出图形,如图 4-19 所示。

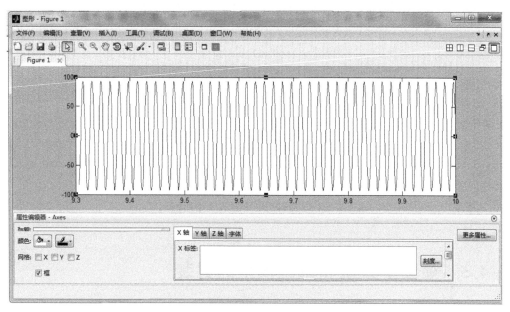

图 4-17 单击菜单"编辑"中"轴属性"后的界面

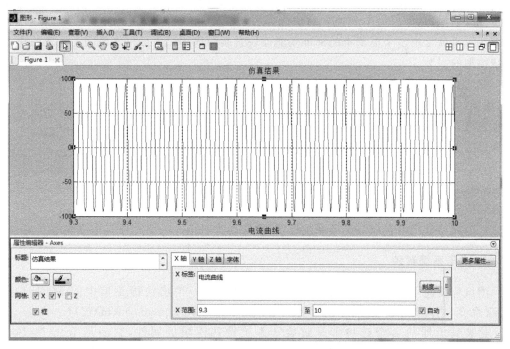

图 4-18 编辑后的 Figure 1 界面

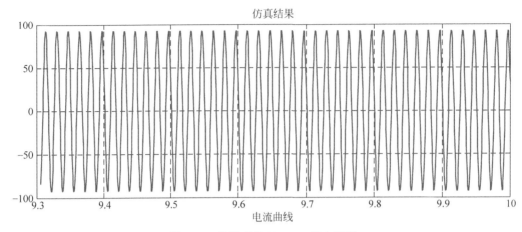

图 4-19　编辑后的 Figure 1 输出图形

## 4.5　建立子系统和系统模型的封装

### 1. 建立子系统

在 Simulink 的仿真中,一个复杂系统的模型由许多基本模块组成,可以采用建立子系统技术将它们集中在一起,形成新的功能模块,经过封装后的子系统可以有特定的图标与参数设置对话框,从而成为一个独立的功能模块。事实上,在 Simulink 的模块库里有许多标准模块本身就是由多个更基本的标准功能模块封装而成的。下面举例说明子系统的建立与系统模型的封装。

把 Gain 和 Saturation 两个模块用信号线连接起来,用鼠标左键拖拽出一个虚线框,将需要打包的模块都包含在虚线框内,松开鼠标,这时虚线框内的模块和信号线都被选中,如图 4-20(a)所示。然后在 Diagram 菜单中单击 Subsystem & Model Reference/Create Subsystem form Selection(创建子系统)命令,选择后就变成如图 4-20(b)所示的形式,这时图 4-20(a)虚线框内模型就已打包成一个子系统模块,模块名为 Subsystem。

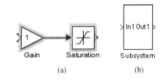

图 4-20　带限幅 PI 调节器模块(a)及
其封装后的子系统(b)

### 2. 对子系统封装

用鼠标指向子系统模块,右击弹出一个快捷菜单,单击快捷菜单中的 Mask/Create Mask 命令,出现如图 4-21 所示的封装编辑器(Mask Editor:Subsystem)窗口。

封装编辑器的 4 个选项卡是封装子系统特殊模块的属性,它们是 Icon & Ports、Parameters & Dialog、Initialization、Documentation,它们的主要功能分别如下。

(1) Icon & Ports 为被封装的子系统设置特殊外观。Icon 选项卡左边是关于模块外观的选择,分别是 Block frame、Icon transparency、Icon units、Icon rotation、Port rotation,在

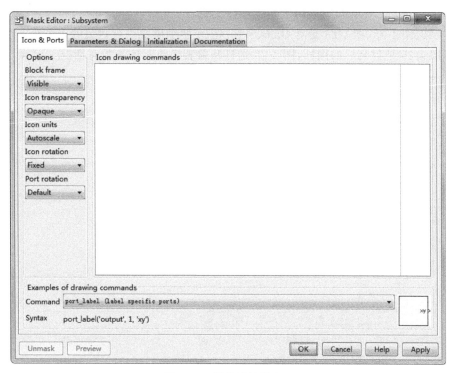

图 4-21　封装编辑器窗口

这 5 个名称下面都有一个下拉式列表框来确定外观的选择。Block frame 用来确定图标边框线条是否显示，Visible 为显示边框，Invisible 为隐藏边框。Icon transparency 用来确定图标端口(port)是否显示，Transparent 为显示端口，Opaque 为隐藏端口。Icon units 用来确定图标的大小，Autoscale 为自动标志，当模块大小改变时图标大小也随之改变；Pixel 用来以像素为单位绘制图形，当模块大小改变时图标大小不变；Normalized 规定图标左下角坐标为(0,0)，右上角的坐标为(1,1)，要绘制图形的点必须归化到(0,1)之间才能显示出来。Icon rotation 用来确定图标是否旋转，Fixed 为不随着被封装子系统的旋转而旋转，Rotates 为旋转。Port rotation 用来确定封装模块端口的旋转类型，Default 为顺时针旋转后端口将重新排序，以保持从左到右的端口编号顺序(对于位于模块上下两端的端口)以及从上到下的端口编号顺序(对于位于模块左右两侧的端口)；Physical 为 端口随模块一起旋转，而不在顺时针旋转后重新排序。右边 Icon drawing commands 下的空白框中是关于图标外观的设计。可在图标上显示文本、图像、图形或传递函数。对话框下部是关于 Icon drawing commands 的举例。在 Commands 右边下拉列表中是各种指令。在 Syntax 右边对每一种指令的格式举例。

（2）Parameters & Dialog 为被封装的子系统进行参数设置。Prompt 用于设计输入提示，即对对应的变量 Variable 进行说明。单击窗口左边控件箱 Display 中的"A"控件，在 Prompt 对应的栏中 Add Text here 修改成相应的汉字，表示对这个参数进行说明，然后单击窗口左边控件箱 Parameter 中的 Edit 控件，在 Name 对应的栏中写入参数，然后重复进行，就得到封装模块三个参数及说明。

（3）Initialization 对子系统变量进行初始化。

（4）Documentation 对封装的子系统进行说明。

图 4-22、图 4-23、图 4-24 是对 Gain、Saturation 两个模块进行封装的子系统 3 个选项卡的举例，图 4-25 是封装后的图标，图 4-26 是打开封装模块时的参数对话框。

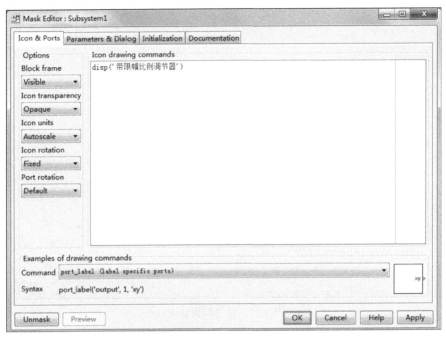

图 4-22　封装编辑器中 Icon 选项卡举例

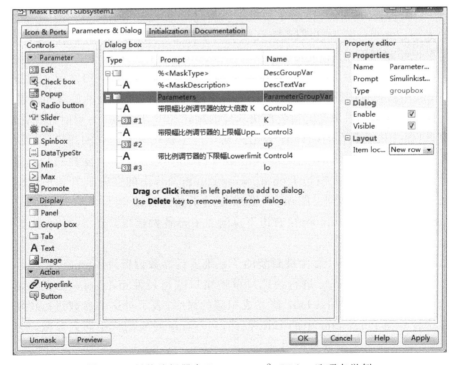

图 4-23　封装编辑器中 Parameters & Dialog 选项卡举例

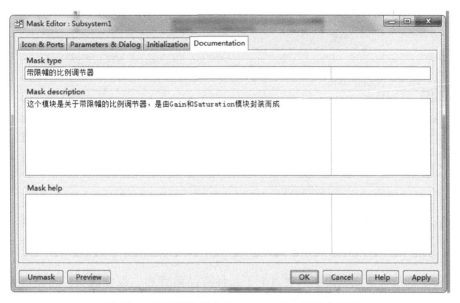

图 4-24 封装编辑器中 Documentation 选项卡举例

图 4-25 封装后子系统图标

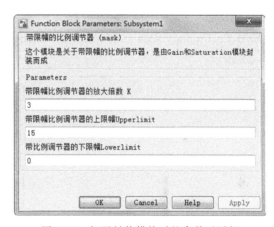

图 4-26 打开封装模块时的参数对话框

### 3. 参数的设置

在子系统中每个模块都有参数对话框,对每个模块都打开参数对话框进行参数设置显然很麻烦。可以在每个模块参数对话框中输入变量名,注意此变量名要与 Parameters 中的变量名一致。例如在子系统中打开 Saturation 模块对话框,进行如图 4-27 所示的参数设置,这样,当打开封装子系统的参数对话框进行参数设置时,被封装的各参数就传递到子系统各模块中。否则,封装的子系统仍然按照子系统各模块中的原始参数进行运算。

下面再举例说明封装模块的使用方法。

单相半控桥式整流电路,上臂桥是晶闸管,下臂桥是二极管,不能直接采用 Universal Bridge 模块(路径:Simscape/Simscape/SimPowerSystems/Specialized Technology/Power Electronics/Universal Bridge),因为 Universal Bridge 模块中的电力电子都是同一电子元

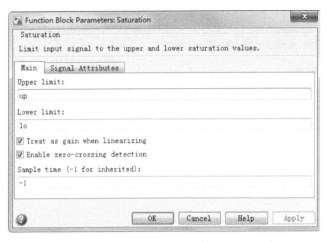

图 4-27　子系统中 Saturation 参数设置对话框

件,而单相半控桥式整流电路中的电力电子元件有晶闸管和二极管两类。所以应该用分立电子元件搭建单相半控桥式整流电路,由两个晶闸管和两个二极管封装而成。从模块库中取两个晶闸管模块 Thyristor(路径为 Simscape/SimPowerSystems/Specialized Technology/Power Electronics/Thyristor),两个二极管模块 Diode(路径为 Simscape/SimPowerSystems/Specialized Technology/Power Electronics/Diode)拉到仿真平台中进行连接,得到仿真模型如图 4-28 所示。

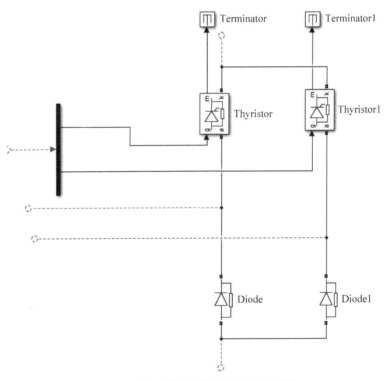

图 4-28　单相半控桥式整流电路仿真模型

Terminator 模块(路径:Simulink/sinks/Terminator)主要是为了在封装后不产生晶闸管的测量端口,也可以在晶闸管参数设置框中把 Show measurement port 前面的选择框中的"√"去掉。

选中所有模块进行封装后,出现如图 4-29 所示的仿真模型。

可以看出封装后的子系统模块有如下缺点,一是端口没有定义;二是有三个端口都是在同一侧,端口排列比较混乱。可以进行如下调整。

双击该封装模块,可以得到如图 4-30 所示的仿真模型。

可以看出,端口自动出现,椭圆形的是控制信号输入,多边形的是主电路输入和输出。而主电路中端口Com1、Com4 是输出端,端口 Com2、Com3 是输入端,单击输入和输出端口的名称,修改名称,然后鼠标指向端口 Com4,双击,出现对话框如图 4-31 所示。

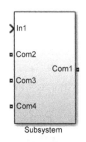

图 4-29 封装后单相半控桥式整流电路仿真模型

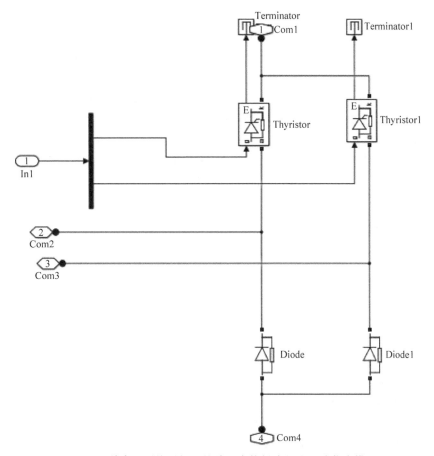

图 4-30 单击子系统后打开的单相半控桥式整流电路仿真模型

在 Port location on parent subsystem 右边的文本框中选择 right,关闭窗口后,得到如图 4-32 所示的封装模型。

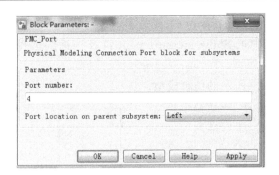

图 4-31　Conn 4 端口的对话框

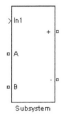

图 4-32　端口设置后半控桥式整流
电路封装模型

封装模块就搭建成功了,为了装饰这个模块,给模块加上图案,方法如下:

自制一个 JPG 文件,取名"b747.jpg"替换根目录下的 D:/MATLAB/toolbox/simulink/simulink 中的"b747.jpg"文件。然后鼠标指向封装模块,右击,在下拉菜单中选

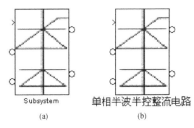

图 4-33　装饰后的单相半控桥式整流
电路封装模型
(a) 未命名的封装模型;
(b) 已命名的封装模型

中 Mask Subsystem 指令,就出现 Mask editor:Subsystem 对话框,在工具栏的 Icon 中的 Drawing commands 下面的窗口中写入 image(imread('b747.jpg')),然后在 Examples of drawing commands 下面的 Command 右边文本框下拉菜单中选择 image(show a picture on the block),再依次单击 Apply 和 OK 按钮,得到如图 4-33(a)所示的封装模型。

鼠标指向封装模型的名称,更改模块名称为"单相半波半控整流电路",按照前面讲述的方法,进行字体调整,最后得到如图 4-33(b)所示修饰后的封装模型。

# 4.6　模块的修改

在 MATLAB 中,许多模块都是由子系统封装而成,但有些模块的定义和实际应用的理论不同,不能直接应用,必须进行适当的修改。下面就以畸变系数测量模块为例,说明模块是如何修改的。注意此种方法修改后的模块只能在仿真平台上使用,在模型库中的模块仍保持不变。

在 MATLAB 中畸变系数测量模块为 THD,其路径为 Simscape/SimpowerSystem/Specialized Technology/Control and Measurements Library/Measurements/THD,在仿真平台上双击该模块,得到如图 4-34 所示的参数对话框。

对话框上部为模块的说明,主要是模块的作用和定义,对话框下部是参数的设置,这个模块是测量所连接的电压或电流畸变系数的,此模块畸变系数定义为 $\mathrm{THD}=U_h/U_1$,$U_h$ 为所有谐波的有效值,其定义为 $U_h=\sqrt{U_2^2+U_3^2+U_4^2+U_5^2+\cdots}$;$U_1$ 为基波的有效值。但在实际理论中,以电力电子的电流畸变系数为例,畸变系数定义为 $\mathrm{THD}=\dfrac{I_1}{I}=\dfrac{I_1}{\sqrt{I_1^2+I_2^2+I_3^2+I_4^2+\cdots}}$。

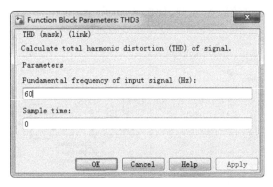

图 4-34 畸变系数测量模块参数对话框

其中,$I_1$ 为基波的有效值;$I$ 为包括基波和谐波的有效值。所以在测量畸变系数时,不能直接用 THD 模块,必须对它进行修改。

鼠标指向此模块,右击,出现快捷菜单 Mask,鼠标指向 Look Under Mask,如图 4-35 所示。

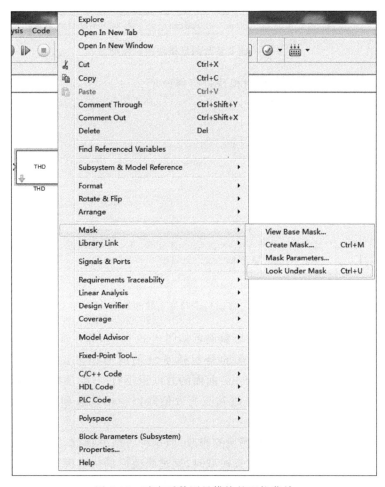

图 4-35 畸变系数测量模块的下拉菜单

单击,出现此封装模块的原始模型,如图 4-36 所示。

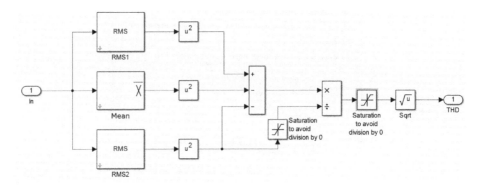

图 4-36　畸变系数测量模块原始模型

此系统的模块的参数是不能设置的,鼠标指向任何一个模块,按住左键,进行拖拽,这时仿真平台上部出现黄色背景的提示 Attempt to modify link ' untitled/THD'. You can disable this link now and restore later,如图 4-37 所示。

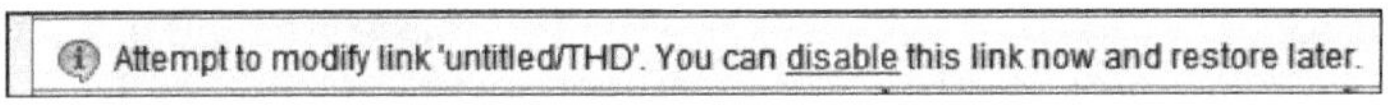

Attempt to modify link 'untitled/THD'. You can disable this link now and restore later.

图 4-37　畸变系数测量模块原始模型修改

单击蓝色字"disable ",就可以对模块进行修改了。

修改后的子系统如图 4-38 所示。

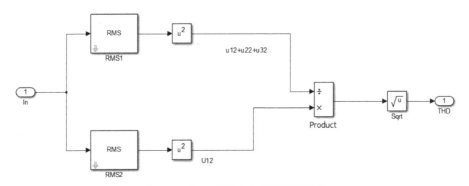

图 4-38　修改后的畸变系数测量模块

图 4-38 中有效值模块 RMS1 的参数设置如图 4-39 所示,即在 True RMS value 前面的方框里打个"√",表明从此模块出来的是包括基波的所有谐波的有效值。有效值模块 RMS2 的参数设置是在 True RMS value 前面的方框里不打"√",表明从此模块出来的只是基波有效值。Product 模块的作用是用基波有效值除以包括基波和所有谐波的有效值,就得到畸变系数。

下面再介绍模块库中仿真模型模块的修改,但这种方法不提倡,因为修改后模块库中的仿真模型也被修改了,再用到这种仿真模型时,就是修改后的仿真模型。

把需要修改的仿真模型模块拖拉到仿真平台上,如图 4-40 所示。

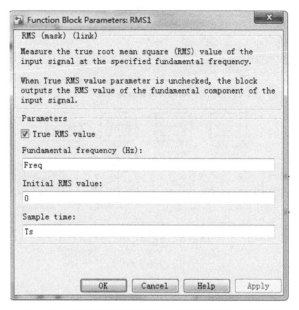

图 4-39 畸变系数测量模块中有效值模块参数设置

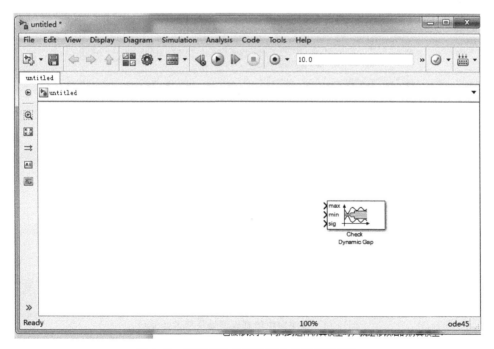

图 4-40 需要修改的模块库中仿真模型模块

选中该模型,使其反色,按下 Ctrl+L 键,出现如图 4-41 所示界面。

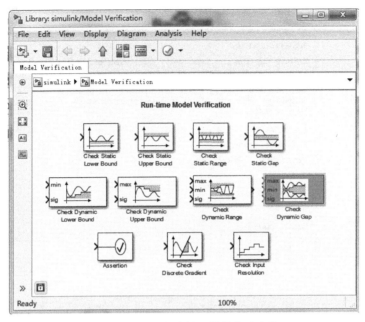

图 4-41　模块库中仿真模型模块修改步骤(1)

选中需要修改的模块,右击,在出现的快捷菜单中选择 Open in New Tab,出现如图 4-42 所示界面。

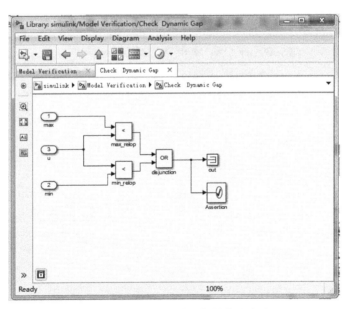

图 4-42　模块库中仿真模型模块修改步骤(2)

试图修改该模块时,出现如图 4-43 所示界面。

单击 unlock this library,就可以修改模块了,然后按下 File 里的保存按钮,这样被修改后的模块就保存到模块库中。

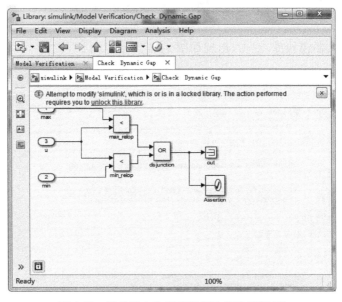

图 4-43　模块库中仿真模型模块修改步骤(3)

## 4.7　在新版本查找旧版本模块

在新版本的 MATLAB 中依然保留某些旧版本模块,但不能通过常规的模块库查找方法进行查找,现介绍查找方法如下。在打开的仿真模型中,在 MATLAB 命令窗口运行 powerlib_extras,然后按回车键,出现如图 4-44 所示的界面。

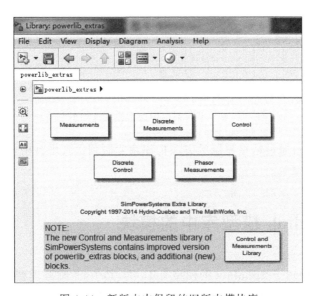

图 4-44　新版本中保留的旧版本模块库

可以看出，旧版本模块库中主要有测量模块库、离散测量模块库、控制模块库、离散控制模块库等。

把鼠标指向控制模块库，双击，出现如图 4-45 所示界面。

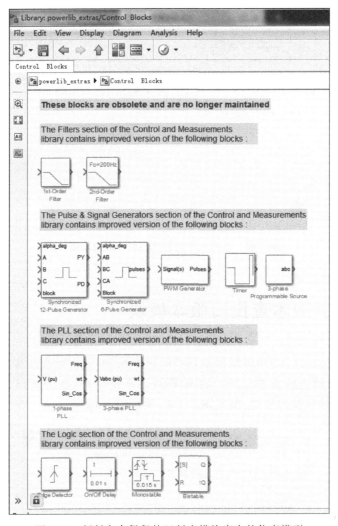

图 4-45　新版本中保留的旧版本模块库中的仿真模型

选中需要的模块，通过粘贴复制的方法把模块复制到仿真平台中，这样就可以使用旧版本的模块了。

## 4.8　Simulink 模型库中的模块

在模型浏览器中属于 Simulink 的模型有 13 类，其中，激励源模型库和仪器仪表库是比较特殊的，这两个模型库里面的模块只有一个端口，前者只有输出端口，用来为系统提供各种输入信号，后者只有输入端口，用来观测或记录系统在输入信号作用下产生的响应。其他模型库的模块都同时有输入和输出两个端口,这些模块可组成仿真系统模型。下面简要介绍常用模块组名称及部分模块功能。

**1. 普通常用模块库**

普通常用模块库主要是 Simulink 仿真中经常使用的仿真模型,包括信号选择、微分、延迟等模块。模块图标如图 4-46 所示,模块功能如表 4-1 所示。

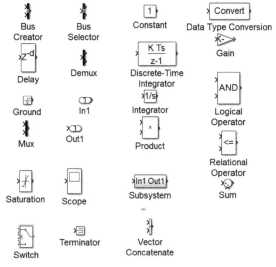

图 4-46　普通常用模块库各模块图标

表 4-1　普通常用模块库各模块功能

| 模　块　名　称 | 模　块　用　途 | 模　块　名　称 | 模　块　用　途 |
|---|---|---|---|
| Bus Creator | 总线信号生成器,将多个输入信号合并成一个总线信号 | Mux | 将输入的多路信号汇入总线输出 |
| Bus Selector | 总线信号选择输出,用来选择总线信号中的一个或多个 | Out1 | 输出信号端口 |
| | | Product | 对输入信号求积 |
| Constant | 常数模块,输出常量信号 | Relational Operator | 关系操作模块,输入布尔类型数据 |
| Data Type Conversion | 数据类型转换 | Saturation | 对输出信号进行限幅 |
| Delay | 延时 | Scope | 示波器 |
| Demux | 将总线信号分解输出 | Subsystem | 创建子系统模块 |
| Discrete-Time Integrator | 离散型积分 | Sum | 对输入信号求代数和 |
| Gain | 对输入乘以一个常数增益 | Switch | 根据门槛数值,选择开关输出 |
| Ground | 接地 | | |
| In1 | 输入信号端口 | Terminator | 封锁信号 |
| Integrator | 积分 | Vector Concatenate | 相同数据类型的向量输入信号串联 |
| Logical Operator | 逻辑运算 | | |

**2. 连续系统模块库**

连续系统模块库主要用来构建连续系统仿真模型,包括积分、微分、PID等模块。模块图标如图 4-47 所示,模块功能如表 4-2 所示。

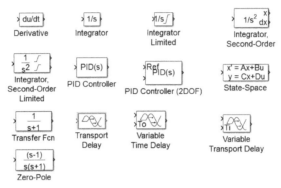

图 4-47 连续系统模块库各模块图标

**表 4-2 连续系统模块库各模块功能**

| 模 块 名 称 | 模 块 用 途 | 模 块 名 称 | 模 块 用 途 |
|---|---|---|---|
| Derivative | 对输入信号进行微分 | Transfer Fcn | 建立一个线性传递函数模型 |
| Integrator | 对输入信号进行积分 | | |
| Integrator Limited | 有限幅的积分 | Transport Delay | 对输入信号进行给定量延迟 |
| Integrator,Second-Order | 2 重积分 | | |
| | | Variable Time Delay | 对输入信号进行不定量延迟 |
| Integrator,Second-Order Limited | 有限幅的 2 重积分 | | |
| PID Controller | PID 控制器 | Variable Transport Delay | 可变传输延迟模块,输入信号延时一个可变时间再输出 |
| PID Controller(2DOF) | PID 控制器(具有 2 自由度) | | |
| State-Space | 建立一个线性状态空间模型 | Zero-Pole | 零点-极点增益模块,以零点-极点表示的传递函数模型 |

**3. 非线性系统模块库**

非线性系统模块库主要用来模拟各种非线性环节。模块图标如图 4-48 所示,部分模块功能如表 4-3 所示。

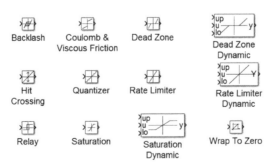

图 4-48 非线性系统模块库各模块图标

表 4-3　非线性系统模块库各模块功能

| 模 块 名 称 | 模 块 用 途 | 模 块 名 称 | 模 块 用 途 |
|---|---|---|---|
| Backlash | 在输出不变区,输出不随输入变化而变化;在输出不变区外,输出随输入变化而变化 | Quantizer | 量子点模块,对输入信号界限量化处理,将平滑的输入信号编程为阶梯状输出信号 |
| Coulomb&Viscous Friction | 在原点不连续,在原点外输出随输入线性变化 | Rate Limiter | 限制信号变化率 |
| | | Rate Limiter Dynamic | 动态限制信号变化率 |
| Dead Zone | 提供一个死区特性 | Relay | 带有滞环继电特性 |
| Dead Zone Dynamic | 提供一个动态死区特性 | Saturation | 对输出信号进行限幅 |
| | | Saturation Dynamic | 对输出信号进行动态限幅 |
| Hit Crossing | 捕获穿越点模块,检测信号穿越设定值的点,穿越时就输出为 1,否则输出为 0 | Wrap To Zero | 如果输入大于门槛值,就输出零,否则输出就等于输入 |

### 4. 离散系统模块库

离散系统模块库主要用来进行离散信号处理,包括离散传递函数、保持器等模块。模块图标如图 4-49 所示,模块功能如表 4-4 所示。

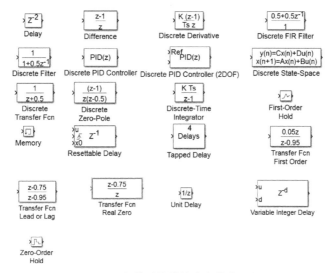

图 4-49　离散系统模块库各模块图标

表 4-4　离散系统模块库各模块功能

| 模 块 名 称 | 模 块 用 途 | 模 块 名 称 | 模 块 用 途 |
|---|---|---|---|
| Delay | 延迟 | Discrete Derivative | 离散型微分 |
| Difference | 离散差分器模块,对输入信号进行差分运算,输出当前输入信号与前一个采样值之差 | Discrete FIR Filter | 离散型 FIR 滤波器 |
| | | Discrete Filter | 离散型滤波器 |
| | | Discrete PID Controller | 离散型 PID 控制器 |

| 模 块 名 称 | 模 块 用 途 | 模 块 名 称 | 模 块 用 途 |
|---|---|---|---|
| Discrete PID Controller (2DOF) | 离散型 PID 控制器（2 自由度） | Transfer Fc First Order | 一阶传递函数模块,用于建立一阶的离散传递函数模型 |
| Discrete State-Space | 离散型状态空间模型 | | |
| Discrete Transfer Fcn | 建立一个离散型传递函数 | Transfer Fcn Lead or Lag | 传递函数超前或滞后补偿器模块,用于待选输入离散时间信号的传递函数超前或滞后的补偿 |
| Discrete Zero-Pole | 建立一个零极点形式离散型传递函数 | | |
| Discrete-Time Integrator | 对一个信号进行离散时间积分 | | |
| First-Order Hold | 一阶采样保持器 | Transfer Fcn Real Zero | 实数零点传递函数模块,用于只有实数零点而无极点的离散传递函数 |
| Memory | 对设定的初始信号进行保持 | | |
| Resettable Delay | 可重新设定时间的延时 | Unit Delay | 单位延迟模块,延迟一个采样周期 |
| Tapped Delay | 触发延迟模块,延迟输入 N 个采样周期后输出全部的输入信息 | Variable Integer Delay | 时间可调的整数延时 |
| | | Zero-Order Hold | 零阶保持器 |

**5. 表格模块库**

表格模块库主要根据输入来确定输出,包括一维查表、二维查表等模块。各模块图标如图 4-50 所示,模块功能如表 4-5 所示。

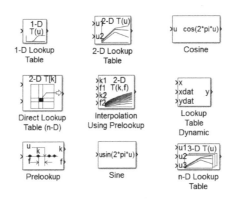

图 4-50　表格模块库各模块图标

**表 4-5　表格模块库各模块功能**

| 模 块 名 称 | 模 块 用 途 | 模 块 名 称 | 模 块 用 途 |
|---|---|---|---|
| 1-D Look up Table | 一维表格查询模块,使用线性插值 | Look up Table Dynamic | 动态表格查询模块,由给定数据生成一维近似函数 |
| 2-D Look up Table | 二维表格查询模块,使用线性插值 | Prelookup | 在设置的断点处为输入进行查找,使用常数插值或线性插值对时间断点序列进行查找 |
| Cosine | 定点查表余弦函数模块 | | |
| Direct Lookup Table(n-D) | $n$ 维直接查表器模块 | | |
| Interpolation Using Prelookup | 内插查表,使用常数插值或线性插值实现 $n$ 维查表器模块 | Sine | 定点查表正弦函数模块 |
| | | n-D Lookup Table | 使用插值实现 $n$ 维查表器 |

**6. 数学运算模块库**

数学运算模块库主要用来完成各种数学运算,包括复数计算、逻辑运算等模块。各模块图标如图 4-51 所示,部分模块功能如表 4-6 所示。

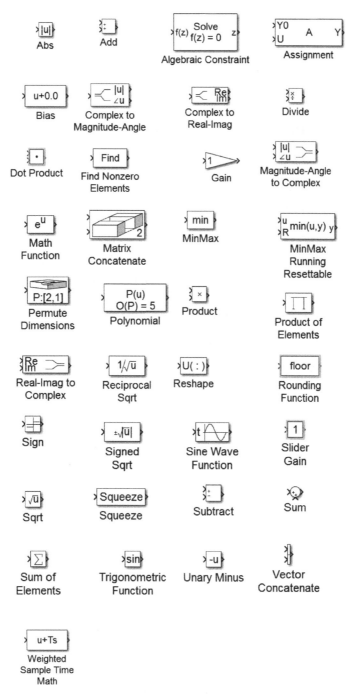

图 4-51 数学运算模块库各模块图标

**表 4-6　数学运算模块库部分模块功能**

| 模 块 名 称 | 模 块 用 途 | 模 块 名 称 | 模 块 用 途 |
|---|---|---|---|
| Abs | 对输入信号求绝对值或模 | Product | 对输入信号进行相乘 |
| Add | 对输入信号进行相加 | Product of Elements | 元素连乘器模块 |
| Algebraic Constraint | 代数环限制 | Real-Imag to Complex | 由实部与虚部合成复数模块 |
| Assignment | 输入信号元素赋值 | | |
| Bias | 偏差模块 | Reciprocal Sqrt | 平方根倒数 |
| Complex to Magnitude-Angle | 复数转为幅值-相角模块 | Reshape | 改变数据的维数 |
| | | Rounding Function | 取整运算函数 |
| Complex to Real-Imag | 建立逻辑真值表,输出分别是复数的实部和虚部 | Sign | 符号函数模块 |
| | | Signed Sqrt | 对输入信号取绝对值后再进行根号计算 |
| Divide | 对输入信号进行相除 | Sine Wave Function | 正弦波函数模块 |
| Dot Product | 计算点积 | Slider Gain | 使用滚动条设置增益 |
| Find Nonzero Elements | 寻找非零元素模块 | Sqrt | 对输入信号进行根号计算 |
| Gain | 对输入乘以一个常数增益 | Squeeze | 去除多维数组的单一维 |
| Magnitude-Angle to Complex | 将输入模-复角写成复数形式输出 | Subtract | 对输入信号进行相减 |
| | | Sum | 对输入信号进行求代数和 |
| Math Function | 数学运算 | Sum of Elements | 元素求和模块 |
| Matrix Concatenation | 矩阵级联 | Trigonometric Function | 三角函数 |
| MinMax | 取输入信号的极大值或极小值 | Unary Minus | 取负运算,对输入取反 |
| | | Vector Concatenate | 相同数据类型的向量输入信号串联 |
| MinMax Running Resettable | 带复位功能最大最小值模块 | | |
| Permute Dimensions | 重整多维数组的维数 | Weighted Sample Time Math | 加权样本时间数学 |
| Polynomial | 取输入的正负符号 | | |

### 7. 信号传输模块库

信号传输模块库主要用于信号的传输,包括合成信号的分解、多个信号的合成、信号的选择输出等模块。信号传输模块图标如图 4-52 所示,部分模块功能如表 4-7 所示。

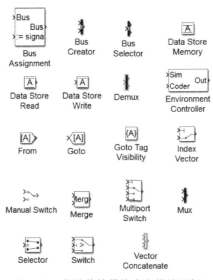

图 4-52　信号传输模块库各模块图标

表 4-7　信号传输模块库部分模块功能

| 模 块 名 称 | 模 块 用 途 | 模 块 名 称 | 模 块 用 途 |
|---|---|---|---|
| Bus Assignment | 总线分配器模块,对总线的指定元素赋值 | Goto Tag Visibility | 传输信号到可见变量模块,定义 Goto 模块标签范围 |
| Bus Creator | 总线生成器模块,将多个信号输入到总线 | Index Vector | 根据第一个输入值切换开关 |
| Bus Selector | 总线选择器模块,将总线信号分解成多个信号 | Manual Switch | 手动开关 |
| Data Store Memory | 数据存储模块,将数据存储到内存空间 | Merge | 合并模块,用于合并多重信号到一个信号 |
| Data Store Read | 数据读取模块,将存储的数据读入到内存空间 | Multiport Switch | 多路开关模块,由第一个输入端控制,在多个输入之间进行切换 |
| Data Store Write | 数据写入模块,将数据写入存储的数据文件中 | Mux | 信号混合器模块,将几个输入信号组合为向量或总线输出信号 |
| Demux | 信号分离器模块,将向量信号分解后输出 | Selector | 选择器模块,用于从向量、矩阵或多维信号中选择输入元素 |
| Environment Controller | 环境控制器,创建模块结构图分支,用于仿真或代码生成 | Switch | 选择开关,当第二个输入端数值大于临界值时,输出为第一个输入端数值,否则输出为第三个输入端数值 |
| From | 接收信号模块,用于从 Goto 模块中接收一个输入信号 | | |
| Goto | 传输信号模块,用于把输入信号传递给 From 模块 | Vector Concatenate | 相同数据类型的向量输入信号串联 |

### 8. 输出模块库及其用途

输出模块库主要用于信号的观测和记录,包括示波器、浮动示波器等模块。模块图标如图 4-53 所示,模块功能如表 4-8 所示。

图 4-53　输出模块库各模块图标

表 4-8　输出模块库各模块功能

| 模 块 名 称 | 模 块 用 途 | 模 块 名 称 | 模 块 用 途 |
|---|---|---|---|
| Display | 将信号以数字方式显示 | Terminator | 封锁信号 |
| Floating Scope | 浮动示波器 | To File | 将信号写入文件 |
| Out1 | 输出端口 | To Workspace | 将信号写入工作空间 |
| Scope | 示波器 | XY Graph | 将信号分别由 X、Y 轴输出 |
| Stop Simulation | 满足条件停止仿真 | | |

### 9. 信号源模块库

信号源模块库主要是为系统提供各种激励信号,包括脉冲发生器、正弦波信号等模块。各模块图标如图 4-54 所示,模块功能如表 4-9 所示。

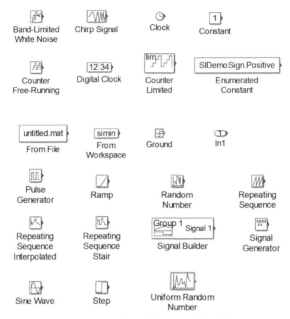

图 4-54　信号源模块库各模块图标

**表 4-9　信号源模块库各模块功能**

| 模　块　名　称 | 模　块　用　途 | 模　块　名　称 | 模　块　用　途 |
|---|---|---|---|
| Band-Limited White Noise | 有带宽限制的白噪声模块,连续系统引入白噪声 | Ground | 接地信号 |
| | | In1 | 为系统提供输入端口 |
| Chirp Signal | 产生频率变化的正弦波信号 | Pulse Generator | 脉冲发生器 |
| Clock | 时钟信号模块 | Ramp | 斜坡信号模块,产生一个连续递增或递减的信号 |
| Constant | 生成一个常数 | Random Number | 正态分布的随机信号 |
| Counter Free-Running | 无限计数器模块,加法计算器,溢出后清零 | Repeating Sequence | 由数据序列产生周期信号 |
| Digital Clock | 数字时钟信号模块,以指定采样间隔输出仿真时间的数字钟 | Repeating Sequence Interpolated | 重复输出离散时间序列,数据点之间插值 |
| | | Repeating Sequence Stair | 锯齿波 |
| Counter Limited | 有限幅的计数器模块,加法计算器,超过上限后清零 | Signal Builder | 信号创建器,产生任意分段的线性信号 |
| | | Signal Generator | 信号发生器 |
| | | Sine Wave | 正弦波信号 |
| Enumerated Constant | 枚举常数 | Step | 阶跃信号 |
| From File | 从 .mat 文件中读出数据 | Uniform Random Number | 产生均匀分布的随机信号 |
| From Workspace | 从工作空间读出数据 | | |

### 10. 用户自定义函数模块库

用户自定义函数模块库是为了补充数学模块库的局限性,根据系统要求,自行编制程序,提高了仿真的灵活性。各模块图标如图 4-55 所示,模块功能如表 4-10 所示。

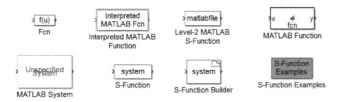

图 4-55　用户自定义函数模块库各模块图标

**表 4-10　用户自定义函数模块库各模块功能**

| 模 块 名 称 | 模 块 用 途 | 模 块 名 称 | 模 块 用 途 |
|---|---|---|---|
| Fcn | 自定义数学表达式 | MATLAB System | MATLAB 系统 |
| Interpreted MATLAB Function | 说明 MATLAB 函数功能 | S-Function | 调用 S 函数编写程序 |
| Level-2 MATLAB S-Function | 扩展的 MATLAB S-函数 | S-Function Builder | S-函数编译器,编写 S-函数模板的源代码 |
| MATLAB Function | MATLAB 函数库函数,利用 MATLAB 的现有函数进行运算 | S-Function Examples | S-函数设计实例 |

## 4.9　SimPowerSystems 模型库浏览

电力系统模型库(SimPowerSystems)是专门用于 RLC 电路、电力电子、电动机传动控制系统和电力系统仿真的模型库。在电力拖动自动控制系统中主要使用该模型库的模型。电力系统模型库的使用和 Simulink 模块有所不同,电力系统模型库必须连接在回路中使用,在回路中流动的是电流,且电流通过元器件时会产生压降。Simulink 模块组成的是信号流程,流入流出模块的信号没有特定的物理含义,其含义视仿真模型的对象而定。由电力系统模型库组成的电路和系统可以和 Simulink 模型库的控制单元连接,组合成控制系统进行仿真,观察不同控制方案下系统的性能指标,为系统设计提供依据。

在 SimPowerSystems 模块库中有很多模块库,主要有控制与测量模块、电源、元件、电力电子、电机、测量、附加模块库等。下面简要介绍与本书有关的部分模块库的内容。

### 1. 测量模块库

测量模块库主要包括傅里叶变换、平均值测量、有效值测量和畸变系数等模块。图 4-56 为测量模块图标,模块功能如表 4-11 所示。

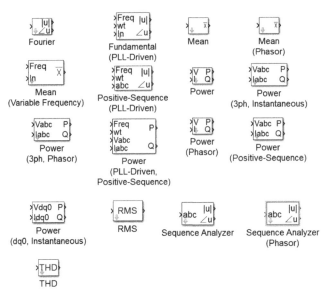

图 4-56  测量模块库模块图标

**表 4-11  测量模块库各模块功能**

| 模 块 名 称 | 模 块 用 途 | 模 块 名 称 | 模 块 用 途 |
|---|---|---|---|
| Fourier | 对输入信号进行傅里叶分析 | Power(PLL-Driven，Positive-Sequence) | 锁相环驱动正序信号的功率向量 |
| Fundamental(PLL-Driven) | 锁相环驱动的基值 | Power(Phasor) | 有功功率和无功功率测量 |
| Mean | 对输入信号进行平均值测量 | Power(Positive-Sequence) | 正序信号的有功功率和无功功率测量 |
| Mean(Phasor) | 对输入信号相位进行平均值测量 | Power(dq0，instantaneous) | 对于输入的特定基频,计算其均值基于 dq0 坐标上的有功功率和无功功率 |
| Mean(Variable Frequency) | 对频率变化的输入信号进行平均值测量 | | |
| Positive-Sequence(PLL-Driven) | 锁相环驱动的正向序列 | RMS | 对输入信号进行有效值测量 |
| Power | 对于输入信号进行有功功率和无功功率测量 | Sequence Analyzer(Phasor) | 相位序列分析仪 |
| Power(3ph，Instantaneous) | 对于三相输入信号进行有功功率和无功功率测量 | THD | 对输入信号进行畸变系数测量 |
| Power(3ph，Phasor) | 根据输入的电压和电流,计算有功功率和无功功率 | Sequence Analyzer | 序列分析仪 |

#### 2. 脉冲与信号发生器模块库

脉冲与信号发生器模块库主要包括 PWM 发生器、同步触发器等模块。图 4-57 为模块图标，模块功能如表 4-12 所示。

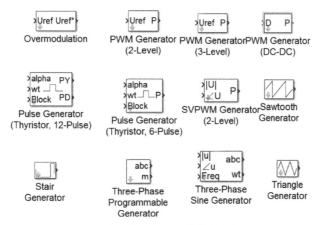

图 4-57　脉冲与信号发生器模块库各模块图标

**表 4-12　脉冲与信号发生器模块库各模块功能**

| 模 块 名 称 | 模 块 用 途 | 模 块 名 称 | 模 块 用 途 |
|---|---|---|---|
| Overmodulation | 过调制 | SVPWM Generator (2-Level) | 2 电平空间矢量触发器 |
| PWM Generator (2-Level) | 2 电平 PWM 驱动信号 | Sawtooth Generator | 锯齿状信号的触发器 |
| PWM Generator (3-Level) | 3 电平 PWM 驱动信号 | Stair Generator | 阶梯状信号的触发器 |
| PWM Generator (DC-DC) | PWM 驱动信号 | Three-Phase Programmable Generator | 三相可编程电源模型，可以调整电压、电流、相位和频率等 |
| Pulse Generator (Thyristor,12-Pulse) | 12 脉冲同步触发器 | Three-Phase Sine Generator | 三相正弦波触发器 |
| Pulse Generator(Thyristor, 6-Pulse) | 6 脉冲同步触发器 | Triangle Generator | 三角信号的触发器 |

#### 3. 坐标变换模块库

坐标变换模块库主要包括三相坐标系到两相坐标系变换、两相坐标系到三相坐标系变换等模块。图 4-58 为坐标变换模块图标，模块功能如表 4-13 所示。

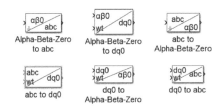

图 4-58 坐标变换模块库各模块图标

表 4-13 坐标变换模块库各模块功能

| 模块名称 | 模块用途 | 模块名称 | 模块用途 |
|---|---|---|---|
| Alpha-Beta-Zero to abc | 两相旋转坐标系/三相静止坐标系变换 | abc to dq0 | 三相静止坐标系/两相静止坐标系变换 |
| Alpha-Beta-Zero to dq0 | 两相旋转坐标系/两相静止坐标系变换 | Dq0 to Alpha-Beta-Zero | 两相静止坐标系/两相旋转坐标系变换 |
| Abc to Alpha-Beta-Zero | 三相静止坐标系/两相旋转坐标系变换 | dq0 to abc | 两相旋转坐标系/三相静止坐标系变换 |

### 4. 电源模块库

电源模块库包括直流电压源、交流电压源、交流电流源、受控电压源等模块。各模块图标如图 4-59 所示,模块功能如表 4-14 所示。

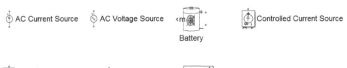

图 4-59 电源模块库各模块图标

表 4-14 电源模块库各模块功能

| 模块名称 | 模块用途 | 模块名称 | 模块用途 |
|---|---|---|---|
| AC Current Source | 交流电流源 | DC Voltage Source | 直流电压源 |
| AC Voltage Source | 交流电压源 | Three-Phase Programmable Voltage Source | 三相可编程电压源 |
| Battery | 电池 | | |
| Controlled Current Source | 可控电流源 | | |
| Controlled Voltage Source | 可控电压源 | Three-Phase Source | 三相电源 |

### 5. 元器件模块库

元器件模块库包括各种电阻、电容、电感元件、三相电阻、电感和电容、三相断路器及各种三相变压器等模块。元器件模块库中各基本模块的图标如图 4-60 所示,模块功能如表 4-15 所示。

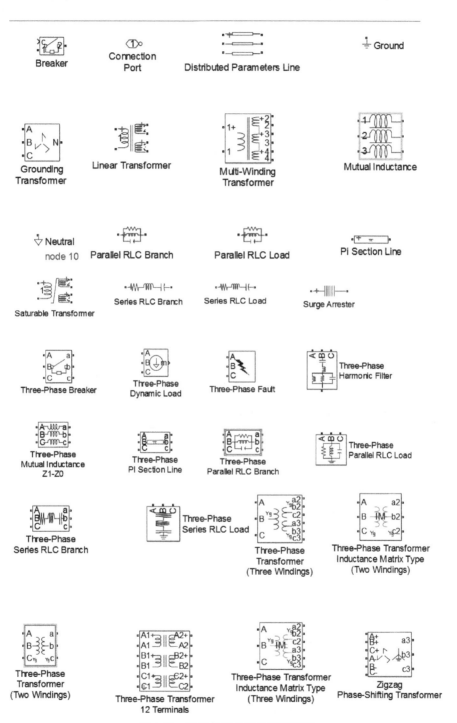

图 4-60　元器件模块库各模块图标

表 4-15　元器件模块库各模块功能

| 模 块 名 称 | 模 块 用 途 | 模 块 名 称 | 模 块 用 途 |
|---|---|---|---|
| Breaker | 断路器模型 | Three-Phase Mutual inductance Z1-Z0 | 三相互感线圈 |
| Connection Port | 连接端口 | | |
| Distributed Parameters Line | 有分布电容、电感的传输导线 | Three-Phase PI Section Line | 分布电容、电感为 π 型的三相传输导线 |
| Ground | 三相互感线圈接地元件 | Three-Phase Parallel RLC Branch | 三相并联 RLC 支路元件 |
| Grounding Transformer | 中性点接地三相变压器 | | |
| Linear Transformer | 线性变压器 | Three-Phase Parallel RLC Load | 三相并联 RLC 支路元件 |
| Multi-Winding Transformer | 多绕组变压器 | Three-Phase Series RLC Branch | 三相串联 RLC 支路元件 |
| Mutual Inductance | 互感线圈 | Three-Phase Series RLC Load | 三相串联 RLC 负载 |
| Neutral node 10 | 中性点 | | |
| Parallel RLC Branch | 并联 RLC 支路元件 | Three-Phase Transformer (Three Windings) | 三相变压器(二次侧有三相组绕组) |
| Parallel RLC Load | 并联 RLC 负载 | | |
| Pi Section Line | 分布电容、电感为 π 型的传输导线 | Three-Phase Transformer inductance Matrix Type (Two Windings) | 三相变压器电感矩阵类型(双绕组) |
| Saturable Transformer | 具有饱和特性的变压器 | Three-Phase Transformer (Two Windings) | 三相变压器(二次侧有两相组绕组) |
| Series RLC Branch | 串联 RLC 支路元件 | | |
| Series RLC Load | 串联 RLC 负载 | | |
| Surge Arrester | 压敏电阻 | Three-Phase Transformer 12 Terminals | 有 12 端子的三相变压器 |
| Three-Phase Breaker | 三相断路器 | | |
| Three-Phase Dynamic Load | 三相动态负载 | Three-Phase Transformer inductance Matrix Type (Three Windings) | 三相变压器电感矩阵类型(三绕组) |
| Three-Phase Fault | 三相短路 | | |
| Three-Phase Harmonic Filter | 三相谐波滤波器 | Zigzag Phase-Shifting Transformer | Z 字形相移变压器 |

## 6. 电动机模块库

　　电动机模块库提供了直流电动机、交流电动机和同步电动机模块,电动机参数有标幺值单位和标准制单位两种,电动机模块库中有一个通用测量单元,可以测量同步电动机和异步电动机的运行参数。电动机模块图标如图 4-61 所示,各模块功能如表 4-16 所示。

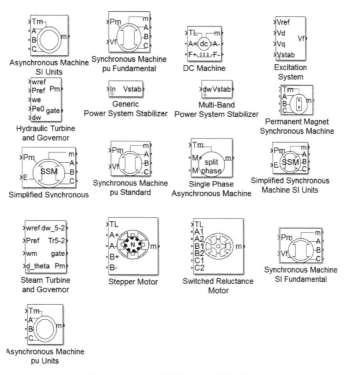

图 4-61　电动机模块库各模块图标

**表 4-16　电机模块库各模块功能**

| 模 块 名 称 | 模 块 用 途 | 模 块 名 称 | 模 块 用 途 |
| --- | --- | --- | --- |
| Asynchronous Machine SI Units | 异步电动机国际单位单元模型 | Synchronous Machine pu Standard | 同步电动机归一化标准模型 |
| Synchronous Machine pu Fundamental | 同步电机归一化基本模型 | Single Phase Asynchronous Machine | 单相异步电动机 |
| DC Machine | 直流电动机模型 | Simplified Synchronous Machine SI Units | 简化的同步电动机国际单位单元 |
| Excitation System | 励磁系统 | | |
| Hydraulic Turbine and Governor | 水轮机和调速器 | Steam Turbine and Governor | 汽轮机和调速器 |
| Generic Power System Stabilizer | 电力系统稳定器 | Stepper Motor | 步进电动机 |
| | | Switch Reluctance Motor | 开关磁阻电动机 |
| Multi-Band Power System Stabilizer | 多带电力系统稳定器 | Synchronous Machine SI Fundamental | 同步电动机国际单位基本模型 |
| Permanent Magnet Synchronous Machine | 永磁同步电动机 | Asynchronous Machine pu Units | 异步电动机归一化单元 |
| Simplified Synchronous | 简化的同步电动机 | | |

**7. 测量模块库**

测量模块库主要用于测量电压、电流和阻抗等。测量模块图标如图 4-62 所示，模块功能如表 4-17 所示。

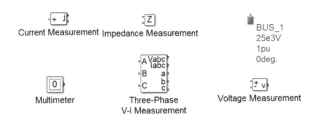

图 4-62　测量模块库各模块图标

**表 4-17　测量模块库各模块功能**

| 模 块 名 称 | 模 块 用 途 | 模 块 名 称 | 模 块 用 途 |
|---|---|---|---|
| Current Measurement | 测量回路电流 | Multimeter | 多回路测量仪,能测量电压、电流等多种信号 |
| Impedance Measurement | 测量回路阻抗 | Three-Phase V-I Measurement | 三相电压和电流测量 |
| BUS_1 25e3V 1pu 0deg. | 负载流量总线 | Voltage Measurement | 测量回路电压 |

## 8. 电力电子元件模块库

电力电子元件模块库包含了常用的晶闸管、可关断晶闸管、电力场效应晶体管等模块,还有一个多功能桥模块。电力电子元件模块图标如图 4-63 所示,模块功能如表 4-18 所示。

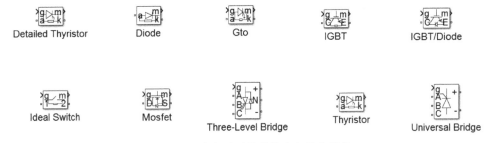

图 4-63　电力电子元件模块库各模块图标

**表 4-18　电力电子元件模块库各模块功能**

| 模 块 名 称 | 模 块 用 途 | 模 块 名 称 | 模 块 用 途 |
|---|---|---|---|
| Detailed Thyristor | 精细晶闸管模型 | Ideal Switch | 理想开关 |
| Diode | 二极管模型 | Mosfet | 电力场效应晶闸管 |
| Gto | 门极可关断的晶闸管 | Three-Level Bridge | 带中性点的多功能桥 |
| IGBT | 绝缘栅双极型晶闸管 | Thyristor | 普通晶闸管模型 |
| IGBT/Diode | 并联二极管的绝缘栅双极型晶闸管 | Universal Bridge | 多功能桥。臂数、电力电子器件可设,可作整流器或逆变器 |

# 4.10　仿真算法介绍

Simulink 仿真必然涉及微分方程组、传递函数、状态方程等数值的计算方法,主要有欧拉(Euler)法、阿达姆斯(Adams)法、龙格-库塔(Rung-Kutta)法。这些算法都主要建立在泰勒级数的基础上。由于控制系统的多样性,没有哪一种算法能普遍适用。用户应该针对不同类型的仿真模型,按照各种算法的不同特点、仿真性能与适应范围,正确地选择算法,并确定适当的仿真参数,以得到最佳仿真结果。

仿真算法分为两类,一类是可变步长类算法;另一类是固定步长类算法。现分别介绍两类算法特点。

### 1. 可变步长类算法

可变步长类算法(Variable-step)在解算模型时可以自动调整步长,并通过减小步长来提高计算的精度,可变步长类算法有以下几种。

(1) ode45 算法为基于显式龙格-库塔法和 Dormand-Prince 组合的算法,它是一种一步解法,只要知道前一时间点的解,就可以计算出当前时间点方程的解。这种算法适用于仿真线性化程度比较高的系统。此算法是仿真默认算法。

(2) ode23 算法为基于显式龙格-库塔法(2,3)、Bogacki 和 Shampine 相组合的低级算法,用于解决非刚性问题,它也是一种一步算法。在允许误差方面以及在使用 stiffness mode 略带刚性问题方面,比 ode45 算法效率高。

(3) ode23s 算法是一种改进的 Rosenbrock 二阶算法,在允许误差比较大的条件下,ode23s 算法比 ode15s 算法更有效。

(4) ode113 算法属于 Adams-Bashforth-Moulton PECE 算法,用于解决非刚性问题,在允许误差要求严格的情况下,比 ode45 算法更有效。

(5) ode15s 算法属于 NDFs 算法,用于解决刚性问题,它是一种多步算法。当遇到带刚性的问题或使用 ode45 算法不行时,可以尝试用这种算法。

(6) ode23t 算法是采用自由内插值法的梯形算法,适用于解决系统有适度刚性并要求无数值衰减的问题。

(7) ode23tb 算法属于 TR-BDF2 算法,即在龙格-库塔法的第一阶段使用梯形法,第二阶段使用二级的 Backward Differentiation Formulas 算法。适合于求刚性问题,对于求解允许误差比较宽的问题效果比较好。

(8) discrete 算法用于处理非连续状态的系统模型。

### 2.(Fix-step)固定步长类算法说明

(1) ode5 算法采用 Dormand-Prince 算法,就是固定步长的 ode45 算法。

(2) ode4 算法属于四阶龙格-库塔算法。

(3) ode3 算法属于 Bogacki-Shampine 算法,就是固定步长的 ode23 算法。

（4）ode2 算法属于 Heuns 法则，一种改进的欧拉算法。

（5）ode1 算法属于欧拉法则。

（6）discrete 算法为不含积分运算的固定步长算法，适用于求解非连续状态的系统模型问题。

（7）ode14X 算法：插值法。

固定步长算法的参数设置中采样时间有三种模式。

Multiasking：选择这种模式时，当 Simulink 检测到采用不同速率的两个模块直接连接，系统会给出错误提示。处理上述错误的方法是采用 unit delay 模块和 zero-order hold 模块。对从慢速率到快速率的转换可以在慢输出端口和快输入端口之间插入一个单位延时模块（unit delay），对从快速率到慢速率的转换可以插入一个零阶采样保持器模块（zero-order hold）。

Singletasking：此模式不检查模块间的速率转换，在建立单任务系统模型时非常有用。

Auto：选择这种模式时，Simulink 会根据模型中模块的采样速率是否一致，自动决定切换到 Multiasking 模式或 Singletasking 模式。

所谓仿真算法选择就是针对不同类型的仿真模型，根据各种算法的特点、仿真性能与适用范围，正确选择算法，以得到最佳仿真效果。

### 3. 解算器对话框参数设置

解算器（Solver）对话框参数设置是仿真工作必需的步骤，如何设定参数，要根据具体问题要求而定，最基本的参数设定包括仿真的起始时间与终止时间，仿真步长大小与解算问题的算法等。

Start time 为设置仿真时间，在 Start 和 Stop 旁的编辑框内分别输入仿真的起始时间和终止时间，单位是秒（s）。

Solver option 栏为选择算法的操作，包括许多项，type 栏的下拉列表框中可选变步长（Variable）算法或固定步长（Fix-step）算法。

Max step size 栏为设定解算器运算步长的时间上限，Min step size 栏为设定解算器运算步长的时间下限，两者的默认值为 auto。Initial step size 为设定解算器第一步运算的时间，一般默认值亦为 auto，相对误差（Relative tolerance）的默认值为 1e-3，绝对误差（Absolute tolerance）的默认值为 auto。

Shape preservation 为模型的保存，建议保存为 Disable all。

### 4. Data Import/Export（数据输入和输出）选项

仿真控制参数设定对话框标签第二页为工作空间对话框。在这个对话框中设置参数后，可以从当前工作空间输入数据、初始化状态模块、把仿真结果保存到当前工作空间中。

（1）Load from workspace（从工作区载入数据）

Input：用来设置初始信号。如果在 Simulink 系统中选用输入模块"In1"，则必须选中该选项，并填写在 MATLAB 工作空间中的输入数据的变量名称，例如[t,u]或者 TU，且向量的第一列 t 为仿真时间，如果输入模块有 $n$ 个，则 u 的第 $1,2,3,\cdots,n$ 列分别输入模块

$In1,In2,\cdots,Inn$。

Initial state：从 MATLAB 工作空间获得的状态初始值的变量名，填写 MATLAB 工作空间已经存在的变量，变量的次序与模块中各个状态中的次序一致，用来设置系统状态变量的初始值，初始值[xInital]可为列向量。

（2）Save to workspace（保持结构到工作空间）

Time：时间变量名，存储输出到 MATLAB 工作空间的时间值，默认名为 tout。

State：状态变量名，存储输出到 MATLAB 工作空间的状态值，默认名为 xout。

Output：输出变量名，如果模型中使用"Out"模块，那么就必须选中该选项，数据的存储方式与输入 Input 情况类似。

Final state：最终状态值输出变量名，存储输出到 MATLAB 工作空间的最终状态值。

Format：设置保持数据的格式，包括按数组（Array）、结构数组（Structure）和带时间的结构数组（Time Structure）。一般默认值都取 Array。

Limit data points to last：保持变量的数据长度。选择框可以限定可存取的行数，其默认值为 1000，即保留 1000 组数据。当实际计算出来的数据很大超过 1000 组时，在工作空间中将只保存 1000 组最新的数据，如果想消除这样的约束，则可以不选中 Limit data to last 复选框，也可把此数据取为 1000000。

Decimation：保持步长间隔，默认值为 1，即对每一个仿真时间点产生的值都保存，若为 $n$，则每隔 $n-1$ 个仿真时刻就保持一个值。

Signal logging：在仿真过程中信号输出到工作空间。

Data Store Memory：数据存储内存，选中 Data Stores，则可用 dsmout。

（3）Save option（存储选项）

Output options：输出选项，包含三个可选项。

Refine Output：细化输出，可以增加输出数据点的数量，使得输出数据更加平滑，与该选项配套的参数设置是，默认值为 1，表明输出数据点的格式与防止步数相同；若细化因子为 2，则表示输出数据点加倍，本功能只在变步长模式中才能使用，并且用 ode45 算法效果最好。

在标签页的右下部有 4 个按钮，它们的功能分别如下。

（1）OK 按钮用于参数设置完毕，可将窗口内的参数值应用于系统仿真，并关闭对话框。

（2）Cancel 按钮用于撤销参数的修改，恢复标签页原来的参数设置，并关闭对话框。

（3）Help 按钮用于使用方法说明的帮助文件。

（4）Apply 按钮用于修改参数后的确认，即表示将目前窗口改变的参数设定应用于系统仿真，并保持对话框窗口的开启状态，以便进一步修改。

**5．其他**

除了前面介绍的两个对话框外，仿真控制参数设定的对话框还有设置优化模式对话框、设置在仿真过程中出现各类错误时发出警告对话框和设置仿真模型目标对话框等。这些内容可以参阅其他关于 MATLAB 的书籍。

# 4.11 单闭环直流调速系统的仿真

## 4.11.1 开环直流调速系统的仿真

开环直流调速系统的仿真模型如图 4-64 所示。下面介绍各部分模型的建立与参数设置。

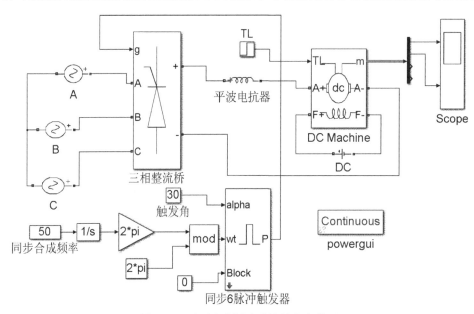

图 4-64　开环直流调速系统的仿真模型

### 1. 主电路的建模和参数设置

在开环直流调速系统中,主电路由三相对称交流电压源、晶闸管整流桥、平波电抗器、直流电动机等组成。由于同步触发器与晶闸管是不可分割的两个环节,通常将它们作为一个整体来讨论,所以将触发器归到主电路进行建模。

(1) 三相对称电压源建模和参数设置。提取交流电压源模块(AC Voltage Source)(路径为 Simscape/SimPowerSystems/Specialized Technology/Electrical Sources/AC Voltage Source),再用复制的方法得到三相电源的另两个电压源模块,并把模块标签分别改为“A”“B”“C”,按图 4-64 所示主电路图进行连接。

(2) 三相对称电压源参数设置。双击三相交流电压源模块图标(这是打开模块参数设置对话框的方法,后面不再赘述),打开电压源参数设置对话框,A 相交流电压源参数设置:峰值电压为 220V,初相位为 0°,频率为 50Hz,其他默认值如图 4-65 所示。B 相与 C 相交流电压源设置参数方法:参数设置除了相位相差 120°外,其他参数与 A 相相同,注意 B 相初始相位为 240°,C 相初相位为 120°,由此可得到三相对称交流电压源。

(3) 晶闸管整流桥的建模和主要参数设置。取晶闸管整流桥(Universal Bridge)模块,路径为 Simscape/SimPowerSystems/Specialized Technology/Power Electronics/Universal

Bridge,并将模块标签改为"三相整流桥"。然后双击模块图标打开整流桥参数设置对话框,参数设置如图 4-66 所示,当采用三相整流桥时,桥臂数取 3,电力电子元件选择晶闸管,其他参数设置原则:如果针对某个具体交流调速系统进行仿真,对话框中应取该调速系统中晶闸管元件的实际值;如果不是针对某个具体调速系统的仿真,可以取默认值进行仿真,如果仿真结果不理想,就要适当调整各模块参数;本章主要定性论述仿真的方法,最后再定量说明调速系统各环节参数的具体设置。

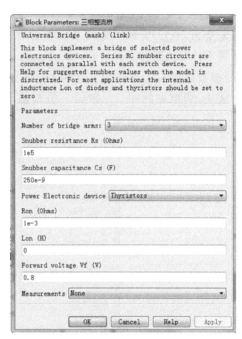

图 4-65　AC Voltage Source 模块参数设置对话框　　　图 4-66　三相整流桥参数设置对话框

（4）平波电抗器的建模和参数设置。提取电抗器元件(RLC Branch)模块的路径为 Simscape/SimPowerSystems/Specialized Technology/Elements/Series RLC Branch,通过参数设置成为纯电感元件,其电抗为 1e-3,即电抗值为 0.001H。参数设置如图 4-67 所示,并将模块标签改为"平波电抗器"。

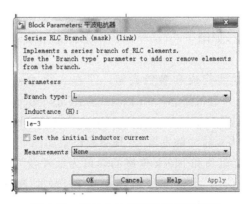

图 4-67　平波电抗器参数设置对话框

(5) 直流电动机的建模与参数设置。提取直流电动机模块(DC Machine)的路径为 Simscape/SimPowerSystems/Specialized Technology/Machines/DC Machine。直流电动机励磁绕组接直流电源(DC Voltage Source)模块,其路径为 Simscape/SimPowerSystems/Specialized Technology/Electrical Sources/DC Voltage Source,双击此图标,打开参数设置框,电压参数设置为220V。电枢绕组经平波电抗器和三相整流桥连接。电动机 TL 端口接负载转矩。为了说明开环调速系统的性质,把负载转矩改为变量 Step 模块,其提取路径为 Simulink/Sources/Step,参数设置如图 4-68 所示。可以看出初始负载转矩为 50,在 2s 后负载转矩变为 100。负载转矩模块标签改为"TL"。直流电动机输出 m 口有 4 个合成信号,用模块 Demux(路径为 Simulink/Signal Routing/Demux)把这 4 个信号分开。双击此模块,把参数设置为 4,表明有 4 个输出,从上到下依次是电动机的角速度 $\omega$、电枢电流 $I_d$、励磁电流 $I_f$ 和电磁转矩 $T_e$ 数值。仿真结果可以通过示波器显示,也可以通过 OUT 端口显示。

图 4-68 负载转矩参数设置

电动机参数设置:对于电动机参数的设置可以有两种方法,比如直接根据直流电动机的铭牌数据,打开电动机参数设置对话框,如图 4-69(a)所示,5HP 表示 5 马力,240V 是额定电压,1750RPM 表示额定转速为 1750r/min,300V 是励磁电压。也可以根据直流电动机的电阻、电感参数进行设置,如图 4-69(b)所示。本书都是用第二种方法进行直流电动机参数设置。

(6) 同步脉冲触发器的建模和参数设置。同步 6 脉冲触发器(Synchronized 6-Pulse Generator)模块的提取路径为 Simscape/SimPowerSystems/Specialized Technology/Control and Measurements Library/Pulse & Signal Generators/Pulse Generator(Thyistor 6-Pulse),模块标签改为"同步 6 脉冲触发器"。其参数设置如图 4-70 所示。它有 3 个端口,和 alpha 连接的端口为触发延迟角和 Block 连接的端口为触发器开关信号,当开关信号为"0"时,开放触发器;当开关信号为"1"时,封锁触发器,故取模块 Constant(提取路径为 Simulink/Sources/Constant)和 Block 端口连接,把参数改为"0",使得触发器开放。和 wt 连接的端口为同步合成频率,依次取 Constant(此模块即为设定的同步合成频率)、

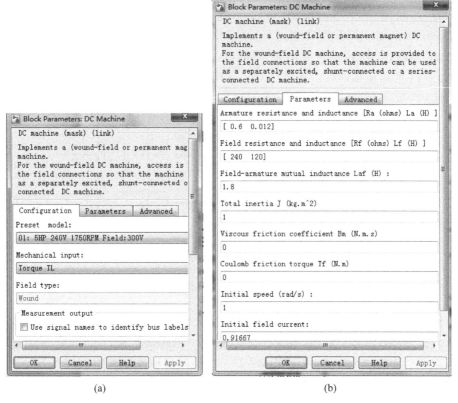

图 4-69 直流电动机参数设置对话框

（a）电动机铭牌数据设置对话框；（b）电动机的电阻、电感参数设置对话框

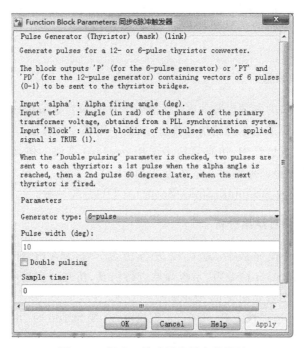

图 4-70 同步 6 脉冲触发器参数设置

Integrator(提取路径为 Simulink/Continuous/Integrator)、Gain(提取路径为 Simulink/Math Operations/Gain,参数设定 2 * pi)、Math Function(提取路径为 Simulink/Math Operations/Math Function,参数设置 Function 选择 mod)、Constant(参数设置 2 * pi)模块进行如图 4-71 所示连接即可。其中 Constant 模块设定 50 表示同步合成频率为 50H。

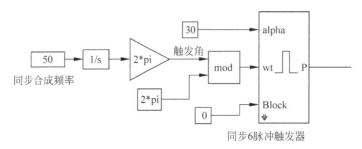

图 4-71　触发装置模型

### 2. 控制电路的建模与仿真

开环调速系统控制电路只有一个环节,取模块 Constant,标签改为"触发角"。双击此模块图标,打开参数设置对话框,将参数设置为某个值,此处设置为 30,也即导通角为 30°。

实际上,对于电动机负载,由于在 MATLAB 中同步触发器的输入信号为导通角 $\alpha$,因此整流桥输出电压 $U_{d0}$ 与导通角 $\alpha$ 的关系为

$$U_{d0} = U_{d0(\max)}\cos\alpha \tag{4-1}$$

当 $\alpha \leqslant 90°$ 时,整流桥处于整流状态；$\alpha = 0°$ 时,整流桥输出电压为最大值 $U_{d0} = U_{d0(\max)}$；$\alpha = 90°$ 时,整流桥输出电压为零 ；当 $\alpha > 90°$ 时,才是整流桥成为逆变的条件之一。

将主电路和控制电路的仿真模型按照图 4-64 连接,即得到开环直流调速系统的仿真模型。

### 3. 系统仿真参数设置

仿真参数设置窗口的参数设置如图 4-72 所示,仿真算法选 ode23tb 算法。

由于不同系统需要采用不同的仿真算法,到底采用哪一种算法,可以通过仿真实践进行比较选择。在调速系统仿真中,仿真算法多采用 ode23tb 算法。仿真时间根据实际需要而定,一般只要仿真出完整波形即可。本次仿真 Start 为 0,Stop 为 5s。仿真结果通过示波器模块 Scope(提取路径为 Simulink/Sinks/Scope)或 OUT 来显示。

### 4. 系统的仿真、仿真结果分析

当建模和参数设置完成后,就可以进行仿真。在 MATLAB 的模型窗口中打开 Simulation 菜单,单击 Start 命令后,系统开始进行仿真,仿真结束后可输出仿真结果。开环直流调速系统的仿真结果如图 4-73 所示。

从仿真结果看,转速很快上升,当在 2s 负载由 50 变为 100 时,由于开环无法起调节作用,转速开始下降。仿真结果和前面的理论分析结果一致。

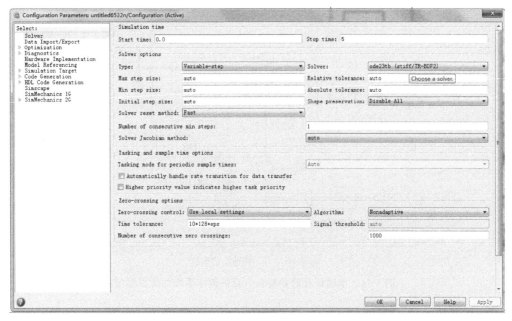

图 4-72　仿真参数设置窗口

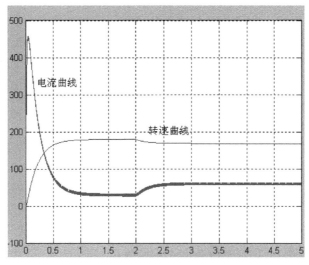

图 4-73　开环直流调速系统的仿真结果

## 4.11.2　单闭环有静差转速负反馈调速系统的建模与仿真

单闭环有静差转速负反馈调速系统由给定信号、速度调节器、同步脉冲触发器、三相整流桥、平波电抗器、直流电动机、速度反馈等环节组成。图 4-74 是单闭环有静差转速负反馈调速系统的仿真模型。

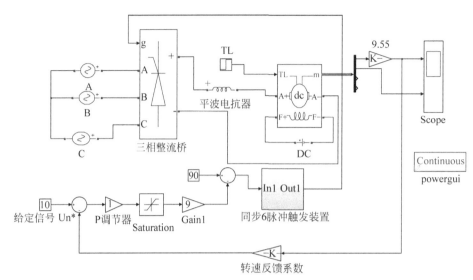

图 4-74　单闭环有静差转速负反馈调速系统的仿真模型

## 1. 主电路的建模和参数设置

由图 4-74 可知,主电路建模与开环调速系统大部分相同,只是把同步 6 脉冲触发器和

同步6脉冲
触发装置

图 4-75　同步 6 脉冲触发
装置和电压检测
模块封装后模型

同步合成频率部分(图 4-71)封装起来(图 4-75),把模块标签改为"同步 6 脉冲触发装置"。同时由于直流电动机输出的速度为角速度单位,为了将其变换成转速单位,在转速输出端加了一个放大模块(Gain)(提取路径为 Simulink/Math Operations/Gain),因 $\omega = \dfrac{2\pi n}{60}$,故把放大模块参数设置为 30/3.14。

为了和开环调速系统相比较,仍然采用变化负载,参数同前。

## 2. 控制电路的建模和参数设置

单闭环有静差转速负反馈调速系统的控制电路由给定信号、速度调节器、速度反馈等环节组成。根据仿真需要,另加限幅器模块(Saturation)、比较环节模块(Sum)等。

给定信号模块就是 Constant 模块,参数设置为 10,它的物理量是给定电压信号,把此模块的标签改为"给定电压信号"。

比较环节模块(Sum)的提取路径为 Simulink/Math Operations/Sum,将默认参数由"++"改为"+-"。

比例调节器模块就是放大模块(Gain),把参数设定为 1,即放大系数为 1。

从上面分析可知,同步 6 脉冲触发装置的输入信号是导通角,整流桥处于整流状态时导通角范围为 $0° \leqslant \alpha \leqslant 90°$,由于速度调节器输出信号的数值可能大于 90,故需加限幅器模块(Saturation),提取路径为 Simulink/Discontinuities/Saturation,其参数设置:上下限幅为 10 和 -10。

从前文可知,在仿真中限幅器输出信号不能直接连接同步触发器的输入端,必须经过适当转换,使限幅器输出信号与整流桥的输出电压对应,即限幅器输出信号为零时,整流桥的输出电压为零;限幅器输出达到限幅 $U_i^*$(10V)时,整流桥输出电压为最大值 $U_{d0(\max)}$,因此转换模块仿真模型如图 4-76 所示。

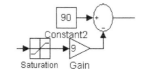

图 4-76 转换模块仿真模型

Constant 参数设置为 90,Gain 参数设置为 9。

从转换模块可知,当限幅器输出电压为零时,同步 6 脉冲触发器的输入信号 $\alpha$ 为 90°,整流桥输出电压为零;当限幅器输出为最大限幅(10V)时,同步 6 脉冲触发器的输入信号为 0°,整流桥输出电压为 $U_{d0(\max)}$。

转速反馈系数模块就是 Gain 模块,参数设置为 0.01,即表示反馈系数为 0.01。

**3. 系统仿真参数设置**

仿真中所选择的算法为 ode23tb 算法,Start 设为 0,Stop 设为 5s。

**4. 仿真结果分析**

当建模和参数设定后,即可开始进行仿真。图 4-77 是单闭环有静差转速负反馈调速系统的仿真结果。

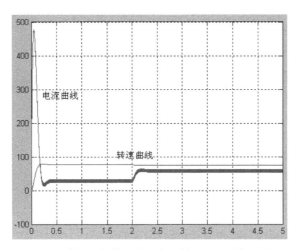

图 4-77 单闭环有静差转速负反馈调速系统仿真结果

从仿真结果可以看出,在比例调节器的作用下,电动机转速很快达到稳态,在 2s 转矩由 50 变为 100 时,系统快速进行调节,使转速很快上升到稳态值。

### 4.11.3 单闭环无静差转速负反馈调速系统的建模与仿真

单闭环无静差转速负反馈调速系统由给定信号、速度调节器、同步脉冲触发器、三相整流桥、平波电抗器、直流电动机、速度反馈等环节组成。图 4-78 是单闭环无静差转速负反馈调速系统的仿真模型。

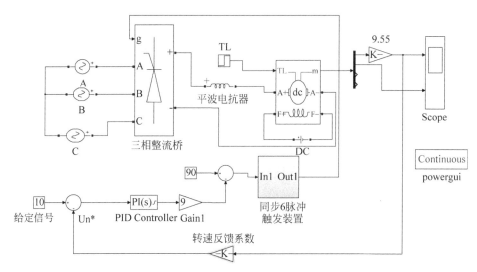

图 4-78　单闭环无静差转速负反馈调速系统的仿真模型

**1. 单闭环无静差转速负反馈调速系统的建模和参数设置**

由图 4-78 可知,单闭环无静差调速系统建模和单闭环有静差调速系统建模大部分相同,只是把转速调节器换成 PI 调节器(PID Controller),提取路径为 Simulink/Continuous/PID Controller。由于 PI 调节器本身带输出限幅值,故不再需要限幅器模块,PI 调节器参数设置如图 4-79 所示。转速反馈系数为 0.01。

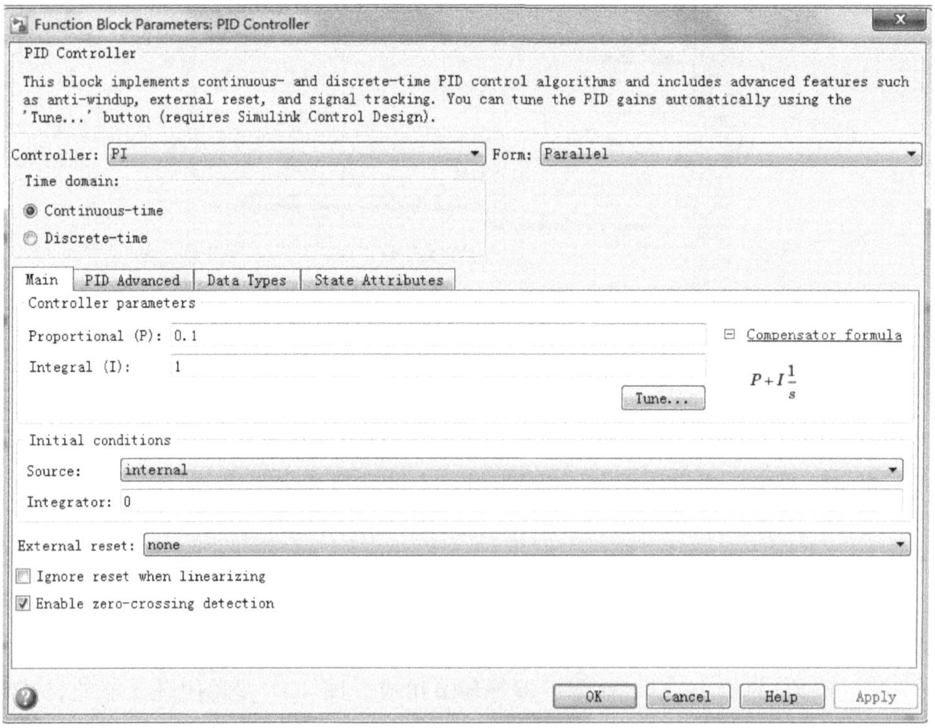

图 4-79　PI 调节器参数设置

为了与开环调速系统相比较,仍然采用变化负载,参数同前。

**2. 系统仿真参数设置**

仿真中所选择的算法为 ode23tb 算法,Start 设为 0,Stop 设为 5s。

**3. 仿真结果分析**

(1) 当负载变化时转速和电流曲线如图 4-80 所示。

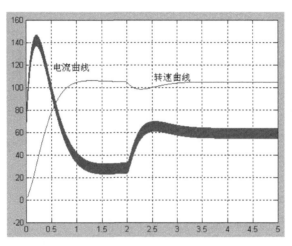

图 4-80　单闭环无静差转速负反馈调速系统的仿真结果

从仿真结果可以看出,当负载在 2s 由 50 变成 100 时,转速下降,通过 PI 调节器的调节作用后,转速恢复到稳态状态,但动态响应比用比例调节器慢。

(2) 不同给定电压时调速系统的转速

为了进一步研究不同给定电压时单闭环无静差转速负反馈调速系统的性质,把负载换成恒定负载,取值为 50,给定电压信号 $U_n^*$ 分别为 10V、8V 和 5V 时,图 4-81(a)、图 4-81(b)、图 4-81(c)分别是相应给定电压信号 $U_n^*$ 时的仿真结果。

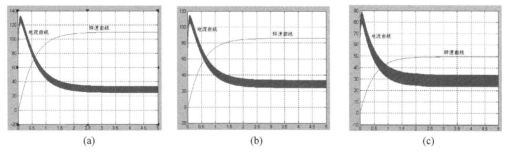

图 4-80　不同给定电压时单闭环无静差转速负反馈调速系统的仿真结果

(a) 10V；(b) 8V；(c) 5V

从仿真结果可以看出,当给定电压信号改变时,转速曲线也跟着改变,电动机转速依次变成 110rad/s、85rad/s 和 50rad/s,从而证明前面理论的正确性。

### 4.11.4　单闭环电流截止转速负反馈调速系统的建模与仿真

单闭环电流截止转速负反馈调速系统的仿真模型如图 4-82 所示。该系统由给定信号、速度调节器、同步 6 脉冲触发装置、三相整流桥、平波电抗器、直流电动机、速度反馈等环节组成。此系统与单闭环无静差转速负反馈调速系统相比较,大部分相同,只多了一个电流比较模块和电流反馈。

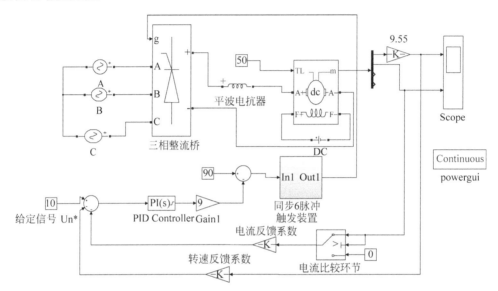

图 4-82　单闭环电流截止转速负反馈调速系统的仿真模型

#### 1. 电流截止环节建模

电压比较模块就是 Sum 模块,将参数设置为"十 一一"即可。

电流比较模块(Switch)的提取路径为 Simulink/Signal Routing/Switch,模块标签改为"电流比较模块",Switch 有 3 个端口,从上到下依次为 u(1)、u(2)、u(3),双击此模块,可以看到一个可设参数的对话框。假设参数 Threshold 的值为设定值。由 u(2)端口的输入值与设定值相比较,决定输出端口 u(1)或端口 u(3)的值。当设置参数如图 4-83(a)所示时,表明当 u(2)端口值大于 120 就输出 u(1)端口值,当 u(2)端口值小于 120 就输出 u(3)端口值。图 4-83(b)为电流比较环节建模。

通过 Switch 参数设置,可以看出当电动机电枢电流小于 120A 时,输出 u(3)端口值,其值为零,也即电流截止环不起作用;当电动机电枢电流大于 120A 时,输出 u(1)端口值,其值就是电动机电枢电流值,电流反馈系数取 0.75。

#### 2. 系统仿真参数设置

仿真中所选择的算法为 ode23tb 算法,Start 设为 0,Stop 设为 5s。

当建模和参数设置完成后,即可进行仿真。

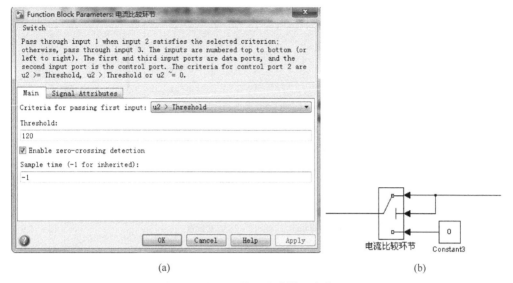

(a)　　　　　　　　　　　　　　　　(b)

图 4-83　电流比较环节建模及参数设置

(a) 参数设置；(b) 建模

**3. 仿真结果分析**

图 4-84 是单闭环电流截止转速负反馈调速系统的电流曲线和转速曲线。从图中可以看出，电枢电流始终小于 120A。由于限制了起动电流，与单闭环无静差转速负反馈(图 4-80)相比较可以看出，该系统使得电动机转速达到稳态需要稍微长一点时间。

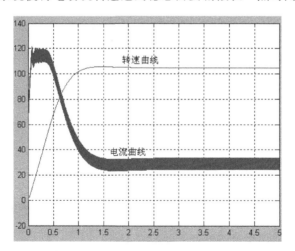

图 4-84　单闭环电流截止转速负反馈调速系统的仿真结果

## 4.11.5　单闭环电压负反馈调速系统的建模与仿真

单闭环电压负反馈调速系统的仿真模型如图 4-85 所示，与单闭环无静差调速系统相比较，两者反馈信号不同，单闭环电压负反馈调速系统是从电动机两端取出电压后，经过处理，进入 PI 调节器中。电压反馈系数取 0.05，其他环节参数设置与单闭环无静差调速系统相同。

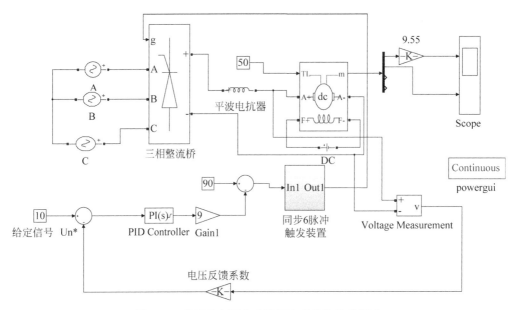

图 4-85　单闭环电压负反馈调速系统的仿真模型

### 1. 系统仿真参数设置

仿真中所选择的算法为 ode23tb 算法，Start 设为 0，Stop 设为 5s。

### 2. 仿真结果

仿真结果如图 4-86 所示。

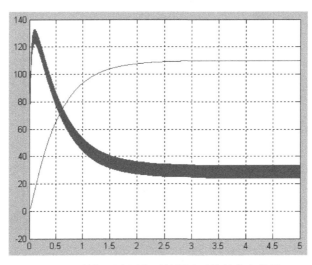

图 4-86　单闭环电压负反馈调速系统的仿真结果

## 4.11.6　单闭环电压负反馈和带电流正反馈调速系统的
## 　建模与仿真

前文已经分析了,由于电压负反馈调速系统无法做到转速无静差,所以有时在此调速系统中加入一个电流正反馈,以补偿电枢绕组造成的速降。图 4-87 是单闭环电压负反馈和带电流正反馈调速系统的仿真模型。

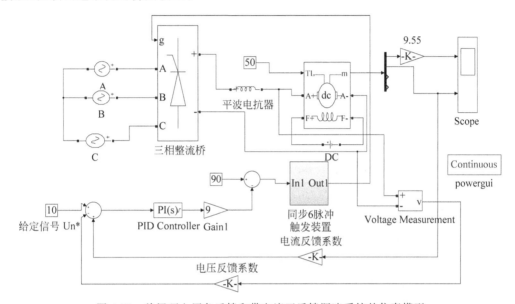

图 4-87　单闭环电压负反馈和带电流正反馈调速系统的仿真模型

**1. 电压负反馈和带电流正反馈建模**

把电压比较环节(Sum)参数设置为"＋ － ＋",电流反馈系数设置为 0.05,连接到比较环节"＋"端,其他参数与电压负反馈调速系统相同。

**2. 系统仿真参数设置**

仿真中所选择的算法为 ode23tb 算法,Start 设为 0,Stop 设为 5s。

**3. 仿真结果**

图 4-88 所示为单闭环电压负反馈和带电流正反馈调速系统的仿真曲线。与图 4-86 相比较可以看出,其稳态转速比单闭环电压负反馈调速系统高,从而说明带电流正反馈的电压负反馈调速系统可以减小稳态速降,甚至能够做到无静差。

前面几个仿真只是定性介绍各调速系统仿真的建模和主要参数的设置,对如何设置调节器的参数并没有涉及。下面举例说明如何针对某个具体直流调速系统进行各环节参数的设置。

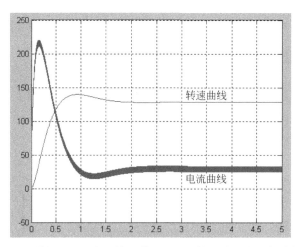

图 4-88　单闭环电压负反馈和带电流正反馈调速系统的仿真结果

## 4.11.7　单闭环转速负反馈调速系统定量仿真

### 1. 模型建立

单闭环转速负反馈直流调速系统定量仿真模型如图 4-89 所示,主电路是由晶闸管可控整流器供电的系统,已知数据如下。电动机的额定数据为 10kW、220V、55A、1000r/min,电枢电阻 $R_a = 0.5\Omega$,晶闸管触发整流装置为三相桥式可控整流电路,整流变压器连接为星形,二次线电压 $U_{21} = 230$V,电压放大系数 $K_s = 44$,系统总回路电阻为 $R = 1\Omega$,测速发电机是永磁式,额定数据为 23.1W、110V、0.21A、1900r/min,直流稳压电源 $-12$V,系统运动部分的飞轮惯量为 $GD^2 = 10$N·$m^2$,稳态性能指标 $D = 10, s \leqslant 5\%$,试对根据伯德图方法所设计的 PI 调节器参数进行单闭环直流调速系统仿真。

具体推导过程参阅文献[2],根据伯德图方法设计的 PI 调节器参数为 $K_p = 0.559$,$K_i = \dfrac{1}{\tau} = 11.364$,选择 Parallel 模式,ASR 的 $P = K_p = 0.599, K_i = \dfrac{1}{\tau} = 11.364$,上下限幅值取 [10 0]。整流桥的导通电阻 $R_{on} = R - R_a = 0.5\Omega$,电动机额定负载为 101.1N·m,电动机电枢电感参数为 0.017H(回路总电感)。由于电动机输出信号是角速度 $\omega$,故需将其转化成转速($n = 60\omega/2\pi$),因此在电动机角速度输出端接 Gain 模块,参数设置为 30/3.14。转速反馈系数为 12/1000。

电动机本体模块参数中互感参数的设置是正确仿真的关键因素。实际电动机的互感参数与直流电动机的类型有关,也与励磁绕组和电枢绕组的绕组数有关,从 MATLAB 中的直流电动机模块可以看出其类型为他励直流电动机,为了使各种类型的直流电动机都能够归结于 MATLAB 中的直流电动机模块,互感参数公式应为

$$L_{af} = \frac{30}{\pi} \frac{C_e}{I_f} \tag{4-2}$$

又

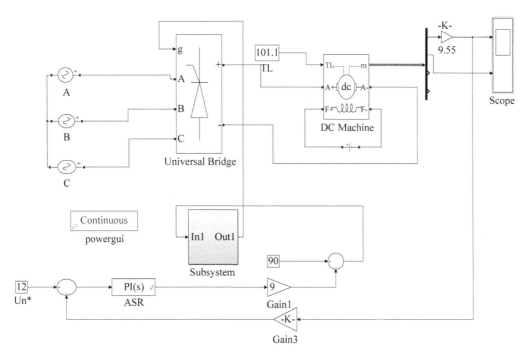

图 4-89　单闭环转速负反馈直流调速系统定量仿真模型

$$C_e = \frac{U_N - I_N R_a}{n_N} \tag{4-3}$$

$$I_f = \frac{U_f}{R_f} \tag{4-4}$$

式中，$C_e$ 为电动机常数；$U_f$、$R_f$ 分别为励磁电压和励磁电阻；$U_N$、$R_a$、$I_N$、$n_N$、$I_f$ 分别为电动机额定电压、电枢电阻、额定电流、额定转速和励磁电流。

在具体仿真时，首先根据电动机的基本数据，写入电动机本体模块中对应参数：$R_a = 0.5\Omega$，$L_a = 0.017\mathrm{H}$，$R_f = 240\Omega$，$L_f = 120\mathrm{H}$。电动机本体模块的互感参数，则由电动机常数和励磁电流由式(4-4)即可得到。

由于

$$C_e = \frac{U_N - I_N R_a}{n_N} = \frac{220 - 55 \times 0.5}{1000} = 0.1925$$

电动机本体模块参数中飞轮惯量 $J$ 的单位是 $\mathrm{kg \cdot m^2}$，而转动惯量 $GD^2$ 的单位是 $\mathrm{N \cdot m^2}$，两者之间关系为

$$J = \frac{GD^2}{4g} = \frac{10}{4 \times 9.8} = 0.255 (\mathrm{kg \cdot m^2})$$

互感参数的确定如下。

励磁电压为 220V，励磁电阻取 240Ω，则

$$I_f = \frac{220}{240} = 0.91667 (\mathrm{A})$$

由式(4-2)得

$$L_{af} = \frac{30}{\pi} \frac{C_e}{I_f} = \frac{30}{\pi} \frac{0.1925}{0.91667} = 2.007 (\text{H})$$

**2. 系统仿真参数设置**

仿真中所选择的算法为 ode23tb 算法,Start 设为 0,Stop 设为 5s。

**3. 仿真结果分析**

仿真结果如图 4-90 所示。

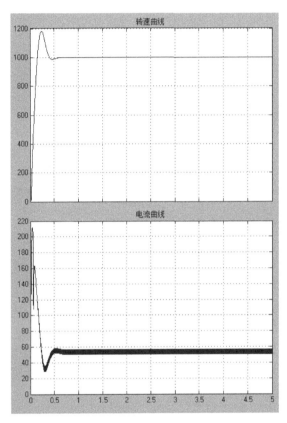

图 4-90 单闭环转速负反馈直流调速系统定量仿真结果

从仿真结果可以看出,当给定电压为 12V 时,电动机工作在额定转速 1000r/min 状态, 电枢电流接近 55A,从而说明仿真模型及参数设置的正确性。

# 4.12 双闭环及 PWM 直流调速系统仿真

## 4.12.1 转速、电流双闭环直流调速系统定量仿真

双闭环调速系统可以充分利用直流电动机的过载能力,使得电动机在起动过程中可以

接近最大允许电流,且电流内环对系统进行了改造,提高了系统的动态性能。本次仿真是根据工程设计方法确定调节器参数的定量仿真。双闭环直流调速系统仿真模型如图 4-91 所示。在进行定量仿真时,对电动机本体参数要进行适当的变换。下面以本书例 2-1、例 2-2 为例,介绍各部分环节的仿真模型与参数设置。

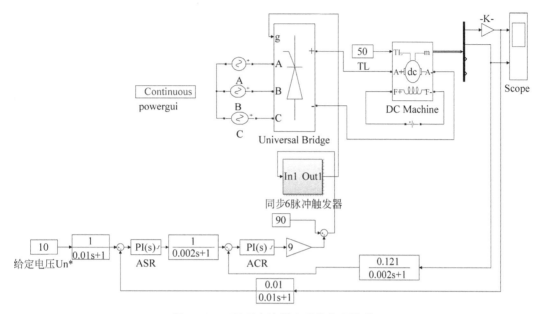

图 4-91  双闭环直流调速系统仿真模型

### 1. 主电路模型的建立与参数设置

主电路由直流电动机本体、三相对称电源、同步 6 脉冲触发器、负载等模块组成。同步 6 脉冲触发器的仿真模型与单闭环直流调速系统相同。

电动机本体模块参数中互感参数的设置与单闭环直流调速系统定量仿真相同,即在具体仿真时,首先根据电动机的基本数据,写入电动机本体模块中对应的参数,电动机本体模块的互感参数由电动机常数和励磁电流式(4-2)得到。

其他环节参数设置:电源 A、B、C 设置峰值电压为 220V,频率为 50Hz,相位分别为 0°、240°和 120°。整流桥的内阻 $R_{\mathrm{on}} = R - R_{\mathrm{a}} = 0.5\Omega$。电动机负载取 50N·m。励磁电源为 220V。由于电动机输出信号是角速度 $\omega$,将其转化成转速 $n$,单位为 r/min,在电动机角速度输出端接 Gain 模块,参数设置为 30/3.14。

根据公式 $C_{\mathrm{e}} = \dfrac{U_{\mathrm{N}} - I_{\mathrm{N}} R_{\mathrm{a}}}{n_{\mathrm{N}}}$ 可以得到 $R_{\mathrm{a}} = 0.5\Omega$,

根据公式 $T_{\mathrm{m}} = \dfrac{GD^2 R}{375 C_{\mathrm{e}} C_{\mathrm{m}}} = \dfrac{GD^2 R}{375 C_{\mathrm{e}} \dfrac{30}{\pi} C_{\mathrm{e}}}$ 可以得到 $GD^2 = 10\mathrm{N}\cdot\mathrm{m}^2$,

根据公式 $T_{\mathrm{l}} = \dfrac{l}{R}$ 可以得到回路总电感 $l = 0.017\mathrm{H}$。

电动机本体模块参数中飞轮惯量 $J$ 的单位是 kg·m$^2$,而转动惯量 $GD^2$ 的单位是

$N \cdot m^2$,两者之间关系为

$$J = \frac{GD^2}{4g} = \frac{10}{4 \times 9.8} = 0.255(\text{kg} \cdot m^2)$$

互感参数的确定如下。

励磁电压为220V,励磁电阻取240Ω,则

$$I_f = \frac{220}{240} = 0.91667(\text{A})$$

由式(4-2)得

$$L_{af} = \frac{30}{\pi} \frac{C_e}{I_f} = \frac{30}{\pi} \frac{0.1925}{0.91667} = 2.0(\text{H})$$

电动机参数设置如图 4-92 所示。

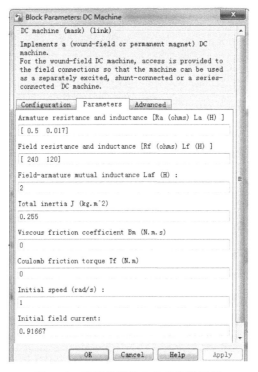

图 4-92　定量仿真的电动机参数设置

### 2. 控制电路模型的建立与参数设置

控制电路由 PI 调节器、滤波模块、转速反馈和电流反馈等环节组成。转速调节器 ASR 和电流调节器 ACR 的参数就是根据工程设计方法算得的参数,在这里需要着重说明的是,调节器参数可以写成 $K_p + \frac{K_p}{\tau s}$ 形式,也可以写成 $K_p + \frac{1}{\tau s}$ 形式。这是通过 Form 右边下拉菜单选择的。当选择 Ideal 时,就是 $P\left(1 + I\frac{1}{s}\right)$ 形式,即 ASR 的 $P = K_p = 6.02, I = K_i = \frac{1}{\tau_n} = \frac{1}{0.087} = 11.49$;ACR 的 $P = K_p = 0.43, I = K_i = \frac{1}{\tau_i} = \frac{1}{0.017} = 58.82$。当选择 Parallel

时,就是 $P+I\dfrac{1}{s}$ 形式,即 ASR 的 $P=K_p=6.02$,$I=K_i=\dfrac{K_p}{\tau_n}=\dfrac{6.02}{0.087}=69.154$; ACR 的

$P=K_p=0.43$,$I=K_I=\dfrac{K_i}{\tau_i}=\dfrac{0.43}{0.017}=25.3$。现选择 Parallel 模式,即 ASR 的 $P=K_p=$

$6.02$,$I=K_i=\dfrac{K_p}{\tau_n}=\dfrac{6.02}{0.087}=69.154$; ACR 的 $P=K_p=0.43$,$I=K_I=\dfrac{K_i}{\tau_i}=\dfrac{0.43}{0.017}=25.3$。

两个调节器的初始化中的 Integrator 取参数 1,上下限幅值均取[10 0]。特别要注意的是, ASR 和 ACR 调节器标签 PID advanced 中的 Anti-windup method 下面的下拉菜单中均选择 clamping。其他参数为默认值。参数设置:Numerator coefficients 为[0.01], Denominator coefficients 为[0.01　1]。带滤波环节的电流反馈系数参数设置:Numerator coefficients 为[0.121],Denominator coefficients 为[0.002　1]。转速延迟模块的参数设置:Numerator coefficients 为[1],Denominator coefficients 为[0.01　1]。电流延迟模块参数设置:Numerator coefficients 为[1],Denominator coefficients 为[0.002　1]。信号转换环节的模型也是由 Constant、Gain、Sum 等模块组成的,原理和参数已在单闭环直流调速系统中说明。

同时,为了观察起动过程中转速调节器和电流调节器的输出情况,在转速调节器和电流调节器的输出端接示波器。

仿真算法采用 ode23tb 算法,开始时间为 0,结束时间为 5s。

### 3. 仿真结果分析

双闭环直流调速系统仿真结果如图 4-93 所示。

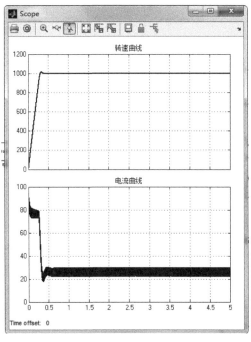

图 4-93　双闭环直流调速系统仿真结果

从仿真结果可以看出,当给定信号为 10V 时,在电动机起动过程中,电流调节器作用下的电动机电枢电流接近最大值,使得电动机转速以最优时间准则开始上升,在 0.3s 左右时转速超调,电流很快下降,在 0.4s 时达到稳态,稳态转速为 1000r/min,整个变化曲线同实际情况非常类似。

本仿真在考虑滤波环节时,采用电动机本体模块,根据典型的工程设计方法确定调节器参数的双闭环直流调速系统模型的搭建与仿真。从仿真结果可以看出模型及参数设置的正确性。

## 4.12.2 转速超调的抑制——转速微分负反馈仿真

串联校正的双闭环调速系统具有良好的稳态和动态性能,而且结构简单,工作可靠,设计方便,实践证明,它是一种应用广泛的调速系统。然而,略有不足之处就是转速必然有超调,而且抗扰性能的提高也受到限制。在某些对转速超调和动态抗扰性能要求很高的场合,仅用串联校正的电流、转速两个 PI 调节器的双闭环调速系统就显得无能为力了。

前面已论述,解决上述问题有效的办法就是在转速调节器上增设转速微分负反馈,这样可以使电动机比转速提前动作,从而改善系统过渡过程的质量,亦即提高了系统的性能。这一环节的加入,可以抑制转速超调甚至消灭超调,同时可以大大降低动态速降。

在双闭环直流调速的基础上加上转速微分负反馈,带转速微分负反馈的双闭环调速系统仿真模型如图 4-94 所示。

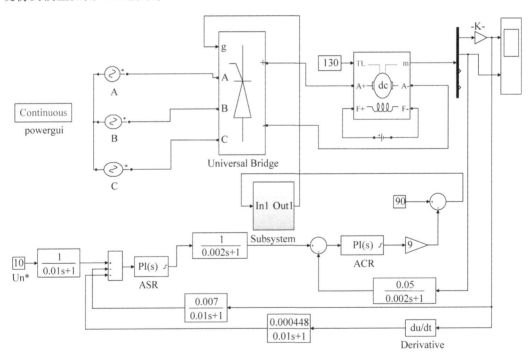

图 4-94 带转速微分负反馈的双闭环调速系统仿真模型

从仿真模型可以看出,与双闭环调速系统相比,只是在转速环加了一个转速微分负反馈。在转速反馈环节加一个微分模块(Derivative),提取路径为 Simulink/Continuous/

Derivative。

由于 $h=5$，$T_{\sum n}=0.0174$，代入式(2-78)可得 $\tau_{dn}=0.064$。

又 $\alpha=0.007$，则转速环微分系数为 $\alpha\tau_{dn}=0.000448$，取 $T_{on}=T_{odn}=0.01s$。

其他各模块参数设置见文献[24]，仿真结果如图 4-95 所示。

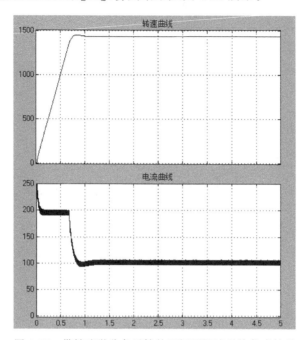

图 4-95　带转速微分负反馈的双闭环调速系统仿真结果

从仿真结果可以看出，电动机最高转速为 1446r/min，低于额定转速 1460r/min，而无转速微分负反馈的电动机最高转速为 1503r/min，超调量为 3%。当无转速微分负反馈时候，转速调节器在 0.735s 退饱和，而有转速微分负反馈时，转速调节器在 0.672s 就退(出)饱和，从而使得退饱和提前，转速无超调。

### 4.12.3　$\alpha=\beta$ 配合控制调速系统仿真

$\alpha=\beta$ 配合控制调速系统可以使直流电动机四象限运行。由于采用两组晶闸管，为了消除直流平均环流，采用 $\alpha=\beta$ 配合控制方法，也即一组晶闸管处于(待)整流状态时，另一组晶闸管必须在(待)逆变状态。对于瞬时脉动环流，可以通过加环流电抗器的方法来限制，此系统仿真的关键是两组晶闸管的导通角 $\alpha$ 和逆变角 $\beta$ 为 $\alpha=\beta$ 的关系。图 4-96 所示为 $\alpha=\beta$ 配合控制三相桥式反并联可逆电路调速系统仿真模型，下面介绍各部分模型的建立与参数设置。

**1. 主电路仿真模型与参数设置**

主电路仿真模型由三相对称交流电源、两组反并联晶闸管整流桥、直流电动机等组成。对于反并联晶闸管整流桥，可以从电力电子模块组中选取 Universal Bridge 模块获得。正、反组整流桥及封装后的子系统及符号如图 4-97 所示。

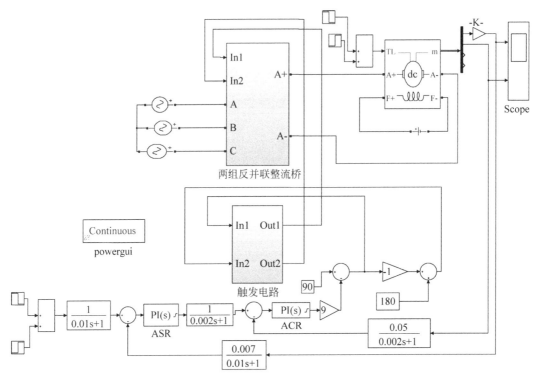

图 4-96  $\alpha = \beta$ 配合控制调速系统仿真模型

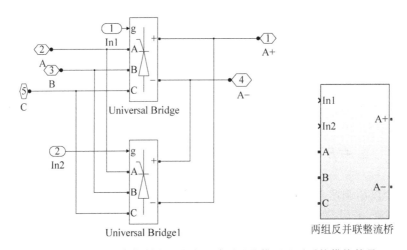

图 4-97  $\alpha = \beta$ 配合控制有环流主电路子系统模型及子系统模块符号

三相对称交流电源可从电源组模块中选取,参数设置:幅值为 220V,频率改为 50Hz,相位差互为 120°。

### 2. 两组同步触发器的建模

两个 6 同步触发器可以采用 Pulse & Signal Generators 模块组中子模块中的 6 脉冲同步触发器。同时为了使两组整流桥能够正常工作,在脉冲触发器的 Block 端口接入数值为

0 的 Constant 模块。同步脉冲触发器的同步合成频率也改为 50Hz,同步触发器及封装后的子系统模型及符号如图 4-98 所示。

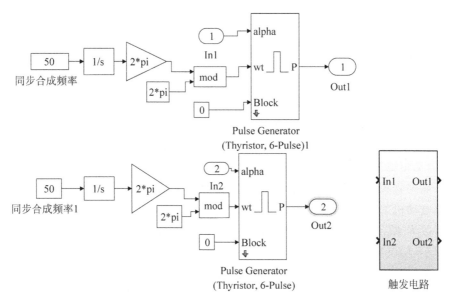

图 4-98　两组同步触发器连接及封装后的子系统模型及系统模块符号

### 3. 转换环节的建模

转换环节的建模和参数设置与单闭环调速系统相同,不再赘述。

### 4. $\alpha=\beta$ 配合环节的建模

从有环流工作原理可知,当本组整流桥整流时,其触发器的触发角应小于 90°;而他组整流桥处于逆变状态,其触发器的触发角应大于 90°,同时必须保证 $\alpha=\beta$,故 $\alpha=\beta$ 配合环节建模如图 4-99 所示。

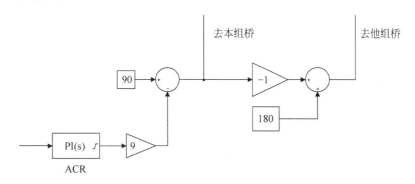

图 4-99　$\alpha=\beta$ 配合环节的建模

从 $\alpha=\beta$ 配合环节可知,当本组整流桥的触发角为 $\alpha$ 时,去他组整流桥的触发角为 $180°-\alpha$;同样,当他组整流桥的触发角为 $\alpha$ 时,本组整流桥的触发角亦为 $180°-\alpha$。从而达到了 $\alpha=\beta$ 配合的目的。

**5. 控制电路建模与参数设置**

$\alpha = \beta$ 配合控制有环流直流可逆调速系统的控制电路包括给定环节、一个速度调节器(ASR)、一个电流调节器(ACR)、反向器、电流反馈环节、速度反馈环节等。参数设置主要保证在起动过程中,转速调节器饱和,使得电动机以接近最大电流起动,当转速超调时,电流下降,经过转速调节器、电流调节器的调节,很快达到稳态;在发出停车或反向运转指令时,原先导通的整流桥处于逆变状态,另一组整流桥处于待整流状态,但电流方向不能突然改变,仍然通过本组整流桥向电网回馈电能,使得转速和电流都下降。当电流下降到零以后,原先导通的整流桥处于待逆变状态,另一组整流器开始整流,电流开始反向,电动机先反接制动,当电枢电流略有超调时,又进行回馈制动,转速急剧下降直到零或反向运转。本例仍为某晶闸管供电的双闭环直流调速系统,整流装置采用三相桥式电路,基本数据如下。直流电动机为 220V、136A、1460r/min、$C_e = 0.132$、允许过载倍数 $\lambda = 1.5$、晶闸管装置放大系数为 $K_s = 40$、电枢回路总电阻 $R = 0.5\Omega$、时间常数 $T_l = 0.03s$、$T_m = 0.18s$、电流反馈系数 $\beta = 0.05V/A(\approx 10V/1.5I_N)$、转速反馈系数 $\alpha = 0.007V \cdot min/r(\approx 10V/n_N)$、电流滤波时间常数 $T_{oi} = 0.002s$、转速滤波时间常数 $T_{on} = 0.01s$。按照工程设计方法设计电流调节器 ACR、ASR,要求电流超调量 $\sigma_i \leqslant 5\%$,转速无静差,转速超调量 $\sigma_n \leqslant 10\%$。

根据工程设计方法设计调节器方法得:ASR:$K_p = 11.7$,$\dfrac{1}{\tau_n} = 11.5$;ACR:$K_i = 1.013$,$\dfrac{1}{\tau_i} = 33.33$。

在仿真模型中调节器选择 Parallel 形式。也即 ASR 的 $P = K_p = 11.7$,$I = K_i = \dfrac{K_p}{\tau_n} = \dfrac{11.7}{0.087} = 134$;ACR 的 $P = K_p = 1.013$,$I = K_I = \dfrac{K_i}{\tau_i} = \dfrac{1.013}{0.03} = 33.77$。两个调节器的初始化中的 Integrator 取参数 1,上下限幅值均取 $[10 \ -10]$。ASR 和 ACR 调节器标签 PID advanced 中的 Anti-windup method 下面的下拉菜单中均选择 clamping。其他参数为默认值。

电动机本体模块参数设置方法与双闭环直流调速系统中的方法相同。

这里特别要指出的是,MATLAB R2014a 版本及以上版本中,当给定信号极性发生变化,需要直流电动机反转时,负载极性也必须相应变化。例如给定信号原来是 10V,到了 1.5s 后变成 $-10V$。则直流电动机负载也由原来的 50,到了 1.5s 后变成 $-50V$。这样,仿真结果的直流电动机在反转过程中,电动机电枢电流才显示负值。而 MATLAB 6.5.1 版本不需要这样做,负载极性保持不变即可。对于不可逆直流调速系统仿真,负载大于直流电动机电磁转矩时,MATLAB 6.5.1 版本中直流电动机转速就会下降,当降至零时,仿真终止,而 MATLAB R2014a 版本中直流电动机依然反转,电枢电流还是正值。这也从侧面反映老版本中的直流电动机仿真模型更符合实际情况。

系统仿真参数设置:仿真中所选择的算法为 ode23tb 算法,Start 设为 0,Stop 设为 7.0s。

(6) 仿真结果分析

$\alpha = \beta$ 配合控制有环流直流可逆调速系统的仿真结果如图 4-100 所示。

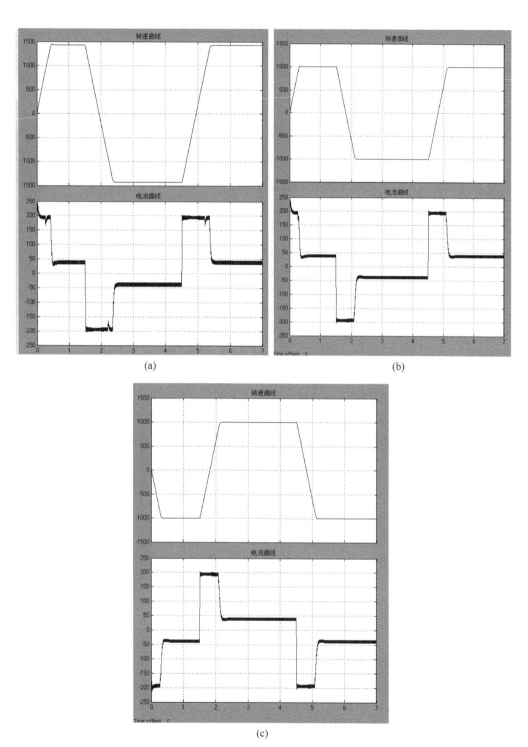

图 4-100 $\alpha=\beta$ 配合控制有环流直流可逆调速系统的电流曲线和转速曲线

(a) $U_n^*$ 由 10V 到 $-10$V 再到 10V 的仿真曲线；(b) $U_n^*$ 由 7V 到 $-7$V 再到 7V 的仿真曲线；

(c) $U_n^*$ 由 $-7$V 到 7V 再到 $-7$V 的仿真曲线

从仿真结果可以看出,图 4-100(a)是当给定正向信号 $U_n^* = 10\text{V}$ 时,在电流调节器 ACR 作用下电动机电枢电流接近最大值,使得电动机转速以最优时间准则开始上升,在 0.6s 左右时转速超调,电流开始下降,转速很快达到稳态;当 1.5s 给定反向信号 $U_n^* = -10\text{V}$ 时,电流和转速都下降,在电流下降到零后,电动机先处于反接制动状态然后又处于回馈制动状态,转速急剧下降,当转速为零后,电动机处于反向电动状态。

图 4-100(b)是给定信号为 $U_n^* = 7\text{V}$ 时的电动机转速和电流曲线,可以看出与图 4-100 (a)很相似,但稳态转速降低,表明随着给定信号 $U_n^*$ 变化,稳态转速也跟着变化。

图 4-100(c)是给定信号 $U_n^*$ 由 $-7\text{V}$ 变成 $7\text{V}$,再变成 $-7\text{V}$ 时的转速曲线和电流曲线,表明电动机的转速方向由给定电压 $U_n^*$ 的极性确定。

本次仿真主要是 $\alpha = \beta$ 配合控制有环流直流可逆调速系统模型搭建,转速调节器、电流调节器参数的设置,转换电路以及配合电路模型的建立。目的是使电动机在快速起动、稳定及在制动和反向运转时保证两组整流桥密切配合控制,消除直流平均环流。

值得注意的是,在 $\alpha = \beta$ 配合控制有环流可逆调速系统仿真中,并没有采用电感元件作为环流电抗器,这是因为环流电抗器的特征是通过较大电流时饱和,失去限环流作用;通过较小电流时才起限环流作用。由于 MATLAB 中电感元件的数学模型没有这个特点,所以不宜采用电感元件作为环流电抗器。

## 4.12.4　逻辑无环流可逆直流调速系统仿真

逻辑无环流可逆直流调速系统利用逻辑切换装置来决定两组晶闸管的工作状态。它通过使一组整流桥处于工作状态,另一组整流桥处于封锁状态来彻底消除环流,因此在工业中有着重要的应用。逻辑无环流可逆直流调速系统的仿真关键是逻辑切换转置(DLC)。图 4-101 是逻辑无环流可逆直流调速系统的仿真模型,下面介绍各部分模型的建立与参数设置。

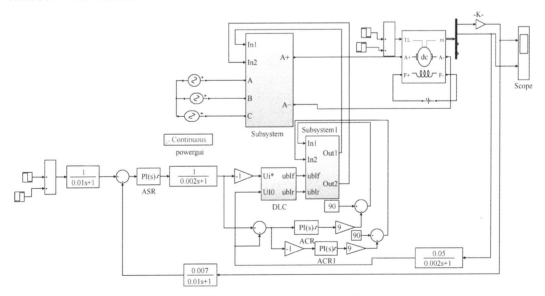

图 4-101　逻辑无环流可逆直流调速系统仿真模型

### 1. 主电路的建模和参数设置

在逻辑无环流可逆直流调速系统中,主电路由三相对称交流电压源、两组反并联晶闸管整流桥、同步触发器、直流电动机等组成。反并联晶闸管整流桥可以从电力电子模块组中选取 Universal Bridge 模块。两组反并联晶闸管整流桥模型及封装后的子系统与图 4-97 相同。参数设置与双闭环直流调速系统的设置方法相同。

两组同步触发装置从附加控制(Extra Control Block)子模块中 6 脉冲同步触发器获得,同步触发器及封装后的子系统如图 4-102 所示。同步脉冲触发器的电源合成频率改为 50Hz。

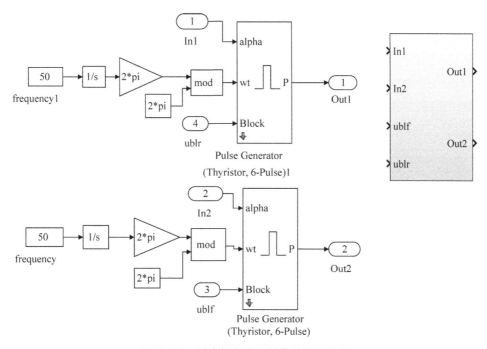

图 4-102　同步触发器及封装后的子系统

三相对称交流电压源可从电源组模块中选取。参数设置:幅值为 220V,频率改为 50Hz,相位差互为 120°,负载取 50,励磁电源参数为 220V。

### 2. 控制电路建模和参数设置

(1) 逻辑切换装置(DLC)建模

逻辑无环流可逆直流电动机调速系统中,DLC 是一个核心装置,其任务是在正组晶闸管整流桥工作时开放正组脉冲,封锁反组脉冲;在反组晶闸管整流桥工作时开放反组脉冲,封锁正组脉冲。根据要求,DLC 应由电平检测、逻辑判断、延时电路和连锁保护 4 部分组成。

① 电平检测器的建模。电平检测的功能是将模拟量变换成数字量供后续电路使用,它包含电流极性鉴别器和零电流鉴别器,在用 MATLAB 建模时,可用 Simulink 的非线性模块组中的继电器模块(Relay)(路径为 Simulink/Discontinuities/Relay)来实现。此模块参

数设置为：Switch on point 为 eps（eps），Switch off point 为 eps（eps），Output when on 为 1（0），Output when off 为 0（1）。

② 逻辑判断电路的建模。逻辑判断电路的功能是根据转矩极性鉴别器和零电流检测器输出信号 $U_T$ 和 $U_Z$ 的状态，正确地发出切换信号 $U_F$ 和 $U_R$ 来决定两组晶闸管的工作状态。

由于 MATLAB 中与非门的模块输出与输入有关，且仿真只是数值计算，对于 MATLAB 中的逻辑模块如 Logical Operator 需要两个输入量，若直接把与非门的输出接入输入，仿真则不能进行，本书采用 Combinatorial Logic 逻辑模块（路径为 Simulink/Math Operations/Combinatorial Logic），将参数菜单上的真值表改为[1 1；1 1；1 1；0 0]，表现出与非门性质，与 Demux 模块和 Mux 模块进行连接和封装，封装后再加一个记忆模块（Memory）（路径为 Simulink/Discrete/Memory，参数设置 Initial condition 为 1）就能满足判断电路的要求。采用 Combinatorial Logic 模块搭建与非门，封装后如图 4-103 所示。

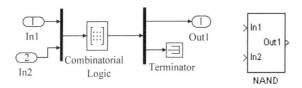

图 4-103　NAND 模型的建立

③ 延时电路的建模。在逻辑判断电路发出切换指令后，必须经过封锁延时和开放延时才能封锁原导通组脉冲和开放另一组脉冲，由数字逻辑电路的 DLC 装置能够实现，当逻辑电路的输出由"0"变为"1"时，延时电路产生延时，当由"1"变成"0"或状态不变时不产生延时。根据这一特点，利用 Simulink 工具箱中数学模块组中的传递延时模块（Transport Delay）（路径为 Simulink/Continuous/Transport Delay，参数设置 Time delay 为 0.004，Initial Output 为 0，Initial buffer size 为 1024）、逻辑模块（Logical Operator）（路径为 Simulink/Math Operations/Logical Operator，参数设置 Operator 为 OR）及数据转换模块（Data Type Conversion）（路径为 Simulink/Signal Attributes/Data Type Conversion，参数设置 Data Type 为 double）实现此功能，连接及封装后如图 4-104 所示。

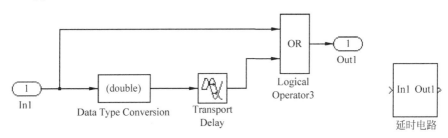

图 4-104　延时电路的建模

④ 连锁保护电路建模。逻辑电路的两个输出总是一个为"1"态，另一个为"0"态，但是一旦电路发生故障，两个输出同时为"1"态，将造成两组晶闸管同时开放而导致电源短路，为了避免这种事故，在无环流逻辑控制器的最后部分设置了多"1"连锁保护电路，可利用 Simulink 工具箱的逻辑运算模块（Logical Operator）（参数设置 Operator 为 NAND）实现连锁保护功能。

作者设计的 DLC 仿真模型及封装后 DLC 模块符号如图 4-105 所示。

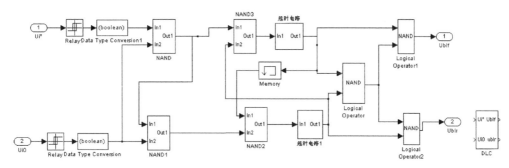

图 4-105　DLC 的仿真模型及封装后 DLC 模块符号

（2）其他控制电路的建模和参数的设置

逻辑无环流直流可逆调速系统的控制电路包括给定环节、一个速度调节器（ASR）、两个电流调节器（ACR1、ACR2）、反向器、电流反馈环节、速度反馈环节等。参数设置主要保证在起动过程中转速调节器饱和，使得电动机以接近最大电流起动，当转速超调时，电流下降，经过转速调节器、电流调节器的调节，很快达到稳态，在发出停车或反向运转指令时，原先导通的整流桥处于逆变状态，使得转速和电流都下降，当电流下降到零并经过延时后，原先导通的整流桥封锁，另一组整流器开始整流，电流开始反向，电动机先处于反接制动状态，当电流略有超调后，又处于回馈制动状态，转速急剧下降到零或电动机反向运转。基本数据如下：直流电动机 220V，136A，1460r/min，$C_e = 0.132$V·min/r，允许过载倍数 $\lambda = 1.5$；晶闸管装置放大系数 $K_s = 40$；电枢回路总电阻 $R = 0.5\Omega$；时间常数 $T_l = 0.03$s，$T_m = 0.18$s；电流反馈系数 $\beta = 0.05$V/A（$\approx 10$V/$1.5I_N$）。

转速反馈系数 $\alpha = 0.007$V·min/r（$\approx 10$V/$n_N$），试按工程设计方法设计电流调节器和转速调节器。要求电流超调量 $\sigma_i \leqslant 5\%$。转速无静差，空载起动到额定转速时的转速超调量 $\sigma_n \leqslant 10\%$。

根据工程设计方法设计调节器方法得：ASR：$K_n = 11.7$；$\tau_n = 0.087$s；ACR：$K_i = 1.013$；$\tau_i = 0.03$s。

在仿真模型中调节器选择 Parallel 形式。也即 ASR 的 $P = K_p = 11.7$，$I = K_i = \dfrac{1}{\tau_n} = \dfrac{11.7}{0.087} = 134$；ACR 的 $P = K_p = 1.013$，$I = K_I = \dfrac{1}{\tau_i} = \dfrac{1.013}{0.03} = 33.77$。两个调节器的初始化中的 Integrator 取参数 1，上下限幅值均取[10 −10]。ASR 和 ACR 调节器标签 PID advanced 中的 Anti-windup method 下面的下拉菜单中均选择 clamping。其他参数为默认值。

电动机本体模块参数设置方法与双闭环直流调速系统的设置方法相同。

系统仿真参数设置：仿真中所选择的算法为 ode23tb 算法，Start 设为 0，Stop 设为 9.0s。

### 3. 仿真结果分析

逻辑无环流可逆直流调速系统的仿真结果如图 4-106 所示。

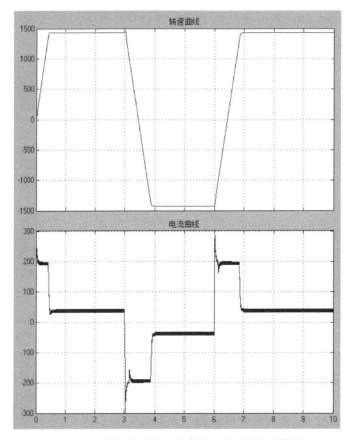

图 4-106　逻辑无环流可逆直流调速系统仿真结果

从仿真结果可以看出,当给定正向信号时,在电流调节器作用下电动机电枢电流接近最大值,使得电动机转速以最优时间准则开始上升,在 0.47s 左右时转速超调,电流很快下降,在 0.55s 时达到稳态,当在 3s 给定反向信号时,电流和转速都下降,在电流下降到零以后,电动机处于制动状态,转速快速下降,当转速为零后,电动机处于反向电动状态,整个变化曲线和实际情况非常类似。

### 4.12.5　PWM 直流调速系统仿真

由于脉宽直流调速系统有主线路简单、动态响应快、电流容易连续等优点,在工业生产中日益得到广泛的应用。脉宽直流调速系统与晶闸管调速系统仿真有些区别,下面说明 PWM 直流调速系统仿真模型的建立与参数设置。单闭环 PWM 直流调速系统采用定性的仿真,主要介绍各模型建立及主要参数的设置方法;双闭环 PWM 直流调速系统采用定量仿真,把根据工程设计方法得到的调节器参数应用到仿真模型中。

**1. 单闭环 PWM 可逆直流调速系统仿真**

单闭环 PWM 可逆直流调速系统仿真模型如图 4-107 所示。下面介绍各部分模型的建立与主要参数的设置方法。

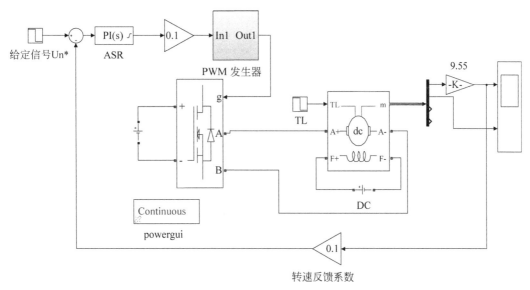

图 4-107　单闭环 PWM 可逆直流调速系统仿真模型

（1）主电流模型的建立与参数设置

主电路由直流电动机本体模块、Universal Bridge（桥式电路）模块、负载模块和电源模块组成。电动机本体模块参数为默认值。桥式电路模块参数设置：桥臂数为 2，电力电子装置为 MOSFET/Diodes，其他参数为默认值。电源参数为 220V，励磁电源为 220V。负载为 50。

（2）控制电路模型的建立与参数设置

控制电路由转速调节器 ASR、PWM 发生器、转速反馈和给定信号等组成。在仿真模型中调节器选择 Parallel 形式。参数设置：ASR 的 $P=K_p=0.1$，$I=K_i=1$，调节器的初始化中的 Integrator 取参数 1，输出限幅为 $[10\ -10]$。ASR 调节器标签 PID advanced 中的 Anti-windup method 下面的下拉菜单中选择 none

转速反馈系数为 0.1。给定信号为 10，在 2s 时给定信号变为 −10。

直流脉宽调速系统仿真关键是 PWM 发生器的建模。从双闭环调速系统的动态结构框图可知，电流调节器 ACR 输出最大限幅时，H 桥的占空比为 1。PWM 发生器采用两个 Discrete PWM Generator 模块。由于此模块中自带三角波，其幅值为 1，且输入信号应在 −1 与 1 之间，输入信号与三角波信号相比较，当比较结果大于 0 时，占空比大于 50%，PWM 波表现为上宽下窄，电动机正转；当比较结果小于 0 而大于 −1 时，占空比小于 50%，PWM 波表现为上窄下宽，电动机反转。两个 PWM Generator（2-Level）模块参数设置均为：调制波为外设，载波频率为 1080Hz，采样时间为 50e-6，发生器模式（Generator Type）为 Single-Phase half-bridge（2 pulses）。其次由于电动机运转时，H 桥对角两管触发信号一致，为此采用 Selector 模块（路径为 Simulink/Signal Routing/Selector），参数设置如图 4-108 所示。使得 PWM 发生器信号与 H 桥对角两管触发信号相对应。PWM 发生器模型及封装后子系统如图 4-109 所示。

由于 ASR 输出的数值为 −10～10，为了使 ASR 输出的数值与 PWM 发生器输入信号相对应，在 ASR 输出端加了一个 Gain 模块，参数为 0.1。这样，当 ASR 输出限幅为 10 时，

图 4-108　Selector 模块参数设置

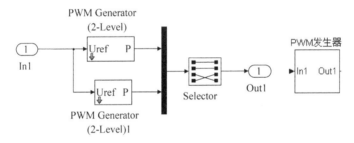

图 4-109　PWM 发生器模型及封装后子系统

PWM 输入端为 1,占空比最大。当 ASR 输出限幅为 -10 时,PWM 输入端为 -1。占空比为 0。

系统仿真参数设置:仿真中所选择的算法为 ode23tb 算法,Start 设为 0,Stop 设为 5s。

单闭环 PWM 直流调速系统仿真结果如图 4-110 所示。

从仿真结果看,PWM 调速系统性能要好于晶闸管控制的调速系统,表现为转速上升快,动态响应较快,开始起动阶段,功率器件处于全开状态,电流波动不大。当转速达到稳态时,电力电子开关频率较高,电流呈现脉动形式。

### 2. 双闭环 PWM 可逆直流调速系统定量仿真

有一个转速、电流双闭环控制的 H 形双极式 PWM 直流可逆调速系统,已知电动机参数为 $P_N =$

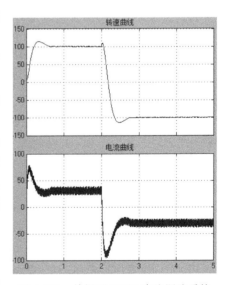

图 4-110　单闭环 PWM 直流调速系统
仿真结果

$200W, U_N = 48V, I_N = 3.7A, n_N = 200r/min$，电枢电阻为 $R_a = 6.5\Omega$，电枢回路总电阻为 $R = 8\Omega$，允许电流过载倍数 $\lambda = 2$，电磁时间常数 $T_l = 0.015s$，机电时间常数为 $T_m = 0.2s$，电流反馈滤波时间常数 $T_{oi} = 0.001s$，转速反馈滤波时间常数 $T_{on} = 0.005s$，设调节器输入输出电压 $U_{nm}^* = U_{im}^* = 10V$，电力电子开关频率为 $f = 1kHz$，PWM环节的放大倍数 $K_s = 4.8$。试按工程设计方法设计电流调节器和转速调节器。设计指标：稳态无静差，电流超调量 $\sigma_i \leqslant 5\%$；空载起动到额定转速时的转速超调量 $\sigma_n \leqslant 20\%$，过渡过程时间 $t_s \leqslant 0.1s$。双闭环直流脉宽可逆调速系统的仿真模型如图 4-111 所示。

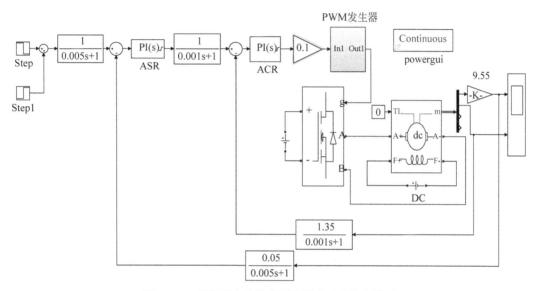

图 4-111　双闭环直流脉宽可逆调速系统仿真模型

（1）主电路模型的建立与参数设置

双闭环 PWM 直流调速系统的主电路仿真模型与单闭环 PWM 直流调速系统的主电路相同。（值得注意的是，由于是小功率电动机，其额定电流仅为 3.7A。在带负载仿真时，负载不能过大。如果负载过大，就会得出错误的结果）。励磁电源为 220V。由于电动机输出信号是角速度 $\omega$，将其转化成转速 $n$，单位为 r/min，在电动机角速度输出端接 Gain 模块，参数设置为 30/3.14。直流电源参数设置为 48V。

$$C_e = \frac{U_N - I_N R_a}{n_N} = \frac{48 - 3.7 \times 6.5}{200} = 0.12$$

根据公式 $T_m = \dfrac{GD^2 R}{375 C_e C_m} = \dfrac{GD^2 R}{375 C_e \dfrac{30}{\pi} C_e}$ 可以得到 $GD^2 = 1.3 N \cdot m^2$。

根据公式 $T_l = \dfrac{l}{R}$ 可以得到回路总电感 $l = 0.12H$。

电动机本体模块参数中飞轮惯量 $J$ 的单位是 $kg \cdot m^2$，而转动惯量 $GD^2$ 的单位是 $N \cdot m^2$，两者之间关系为

$$J = \frac{GD^2}{4g} = \frac{1.3}{4 \times 9.8} = 0.0332(kg \cdot m^2)$$

互感参数的确定如下。

励磁电压为 220V,励磁电阻取 240Ω,则

$$I_f = \frac{220}{240} = 0.91667(A)$$

由式(4-2)得

$$L_{af} = \frac{30}{\pi} \frac{C_e}{I_f} = \frac{30}{\pi} \frac{0.12}{0.91667} = 1.25(H)$$

电动机参数设置如图 4-112 所示。

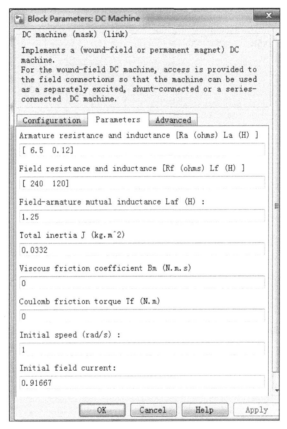

图 4-112    定量仿真的电动机参数设置

(2) 控制电路模型的建立与参数设置

控制电路由 PI 调节器、滤波模块、转速反馈和电流反馈等环节组成。在仿真模型中调节器选择 Parallel 形式。即 ASR 的 $P = K_p = 5.4$, $I = K_i = \frac{K_p}{\tau_n} = \frac{5.4}{0.045} = 120$;ACR 的 $P = K_p = 4.63$, $I = K_1 = \frac{K_p}{\tau_i} = \frac{4.63}{0.015} = 308.7$。两个调节器的初始化中的 Integrator 取参数 1,上下限幅值均取[10 −10]。ASR 和 ACR 调节器标签 PID advanced 中的 Anti-windup method 下面的下拉菜单中均选择 clamping。其他参数为默认值。

其他环节参数设置:H 桥电力电子的导通电阻 $R_{on} = 8 − 6.5 = 1.5Ω$。PWM 发射器的

建模方法和单闭环 PWM 建模方法相同,两个 PWM Generator 调制波为外设,载波频率为 1000Hz。采样时间为 50e−6。发生器模式(Generator Type)为 Single-Phase half-bridge (2 pulses)。为了反映出此系统能够四象限运行,给定信号为 10 到−10 再到 10,故给定信号模块采用多重信号叠加。给定信号的模型由 Constant、Sum 等模块组成,其中一个 Constant 参数设置:Step 为 2,Intial Value 为 10,Final Value 为−10;另一个 Constant 参数设置:Step 为 4,Intial Value 为 0,Final Value 为 20。Sum 参数设置:List of signs 为"++"。带滤波环节的转速反馈系数模块参数设置:Numerator coefficients 为[0.05], Denominator coefficients 为[0.005  1]。带滤波环节的电流反馈系数参数设置: Numerator coefficients 为[1.35],Denominator coefficients 为[0.001  1]。转速延迟模块的参数设置:Numerator coefficients 为[0.05],Denominator coefficients 为[0.005  1]。电流延迟模块参数设置:Numerator coefficients 为[1],Denominator coefficients 为 [0.001  1]。其他参数为模块本身默认值。

仿真算法采用 ode23tb 算法,开始时间为 0,结束时间为 2s。

(3) 仿真结果分析

仿真结果如图 4-113 所示。

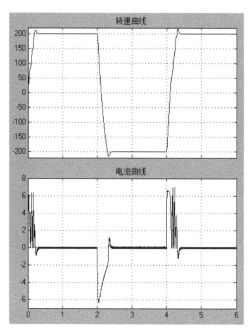

图 4-113  双闭环直流脉宽可逆调速系统仿真结果

从仿真结果可以看出,当给定信号为 10V 时,在电动机起动过程中,电流调节器作用下的电动机电枢电流接近最大值,使得电动机转速以最优时间准则开始上升,最高转速为 216r/min,超调量为 8%。稳态时转速为 200r/min;给定信号变成−10V 时,电动机从电动状态变成制动状态,当转速为零时,电动机开始反向运转。仿真结果说明了仿真模型及参数设置的正确性。

## 思考题与习题

**4-1** 仿真的实质是什么?

**4-2** 在直流调速系统仿真中,常用到 PI 模块、Synchronized 6-Pulse Generator 模块、Discrete PWM Generator 模块等,试说明这些模块的作用。

**4-3** 逻辑无环流仿真模型中,DLC 模型中的与非门采用 Combinatorial Logic 模块,试直接采用 Logical Operator 模块进行仿真。

**4-4** 双闭环直流脉宽可逆调速系统定量仿真中,试改变不同给定信号,仿真出转速结果。

# 交流调压调速系统

    交流调速系统就是以交流电动机作为电能—机械能的转换装置,并通过对电能的控制产生所需的转矩与转速。它与直流电动机调速系统最大的不同之处是它没有机械换向器。

    在 19 世纪 80 年代以前的工业生产中,直流电力拖动是唯一的一种电力拖动方式。到 19 世纪末叶,由于发明了交流电,解决了三相制交流电的输送与分配问题,加之又制成了经济实用的鼠笼型异步电动机,使交流电力拖动在工业中逐步得到了广泛的应用。但是随着生产技术的发展,对电力拖动在起制动、正反转以及调速精度、调速范围等静态特性与动态响应方面提出了新的、更高的要求,而交流电力拖动比直流电力拖动在技术上难以实现这些要求,所以 20 世纪前半叶,在可逆、可调速与高精度的传动技术领域中,几乎都采用直流电力拖动系统。

    直到 20 世纪 60—70 年代,电力电子技术的发展,特别是大规模集成电路和计算机控制技术的发展以及现代控制理论的应用,为交流电力拖动的发展创造了有利条件,如交流电动机的串级调速、各种类型的变频调速、无换向器电动机调速,使得交流电力拖动逐步具备了宽的调速范围、高的稳速精度、快的动态响应以及可在第 IV 象限可逆运行等良好的技术性能。

    交流电动机有同步电动机和异步电动机两大类。每种电动机又都有不同类型的调速方法。

    异步电动机的调速方法较多,现有文献中介绍的常见方法有:①降电压调速;②电磁转差离合器调速;③绕线转子异步电动机转子串电阻调速;④绕线转子异步电动机串级调速;⑤变极对数调速;⑥变频调速等。在开发交流调速系统的时候,人们从多方面进行探索,其种类繁多是很自然的。现在交流调速的发展已比较成熟,为了深入地掌握其基本原理,就不能满足于这种表面形式的罗列,而要进一步探讨其内在规律,从更高的角度上认识交流调速的本质。

    按照交流异步电动机的基本原理,从定子传入转子的电磁功率 $P_{em}$ 可分为两部分:一部分 $P_{mehc} = (1-s)P_{em}$ 是拖动负载的有效功率,称为机械功率;另一部分 $P_s = sP_{em}$ 是传输给转子电路的转差功率,与转差率 $s$ 成正比。从能量转换的角度上看,转差功率是否增大、是消耗掉还是得到回收,是评价调速系统效率高低的一种标志。从这点出发,可以把异步电动机的调速系统分成以下 3 大类。

（1）转差功率消耗型调速系统

该系统的全部转差功率都被转换成热能消耗在转子电路上。上述的①、②、③ 3 种调速方法都属于这一类。在 3 类异步电动机调速系统中,这类调速系统的效率最低,而且它以增加转差功率的消耗换取转速的降低(恒转矩负载时),越向下调速效率越低。但这类系统结构最简单,所以还有一定的应用场合。

（2）转差功率回馈型调速系统

这类系统转差功率的一部分被消耗掉,大部分则通过变流装置回馈给电网或者转化为机械能予以利用,转速越低时回收的功率也越多,上述调速方法④属于这一类。这类调速系统的效率比较高,但需增加一些设备。

（3）转差功率不变型调速系统

这类系统的转差功率中转子铜损部分的消耗是不可避免的,但在这类系统中,无论转速高低,转差功率的消耗基本不变,因此效率最高。上述的⑤、⑥两种调速方法属于此类。其中变极对数调速只能有级调速,应用场合有限。只有变频调速应用最广,可以构成高动态性能的交流调速系统,可取代直流调速,但在定子电路中须配备与电动机容量相当的变频器,相比之下,设备成本较高。

同步电动机没有转差,也就没有转差功率,所以同步电动机调速系统只能是转差功率不变型的,而同步电动机转子极对数又是固定的,因此只能靠变压变频调速,没有像异步电动机那样的多种调速方法。在同步电动机的变压变频调速方法中,从频率控制的方式看,可分为他控变频调速和自控变频调速两类。后者利用转子磁极位置的检测信号控制变压变频装置换相,类似于直流电动机中电刷和换向器的作用,因此有时又称为无换向器电动机调速或无刷直流电动机调速。

# 5.1　异步电动机改变电压时的机械特性

根据电机学原理,在忽略空间和时间谐波、忽略磁饱和以及忽略铁损等假定条件下,异步电动机的稳态等效电路如图 5-1 所示。

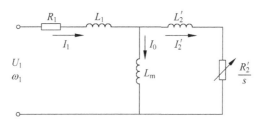

图 5-1　异步电动机的稳态等效电路

图中,$R_1$、$R_2'$ 分别为定子每相电阻和折合到定子侧的转子每相电阻;$L_1$、$L_2'$ 分别为定子每相漏感和折合到定子侧的转子每相漏感;$L_m$ 为定子每相绕组产生气隙主磁通的等效电感,即励磁电感;$U_1$、$\omega_1$ 分别为电动机定子相电压和供电电源角频率;$s$ 为转差率。

由图 5-1 可以求出

$$I'_2 = \frac{U_1}{\sqrt{\left(R_1 + C_1 \dfrac{R'_2}{s}\right)^2 + \omega_1^2 (L_1 + C_1 L'_2)^2}} \tag{5-1}$$

式中，$C_1 = 1 + \dfrac{R_1 + j\omega_1 L_1}{j\omega_1 L_m} \approx 1 + \dfrac{L_1}{L_m}$。

在一般情况下，$L_m \gg L_1$，则 $C_1 \approx 1$，相当于忽略励磁电流，这样，式(5-1)可简化成

$$I_1 \approx I'_2 = \frac{U_1}{\sqrt{\left(R_1 + \dfrac{R'_2}{s}\right)^2 + \omega_1^2 (L_1 + L'_2)^2}} \tag{5-2}$$

令电磁功率 $P_{em} = 3 I'^2_2 \dfrac{R'_2}{s}$，同步角速度 $\Omega_1 = \dfrac{\omega_1}{p}$，$p$ 为电动机极对数，则异步电动机的电磁转矩为

$$T = \frac{P_{em}}{\Omega_1} = \frac{3p}{\omega_1} I'^2_2 \frac{R'_2}{s} = \frac{3p U_1^2 R'_2 / s}{\omega_1 \left[\left(R_1 + \dfrac{R'_2}{s}\right)^2 + \omega_1^2 (L_1 + L'_2)^2\right]} \tag{5-3}$$

式(5-3)就是异步电动机的机械特性方程式。它表明，当转速或转差率一定时，电磁转矩与定子电压的平方成正比。这样可以得到不同电压下的机械特性曲线，如图 5-2 所示。

将式(5-3)对 $s$ 求导，并令 $\mathrm{d}T/\mathrm{d}s = 0$，可求出最大转矩及其对应的转差率

$$s_m = \frac{R'_2}{\sqrt{R_1^2 + \omega_1^2 (L_1 + L'_2)^2}} \tag{5-4}$$

$$T_m = \frac{3p U_1^2}{2\omega_1 \left[R_1 + \sqrt{R_1^2 + \omega_1^2 (L_1 + L'_2)^2}\right]} \tag{5-5}$$

由图 5-2 可见，带恒转矩负载 $T_L$ 时，普通的笼型异步电动机改变电压时的稳定工作点为 $A$、$B$、$C$，转差率 $s$ 的变化范围为 $0 \sim s_m$，调速范围很小。如果带风机类负载运行，则工作点为 $D$、$E$、$F$，调速范围大一些。为了能在恒转矩负载下扩大变压调速范围，并使电动机能在较低转速下运行而不致过热，要求电动机转子有较高的电阻值，其变电压时的机械特性如图 5-3 所示。显然，带恒转矩负载时的变压调速范围增大了，即使堵转下工作也不致烧坏电动机，这种电动机又称为交流力矩电动机。

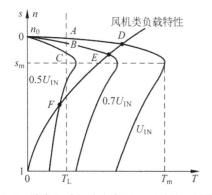

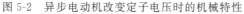

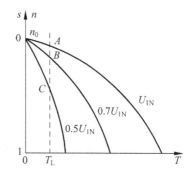

图 5-2　异步电动机改变定子电压时的机械特性　　图 5-3　高转子电阻电动机在不同电压下的机械特性

## 5.2 异步电动机变压调速电路

变压调速是异步电动机调速方法中比较简单的一种。

改变定子电压,过去曾采用在异步电动机定子回路中串入饱和电抗器或用三相调压变压器的方法,这种调压方法简单可靠,投资少,但所用的调压设备庞大笨重,电磁惯性大,系统的动态特性差。随着电力电子技术的发展,现在一般都采用由晶闸管或其他功率开关元件构成的交流调压器。

三相交流调压电路的接线形式很多,且各具特点,在交流调速系统中,常用 3 对反并联晶闸管或 3 个双向晶闸管接在三相电源和电动机三相绕组之间,三相绕组可以接成星形也可接成三角形,其电路如图 5-4 所示。

图 5-5 所示为采用晶闸管反并联的异步电动机可逆和制动电路。其中,晶闸管 1~6 控制电动机正转运行,反转时,可由晶闸管 1、4 和 7~10 提供逆相序电源,同时也可用于反接制动。当需要能耗制动时,可以根据制动电路的要求选择某几个晶闸管不对称地工作。例如让 1、2、6 这 3 个器件导通,其余均关断,就可使定子绕组中流过半波直流电流,对旋转着的电动机转子产生制动作用。必要时,还可以在制动电路中串入电阻以限制制动电流。

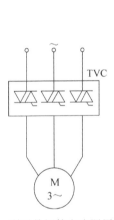

图 5-4 利用晶闸管交流调压器变压
调速 TVC-双向晶闸管
交流调压器

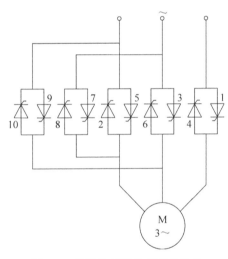

图 5-5 采用晶闸管反并联的异步
电动机可逆和制动电路

## 5.3 闭环控制的调压调速系统及其特性

### 5.3.1 具有速度反馈的调压调速系统及其静特性

异步电动机改变电压调速时,采用普通电动机的调速范围很窄,采用高转子电阻的力矩电动机可以增大调速范围,但机械特性太软,当负载变化时静差率很大,开环控制不能得到满意的调速性能。为扩大调速范围,提高调速精度,对于恒转矩性质的负载以及调速范围在2∶1以上的生产机械的调压调速系统,往往采用转速负反馈闭环控制系统,如图 5-6(a)所示。

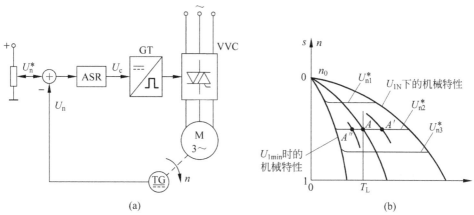

图 5-6　带转速负反馈闭环控制的交流调压调速系统

(a) 原理图;(b) 静特性

　　带转速负反馈闭环控制的交流调压调速系统的静特性如图 5-6(b)所示。如果系统带负载 $T_L$ 在 $A$ 点运行,当负载增大引起转速下降时,反馈控制作用使定子电压提高,从而在新的机械特性上找到工作点 $A'$。同理,当负载减小时,也会得到定子电压低一些的新工作点 $A''$,将工作点 $A''$、$A$、$A'$ 连接起来,便是闭环系统的静特性,如果转速调节器为 PI 调节器,则可以做到无静差。改变速度给定信号 $U_n^*$,则静特性平行地上下移动,达到调速的目的。

　　与直流变压调速系统不同的是,额定电压 $U_{1N}$ 下的机械特性和最小输出电压 $U_{1min}$ 下的机械特性是闭环系统静特性左右两边的极限,当负载变化达到两侧的极限时,闭环系统便失去控制能力,回到开环机械特性上工作。

　　根据图 5-6(a)所示的系统可以画出其静态结构图如图 5-7 所示。图中 $K_s = U_1/U_c$,为晶闸管交流调压器和触发装置的放大系数;$\alpha = U_n/n$,为转速反馈系数;ASR 采用 PI 调节器;$n = f(U_1, T)$ 是式(5-3)所表达的异步电动机机械特性方程式,是一个非线性函数。

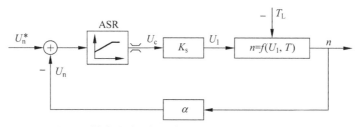

图 5-7　异步电动机闭环变压调速系统的静态结构图

　　稳态时,$U_n^* = U_n = \alpha n$,$T = T_L$,根据负载需要的 $n$ 和 $T_L$,可由式(5-3)计算出所需的 $U_1$ 以及相应的 $U_c$。

### 5.3.2　闭环变压调速系统的动态结构图

对系统进行动态分析和设计时,首先需绘出动态结构图。由图 5-7 可以直接画出动态结构图,如图 5-8 所示。

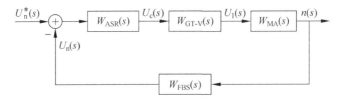

图 5-8　异步电动机闭环变压调速系统的动态结构图

图中各环节的传递函数可分别求出。

(1) 转速调节器

转速调节器 ASR 常用 PI 调节器,用于消除静差并改善动态性能,其传递函数为

$$W_{\text{ASR}}(s) = K_{\text{n}} \frac{\tau_{\text{n}} s + 1}{\tau_{\text{n}} s}$$

(2) 晶闸管交流调压器和触发装置 GT-V

晶闸管交流调压器和触发装置的输入-输出关系原则上是非线性的,在一定范围内可假定为线性的,在动态中可以近似成一阶惯性环节,正如晶闸管触发与整流装置,其传递函数为

$$W_{\text{GT-V}}(s) = \frac{K_{\text{s}}}{T_{\text{s}} s + 1}$$

近似条件是 $\omega_{\text{c}} \leqslant \dfrac{1}{3 T_{\text{s}}}$,对于三相全波 Y 连接调压电路,可取 $T_{\text{s}} = 3.3 \text{ms}$。对其他形式的调压电路则须另行考虑。

(3) 测速反馈环节 FBS

考虑到反馈滤波的作用,其传递函数可写成

$$W_{\text{FBS}}(s) = \frac{\alpha}{T_{\text{on}} s + 1}$$

(4) 异步电动机

由于描述异步电动机动态过程的是一组非线性微分方程,要用一个传递函数准确地表示异步电动机在整个调速范围内的输入-输出关系是不可能的。这里可先在一定的假定条件下,用稳态工作点附近的微偏线性比的方法,求出一个近似的传递函数。

由式(5-3)已知电磁转矩为

$$T = \frac{3 p U_1^2 R_2' / s}{\omega_1 \left[ \left( R_1 + \dfrac{R_2'}{s} \right)^2 + \omega_1^2 (L_1 + L_2')^2 \right]}$$

当 $s$ 很小时,可以认为

$$R_1 \ll \frac{R_2'}{s}$$

且

$$\omega_1(L_1 + L_2) \ll \frac{R_2'}{s}$$

后者相当于忽略异步电动机的漏感电磁惯性。在此条件下,

$$T \approx \frac{3p}{\omega_1 R_2'} U_1^2 s \tag{5-6}$$

这就是在上述条件下异步电动机近似的机械特性。

设 $A$ 为近似机械特性上的一个稳定工作点,则有

$$T_A \approx \frac{3p}{\omega_1 R_2'} U_{1A}^2 s_A \tag{5-7}$$

在 $A$ 点附近有微小偏差时, $T = T_A + \Delta T$, $U_1 = U_{1A} + \Delta U_1$, $s = s_A + \Delta s$, 代入式(5-6)得

$$T_A + \Delta T \approx \frac{3p}{\omega_1 R_2'} (U_{1A} + \Delta U_1)^2 (s_A + \Delta s) \tag{5-8}$$

将式展开,并忽略两个和两个以上微偏量的乘积,则

$$T_A + \Delta T \approx \frac{3p}{\omega_1 R_2'} (U_{1A}^2 s_A + 2U_{1A} s_A \Delta U_1 + U_{1A}^2 \Delta s) \tag{5-9}$$

式(5-9)减去式(5-7),得

$$\Delta T \approx \frac{3p}{\omega_1 R_2'} (2U_{1A} s_A \Delta U_1 + U_{1A}^2 \Delta s) \tag{5-10}$$

已知转差率 $s = 1 - (\omega/\omega_1)$,其中, $\omega_1$ 是同步角速度, $\omega$ 是转子角速度,则

$$\Delta s = -\frac{\Delta \omega}{\omega_1} \tag{5-11}$$

将式(5-11)代入式(5-10),得

$$\Delta T \approx \frac{3p}{\omega_1 R_2'} \left( 2U_{1A} s_A \Delta U_1 - \frac{U_{1A}^2}{\omega_1} \Delta \omega \right) \tag{5-12}$$

式(5-12)就是在稳定工作点附近微偏量 $\Delta T$ 与 $\Delta U_1$、$\Delta \omega$ 间的关系。

电力拖动系统的运动方程式为

$$T - T_L = \frac{J}{p} \frac{d\omega}{dt}$$

按上面相同的方法处理,可得在稳态工作点 $A$ 附近的微偏量运动方程式为

$$\Delta T - \Delta T_L = \frac{J}{p} \frac{d(\Delta \omega)}{dt} \tag{5-13}$$

利用式(5-12)和式(5-13)的关系,可画出异步电动机在忽略电磁惯性下的微偏线性化结构图,如图 5-9 所示。

如果只考虑 $\Delta U_1$ 到 $\Delta \omega$ 之间的传递函数,可先取 $\Delta T_L = 0$,图 5-9 中小闭环传递函数可变换成

$$\frac{\dfrac{p}{Js}}{1 + \dfrac{3pU_{1A}^2}{\omega_1^2 R_2'} \dfrac{p}{Js}} = \frac{1}{\dfrac{J}{p} + \dfrac{3pU_{1A}^2}{\omega_1^2 R_2'}}$$

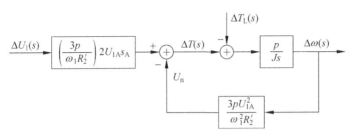

图 5-9 异步电动机的微偏线性近似动态结构图

于是,异步电动机的近似线性化传递函数为

$$W_{MA}(s) = \frac{\Delta\omega(s)}{\Delta U_1(s)} = \frac{\left(\dfrac{3p}{\omega_1 R_2'}\right) 2U_{1A} s_A}{\dfrac{J}{p}s + \dfrac{3pU_{1A}^2}{\omega_1^2 R_2'}} = \frac{\dfrac{2s_A \omega_1}{U_{1A}}}{\dfrac{J\omega_1^2 R_2'}{3p^2 U_{1A}^2}s + 1} = \frac{K_{MA}}{T_m s + 1} \quad (5-14)$$

式中,$K_{MA}$ 为异步电动机的传递系数,$K_{MA} = \dfrac{2s_A \omega_1}{U_{1A}} = \dfrac{2(\omega_1 - \omega_A)}{U_{1A}}$;$T_m$ 为异步电动机拖动系统的机电时间常数,$T_m = \dfrac{J\omega_1^2 R_2'}{3p^2 U_{1A}^2}$。

由于忽略了电磁惯性,只剩下同轴旋转体的机电惯性,异步电动机便近似成一个一阶线性惯性环节。

把上述 4 个环节的传递函数写入图 5-8 各方框内,即得异步电动机变压调速系统微偏线性化的近似动态结构图。

在使用上面得出的动态结构图时需要注意以下两点。

(1) 由于它是微偏线性化模型,只能用于机械特性线性段上工作点附近稳定性的判别和动态校正,不适用于大范围起制动时动态响应指标的计算。

(2) 由于忽略了电动机的电磁惯性,分析和计算结果是比较粗略的。

## 思考题与习题

**5-1** 异步电动机从定子传入转子的电磁功率 $P_{em}$ 中,有一部分是与转差率成正比的转差功率 $P_s$,根据对 $P_s$ 处理方式的不同,可把交流调速系统分成哪几类?举例说明。

**5-2** 异步电动机改变定子电压调速和直流电动机改变电枢电压调速是不是性质相同的两种调速方式?为什么?

**5-3** 如果转速闭环调压调速系统采用与直流调速系统相似的双闭环结构,是否具有与直流调速系统一样的静、动态性能?

**5-4** 交流调压调速系统有哪些优缺点?适用于哪些场合?

**5-5** 当忽略电动机定子损耗和转子轴上损耗后,试写出异步电动机调压调速系统效率的近似表达式,并说明调压调速系统适用于何种特性的负载?为什么?

**5-6** 晶闸管交流调压调速系统中,对触发脉冲有何要求?为什么?

# 第6章

# 交流异步电动机变频调速系统

## 6.1 变频调速的基本控制方式

异步电动机的变频调速属于转差功率不变型调速,其调速范围宽,无论是高速还是低速时效率都较高,能够实现高动态性能,是交流调速的主要发展方向。

异步电动机的转速表达式为

$$n = \frac{60 f_1}{n_p}(1-s) = n_1(1-s) \tag{6-1}$$

式中,$f_1$ 为定子供电频率;$n_p$ 为极对数;$s$ 为转差率;$n$ 为电动机转速。

由式(6-1)可知,只要改变异步电动机供电频率 $f_1$,就可以平滑调节同步转速 $n_1$,从而实现异步电动机的无级调速,这是变频调速的基本原理。

从表面上看,仅改变定子电压频率 $f_1$ 就可以调节电动机转速 $n$ 的大小,但事实上只改变 $f_1$ 并不能正常调速。这是由于异步电动机是机、电、磁综合于一体的整体,它实现机电能量转换的耦合场是磁场,改变某一个物理量可能影响另一个物理量。由电机学可知,当忽略定子漏阻抗造成的压降时,有

$$U_s \approx E_g = 4.44 f_1 N_1 k_{N1} \Phi_m \tag{6-2}$$

式中,$U_s$ 为定子每相相电压;$E_g$ 为气隙磁通在定子每相中感应电动势的有效值;$f_1$ 为定子频率;$N_1$ 为定子每相绕组中串联匝数;$k_{N1}$ 为定子基波绕组系数;$\Phi_m$ 为每极气隙磁通量。

从式(6-2)可知,仅通过改变频率 $f_1$ 改变电动机转速时,如果电压 $U_s$ 保持不变,就会使每极气隙磁通量 $\Phi_m$ 发生改变,在设计电动机时,主磁通的额定值一般都选择在临界饱和点。所以在额定频率 $f_{1N}$ 以下调频而不改变电压 $U_s$ 时,会使主磁通过饱和,励磁电流急剧升高,导致绕组过热而损坏电动机;在额定频率以上调频时,会使主磁通太弱,没有充分利用电动机的铁心,且使得电动机转矩减小。因此,在实际调频调速时,应该尽量保持主磁通不变。

所以,在通过改变频率 $f_1$ 调速时,电压 $U_s$ 或 $E_g$ 也应相应地改变,以达到主磁通 $\Phi_m$ 近似恒定的目的。调频分为基频(额定频率)以下和基频以上两种情况。

**1. 基频以下调速**

由式(6-2)可知,要 $\Phi_m$ 保持不变,当频率 $f_1$ 从额定值向下调时,必须同时降低 $E_g$,使

$$\frac{E_g}{f_1} = C \tag{6-3}$$

即采用电动势频率比 $E_g/f_1$ 为恒值的控制方式。

然而,绕组的感应电动势 $E_g$ 是难以直接控制的,当电动机相电压较高时,可以忽略定子绕组的漏磁阻抗压降,而认为定子相电压 $U_s \approx E_g$,则得

$$\frac{U_s}{f_1} = C \tag{6-4}$$

这是恒压频比 $U_s/f_1$ 的控制方式。

低频时,$U_s$ 和 $E_g$ 都较小,定子漏磁阻抗压降所占的分量就比较大,这时,可以人为地把电压 $U_s$ 抬高一些,以便近似地补偿定子阻抗造成的压降。

**2. 基频以上调速**

在基频以上调速时,频率应该从 $f_{1N}$ 往上调,但定子电压 $U_s$ 却不能增大,这是因为电动机设计时都是以电动机额定电压为目标的,如果频率增大而相应地增大电动机电压,可能会使电动机损坏。因此在基频以上调速时,定子电压必须保持不变。这将迫使磁通与频率成反比降低,相当于直流电动机弱磁升速的情况。

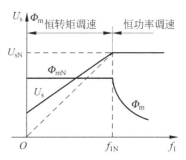

图 6-1 异步电动机变压变频调速时的控制特性

把基频以下和基频以上两种情况的控制特性画在一起,如图 6-1 所示,在基频以下调速,磁通恒定时转矩也恒定,属于恒转矩调速;而在基频以上,转速升高转矩降低,基本上属于恒功率调速。

# 6.2　异步电动机电压-频率协调控制时的机械特性

## 6.2.1　恒压恒频正弦波供电时异步电动机的机械特性

当定子电压和电源角频率恒定时,异步电动机在恒压恒频正弦波供电时的机械特性方程式可以写成如下形式:

$$T_e = 3n_p\left(\frac{U_s}{\omega_1}\right)^2 \frac{s\omega_1 R_r'}{(sR_s + R_r')^2 + s^2\omega_1^2(L_{ls} + L_{lr}')^2} \tag{6-5}$$

式中,$T_e$ 为电磁转矩;$R_s$ 为电动机定子电阻;$R_r'$ 为电动机转子电阻;$L_{ls}$ 为电动机定子漏电抗;$L_{lr}'$ 为电动机转子漏电抗。

当 $s$ 很小时,可以忽略式(6-5)分母中含 $s$ 的各项,则

$$T_e \approx 3n_p\left(\frac{U_s}{\omega_1}\right)^2 \frac{s\omega_1}{R_r'} \propto s \tag{6-6}$$

可以看出,当 $s$ 很小时,转矩 $T_e$ 近似与 $s$ 呈正比,机械特性 $T_e=f(s)$ 是一段直线。当 $s$ 接近 1 时,可以忽略式(6-5)分母中的 $R'_r$,则

$$T_e \approx 3n_p \left(\frac{U_s}{\omega_1}\right)^2 \frac{\omega_1 R'_r}{s\left[R_s^2 + \omega_1^2(L_{ls} + L'_{lr})^2\right]} \propto \frac{1}{s}$$

(6-7)

即 $s$ 接近 1 时,转矩 $T_e$ 近似与 $s$ 呈反比,这时 $T_e=f(s)$ 是对称于原点的一段双曲线。

当 $s$ 为以上两段的中间数值时,机械特性从直线段逐渐过渡到双曲线段,如图 6-2 所示。

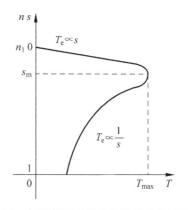

图 6-2　恒压恒频时异步电动机的机械特性

## 6.2.2　基频以下电压-频率协调控制时的机械特性

由式(6-5)的机械特性方程式可以看出,当负载要求某一组转矩 $T_e$ 和转速 $n$ 的数值时,电压 $U_s$ 和频率 $\omega_1$ 可以有多种配合,不同配合时的机械特性是不一样的,因此可以有不同方式的电压-频率协调控制。下面讨论变频调速常用控制方式下的机械特性。

**1. 恒压频比控制**

前面已经指出,为了近似保持气隙磁通量 $\Phi_m$ 不变,以便充分利用电动机铁心,发挥电动机产生转矩的能力,在基频以下采用恒压频比控制($U_s/\omega_1 =$ 恒值),这时,同步转速 $n_1$ 自然要随频率变化而变化。

$$n_1 = \frac{60\omega_1}{2\pi n_p}$$

(6-8)

带负载时转速降落 $\Delta n$ 为

$$\Delta n = sn_1 = \frac{60}{2\pi n_p}s\omega_1$$

(6-9)

由式(6-6)可得

$$s\omega_1 \approx \frac{R'_r T_e}{3n_p \left(\dfrac{U_s}{\omega_1}\right)^2}$$

(6-10)

由此可见,当 $U_s/\omega_1$ 为恒值时,对于同一转矩 $T_e$,$s\omega_1$ 是基本不变的,因而 $\Delta n$ 也是基本不变的,这就表明:在恒压频比的条件下改变频率 $\omega_1$ 时,机械特性基本上是平行下移的,如图 6-3 所示,它们和他励直流电动机变压调速时的基本情况相似,所不同的是,当转矩增大到最大值时转速再降低,特性就折回来了,而且频率降低时最大转矩值 $T_{emax}$ 也随之减小。从电机学可以知道

$$T_{emax} = \frac{3n_p}{2}\left(\frac{U_s}{\omega_1}\right)^2 \frac{1}{\dfrac{R_s}{\omega_1} + \sqrt{\left(\dfrac{R_s}{\omega_1}\right)^2 + (L_{ls} + L'_{lr})^2}}$$

(6-11)

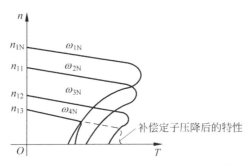

图 6-3　恒压频比控制时变频调速的机械特性

可见最大转矩 $T_{\mathrm{emax}}$ 是随着 $\omega_1$ 的降低而减小的,频率很低时,$T_{\mathrm{emax}}$ 太小将限制电动机的带载能力,这时可采用定子压降补偿,适当地提高电压,以增强电动机带载能力。

**2. 恒 $E_{\mathrm{g}}/\omega_1$ 控制**

如果在电压-频率协调控制中,恰当地提高电压数值,使它在克服定子漏磁阻抗压降以后能维持 $E_{\mathrm{g}}/\omega_1$ 为恒值,则由式(6-2)可知,无论频率高低,每极气隙磁通量 $\Phi_{\mathrm{m}}$ 均为常值,从电机学可知

$$I'_{\mathrm{r}}=\frac{E_{\mathrm{g}}}{\sqrt{\left(\dfrac{R'_{\mathrm{r}}}{s}\right)^2+\omega_1^2 L_{\mathrm{lr}}^{'2}}} \tag{6-12}$$

式中,$I'_{\mathrm{r}}$ 为折算后的转子电流。代入电磁转矩关系式,得

$$T_{\mathrm{e}}=3n_{\mathrm{p}}\left(\frac{E_{\mathrm{g}}}{\omega_1}\right)^2\frac{s\omega_1 R'_{\mathrm{r}}}{R_{\mathrm{r}}^{'2}+s^2\omega_1^2 L_{\mathrm{lr}}^{'2}} \tag{6-13}$$

这就是恒 $E_{\mathrm{g}}/\omega_1$ 时的机械特性。

利用与前面相似的分析方法,当 $s$ 很小时,可忽略式(6-13)分母中含 $s$ 的项,则

$$T_{\mathrm{e}}\approx 3n_{\mathrm{p}}\left(\frac{E_{\mathrm{g}}}{\omega_1}\right)^2\frac{s\omega_1}{R'_{\mathrm{r}}}\propto s \tag{6-14}$$

这表明机械特性的这一段近似为直线;当 $s$ 接近于 1 时,可忽略式(6-13)分母中的 $R_{\mathrm{r}}^{'2}$ 项,则

$$T_{\mathrm{e}}=3n_{\mathrm{p}}\left(\frac{E_{\mathrm{g}}}{\omega_1}\right)^2\frac{R'_{\mathrm{r}}}{s\omega_1 L_{\mathrm{lr}}^{'2}}\propto\frac{1}{s} \tag{6-15}$$

这是一段双曲线。

$s$ 值为上述两段的中间值时,机械特性在直线和双曲线之间逐渐过渡,整条特性与恒压频比特性相似,但是恒 $E_{\mathrm{g}}/\omega_1$ 控制特性的线性段范围更宽。

将式(6-13)对 $s$ 求导,并令 $\mathrm{d}T_{\mathrm{e}}/\mathrm{d}s=0$,可得恒 $E_{\mathrm{g}}/\omega_1$ 控制特性在最大转矩时的转差率及最大转矩分别为

$$s_{\mathrm{m}}=\frac{R'_{\mathrm{r}}}{\omega_1 L'_{\mathrm{lr}}} \tag{6-16}$$

$$T_{\mathrm{emax}}=\frac{3}{2}n_{\mathrm{p}}\left(\frac{E_{\mathrm{g}}}{\omega_1}\right)^2\frac{1}{L'_{\mathrm{lr}}} \tag{6-17}$$

从式(6-17)可以看出,当 $E_g/\omega_1$ 为恒值时,对于不同的电源频率,$T_{emax}$ 恒定不变,如图 6-4 所示。可见恒 $E_g/\omega_1$ 控制的稳态性能优于恒 $U_s/\omega_1$ 控制,它正是恒 $U_s/\omega_1$ 控制中补偿定子压降所追求的目标。

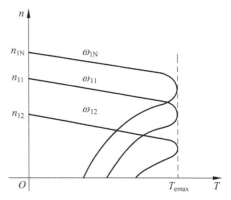

图 6-4　恒 $E_g/\omega_1$ 控制时变频调速的机械特性

综上所述,在正弦波电压供电时,按不同规律实现电压-频率协调控制可得到不同类型的机械特性。

恒压频比($U_s/\omega_1 =$ 恒值)控制最容易实现,它的变频机械特性基本上是平行下移的,硬度也很好,能够满足一般的调速要求,但低速时带载能力有限,须对定子压降实行补偿。

恒 $E_g/\omega_1$ 控制通常对恒压频比控制实行电压补偿,可以在稳态时达到 $\Phi_m =$ 恒值,从而改善了低速性能,但整个机械特性还是非线性的,产生转矩的能力也受到限制。

### 6.2.3　基频以上恒压变频的机械特性

在 $f_{1N}$ 基频以上变频时,由于电压 $U_s = U_N$ 不变,式(6-5)的机械特性方程式可写成

$$T_e = 3n_p U_s^2 \frac{sR'_r}{\omega_1 \left[ (sR_s + R'_r)^2 + s^2 \omega_1^2 (L_{ls} + L'_{lr})^2 \right]} \tag{6-18}$$

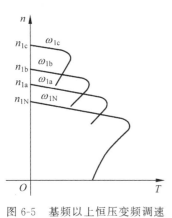

图 6-5　基频以上恒压变频调速
的机械特性

最大转矩表达式可改写成

$$T_{emax} = \frac{3}{2} n_p U_s^2 \frac{1}{\omega_1 \left[ R_s + \sqrt{R_s^2 + \omega_1^2 (L_{ls} + L'_{lr})^2} \right]} \tag{6-19}$$

同步转速的表达式仍和式(6-8)一样,由此可见,当频率 $\omega_1$ 提高时,同步转速随之提高,最大转矩减小,机械特性上移,而形状基本不变,如图 6-5 所示。

由于频率提高而电压不变,气隙磁通势必减弱,导致转矩减小,但转速却升高,可以认为输出功率基本不变,所以基频以上变频调速属于弱磁恒功率调速。

## 6.3　电力电子变频器的主要类型

异步电动机的变压变频调速系统必须具备能同时控制电压幅值和频率的交流电源,而电网提供的是恒压恒频(CVCF)的电源,因此应该配置变压变频器,又称 VVVF(variable voltage variable frequency)装置,通过变压变频装置,实现对交流电动机无级调速。

从整体结构上看,电力电子变压变频器可分为交-直-交和交-交两大类。

### 1. 交-直-交变压变频器

交-直-交变压变频器先将工频交流电源通过整流器转换成直流电,再通过逆变器转换成变压变频的交流电,如图 6-6 所示,由于这类变压变频器在恒频交流电源和变频交流输出之间有一个中间直流环节,所以又称为间接式变压变频器。间接式变压变频器主要有以下几种。

(1) 用可控整流器调压、用逆变器调频的交-直-交变压变频器

在图 6-7 中,调压和调频是在两个环节上分别进行的,由晶闸管调压、由晶闸管组成的六拍逆变器调频,其结构简单,控制方便,但由于输入环节采用晶闸管可控整流器,当电压调得较低时,电源侧功率因数低,输出环节采用的是三相六拍逆变器,输出谐波较大。

图 6-6　交-直-交变压变频器

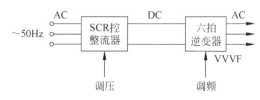

图 6-7　用可控整流器调压、用逆变器调频的
交-直-交变压变频器

(2) 用不可控整流器整流、斩波器调压、再用逆变器变频的交-直-交变压变频器

在图 6-8 的装置中,输入环节采用不可控二极管整流,只整流不变压,再通过增设的斩波器进行脉宽调压,会使电源侧功率因数提高,但由于输出逆变环节没变,仍有谐波较大的问题。

(3) 用不可控整流器整流、脉宽调制逆变器同时调压调频的交-直-交变压变频器

当前应用最广泛的交直-交变压变频器是由二极管组成不可控整流器,由全控型功率开关器件组成脉宽调制逆变器,简称变压变频器,如图 6-9 所示,在主电路整流和逆变两个单元中,只有逆变单元是可控的,通过它同时调节电压和频率,结构十分简单。采用全控型的功率开关器件,通过驱动电压脉冲进行控制,驱动电路简单,效率高。输出电压波形虽是一系列的 PWM 波,但由于采用恰当的控制技术,正弦基波的比重较大,使电动机运行时低次谐波受到很大抑制,因而转矩脉动小,提高了系统的调速范围和稳态性能;由于逆变器同时实现调压和调频,系统的动态响应不受中间直流环节滤波器参数的影响,使动态性能得以提高。因采用不可控的二极管整流器,电源侧功率因数较高,且不受逆变器输出电压的影响。这是当今交流调速系统的主要发展方向。

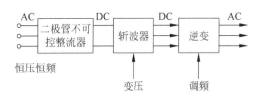

图 6-8　用不可控整流器整流、斩波器调压,再用
逆变器变频的交-直-交变压变频器

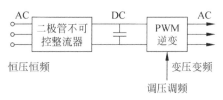

图 6-9　用不可控整流器整流、脉宽调制逆变器
同时调压调频的交-直-交变压变频器

变压变频器常用的全控型功率开关器件有 P-MOSFET、IGBT、GTO 等。受到开关器件额定电压和电流限制,特大容量电动机的变压变频调速系统仍采用半控型晶闸管,即用可控整流器调压、六拍逆变器调频的交-直-交变频器。

**2. 交-交变压变频器**

交-交变压变频器只有一个变换环节,把恒压恒频(CVCF)的交流电源直接转换成 VVVF 输出,因此又称为直接式变压变频器。交-交变压变频器的主电路由不同的晶闸管整流电路组合而成,在各整流组中,根据触发延迟角 $\alpha$ 为固定或按正弦规律变化,输出方波与正弦波两种波形的交流电。

（1）方波型交-交变压变频器

① 单相方波型交-交变压变频器。单相方波型交-交变压变频器的结构如图 6-10(a)所示,图中,负载 $R$ 由正组与反组晶闸管轮流供电,各组供电电压的高低由 $\alpha$ 角控制。当正组供电时,$R$ 上获得正向电压;当反组供电时,$R$ 上获得反向电压。如果在各组导通期间 $\alpha$ 角保持不变,则输出电压为矩形波交流电压,如图 6-10(b)所示。改变正、反组切换频率可以调节输出交流电的频率,而改变 $\alpha$ 角可以调节矩形波的幅度,从而调节输出的交流电压。

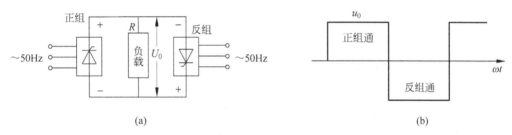

图 6-10 单相方波型交-交变压变频器线路及输出电压波形
（a）每相可逆线路；（b）输出电压波形

② 三相方波型交-交变压变频器。把 3 个单相交-交变压变频器互差 120°工作,就构成了一个三相输入三相输出的交-交变压变频器。图 6-11 为三相方波型交-交变压变频器的主电路。该主电路由 I～VI 组三相零式整流电路组合而成,I、III、V 为正组,II、IV、VI 为反组。该电路在电源与整流组之间设置大的电抗器,用来滤平变频器的输出电流,吸收负载的无功功率,使电源具有高阻抗性质,将输出电流波形强制为矩形波,这种带电抗器的电路通常被称为电流型交-交变压变频器;反之,不带电抗器的电路通常被称为电压型交-交变压变频器。

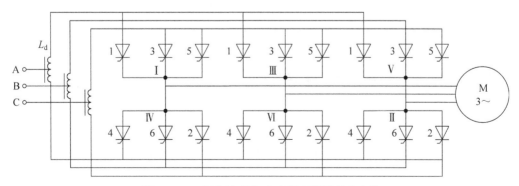

图 6-11 三相方波型交-交变压变频器的主电路

方波型交-交变压变频器的控制原理不复杂,它的变频依靠调节6个整流组的切换频率完成,变压靠调节晶闸管的触发延迟角 $\alpha$ 完成,但方波带来的高次谐波使电动机的低速转矩脉动大、转速不均匀、损耗及噪声增大,而且,为了保证整流组开放时晶闸管正常触发,交-交变压变频器的输出电压周期 $T$ 必须大于电网周期,其输出交流电频率只能在电网频率的1/2以下调节。方波型交-交变压变频器很少用于普通的异步电动机调速系统,常用于无换向器的电动机调速系统及超同步串级调速系统。

(2)正弦波交-交变压变频器

正弦波交-交变压变频器的主电路与方波型的主电路相同,但正弦波交-交变压变频器可以输出平均值按正弦规律变化的电压,它作为低频变频器时输出波形的高次谐波比方波型交-交变压变频器输出波形的高次谐波少。

方波型交-交变压变频器的某一整流组工作时,输出电压不需要调节,如果触发延迟角 $\alpha$ 一直不变,则输出平均电压是方波。要获得正弦波输出,就必须在每一组整流装置导通期间不断改变触发延迟角 $\alpha$,例如,在正向组导通的半个周期中,使触发延迟角 $\alpha$ 由 $\pi/2$(对应平均电压 $U_0=0$)逐渐减小到零(对应平均电压 $U_0$ 最大),然后再逐渐增加到 $\pi/2$(对应平均电压 $U_0=0$),如图 6-12 所示,当 $\alpha$ 按正弦规律变化时,能使输出电压平均值的变化规律成为正弦波。

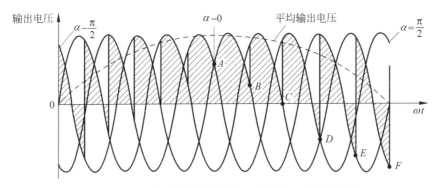

图 6-12 交-交变压变频器的单相正弦波输出的电压波形

这类交-交变压变频器的其他缺点是输入功率因数较低、谐波电流含量大、频谱复杂,需配置滤波和无功补偿设备,其最高输出频率不超过电网频率的1/2。如果每组可控整流装置都用桥式电路,含6个晶闸管,则三相可逆线路共需要36个晶闸管,这样的交-交变压变频器虽然在结构上只有一个变换环节,省去了中间直流环节,但所用的器件很多,设备相当庞大。这种变频器一般用于轧机传动、球磨机、水泥回转窑等大容量、低转速的调速系统。

# 6.4 电压源型和电流源型逆变器

在交-直-交变压变频器中,按照中间直流环节直流电源性质不同,逆变器可以分成电压源型和电流源型两类,两种类型的实际区别在于直流环节采用怎样的滤波器。图 6-13 和图 6-14 所示为电压源型和电流源型逆变器的示意图。

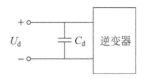

图 6-13 电压源型逆变器

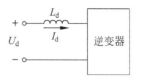

图 6-14 电流源型逆变器

在图 6-13 中,电压源型逆变器的直流环节采用大电容滤波,直流电压波形较平直,在理想情况下是一个内阻为零的恒压源,输出交流电压是矩形波或阶梯波。

在图 6-14 中,电流源型逆变器采用大电感滤波,直流电流较平直,相当于一个恒流源,输出交流电流是矩形波或阶梯波。

两组逆变器在主电路上虽然只有滤波环节不同,但在性能上却有明显差异,主要有以下几点。

(1) 无功能量的缓冲。在调速系统中,逆变器的负载是异步电动机,属感性负载,在中间直流环节与负载电动机之间,除了有功功率的传送外,还有无功功率的交换,滤波器除滤波外还起着对无功功率的缓冲作用,使它不影响到交流电网。两类逆变器的区别表现在采用什么储能元件缓冲无功能量。

(2) 能量的回馈。用电流源型逆变器给异步电动机供电的调速系统有一个显著特征,就是容易实现能量的回馈,便于四象限运行,适用于需要回馈制动和经常正、反转的生产机械。下面对晶闸管整流(UCR)和电流源型串联二极管式晶闸管逆变器(CSI)构成的交-直-交变压变频调速系统作简要说明。当电动机运行时,UCR 工作在整流状态,其触发延迟角 $\alpha < 90°$,直流回路电压 $U_d$ 的极性上正下负,电流 $I_d$ 由正端流入逆变器 CSI,CSI 工作在逆变状态,输出电压的频率 $\omega_1 > \omega$,电动机以转速 $\omega$ 运行,功率 $P$ 的传送方向如图 6-15(a)所示,如果降低变压变频器的频率 $\omega_1$,使 $\omega_1 < \omega$,同时使 UCR 的触发延迟角 $\alpha > 90°$,则异步电动机转入发电状态,逆变器转入整流状态,可控整流器转入有源逆变状态,此时直流电压 $U_d$ 立即反向,而电流 $I_d$ 方向不变,电能由电动机回馈给交流电网,如图 6-15(b)所示。

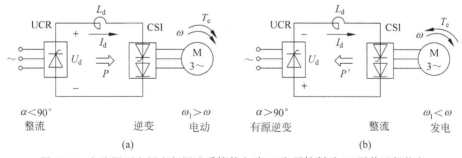

图 6-15 电流源型变压变频调速系统的电动(a)和回馈制动(b)两种运行状态

采用电压源型的交-直-交变压变频调速系统实现回馈制动和四象限运行却很困难,因为其中间直流环节有大电容钳制着电压极性,不可能迅速反向,而电流受到器件单向导电性的制约也不能反向,所以在原装置上无法实现回馈制动,必须制动时,只能在直流环节中并联电阻以实现能耗制动,或者与 UCR 反并联一组反向的可控整流器,用以通过反向的制动电流,实现回馈制动。

(3) 动态响应。由于交-直-交电流源型变压变频调速系统的直流电压极性可以迅速改变,所以动态响应比较快,而电压源型的系统则要差一点。

(4) 应用场合。电压源型逆变器属于恒压源,电压控制响应慢,不易波动,适于作为多台电动机同步运行时的供电电源,或用于单台电动机调速但不要求快速起制动和快速减速的场合;采用电流源型逆变器的系统则相反,不适用于多电动机传动,但可以满足快速起制动和可逆运行的要求。

# 6.5 变压变频调速系统中的脉宽调制技术

早期的交-直-交变压变频器所输出的交流波形都是矩形波或六拍阶梯波,这是因为当时的逆变器只能采用半控式晶闸管,其关断的不可控性和较低的开关频率导致逆变器的输出存在脉动分量,影响其稳态工作性能,在低速运行时更为明显。在出现了全控式电力电子开关器件之后,随之开发了应用 PWM 技术的逆变器,由于它的优良技术性能,当今国内外生产的变压变频器都已采用这种技术。

## 6.5.1 PWM 变频调速系统中的功率接口

PWM 变频调速系统中,可以采用 GTR、GTO、IGBT 等各种功率开关器件接成主电路,控制电路无论是模拟式,还是微机控制式,都需要采用适当的功率接口以实现控制电路与主电路或单片机与驱动电路的连接。因此,在分析 PWM 变频调速之前,必须先了解 PWM 变频调速技术中的功率接口问题。本节主要讨论电力晶体管的基极驱动电路和 PWM 大规模单片集成电路的原理与使用问题。

### 1. 电力全控型器件的基极驱动电路

GTR 的导通与关断是由基极驱动信号控制的,因此,基极驱动电路必须适应于 GTR 的要求。GTR 本身的放大倍数受集电极电流与结温的影响,其开关速度受导通时间 $t_{on}$ 和关断时间 $t_{off}$ 限制,如驱动电流提供的基极电流不足,会影响 GTR 的导通状态,但基极驱动电流过分增加,又会使 GTR 过于饱和而难以关断。因此,在设计驱动电路时,应对各种参数进行全面考虑。

GTR 的驱动电路有分立元件驱动电路和集成电路驱动电路。本节只介绍 GTR 的 M57215BL 集成化驱动电路,以及简要介绍 IGBT 的 EXB841 集成化驱动模块。

M57215BL 模块(日本东芝公司生产)可驱动 50A、1000V 的 GTR,开关频率为 2kHz,内部结构如图 6-16 所示,PWM 信号输入端②不带非门,需要外接,外部接线如图 6-17 所示,引脚⑧接正电源+10V,引脚④接负电源-3V。

EXB841 是日本富士公司生产的 300A、1200V 快速型 IGBT 专用驱动模块,该电路延迟时间不超过 $1\mu s$,最高开关频率可达 40~50kHz,外部只需要提供单电源+20V,模块内部产生-5V 反偏压。该模块采用高速光耦合器(VLC)隔离,射级输出,并具有短路保护及慢速关断功能。EXB841 模块的内部原理图如图 6-18 所示,其工作原理如下。

(1) 正常开通过程。当 PWM 输入信号使光耦合器导通时,A 点电位迅速下降至 0V,

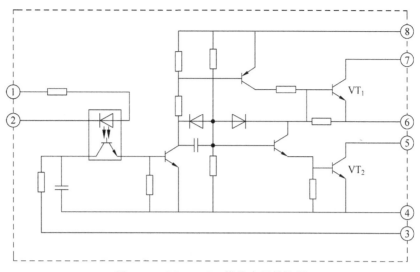

图 6-16 M57215BL 模块内部结构图

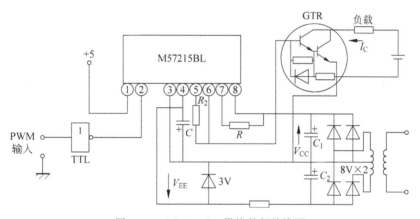

图 6-17 M57215BL 模块外部接线图

使 $VT_1$、$VT_2$ 关断,D 点电位上升至 20V,$VT_4$ 导通,$VT_5$ 截止,EXB841 模块通过 $VT_4$ 及栅极电阻 $R_G$ 向 IGBT 提供电流,使之迅速导通,与此同时,$VT_1$ 关断,$+20V$ 电源通过 $R_3$ 向电容 $C_2$ 充电,由于 VT(IGBT)在约 $1\mu s$ 内已导通,管压降约为 3V 左右,从而将 EXB841 模块的引脚⑥电位保持为 8V($VD_7$、$U_{CE}$ 和 $VS_2$ 的串联电压之和),稳压管 $VS_1$ 的稳压值为 13V,在 VT(IGBT)导通过程中无法导通,于是 $VT_3$ 不导通,E 点电位较高,$VD_6$ 截止,不影响 $VT_4$ 与 $VT_5$ 正常工作。

(2) 正常关断过程。当光耦合器无输入信号时,A 点电位上升,使 $VT_1$、$VT_2$、$VT_5$ 导通,$VT_4$ 关断,引脚③电位下降,IGBT 关断,关断时,管压降 $U_{CE}$ 迅速上升,$VD_7$ 截止,引脚⑥悬空,又由于 $VT_1$ 导通,$C_2$ 通过 $VT_1$ 将 B,C 两点电位钳位为 0V,$VT_3$ 仍不导通,IGBT 正常关断。

(3) 保护动作过程。设在 VT 正常导通时发生短路故障,则由于主电流很大将 VT 退出饱和,$U_{CE}$ 立即上升,引脚⑥悬空,引脚⑥电位不再钳位为 8V,电容 $C_2$ 上的电压就立即上升,当充电电压高于 13V 时,$VT_3$ 开始导通,$VT_3$ 导通后,$C_4$ 放电,E 点电位迅速下降,慢慢关断 VT,同时引脚⑤输出低电平作为过电流报警输出。

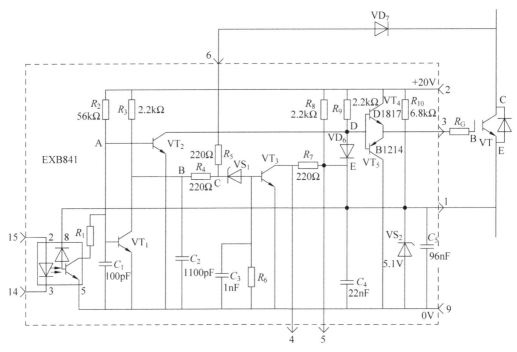

图 6-18　EXB841 模块的内部原理图

EXB841 模块的具体应用电路如图 6-19 所示。

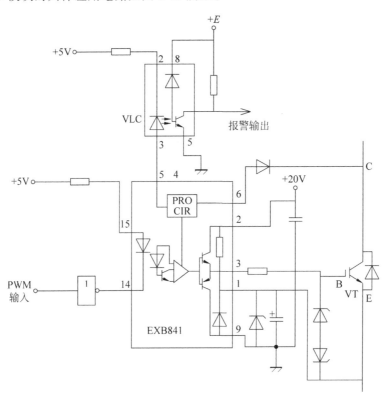

图 6-19　EXB841 模块的具体应用电路

## 2. PWM 大规模单片集成电路

HEF4752 与 SLE4520 都是专门设计用来产生 SPWM 信号的大规模集成电路，HEF4752 所产生的 SPWM 信号开关频率较低，适宜于配合 GTR 功率开关，用作通用变频器的 SPWM 信号发生电路，而 SLE4520 的斩波频率最高可达 20kHz，通过内部的可编程分频器还能获得较低的开关频率，因此，SLE4520 既可以与 IGBT 配套，用作中频变频器的 SPWM 信号发生器，也可以与 GTR、GTO 功率开关配套，在通用变频器中使用，是一种具有广泛适应性的 SPWM 大规模集成电路。

（1）HEF4752 SPWM 大规模集成电路

HEF4752 采用 28 脚双排列直插式塑封，引脚排列如图 6-20 所示，各引脚的名称和功能如下。

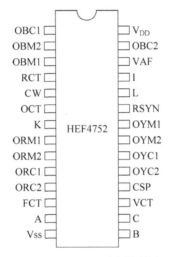

图 6-20　HEF4752 引脚排列图

① 逆变器驱动输出。引脚 8（ORM1）R 相主、引脚 9（ORM2）R 相主、引脚 10（ORC1）R 相换相、引脚 11（ORC2）R 相换相、引脚 22（OYM1）Y 相主、引脚 21（OYM2）Y 相主、引脚 20（OYC1）Y 相换相、引脚 19（OYC2）Y 相换相、引脚 3（OBM1）B 相主、引脚 2（OBM2）B 相主、引脚 1（OBC1）B 相换相、引脚 27（OBC2）B 相换相。

② 控制输入。引脚 24（L）起动/停止、引脚 25（I）晶体管/晶闸管选择、引脚 7（K）推迟间隔选择、引脚 5（CW）相序选择、引脚 13（A）试验信号、引脚 15（B）试验信号、引脚 16（C）试验信号。

③ 时钟输入。引脚 12（FCT）控制输出频率，引脚 17（VCT）控制输出电平，引脚 4（RCT）控制最高开关频率，引脚 6（OCT）控制推迟间隔。

④ 控制输出。引脚 23（RSYN）R 相同步信号，触发示波器扫描，引脚 26（VAF）模拟输出平均电压，引脚 18（CSP）指示理论上的逆变开关频率。

⑤ 电源。引脚 28（$V_{DD}$）正电源、引脚 14（$V_{SS}$）接地。

HEF4752 集成电路输出 3 对互补的脉宽调制驱动信号，如 ORM1、2 分别去驱动 $VT_1$、$VT_4$，OYM1、2 分别去驱动 $VT_3$、$VT_6$，OBM1、2 则应分别去驱动 $VT_5$、$VT_2$，当控制输入端为低电平时,输出波形适宜于驱动晶体管变频器;而当控制输入端为高电平时,则适宜于驱动晶闸管变频器,ORC1、2、OYC1、2 与 OBC1、2 共 6 个换向驱动输入端只用于带有辅助晶闸管的 12 晶闸管逆变系统中,对通用 GTR 变频器,此 6 个信号均不使用,CW 输入信号用于相序控制,高电平时相序为正,低电平时相序为负,从而改变电动机旋转方向。L 输入信号可用于起停电动机,还可用于过电流保护封锁,高电平开启,低电平封锁。

为了避免逆变桥同一相的上、下两只开关器件同时导通引起短路,在它们切换时,插入互锁推迟间隔,以确保有足够的换相时间,该互锁时间间隔由间隔选择端与时钟输入端 OCT 共同决定,当 K 端为高电平时,推迟时间间隔为 $16/f_{OCT}(s)$,当 K 端为低电平时,推迟时间间隔为 $8/f_{OCT}(s)$。

三相 SPWM 输出波形的频率、电压和每周期的脉冲数,分别由以下 3 个时钟输入决定。

① FCT:决定逆变器的输出频率 $f_{OUT}(Hz)$,$f_{OUT}=f_{FCT}/3360$。

② VCT:决定 SPWM 调制深度,时钟输入频率 $f_{VCT}$ 越高,调制深度就越小,逆变器的输出电压就越低,$U_{OUT}=K_2 f_{OUT}/f_{VCT}$,式中,$K_2$ 为常数。

③ RCT:决定逆变器的最高载波频率 $f_{tmax}(Hz)$,即 $f_{tmax}=f_{RCT}/260$,实际应用中为了简化系统,一般在 OCT、RCT 端接入同一脉冲输入,使 $f_{OCT}=f_{RCT}$,另外,在 HEF4752 芯片的工作过程中,其实际开关频率 $f_t$ 将自动与输出频率 $f_{OUT}$ 之间保持 $f_t=Nf_{OUT}(N$ 为整数)的同步调制关系。

(2) SLE4520 SPWM 大规模集成电路

SLE4520 是德国西门子公司生产的 CMOS 大规模专用集成电路,它是一个可编程器件,能把 3 个 8 位数字量同时转换成 3 路相应脉宽的矩形波信号,与单片机及相应的软件结合,能以简单的方式产生三相逆变器所需要的 6 路控制信号。

SLE4520 为双列直插式 28 脚大规模集成电路,它的引脚排列如图 6-21 所示,各引脚的名称与功能说明如下。

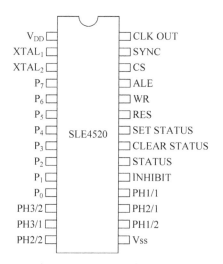

图 6-21 SLE4520 引脚排列图

① 输入端。

引脚 2($XTAL_1$)、引脚 3($XTAL_2$)为外接晶振输入端,功能是为 SLE4520 芯片提供外接参考时钟。

引脚 4～11($P_7$～$P_0$)为 8 位数据输入端,功能是将单片机输出的指令或数据输入 SLE4520,实际应用中与单片机的 8 位数据相连。

引脚 27(SYNC)为触发脉冲信号输入端,该引脚控制着 SLE4520 内部的 3 个可预置 8 位计数器是否计数,实际应用中接单片机的输出端。

引脚 24(WR)为脉冲信号输入端,当该引脚为低电平时,将单片机输出的地址数据信号写入 SLE4520 内部的锁存器中,实际应用中与单片机的 WR 线相连。

引脚 25(ALE)为地址锁存允许输出端,其功能是与来自单片机的 WR 信号一起对 SLE4520 内部的 3 个 8 位数据寄存器与 2 个 4 位控制寄存器进行地址锁存及写入控制,实际应用中与单片机的 ALE 线相连。

② 输出端。

引脚 18(PH1/1)、引脚 17(PH2/1)、引脚 16(PH1/2)、引脚 14(PH2/2)、引脚 13(PH3/1)及引脚 12(PH3/2)分别为逆变器 3 个桥臂对应上、下主开关器件的 SPWM 驱动信号输出端,实际应用中应接至 $VT_1$、$VT_4$、$VT_3$、$VT_6$、$VT_5$ 及 $VT_2$ 的基极驱动输入电路。

引脚 20(STATUS)为通断状态触发器输出端,该端状态标志着 SLE4520 是工作于输出状态还是封锁输出状态,实际应用中可作为逆变器控制脉冲形成部分工作与否的指示信号。

引脚 28(CLK OUT)为晶振频率输出端,该端为单片机系统中所有芯片的工作提供与 SLE4520 同步的时钟脉冲信号,实际应用中接单片机的时钟信号输入端。

③ 控制端。

引脚 21(CLEAR STATUS)、引脚 22(SET STATUS)为通断状态触发器复位及置位输入端,该两端决定 SLE4520 是否输出 SPWM 脉冲波,实际应用中接保护电路输出或单片机输出。

引脚 26(CS)为芯片选通输入端,该端为高电平时,芯片被选通工作,反之,芯片不工作,实际应用中接单片机系统的译码电路输出端。

引脚 19(INHIBIT)为封锁脉冲端,该端为高电平时,SLE4520 的输出被封锁,实际应用中接过载、短路等故障保护电路的输出端。

## 6.5.2 正弦波脉宽调制技术

脉宽调制变频的设计思想源于通信系统中的载波调制技术。用这种技术构成的 PWM 变频器基本上解决了常规阶梯波变频器中存在的问题,如逆变器的输出波形不可能近似按正弦波变化,从而会有较大的低次谐波使得电动机转矩脉动分量大等缺点,为近代交流调速开辟了新的发展领域。其主要特点是主电路只有一个可控的功率环节,开关元件少,控制简单;整流侧使用了不可控整流器,电网功率因数高;变压和变频在同一环节实现,动态响应快;通过对 PWM 控制方式的控制,能有效地抑制或消除低次谐波,实现接近正弦波的交流电压输出波形。目前 SPWM 已成为现代变频器产品的主导设计思想。

以正弦波作为逆变器输出的期望波形,以频率比期望波高得多的等腰三角形作为载波,并用频率和期望波相同的正弦波作为调制波,调制波和载波的交点决定了开关器件的通断时刻,从而获得在正弦波调制的半个周期内呈两边窄中间宽的一系列等幅不等宽的矩形波(图 6-22),按照波形面积相等的原则,每一个矩形波的面积与相应位置的正弦波面积相等,因而这个序列的矩形波与期望的正弦波等效,这种调制方法称为正弦波脉宽调制(SPWM),这种序列的矩形波称为 SPWM 波。

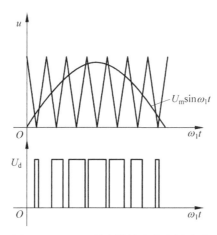

图 6-22　PWM 逆变器输出的电压波形

SPWM 控制技术有单极性控制和双极性控制两种,如果在正弦调制波 1/2 周期内,三角载波只在正或负的一个极性范围内变化,所得到的 SPWM 波也只处于一个极性范围,称为单极性控制方式。如果在正弦调制波半个周期内,三角载波在正负极性之间连续变化,则 SPWM 波也在正负之间变化,称为双极性控制方式。图 6-23 所示为三相桥式 PWM 逆变器主电路的原理图。图 6-24 所示为三相 SPWM 波形,其中,$u_{ra}$,$u_{rb}$,$u_{rc}$ 为 A、B、C 三相正弦调制波,$u_t$ 为双极性三角载波,$u_{AO'}$、$u_{BO'}$、$u_{CO'}$ 为 A、B、C 三相输出与电源中性点 $O'$ 之间的相电压矩形波形,$u_{AB} = u_{AO'} - u_{BO'}$ 为输出线电压矩形波形,其脉冲幅值为 $+U_d$ 或 $-U_d$。

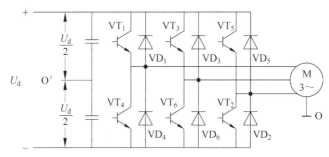

图 6-23　三相桥式 PWM 逆变器主电路原理图

PWM 逆变器输出的交流基波电压和频率均可由参考电压控制,以 A 相为例,只要改变 $u_{ra}$ 的幅值,脉冲宽度就随之改变,从而改变了输出电压,而只要改变 $u_{ra}$ 的频率,输出的交流电压的频率也随之改变,但正弦波的最大幅值应小于三角波的幅值,否则,输出电压和频率就会失去所要求的配合关系,在三相脉冲宽度调制时,载波是共用的,但调制波必须是三相对称且变频变幅的正弦波。

SPWM 波形的控制需要根据三角波与正弦波比较后的交点确定逆变器功率器件的开

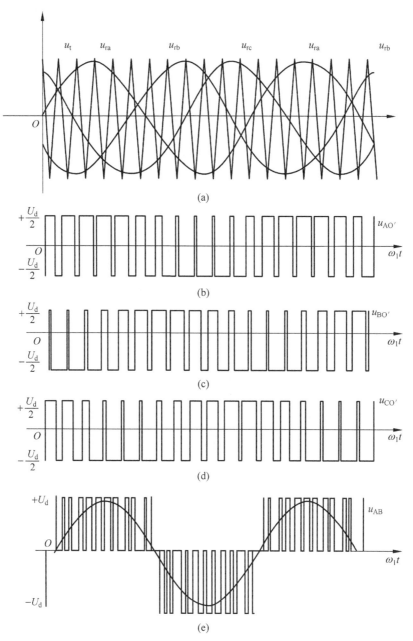

图 6-24　三相桥式 PWM 逆变器的双极性 SPWM 波形

(a) 三相正弦波与双极性三角载波；(b) $u_{AO'}=f(t)$

(c) $u_{BO'}=f(t)$；(d) $u_{CO'}=f(t)$；(e) 输出线电压 $u_{AB}=f(t)$

关时刻,这个任务可以通过设计模拟电路、数字电路或专用的大规模集成电路等硬件电路完成,也可以用微机通过软件生成 SPWM 波形,在计算机控制的变频器中,信号一般由软件加硬件电路生成。如何计算开关点是 SPWM 信号生成的一个难点,生成 SPWM 的信号有多种方法,但目标只有一个,即尽量减小逆变器的输出谐波分量和计算机的工作量,使计算机能更好地完成实时控制任务。开关点的算法主要是采样法,采样法分为两种,一是自然采样法,二是规则采样法。自然采样法运算比较复杂,在工程上更常用的是规则采样法。下面分别对两种方法进行介绍。

### 1. 自然采样法

自然采样法按照正弦波与三角波的交点进行脉冲宽度与间隙时间的采样,从而生成SPWM波形,在图 6-25 中,截取了任意一段正弦波与三角波的一个周期长度内的相交情况,A 点为脉冲发生时刻,B 点为脉冲结束时刻。在三角波一个周期 $T_t$ 内,$t_2$ 为 SPWM 波的高电平时间,称为脉宽时间,$t_1$ 与 $t_3$ 则为低电平时间,称为间隙时间。显然 $T_t = t_1 + t_2 + t_3$。

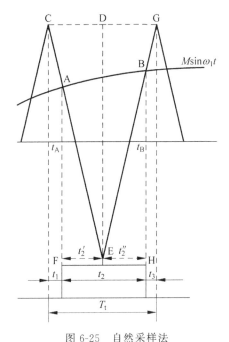

图 6-25　自然采样法

定义调制波与载波的幅值比为调制度 $M = U_{rm}/U_{tm}$,设三角载波幅值为 $U_{tm} = 1$,则调制波

$$u_r = M\sin\omega_1 t \qquad (6\text{-}20)$$

式中,$\omega_1$ 为调制波频率。

A、B 两点对三角波的中心线来说是不对称的,因此,$t_2$ 分成的 $t_2'$ 与 $t_2''$ 两个时间是不相等的,由于直角三角形 CDE 和直角三角形 AFE 相似、直角三角形 GDE 和直角三角形 BEH 相似,联立求解

$$\begin{cases} \dfrac{t_2'}{T_t/2} = \dfrac{1 + M\sin\omega_1 t_A}{2} \\[2mm] \dfrac{t_2''}{T_t/2} = \dfrac{1 + M\sin\omega_1 t_B}{2} \\[2mm] t_2 = t_2' + t_2'' = \dfrac{T_t}{2}\left[1 + \dfrac{M}{2}(\sin\omega_1 t_A + \sin\omega_1 t_B)\right] \end{cases} \qquad (6\text{-}21)$$

自然采样法中,$t_A$ 与 $t_B$ 都是未知数,$t_1 \neq t_3$,$t'_2 \neq t''_2$,这使得实时计算与控制相当困难,即使事先将计算结果存入内存,控制过程中查表确定时,也会因参数过多而占用计算机太多内存和时间。因此,此方法仅限于频率段数较少的场合。

**2. 规则采样法**

由于自然采样法的不足,人们提出了一种更实用的方法,就是尽量接近于自然采样法,但比自然采样法的波形更对称一些,以减小计算工作量、节约内存空间为原则,即规则采样法。

图 6-26 所示的规则采样法是将三角波的负峰值对应的正弦控制波(H 点)作为采样电压值,由 H 点水平截取 A、B 两点,从而确定脉宽时间 $t_2$,这种采样法中,每个周期的采样点 H 对时间轴都是均匀的,这时 AH=BH,$t_1=t_3$,简化了脉冲时间与间隙时间的计算。

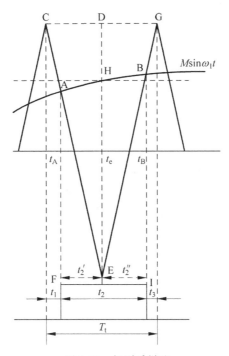

图 6-26 规则采样法

在图 6-26 中,直角三角形 AFE 和 CDE 相似,可得

$$\begin{cases} t_2 = \dfrac{T_t}{2}(1 + M\sin\omega_1 t_e) \\ t_1 = t_3 = \dfrac{1}{2}(T_t - t_2) \end{cases} \quad (6\text{-}22)$$

在单极性和双极性两种 SPWM 方式中,载波频率与调制波频率之比定义为载波比 $N$,$f_t/f_r = N$。在控制中保持比值 $N$ 为常数,一般取 3 的整数倍,目的是消除 3 倍频谐波的影响,同时使三相波形做到严格互差 120°,保证三相波形对称。若进一步要求输出的电压波形能做到正、负半波对称,那么载波比应取 3 的奇数倍,这种控制方法称为同步式调制;如果比值 $N$ 不为常数,则称为异步式调制。在载波比 $N$ 为常数时,可以保证逆变器输出电压

在半波内的矩形脉冲数固定不变,三相波形对称,有利于消除谐波,但在输出低频时,$f_t$ 随 $f_r$ 一起减小,会使相邻的两脉冲间的间距变大,谐波增加,引起转矩脉动和较强的噪声;载波比 $N$ 不为常数的异步式调制则在逆变器整个变频范围内,输出电压半波内的矩形脉冲数是不固定的,很难保证三相波形的对称关系且不利于谐波的消除,但低频 $f_r$ 下仍可以保证较高的 $f_t$,则一周期内的脉冲数较多,正负半周期脉冲不对称产生的不利影响较小,从而能改变低频工作特性。综合两者的优点,可以采用分段同步式调制方式,当频率降低较多时,分段有级地增加载波比 $N$,即对不同的频段 $f_r$ 取不同的 $N$ 值,频率低时 $N$ 取值大些。

### 6.5.3　电流滞环跟踪控制技术

应用 PWM 控制技术的变压变频器一般都是电压源型,它可以按照需要控制输出电压,以输出电压等效为正弦波为目的,但对于交流电动机,真正需要的是正弦波电流,因为只有交流电动机绕组通入三相平衡的正弦波电流才能使电动机输出转矩恒定。若能对电流实行控制,保证其为正弦波,便可以得到更好的性能。

常用的一种电流闭环控制方法是电流滞环跟踪 PWM 控制,具有电流滞环跟踪控制的单相控制原理如图 6-27 所示。电流控制器是带继电环节的比较器,将给定电流 $i_a^*$ 与输出电流 $i_a$ 相比较,当二者电流偏差超过 $\pm h$ 时,滞环控制器控制逆变器 A 相桥臂动作,从而使输出电流 $i_a$ 接近正弦波 $i_a^*$。

采用电流滞环跟踪控制时,变压变频器的电流波形如图 6-28 所示。在 $i_a^*$ 正半周、$i_a < i_a^*$ 且 $\Delta i_a = i_a^* - i_a \geqslant h$ 时,滞环控制器 HBC 输出正电平,驱动上桥臂功率开关器件 VT$_1$ 导通,变压变频器输出正电压使 $i_a$ 增大,当 $i_a$ 增大到与 $i_a^*$ 相等时,由于滞环控制器 HBC 的作用,仍然保持正电平输出,使得 VT$_1$ 保持导通,$i_a$ 继续增大,直到 $i_a = i_a^* + h$、$\Delta i_a = -h$ 时,滞环控制器 HBC 翻转,输出负电平,VT$_1$ 关断,并经延时后驱动 VT$_4$,但由于电动机电感作用,电流不会立刻反向,而是通过二极管 VD$_4$ 续流,使 VT$_4$ 受到反向钳位而不能导通。此后,$i_a$ 逐渐减小,直到 $i_a = i_a^* - h$ 时,到达滞环偏差的下限值,使滞环控制器 HBC 再翻转,又使 VT$_1$ 导通,电流又开始增大。这样,VT$_1$ 与 VD$_4$ 交替工作;在 $i_a^*$ 为负半周时,VT$_4$ 与 VD$_1$ 交替工作,总之,在滞环控制器 HBC 作用下,会使输出电流 $i_a$ 与给定电流 $i_a^*$ 之间偏差保持在 $\pm h$ 范围内,在给定的正弦波 $i_a^*$ 上下作锯齿状变化,从而使得输出电流 $i_a$ 接近给定正弦波的电流 $i_a^*$。

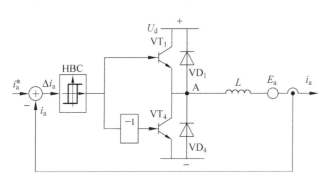

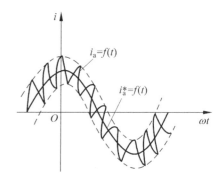

图 6-27　电流滞环跟踪控制的单相控制原理图　　　　图 6-28　电流滞环跟踪控制时的电流波形

值得注意的是,采用电流跟踪控制时,逆变器输出的实际电流检测是个关键问题,必须快速准确地检测出实际电流瞬时值,才能保证控制精度。另外,它属于双极性控制,上下桥臂的触发信号要设置延迟环节,以防止上下桥臂直通。

电流跟踪控制的精度与滞环的宽度有关,同时还受到功率开关器件允许最高开关频率的制约,当环宽 $h$ 取得较大时,虽然可降低开关频率,但电流波形失真较多,谐波分量高,如果环宽太小,电流波形虽然好,但开关频率却增大了。

在变压变频异步电动机调速系统中,由于定子电流与电压的数学模型是个惯性环节,定子电流不可能立即跟随电压或频率指令改变,这是影响电压型逆变器交流调速系统速度响应慢的一个重要原因。但如果采用电流跟踪控制,由于它可以强迫定子电流在限定的区域内跟随电流指令,从而使电压型逆变器调速系统具有和电流型逆变器调速系统一样的动态性能。因此电流滞环跟踪控制方法的精度高,响应快且易于实现。再有,这种控制方式也可以转换到方波电压控制方式,从恒转矩控制区过渡到恒功率控制区,这些都是电流跟踪控制的优点。但受功率开关器件允许开关频率的限制,且开关频率在电动机不同运行情况下是变化的,仅在电动机堵转且在给定电流峰值处才发挥出最高开关频率,在其他情况下,器件的允许开关频率都未得到充分利用。这些都是电流跟踪滞环控制的缺点。

## 6.5.4  电压空间 PWM 矢量控制技术

SPWM 控制主要是为了使变压变频器输出电压尽量接近正弦波,电流滞环跟踪控制则直接控制输出电流,使之接近正弦波。但是交流电动机最终需要的是三相正弦电流,使其在电动机空间形成圆形旋转磁场,从而产生恒定的电磁转矩。如果把逆变器和交流电动机视为一体,按照跟踪圆形旋转磁场控制逆变器的工作,其效果会更好,这种控制方法称为磁链跟踪控制,由于磁链的轨迹是不同的电压空间矢量的组合,故又称为电压空间矢量控制。

### 1. 空间矢量的定义

交流电动机绕组的电压、电流、磁链等物理量都是随时间变化的,分析时常用时间向量来表示,如果考虑到它们所在绕组的空间位置,也可以定义为空间矢量,如果用 $A$、$B$、$C$ 分别表示在空间静止的电动机定子三相绕组的轴线,它们在空间互差 $120°$,三相定子正弦波相电压分别加在三相绕组上,定义三个定子电压空间矢量 $u_{AO}$、$u_{CO}$、$u_{BO}$,使它们的方向始终处于各相绕组的轴线上,而大小则随着时间按正弦规律脉动,时间相位互相错开的角度也是 $120°$。那么三相定子电压空间矢量相加的合成空间矢量是一个旋转的空间矢量,它的幅值保持不变,是每相电压值的 $3/2$ 倍,当电源频率恒定时,合成的电压空间矢量 $u_s$ 以电源角频率 $\omega_1$ 恒速旋转,当某一相电压达到最大值时,合成电压矢量就落在该相的轴线上。用公式表示,则有

$$u_s = u_{AO} + u_{BO} + u_{CO} \tag{6-23}$$

应用相同的方法,可以定义定子电流 $I_s$ 和磁链 $\psi_s$ 的空间矢量。

### 2. 电压与磁链空间矢量的关系

当异步电动机的三相对称定子绕组由三相平衡正弦电压供电时,对每一相都可以写出一

个电压平衡方程式,三相电压平衡方程式相加,即得用合成空间矢量表示的定子电压方程式为

$$u_s = R_s I_s + \frac{\mathrm{d} \boldsymbol{\psi}_s}{\mathrm{d}t} \tag{6-24}$$

式中,$u_s$ 为定子三相电压合成空间矢量;$I_s$ 为定子三相电流合成空间矢量;$\boldsymbol{\psi}_s$ 为定子三相磁链合成空间矢量。

当电动机转速较高时,定子电阻压降在式中所占比例很小,可忽略不计,则定子合成电压与合成磁链空间矢量的近似关系为

$$u_s \approx \frac{\mathrm{d} \boldsymbol{\psi}_s}{\mathrm{d}t} \tag{6-25}$$

电动机由三相平衡正弦电压供电时,电动机定子磁链幅值恒定,其空间矢量以恒速旋转,磁链矢量顶端的运动轨迹呈圆形(即磁链圆),这样的定子磁链旋转矢量可用下式表示

$$\boldsymbol{\psi}_s = \psi_m e^{j\omega_1 t} \tag{6-26}$$

式中,$\psi_m$ 为磁链的幅值;$\omega_1$ 为磁链的旋转速度。

由式(6-25)和式(6-26)可得

$$u_s \approx \frac{\mathrm{d}}{\mathrm{d}t}(\psi_m e^{j\omega_1 t}) = j\omega_1 \psi_m e^{j\omega_1 t} = \omega_1 \psi_m e^{j(\omega_1 t + \frac{\pi}{2})} \tag{6-27}$$

式(6-27)表明,当磁链幅值 $\psi_m$ 一定时,$u_s$ 的大小与 $\omega_1$ 成正比,方向则与磁链矢量$\boldsymbol{\psi}_s$ 正交,即磁链圆的切线方向。当磁链矢量在空间旋转一周时,电压矢量也连续地按磁链圆切线方向运动 $2\pi$ 弧度,其轨迹与磁链圆重合,这样,电动机旋转磁场的轨迹问题就转变为电压空间矢量的运动轨迹问题。

### 3. 六拍阶梯波逆变器与正六边形空间旋转磁场

在常规的变压变频器调速系统中,如果异步电动机由六拍阶梯波逆变器供电,这时供电电压并不是三相平衡的正弦电压。为了讨论电压空间矢量的运动轨迹,把三相逆变器-异步电动机调速系统主电路的原理绘在图 6-29 中,图中 6 只开关功率器件都用开关符号代替,可以表示任意一种开关器件。

图中的逆变器采用上下管换流,有 VT$_1$、VT$_2$、VT$_3$ → VT$_2$、VT$_3$、VT$_4$ → VT$_3$、VT$_4$、VT$_5$ → VT$_4$、VT$_5$、VT$_6$ → VT$_5$、VT$_6$、VT$_1$ → VT$_6$、VT$_1$、VT$_2$ 以及 VT$_1$、VT$_3$、VT$_5$ 和 VT$_6$、VT$_4$、VT$_2$ 等 8 种工作状态,如把上桥臂器件导通用数字"1"表示,下桥臂器件导通用数字"0"表示,则上述 8 种工作状态依次排列时可分别表示

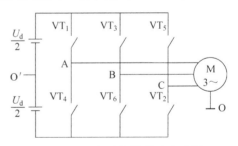

图 6-29　三相逆变器-异步电动机调速系统主电路原理图

为 110、010、011、001、101、100 以及 111 和 000。从逆变器的正常工作看,前 6 种工作状态是有效的,后 2 种状态是无效的,因为逆变器这时没有输出电压。

对于六拍阶梯波的逆变器,其输出的每个周期中 6 种有效的工作状态各出现一次,逆变器每隔 $\pi/3$ 时刻就切换一次工作状态,而在这时刻内则保持不变,设工作周期从 100 状态开始,这时 VT$_6$、VT$_1$、VT$_2$ 导通,则电动机定子电压 $u_{AO'} = +\dfrac{U_d}{2}$、$u_{BO'} = -\dfrac{U_d}{2}$、$u_{CO'} = $

$-\dfrac{U_\mathrm{d}}{2}$，三相电压空间矢量的相位分别处于 $A$、$B$、$C$ 这 3 根轴线上，$u_{\mathrm{AO'}}$ 方向与 $A$ 轴相同，故取正号；$u_{\mathrm{BO'}}$、$u_{\mathrm{CO'}}$ 方向分别与 $B$、$C$ 轴相反，故取负号。由图 6-30(a)可知，三相电压合成空间矢量为 $\boldsymbol{u}_1$，其幅值等于 $U_\mathrm{d}$，方向沿 $A$ 轴，存在时间为 $\pi/3$。在这段时间以后，工作状态转为 $\mathrm{VT}_1$、$\mathrm{VT}_2$、$\mathrm{VT}_3$ 导通，则电动机定子电压 $u_{\mathrm{AO'}}=+\dfrac{U_\mathrm{d}}{2}$，$u_{\mathrm{BO'}}=+\dfrac{U_\mathrm{d}}{2}$，$u_{\mathrm{CO'}}=-\dfrac{U_\mathrm{d}}{2}$，三相电压空间矢量的相位同样分别处于 $A$、$B$、$C$ 这 3 根轴线上，$u_{\mathrm{AO'}}$、$u_{\mathrm{BO'}}$ 方向与 $A$、$B$ 轴相同，$u_{\mathrm{CO'}}$ 方向与 $C$ 轴相反。由图 6-30(b)可知，三相电压合成空间矢量为 $\boldsymbol{u}_2$，其幅值仍然等于 $U_\mathrm{d}$，存在时间为 $\pi/3$，它在空间上滞后于 $\boldsymbol{u}_1$ 的相位为 $\pi/3$ 弧度，以此类推，以空间矢量 $\boldsymbol{u}_3$、$\boldsymbol{u}_4$、$\boldsymbol{u}_5$、$\boldsymbol{u}_6$ 分别表示工作状态 010、011、001 和 101，随着逆变器工作状态的切换，电压空间矢量的幅值不变，而相位每次旋转 $\pi/3$，直到一个周期结束，$\boldsymbol{u}_6$ 的顶端与 $\boldsymbol{u}_1$ 尾端衔接，这样在一个周期中 6 个电压空间矢量共转过 $2\pi$ 弧度，形成一个封闭的正六边形，如图 6-30(c)所示，111 和 000 两个无效的工作状态可分别冠以 $\boldsymbol{u}_7$ 和 $\boldsymbol{u}_8$，称为零矢量，它们的幅值均为零，也无相位，可认为它们坐落在六边形的中心点上。

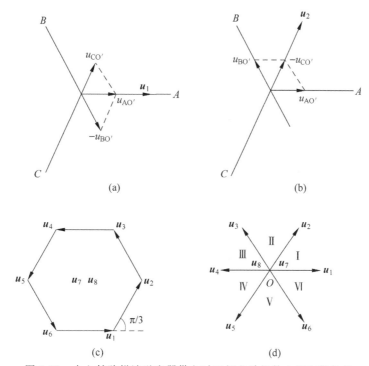

图 6-30　由六拍阶梯波逆变器供电时三相电动机的电压空间矢量

(a) 工作状态为 100 的合成电压空间矢量；(b) 工作状态为 110 的合成电压空间矢量

(c) 每个周期的六边形合成电压空间矢量；(d) 电压空间矢量的放射形式

　　把图 6-30(c)的正六边形电压空间矢量改画成图 6-30(d)所示的放射形式，各电压空间矢量间相位和大小保持不变。图中 $\boldsymbol{u}_1$ 在 $A$ 轴水平方向，按顺序互相间隔 $\pi/3$ 画出 $\boldsymbol{u}_2$、$\boldsymbol{u}_3$、$\boldsymbol{u}_4$、$\boldsymbol{u}_5$ 和 $\boldsymbol{u}_6$，而把 $\boldsymbol{u}_7$、$\boldsymbol{u}_8$ 放在放射线的中心点。这样把逆变器的一个工作周期 6 个电压空间矢量划分成 6 个区域，称为扇区，每个扇区相当于常规六拍阶梯波逆变器的一拍，包含两个工作状态。

　　一个由电压空间矢量运动所形成的正六边形轨迹也可以看作异步电动机定子磁链矢量

端点的运动轨迹。设在逆变器工作开始时定子磁链空间矢量为 $\boldsymbol{\psi}_1$，在第一个 $\pi/3$ 期间，电动机上施加的电压空间矢量为 $\boldsymbol{u}_1$。按照式(6-25)可以写成

$$\boldsymbol{u}_1 \Delta t = \Delta \boldsymbol{\psi}_1 \tag{6-28}$$

这表明在 $\pi/3$ 所对应的时间 $\Delta t$ 内，施加 $\boldsymbol{u}_1$ 的结果是使定子磁链产生一个增量 $\Delta \boldsymbol{\psi}_1$，其幅值与 $|\boldsymbol{u}_1|$ 成正比，方向与 $\boldsymbol{u}_1$ 一致，最后得到新的磁链 $\boldsymbol{\psi}_2$，而

$$\boldsymbol{\psi}_2 = \boldsymbol{\psi}_1 + \Delta \boldsymbol{\psi}_1 \tag{6-29}$$

以此类推，可以写出 $\Delta \boldsymbol{\psi}$ 的通式

$$\boldsymbol{u}_i \Delta t = \Delta \boldsymbol{\psi}_i, \quad i = 1, 2, \cdots, 6 \tag{6-30}$$

而

$$\boldsymbol{\psi}_{i+1} = \boldsymbol{\psi}_i + \Delta \boldsymbol{\psi}_i \tag{6-31}$$

在一个周期内，6个磁链空间矢量呈放射状，矢量的尾部都在 $O$ 点，顶端的运动轨迹也就是6个电压空间矢量所围成的正六边形。

### 4. 电压空间矢量的线性组合与控制

如果交流电动机仅由常规的六拍阶梯波逆变器供电，磁链轨迹便是六边形的旋转磁场，这显然不像正弦波供电时所产生的圆形旋转磁场那样能使电动机获得均匀运行。这是因为在一个周期内逆变器的工作状态只切换6次，切换后只形成6个电压空间矢量，如果想获得逼近圆形的旋转磁场，就必须在每一个 $\pi/3$ 期间内出现多个工作状态，以形成更多的相位不同的电压空间矢量。控制 PWM 开关时间逼近圆形旋转磁场的方法有线性组合法、三段逼近法、比较判断法等。下面介绍线性组合法。

图 6-31 绘出了正十二边形时的磁链矢量轨迹，如果每周期只切换6次，磁链轨迹呈六边形，如果要形成逼近圆形的正多边形可以增加切换次数，设想磁链增量由图中的 $\Delta \boldsymbol{\psi}_{11}$ 和 $\Delta \boldsymbol{\psi}_{12}$ 2段组成，这时每段施加的电压空间矢量的相位都不一样，可以用基本电压矢量线性组合的方法获得。采用不同电压空间矢量在不同时间作用下的线性组合就可以得到所需相位的磁链增量，如图 6-31 所示的 $\Delta \boldsymbol{\psi}_{11}$ 可以从 $\boldsymbol{u}_6$ 和 $\boldsymbol{u}_1$ 线性组合获得，$\Delta \boldsymbol{\psi}_{12}$ 则是 $\boldsymbol{u}_1$ 和 $\boldsymbol{u}_2$ 在另一种时间下的线性组合。

图 6-32 表示由电压空间矢量 $\boldsymbol{u}_1$ 和 $\boldsymbol{u}_2$ 的线性组合构成新的电压矢量 $\boldsymbol{u}_s$，设在一段换相周期时间 $T_0$ 中，有一部分时间 $t_1$ 处于工作状态 $\boldsymbol{u}_1$，另一部分时间 $t_2$ 处于工作状态 $\boldsymbol{u}_2$，$\boldsymbol{u}_1$ 和 $\boldsymbol{u}_2$ 分别用电压矢量 $\dfrac{t_1}{T_0}\boldsymbol{u}_1$ 和 $\dfrac{t_2}{T_0}\boldsymbol{u}_2$ 表示，这两个矢量之和 $\boldsymbol{u}_s$ 表示由两个矢量线性组成的电压矢量，$\boldsymbol{u}_s$ 与 $\boldsymbol{u}_1$ 矢量的夹角 $\theta$ 就是这个新矢量的相位。

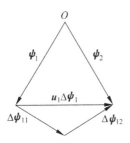

图 6-31　正十二边形时的磁链增量轨迹

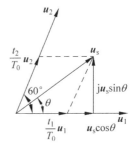

图 6-32　电压空间矢量的线性组合

下面根据各段磁链增量的相位求出所需的作用时间 $t_1$ 和 $t_2$，由图 6-32 可以看出

$$\boldsymbol{u}_s = \frac{t_1}{T_0}\boldsymbol{u}_1 + \frac{t_2}{T_0}\boldsymbol{u}_2 = \boldsymbol{u}_s\cos\theta + \mathrm{j}\boldsymbol{u}_s\sin\theta \tag{6-32}$$

当开关状态为 100 时，从前面分析可知，合成电压为 $U_d$，方向为水平方向，也即 $U_d\angle 0°$。当开关状态为 110 时，合成电压为 $U_d$，方向与 $A$ 轴相差 $\pi/3$，也即 $U_d\angle\pi/3$，同样方法可以求出 $\boldsymbol{u}_3 \sim \boldsymbol{u}_6$ 的表达式，代入式(6-32)，得

$$u = \frac{t_1}{T_0}U_d + \frac{t_2}{T_0}U_d\mathrm{e}^{\mathrm{j}\pi/3} = U_d\left(\frac{t_1}{T_0} + \frac{t_2}{T_0}\mathrm{e}^{\mathrm{j}\pi/3}\right)$$

$$= U_d\left[\frac{t_1}{T_0} + \frac{t_2}{T_0}\left(\cos\frac{\pi}{3} + \mathrm{j}\sin\frac{\pi}{3}\right)\right] = U_d\left[\left(\frac{t_1}{T_0} + \frac{t_2}{2T_0}\right) + \mathrm{j}\frac{\sqrt{3}t_2}{2T_0}\right] \tag{6-33}$$

比较式(6-32)和式(6-33)，令实数和虚数项分别相等，解 $t_1$ 和 $t_2$，得部分空间矢量所占时间为

$$\frac{t_1}{T_0} = \frac{\boldsymbol{u}_s\cos\theta}{U_d} - \frac{1}{\sqrt{3}}\frac{\boldsymbol{u}_s\sin\theta}{U_d} \tag{6-34}$$

$$\frac{t_2}{T_0} = \frac{2}{\sqrt{3}}\frac{\boldsymbol{u}_s\sin\theta}{U_d} \tag{6-35}$$

换相周期 $T_0$ 由旋转磁场所需的频率决定，$T_0$ 与 $t_1+t_2$ 未必相等，其间隙时间可用零矢量填补，为了减小功率开关器件的开关次数，一般使 $\boldsymbol{u}_7$ 和 $\boldsymbol{u}_8$ 各占 1/2 时间，因此

$$t_7 = t_8 = \frac{1}{2}(T_0 - t_1 - t_2) \geqslant 0 \tag{6-36}$$

按照这种方法插入若干个线性组合的新电压空间矢量，就可以获得优于正六边形的多边形(逼近圆形)旋转磁场。

这样在换相时间 $T_0$ 内，$\Delta\boldsymbol{\psi}_{12}$ 形成 $\boldsymbol{u}_1$、$\boldsymbol{u}_2$、$\boldsymbol{u}_7$、$\boldsymbol{u}_8$ 的线性组合，即 100、110、111 和 000 共 4 种状态。作用时间分别为 $t_1$、$t_2$、$t_7$ 和 $t_8$，为了使电压波形对称，还必须把每种状态的作用时间都一分为二，因而形成电压空间矢量的作用序列为 12788721，其中 1 表示 $\boldsymbol{u}_1$ 作用、2 表示 $\boldsymbol{u}_2$ 作用等。但为了尽量减小开关状态变化时引起的开关损耗，要求每次切换开关状态时，只切换一个功率开关器件，以满足最小开关损耗，按照这个原则检查一下，即可发现上述的顺序是不合适的，因为从 7 切换到 8 时，出现了三相开关同时切换的情况，为此，把切换顺序改为 81277218，这样就能满足每次只切换一个开关的要求了。

若得到的是圆形旋转磁场，这个圆形旋转磁场也与电压空间矢量轨迹相重合。圆形最大值便是图 6-33 的六边形的内切圆，如前所述，六边形的每一个边都是 3 个开关器件导通的结果。例如当开关状态为 100 时，$u_{AB}=U_d$，$u_{BC}=0$，转换成相电压

$$u_{AN} - u_{BN} = U_d \tag{6-37}$$

$$u_{BN} = u_{CN} \tag{6-38}$$

$$u_{AN} + u_{BN} + u_{CN} = 0 \tag{6-39}$$

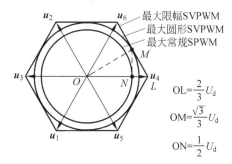

图 6-33　电压空间矢量 PWM 与 SPWM 最大矢量轨迹图

可得

$$u_{AN} = \frac{2}{3}U_d, \quad U_{BN} = -\frac{1}{3}U_d, \quad U_{CN} = -\frac{1}{3}U_d$$

把正六边形的边长用相电压表示,则边长为 $\frac{2}{3}U_d$,内切圆的半径为 $\frac{\sqrt{3}}{3}U_d$,即当磁链轨迹是圆形时,逆变器输出三相电压的最大相电压峰值为 $\frac{\sqrt{3}}{3}U_d$,最大线电压有效值为 $\frac{\sqrt{2}}{2}U_d$。

在采用三相独立的 SPWM 调制时,若调制系数 $M=1$,则逆变器所能输出的最大相电压为 $\frac{1}{2}U_d$,可见,SVPWM 的直流利用系数比 SPWM 高,它们的直流利用系数的比是

$$k = \frac{\sqrt{3}U_d/3}{U_d/2} = 1.1547 \tag{6-40}$$

即 SVPWM 比 SPWM 的直流利用系数提高了 15.47%,正因为这个优点,SVPWM 调制方式已经成为交流变频调速系统最为广泛的调制方式。

SVPWM 控制模式有如下特点。

(1) 为了使电动机旋转磁场逼近圆形,每个扇区再分成若干小区间 $T_0$,$T_0$ 越短,旋转磁场越接近圆形,但 $T_0$ 缩短受到功率开关器件允许开关频率的制约。

(2) 在每个小区间内虽有多次开关状态的切换,但每次切换都只涉及一个功率开关器件,因而开关损耗较小。

(3) 每个小区间均以零电压矢量开始,又以零电压矢量结束。

(4) 采用 SVPWM 控制时,直流利用系数比一般的 SPWM 逆变器高 15%。

## 6.6 基于异步电动机稳态模型的变压变频调速系统

由于异步电动机的动态数学模型复杂,对于不需要很高动态性能的交流调速系统来说,只根据电动机的稳态模型设计其控制系统即可。为了实现电压-频率协调控制,可以采用转速开环恒压频比带低频电压补偿的控制方案,这就是通用的变频器控制系统。此控制系统把变频器的输出频率作为主控变量,当需要升速时,使频率增加,当需要减速时,使频率减小,为了保持磁通尽量恒定,输出电压也要随之变化。

通用型三相 PWM 变频器主要由二极管整流桥、滤波电容和 PWM 逆变器组成。图 6-34 给出了电路的原理图。

滤波电容起着平波和储能作用,提供电感性负载的无功功率。该电容耐压应高于整流直流电压,电容量从理论上是选择越大越好,但越大投资越高,一般选取几千到几万 μF 之间,变频器容量越大,电容 $C_d$ 的数值也就越大。

PWM 逆变器部分主要由 6 个大功率晶体管 $VT_1 \sim VT_6$、6 个续流二极管 $VD_1 \sim VD_6$ 及泵升电压限制电路($R_7$、$VT_7$)组成。$VT_1 \sim VT_6$ 工作于开关状态,开关模式取决于供给基极的 PWM 控制信号,输出交流电压的幅值和频率通过控制开关脉宽和切换点时间来调节。$VD_1 \sim VD_6$ 用来提供续流回路。由于整流电源是二极管整流,能量不能向电网回馈,

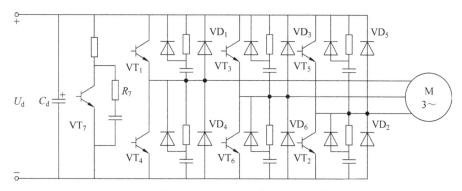

图 6-34　通用型三相 PWM 逆变器的主电路原理图

因此当电动机突然停车或减速时,电动机轴上的机械能将转化为电能通过 $VD_1 \sim VD_6$ 向电容 $C_d$ 充电,电能存储在电容中,造成直流电压急剧升高,该电压称为泵升电压,转速越高,停车时泵升电压就越高,会瞬间击穿开关器件。因此,逆变器主回路设置了泵升电压限制电路,当泵升电压达到一定值时,使 $VT_7$ 导通,用 $R_7$ 消耗掉电容 $C_d$ 上的储能,图 6-34 中 $VT_1 \sim VT_6$ 右侧并联的 $R$、$C$、$VD$ 为阻容吸收,用于限制开关器件 GTR 的 $dU_{ce}/dt$,以保护开关器件 GTR。

PWM 逆变器的主回路参数按下式计算。

GTR 的反向封锁电压 $BU_{ce0} = (2 \sim 3)U_d$,正向导通电流 $I_{cm} = (2 \sim 3)I_N$,式中 $I_N$ 为电动机额定电流。

续流二极管的反向电压取 $(2 \sim 3)U_d$,正向导通电流取 $(1.5 \sim 2)I_N$。

泵升电压限制电路用的 GTR 器件 $VT_7$ 的反向封锁电压 $BU_{ce0} = (2 \sim 3)U_d$,正向导通电流取决于耗能电路的电流要求,$R_7$ 的选择也取决于耗能电路的分流。

PWM 变压变频器控制原理图如图 6-35 所示是转速或频率开环、恒压频比控制系统,需要设定的控制信息有 $U/f$ 特性,工作频率,频率升高、下降时间。为了保证磁通尽量恒定,在低频时,须适当提高电动机端电压进行补偿以保证电动机磁通恒定,这可由 $U/f$ 函数发生器来完成。实现补偿的方法有两种:一种是在微机中存储多条不同斜率和折线段的函数,由用户根据需要选择最佳特性;另一种是采用霍尔电流传感器检测定子电流或直流回路电流,按电流大小自动补偿定子压降。

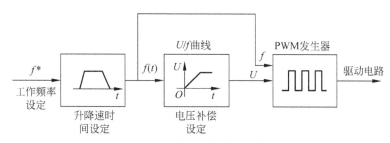

图 6-35　PWM 变压变频器的基本控制原理图

频率设定必须通过给定积分算法产生平缓的升速或降速信号,以限制系统起制动电流。升速和降速的积分时间可以根据负载需要确定。

现代的 PWM 变频器控制电路都是采用以微处理器为核心的数字电路,其主要功能是接受各种设定信息和指令,再根据各种不同控制要求形成驱动逆变器工作的 PWM 信号,也可以采用专用的 PWM 生成电路芯片。这样可以使调速系统控制电路的硬件结构大为简化,减小计算工作量使单片机腾出时间处理系统的检测、保护、显示等工作,如图 6-36 所示。

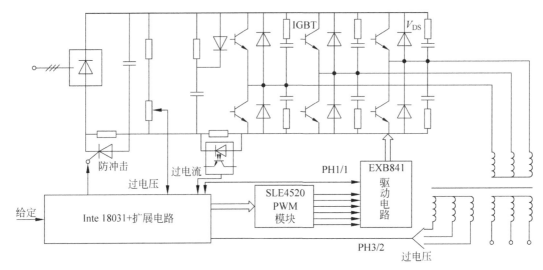

图 6-36 单片机控制的转速开环的 SPWM 变频调速系统原理图

转速开环变频调速系统可以满足平滑调速的要求,但静、动态性能都有限,要提高静、动态性能,可以使用反馈闭环控制。闭环系统的静、动态性能肯定比开环系统好。但闭环系统不能像直流调速系统那样在开环调速系统的基础上简单地加个转速负反馈就能实现。现简要说明。

给定一个高转速,电动机从静止起动。开始起动时,速度调节器输入端得到一个大的转速差,经速度调节器调节后,输出的频率指令按积分斜率上升,如果电动机转速跟不上,变频器的输出频率很快就使电动机的转差率 $s$ 超过最大转差率 $s_{\max}$,这时电动机的输出转矩不升反降,而速度调节器将进一步升高频率指令,使输出转矩进一步下降,最终结果可能使电动机无法正常运行。其根本原因是速度闭环系统经比较及速度调节器调节后的输出应是转矩指令,但异步电动机的转矩和电源频率之间没有确切的数学关系,而且没有单调增加或减小的变化趋势,因此当转矩需要增加时,并不是无条件地增加频率就能实现,有时会适得其反,但如果能使异步电动机的转差率不超过最大转差率 $s_{\max}$,情况就不一样了,若把异步电动机的转速反馈用于控制异步电动机的转差率,使之总是保持在较小的转差率下,调速系统就可以在高功率因数、小转子电流、低转子损耗下获得较大的电磁转矩。这就是转差频率控制的基本概念,下面进行具体分析。

在交流异步电动机中,影响转矩的因素很多,控制异步电动机转矩的问题比较复杂,按照恒 $E_g/\omega_1$ 控制的电磁转矩公式

$$T_e = 3n_p \left(\frac{E_g}{\omega_1}\right)^2 \frac{s\omega_1 R_r'}{R_r'^2 + s\omega_1^2 L_{lr}'^2}$$

将 $E_g = \dfrac{1}{\sqrt{2}}\omega_1 N_s k_{Ns}\Phi_m$ 代入,定义 $\omega_s = s\omega_1$ 为转差角频率,得

$$T_e = K_m \Phi_m \frac{\omega_s R'_r}{R_r'^2 + (\omega_s L'_{1r})^2} \tag{6-41}$$

式中，$K_m = \frac{3}{2} n_p N_s^2 k_{Ns}^2$ 是电动机的结构常数。

当 $s$ 值很小，$\omega_s$ 也很小，可以认为 $R'_r \gg \omega_s L'_{1r}$，则电磁转矩可近似表示为

$$T_e \approx K_m \Phi_m^2 \frac{\omega_s}{R'_r} \tag{6-42}$$

式(6-42)表明，在 $s$ 值很小的稳态运行范围内，如果能保持气隙磁通不变，异步电动机转矩 $T_e$ 就近似与转差角频率 $\omega_s$ 成正比，也可以认为控制转差角频率 $\omega_s$ 就能间接控制转矩 $T_e$。这就是转差频率控制的基本概念。

上述规律在保持 $\Phi_m$ 恒定的前提下才成立，按恒 $U_s/\omega_1$ 控制就可以保持 $\Phi_m$ 恒定。为了在低频时补偿定子电流压降，在恒 $U_s/\omega_1$ 基础上再适当提高电压，但缺点是补偿量调节困难。对于分别进行调压和变频的交流变频调速系统也可以采用另外一种方法。

从电动机原理可以知道，要保持 $\Phi_m$ 不变，只要控制励磁电流 $I_m$ 不变。由于

$$\dot{I}_m = \dot{I}_s + \dot{I}'_r \tag{6-43}$$

在广泛使用的笼型异步电动机中，定子电流 $I_s$ 可测可控，但转子电流 $I'_r$ 无法直接测量和控制，但有

$$\dot{I}'_r = \frac{\dot{E}_g}{R'_r/s + jx'_{1r}} = \frac{-j\dot{I}_m x_m s}{R'_r + jsx'_{1r}} = \frac{-j\dot{I}_m x_m \left(\frac{\omega_s}{\omega_1}\right)}{R'_r + j\left(\frac{\omega_s}{\omega_1}\right)x'_{1r}} = \frac{-j\dot{I}_m L_m \omega_s}{R'_r + j\omega_s L'_{1r}} \tag{6-44}$$

由电机学可知

$$I'_r = \frac{sE_g}{\sqrt{R_r'^2 + (s\omega L'_r)^2}} \tag{6-45}$$

把式(6-44)代入式(6-45)，整理后得

$$\dot{I}_s = \dot{I}_m \left(1 + \frac{-j\omega_s L_m}{R'_r + j\omega_s L'_{1r}}\right) \tag{6-46}$$

写成标量形式：

$$I_s = I_m \sqrt{\frac{R_r'^2 + [\omega_s(L_m + L'_{1r})]^2}{R_r'^2 + (\omega_s L'_{1r})^2}} \tag{6-47}$$

根据式(6-47)所示关系，要保持 $\Phi_m$ 不变，$I_s$ 的变化规律应如图 6-37 所示，也即若使 $I_s = f(\omega_s)$ 按此规律变化，则 $I_m$ 保持不变，就可以使得 $\Phi_m$ 恒定。

转差频率控制的转速闭环变压变频调速系统结构原理图如图 6-38 所示。图中，转速调节器的输出信号是转差频率给定信号 $\omega_s^*$，$\omega_s^*$ 与实测转速信号 $\omega$ 相加，即得定子频率给定信号 $\omega_1^*$。

由 $\omega_1^*$ 和定子电流反馈信号 $I_s$ 从微机存储的函数中查得定子电压给定信号 $U_s^*$，用 $U_s^*$ 和 $\omega_1^*$ 控制电压型逆变器，即得异步电动机调速系统所需的变压变频电源。

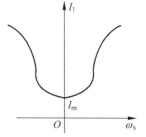

图 6-37　保持 $\Phi_m$ 恒定 $I_s$
的变化规律

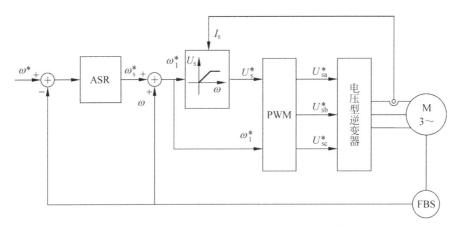

图 6-38 转差频率控制的转速闭环变压变频调速系统结构原理图

起动过程分析如下。

假设异步电动机的基频为 50Hz,固有机械特性的 $s_N=0.12$,对应的最大转差频率为 5Hz。起动时,$f_1=40$Hz,$f=0$Hz,速度调节器很快就输出饱和值 $f_s^*=5$Hz,变频器以 5Hz 的转差频率输出,电动机频率 $f_1^*$ 也为 5Hz,电动机从零速开始起动,在加速到 40Hz 之前,已经饱和的调节器输出保持不变,随着电动机的起动,在 $f$(相应于电动机转速)增加 的过程中,$f_1^*$ 始终与它同步增长,且总是比它大 5Hz,也就是说随着电动机开始升速,变频 器也开始升频,如果系统的转动惯量大,升速慢,则 $f_1^*$ 的升频也慢;若惯量小,升速快,则 $f_1^*$ 升频也快,当电动机继续升速超过 40Hz 后,调节器退出饱和,经过几次振荡,转速最终稳定,整 个起动过程完成。因此在调速过程中,$f_1^*$ 实际频率随着实际转速 $f$ 同步地上升或下降,因而 加、减速平滑且稳定,同时由于在动态过程中转速调节器饱和,系统能用对应于最大转差频率 的限幅转矩 $T_{emax}$ 进行控制,保证了在允许条件下的快速性,从而提高了系统动态性能。

转速闭环转差频率控制的交流变压变频调速系统能获得较好的动、静态性能指标,结构 也不复杂,但它还有如下缺点。

(1) 转差频率控制规律的分析,是从异步电动机稳态转矩公式出发的,认为只要保持磁 通恒定就可以。但在动态过程中,磁通不能够保持不变,因此影响了系统的动态性能。

(2) 在 $U/f$ 函数关系中只控制了定子电流幅值,无法控制定子电流相位,这也会影响 到系统的性能。

(3) 实际转速检测信号存在的误差会以正反馈的方式影响同步频率信号。

鉴于上述转差频率控制的转速闭环变频调速系统所存在的问题,人们提出了许多新的 交流调速方案,其中比较有影响的是矢量控制方案。

## 6.7 异步电动机的动态数学模型和坐标变换

基于稳态数学模型的异步电动机调速系统虽然能够在一定范围内实现平滑调速,但是 如果遇到轧钢机、数控机床、机器人等需要高动态性能的调速系统,就不能完全适应了。要实现高动态性能的系统,必须首先认真研究异步电动机的动态数学模型。

## 6.7.1　异步电动机动态数学模型

直流电动机的磁通由励磁绕组产生,可以在电枢合上电源之前建立起来且保持不变,因此,直流电动机的动态数学模型只有一个输入变量——电枢电压和一个输出变量——转速,在控制对象中含有机电时间常数和电枢回路电磁时间常数,在工程上能够允许一些假设的条件下,可以描述成单变量的三阶线性系统。但交流电动机和直流电动机模型相比有着本质区别。

异步电动机变压变频调速时需要进行电压和频率的协调控制,有电压和频率两种独立的输入变量,在输出变量中,除转速外,磁通也是一个独立的输出变量。因为电动机通入的是三相输入电源,磁通的建立和转速的变化是同时进行的,还必须在动态过程中尽量保持磁通恒定。所以异步电动机是一个多输入、多输出系统,由于电压、频率、磁通、转速之间又互相影响,所以又是一个强耦合的多变量系统。

在异步电动机中,电流乘磁通产生转矩,转速乘磁通得到感应电动势,由于它们都是同时变化的,在数学模型中就含有两个变量的乘积项,因此即使不考虑磁饱和因素,数学模型也是非线性的。

三相异步电动机定子有 3 个绕组,转子也可等效为 3 个绕组,每个绕组产生磁通时都有自己的电磁惯性,再加上运动方程和转速与转角的积分关系,即使不考虑变频装置的滞后因素,这也是一个八阶系统。

因此,异步电动机的动态数学模型是一个高阶、非线性、强耦合的多变量系统。

在研究异步电动机的多变量非线性数学模型时,常作如下假设。

(1) 忽略空间谐波,设三绕组对称,在空间中互差 $120°$,所产生的磁动势沿气隙周围按正弦规律分布。

(2) 忽略磁路饱和,认为各绕组的自感和互感都是恒定的。

(3) 忽略铁心损耗。

(4) 不考虑频率变化和温度变化对绕组电阻的影响。

无论电动机转子是绕线型还是笼型的,都将它等效成三相线型转子,并折算到定子侧,折算后的定子和转子绕组匝数都相等,这时,异步电动机的数学模型由下述电压方程、磁链方程、转矩方程和运动方程组成。

### 1. 电压方程

三相定子绕组的电压平衡方程为

$$
\begin{cases}
u_A = i_A R_s + \dfrac{\mathrm{d}\psi_A}{\mathrm{d}t} \\[2mm]
u_B = i_B R_s + \dfrac{\mathrm{d}\psi_B}{\mathrm{d}t} \\[2mm]
u_C = i_C R_s + \dfrac{\mathrm{d}\psi_C}{\mathrm{d}t}
\end{cases}
\tag{6-48}
$$

三相转子绕组折算到定子侧后的电压方程为

$$
\begin{cases}
u_{\mathrm{a}} = i_{\mathrm{a}} R_{\mathrm{r}} + \dfrac{\mathrm{d}\psi_{\mathrm{a}}}{\mathrm{d}t} \\[2mm]
u_{\mathrm{b}} = i_{\mathrm{b}} R_{\mathrm{r}} + \dfrac{\mathrm{d}\psi_{\mathrm{b}}}{\mathrm{d}t} \\[2mm]
u_{\mathrm{c}} = i_{\mathrm{c}} R_{\mathrm{r}} + \dfrac{\mathrm{d}\psi_{\mathrm{c}}}{\mathrm{d}t}
\end{cases}
\tag{6-49}
$$

将电压方程写成矩阵形式,并以微分算子 $p$ 代替微分符号

$$
\begin{bmatrix} u_{\mathrm{A}} \\ u_{\mathrm{B}} \\ u_{\mathrm{C}} \\ u_{\mathrm{a}} \\ u_{\mathrm{b}} \\ u_{\mathrm{c}} \end{bmatrix} =
\begin{bmatrix}
R_{\mathrm{s}} & 0 & 0 & 0 & 0 & 0 \\
0 & R_{\mathrm{s}} & 0 & 0 & 0 & 0 \\
0 & 0 & R_{\mathrm{s}} & 0 & 0 & 0 \\
0 & 0 & 0 & R_{\mathrm{r}} & 0 & 0 \\
0 & 0 & 0 & 0 & R_{\mathrm{r}} & 0 \\
0 & 0 & 0 & 0 & 0 & R_{\mathrm{r}}
\end{bmatrix}
\begin{bmatrix} i_{\mathrm{A}} \\ i_{\mathrm{B}} \\ i_{\mathrm{C}} \\ i_{\mathrm{a}} \\ i_{\mathrm{b}} \\ i_{\mathrm{c}} \end{bmatrix} + p
\begin{bmatrix} \psi_{\mathrm{A}} \\ \psi_{\mathrm{B}} \\ \psi_{\mathrm{C}} \\ \psi_{\mathrm{a}} \\ \psi_{\mathrm{b}} \\ \psi_{\mathrm{c}} \end{bmatrix}
\tag{6-50}
$$

或写成

$$
\boldsymbol{u} = \boldsymbol{R}\boldsymbol{i} + p\,\boldsymbol{\psi}
\tag{6-50a}
$$

### 2. 磁链方程

每个绕组的磁链是它本身的自感磁链和其他绕组对它的互感磁链之和,因此,6 个绕组的磁链可表达为

$$
\begin{bmatrix} \psi_{\mathrm{A}} \\ \psi_{\mathrm{B}} \\ \psi_{\mathrm{C}} \\ \psi_{\mathrm{a}} \\ \psi_{\mathrm{b}} \\ \psi_{\mathrm{c}} \end{bmatrix} =
\begin{bmatrix}
L_{\mathrm{AA}} & L_{\mathrm{AB}} & L_{\mathrm{AC}} & L_{\mathrm{Aa}} & L_{\mathrm{Ab}} & L_{\mathrm{Ac}} \\
L_{\mathrm{BA}} & L_{\mathrm{BB}} & L_{\mathrm{BC}} & L_{\mathrm{Ba}} & L_{\mathrm{Bb}} & L_{\mathrm{Bc}} \\
L_{\mathrm{CA}} & L_{\mathrm{CB}} & L_{\mathrm{CC}} & L_{\mathrm{Ca}} & L_{\mathrm{Cb}} & L_{\mathrm{Cc}} \\
L_{\mathrm{aA}} & L_{\mathrm{aB}} & L_{\mathrm{aC}} & L_{\mathrm{aa}} & L_{\mathrm{ab}} & L_{\mathrm{ac}} \\
L_{\mathrm{bA}} & L_{\mathrm{bB}} & L_{\mathrm{bC}} & L_{\mathrm{ba}} & L_{\mathrm{bb}} & L_{\mathrm{bc}} \\
L_{\mathrm{cA}} & L_{\mathrm{cB}} & L_{\mathrm{cC}} & L_{\mathrm{ca}} & L_{\mathrm{cb}} & L_{\mathrm{cc}}
\end{bmatrix}
\begin{bmatrix} i_{\mathrm{A}} \\ i_{\mathrm{B}} \\ i_{\mathrm{C}} \\ i_{\mathrm{a}} \\ i_{\mathrm{b}} \\ i_{\mathrm{c}} \end{bmatrix}
\tag{6-51}
$$

或写成

$$
\boldsymbol{\psi} = \boldsymbol{L}\boldsymbol{i}
\tag{6-51a}
$$

实际与电动机绕组交链的磁通主要只有两类:一类是穿过气隙的相间互感磁通,是主磁通;另一类是只与一组绕组交链而不穿过气隙的漏磁通。定子各相漏磁通所对应的电感称为定子漏感 $L_{\mathrm{ls}}$,转子漏磁通所对应的电感称为转子漏感 $L_{\mathrm{lr}}$,与定子一相绕组交链的最大互感磁通对应于定子互感 $L_{\mathrm{ms}}$,与转子一相绕组交链的最大互感磁通对应于转子互感 $L_{\mathrm{mr}}$。由于折算后定、转子绕组匝数相等,且各绕组互感磁通经过的路径所对应的磁阻相同,故可认为 $L_{\mathrm{ms}} = L_{\mathrm{mr}}$。对于每一相绕组来说,它所交链的自感磁通是互感磁通 $L_{\mathrm{ms}}$ 与漏感磁通 $L_{\mathrm{ls}}$ 之和,由于三相对称,故定子各相自感为

$$
L_{\mathrm{AA}} = L_{\mathrm{BB}} = L_{\mathrm{CC}} = L_{\mathrm{ms}} + L_{\mathrm{ls}}
\tag{6-52}
$$

转子各相自感为

$$
L_{\mathrm{aa}} = L_{\mathrm{bb}} = L_{\mathrm{cc}} = L_{\mathrm{mr}} + L_{\mathrm{lr}} = L_{\mathrm{ms}} + L_{\mathrm{lr}}
\tag{6-53}
$$

两相绕组之间只有互感,互感分为两类:一类是定子三相彼此之间和转子三相彼此之间的互感,因位置是固定的,互感为常数。在假定气隙磁通为正弦分布的情况下,由于三相绕组轴线彼此在空间上是固定的,相位差是±120°,互感值应为 $L_{ms}\cos 120°=L_{ms}\cos(-120°)=-L_{ms}/2$,则

$$L_{AB}=L_{BC}=L_{CA}=L_{BA}=L_{CB}=L_{AC}=-\frac{1}{2}L_{ms} \tag{6-54}$$

$$L_{ab}=L_{bc}=L_{ca}=L_{ba}=L_{cb}=L_{ac}=-\frac{1}{2}L_{mr}=-\frac{1}{2}L_{ms} \tag{6-55}$$

另一类是定子与转子绕组之间的互感。由于定子任一相绕组与转子任一相绕组之间的位置是变化的,互感是角位移 $\theta$ 的函数,即

$$L_{Aa}=L_{aA}=L_{Bb}=L_{bB}=L_{Cc}=L_{cC}=L_{ms}\cos\theta \tag{6-56}$$

$$L_{Ab}=L_{bA}=L_{Bc}=L_{cB}=L_{Ca}=L_{aC}=L_{ms}\cos(\theta+120°) \tag{6-57}$$

$$L_{Ac}=L_{cA}=L_{Ba}=L_{aB}=L_{Cb}=L_{bC}=L_{ms}\cos(\theta-120°) \tag{6-58}$$

当定、转子两相绕组轴线一致时,两者之间的互感值最大,其值为 $L_{ms}$。

将式(6-52)~式(6-58)代入式(6-51),即得到完整的磁链方程,将它写成分块矩阵的形式

$$\begin{pmatrix}\boldsymbol{\psi}_s\\\boldsymbol{\psi}_r\end{pmatrix}=\begin{pmatrix}\boldsymbol{L}_{ss}&\boldsymbol{L}_{sr}\\\boldsymbol{L}_{rs}&\boldsymbol{L}_{rr}\end{pmatrix}\begin{pmatrix}\boldsymbol{i}_s\\\boldsymbol{i}_r\end{pmatrix} \tag{6-59}$$

式中

$$\boldsymbol{\psi}_s=\begin{bmatrix}\psi_A&\psi_B&\psi_C\end{bmatrix}^T,\quad \boldsymbol{\psi}_r=\begin{bmatrix}\psi_a&\psi_b&\psi_c\end{bmatrix}^T$$

$$\boldsymbol{i}_s=\begin{bmatrix}i_A&i_B&i_C\end{bmatrix}^T,\quad \boldsymbol{i}_r=\begin{bmatrix}i_a&i_b&i_c\end{bmatrix}^T$$

$$\boldsymbol{L}_{ss}=\begin{bmatrix}L_{ms}+L_{ls}&-\frac{1}{2}L_{ms}&-\frac{1}{2}L_{ms}\\-\frac{1}{2}L_{ms}&L_{ms}+L_{ls}&-\frac{1}{2}L_{ms}\\-\frac{1}{2}L_{ms}&-\frac{1}{2}L_{ms}&L_{ms}+L_{ls}\end{bmatrix} \tag{6-60}$$

$$\boldsymbol{L}_{rr}=\begin{bmatrix}L_{ms}+L_{lr}&-\frac{1}{2}L_{ms}&-\frac{1}{2}L_{ms}\\-\frac{1}{2}L_{ms}&L_{ms}+L_{lr}&-\frac{1}{2}L_{ms}\\-\frac{1}{2}L_{ms}&-\frac{1}{2}L_{ms}&L_{ms}+L_{lr}\end{bmatrix} \tag{6-61}$$

$$\boldsymbol{L}_{rs}=\boldsymbol{L}_{sr}^T=L_{ms}\begin{bmatrix}\cos\theta&\cos(\theta-120°)&\cos(\theta+120°)\\\cos(\theta+120°)&\cos\theta&\cos(\theta-120°)\\\cos(\theta-120°)&\cos(\theta+120°)&\cos\theta\end{bmatrix} \tag{6-62}$$

### 3. 转矩方程

根据机电能量转换原理,在多相绕组电动机中,在线性电感的条件下,磁场的储能和磁

共能为

$$W_{\mathrm{m}} = W'_{\mathrm{m}} = \frac{1}{2} \boldsymbol{i}^{\mathrm{T}} \boldsymbol{\psi} = \frac{1}{2} \boldsymbol{i}^{\mathrm{T}} \boldsymbol{L} \boldsymbol{i} \tag{6-63}$$

电磁转矩等于机械角位移变化时磁共能的变化率 $\dfrac{\partial W'_{\mathrm{m}}}{\partial \theta_{\mathrm{m}}}$（电流约束为常值），机械角位移 $\theta_{\mathrm{m}} = \theta/n_{\mathrm{p}}$，于是

$$T = \frac{\partial W'_{\mathrm{m}}}{\partial \theta_{\mathrm{m}}} \bigg|_{i=\mathrm{ct}} = p \frac{\partial W'_{\mathrm{m}}}{\partial \theta} \bigg|_{i=\mathrm{ct}} \tag{6-64}$$

将式(6-63)代入式(6-64)中，并考虑到电感的分块矩阵关系式，得

$$T = \frac{1}{2} p \boldsymbol{i}^{\mathrm{T}} \frac{\partial \boldsymbol{L}}{\partial \theta} \boldsymbol{i} = \frac{1}{2} p \boldsymbol{i}^{\mathrm{T}} \begin{bmatrix} 0 & \dfrac{\partial \boldsymbol{L}_{\mathrm{sr}}}{\partial \theta} \\ \dfrac{\partial \boldsymbol{L}_{\mathrm{rs}}}{\partial \theta} & 0 \end{bmatrix} \boldsymbol{i} = \frac{1}{2} p \left( \boldsymbol{i}_{\mathrm{r}}^{\mathrm{T}} \frac{\partial \boldsymbol{L}_{\mathrm{rs}}}{\partial \theta} \boldsymbol{i}_{\mathrm{s}} + \boldsymbol{i}_{\mathrm{s}}^{\mathrm{T}} \frac{\partial \boldsymbol{L}_{\mathrm{sr}}}{\partial \theta} \boldsymbol{i}_{\mathrm{r}} \right) \tag{6-65}$$

以式(6-62)代入式(6-65)并展开后，舍去负号，意即电磁转矩的正方向为减小方向，则

$$\begin{aligned} T = p L_{\mathrm{ms}} \big[ & (i_{\mathrm{A}} i_{\mathrm{a}} + i_{\mathrm{B}} i_{\mathrm{b}} + i_{\mathrm{C}} i_{\mathrm{c}}) \sin\theta + (i_{\mathrm{A}} i_{\mathrm{b}} + i_{\mathrm{B}} i_{\mathrm{c}} + i_{\mathrm{C}} i_{\mathrm{a}}) \sin(\theta + 120°) \\ & + (i_{\mathrm{A}} i_{\mathrm{c}} + i_{\mathrm{B}} i_{\mathrm{a}} + i_{\mathrm{C}} i_{\mathrm{b}}) \sin(\theta - 120°) \big] \end{aligned} \tag{6-66}$$

#### 4. 电力拖动系统运动方程

忽略电力拖动系统传动机构中的黏性摩擦和扭转弹性，则系统的运动方程为

$$T = T_{\mathrm{L}} + \frac{J}{p} \frac{\mathrm{d}\omega}{\mathrm{d}t} \tag{6-67}$$

另

$$\omega = \frac{\mathrm{d}\theta}{\mathrm{d}t} \tag{6-68}$$

将式(6-50)、式(6-51)、式(6-66)、式(6-67)、式(6-68)结合起来，就构成了在恒转矩负载下三相异步电动机的多变量数学模型。

## 6.7.2  坐标变换和变换矩阵

6.7.1 节中虽已推导出异步电动机的动态数学模型，但是，要分析和求解这组非线性方程显然是十分困难的，在实际应用中必须进行简化，简化的基本方法是坐标变换。

#### 1. 坐标变换的基本思路

直流电动机的数学模型比较简单，可以看看直流电动机的磁链关系。图 6-39 中绘出了二极直流电动机的物理模型，励磁绕组 $F$ 在定子上，电枢绕组 $A$ 在转子上，把 $F$ 的轴线称为直轴或 $d$ 轴，主磁通 $\Phi$ 的方向就是沿着 $d$ 轴的，$A$ 轴线则称为交轴或 $q$ 轴。虽然直流电动机电枢本身是旋转的，但当电刷位于磁极的中性线上时，由于电刷的作用，电枢磁动势的轴线始终限定在 $q$ 轴位置上，其效果好像一个在 $q$ 轴上静止的绕组一样，而它实际是旋转

的,会切割 $d$ 轴的磁通而产生旋转电动势,这又和真正
的静止绕组有区别。以图 6-39 为例,当线圈 $a$ 在 $b$ 位置
时,电枢磁动势方向为 $q$ 轴方向,当电枢线圈 $a$ 转到 $b'$
位置后,虽然此线圈的位置和电流方向都发生改变,但
电枢磁动势方向仍然没有发生变化,还是 $q$ 轴方向。因
此通常把这种等效的静止绕组称为伪静止绕组,电枢磁
动势由于其作用方向与 $d$ 轴垂直而对主磁通 $\Phi$ 影响很
小,所以直流电动机的主磁通基本上唯一地由励磁绕组
的励磁电流决定,这是直流电动机的数学模型及其控制
系统比较简单的根本原因。

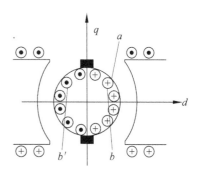

图 6-39　二极直流电动机物理模型

如果能将交流电动机的物理模型等效地变换成类似直流电动机的模型,则分析和控制
就可以简化,坐标变换正是按照这个思路进行的。

**2. 坐标变换的原则**

(1) 坐标变换前后功率保持不变

定义新向量电压 $\boldsymbol{u}'$、电流 $\boldsymbol{i}'$ 与原向量电压 $\boldsymbol{u}$、电流 $\boldsymbol{i}$ 之间的变换关系为

$$\boldsymbol{u}' = \boldsymbol{C}\boldsymbol{u} \tag{6-69}$$

$$\boldsymbol{i}' = \boldsymbol{C}\boldsymbol{i} \tag{6-70}$$

若变换前后功率保持不变,则

$$P = \boldsymbol{i}^{\mathrm{T}}\boldsymbol{u} = (\boldsymbol{i}')^{\mathrm{T}}\boldsymbol{u}' \tag{6-71}$$

将式(6-69)、式(6-70)代入式(6-71)得

$$P = \boldsymbol{i}^{\mathrm{T}}\boldsymbol{u} = (\boldsymbol{i}')^{\mathrm{T}}\boldsymbol{u}' = (\boldsymbol{C}\boldsymbol{i})^{\mathrm{T}}\boldsymbol{C}\boldsymbol{u} = \boldsymbol{i}^{\mathrm{T}}\boldsymbol{C}^{\mathrm{T}}\boldsymbol{C}\boldsymbol{u} \tag{6-72}$$

则

$$\boldsymbol{C}^{\mathrm{T}}\boldsymbol{C} = \boldsymbol{E} \quad \text{或} \quad \boldsymbol{C}^{\mathrm{T}} = \boldsymbol{C}^{-1} \tag{6-73}$$

可见 $\boldsymbol{C}$ 是个正交矩阵。

(2) 坐标变换前后磁动势保持不变

不同电动机模型彼此等效的原则是在不同坐标下所产生的磁动势完全一致。

**3. 坐标变换的任务**

由电机学可知,在交流电动机三相对称的静止绕组中,通以三相平衡的正弦电流时,所
产生的合成磁动势是旋转磁动势,它在空间呈正弦分布,以同步转速顺着 ABC 的相序旋转,
如图 6-40(a)所示。

然而,旋转磁动势不一定非要三相不可,除单相外,二相、四相等任意对称的多相绕组通
入平衡的多相电流后,都能产生旋转磁动势,当然以两相最为简单,对于两相静止绕组 $\alpha$ 和
$\beta$,它们在空间互差 $90°$,当通入时间上互差 $90°$的两相平衡交流电流时,也能产生旋转磁动势
$F$,当这个旋转磁动势的大小和转速都等于三相绕组产生的磁动势时,就可认为两相绕组和
三相绕组等效,如图 6-40(b)所示。

但对于两个匝数相等且互相垂直的绕组 $d$ 和 $q$ 来说,其中分别通以直流电流 $i_{\mathrm{m}}$ 和 $i_{\mathrm{t}}$,

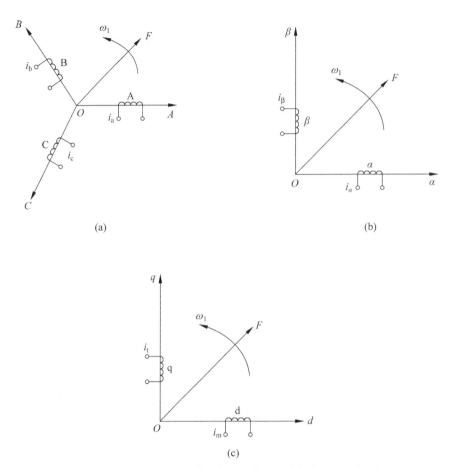

图 6-40　等效的交流电动机绕组和直流电动机绕组物理模型
(a) 三相交流绕组；(b) 两相交流绕组；(c) 旋转的直流绕组

产生合成磁动势 $F$，其位置相对于绕组来说是不旋转的，如果人为地让包含这两个绕组在内的整个铁心以同步转速旋转，则磁动势 $F$ 自然也随之旋转起来了，成为旋转磁动势，把这个旋转磁动势的大小和转速也控制成与图 6-40(a) 和图 6-40(b) 中的旋转磁动势一样，那么这套旋转的直流绕组也就和前面两套静止的交流绕组都等效了，当铁心和绕组一起旋转时，$d$ 和 $q$ 是两个通入直流而相互垂直的静止绕组，如果控制磁通 $\Phi$ 的位置在 $d$ 轴上，就和图 6-39 的直流电动机物理模型没有本质上的区别，这时，绕组 $d$ 相相当于励磁绕组，$q$ 相相当于伪静止的电枢绕组。

　　由此可见，以产生同样的旋转磁动势为准则，图 6-40(a) 中的三相交流绕组、图 6-40(b) 中的两相交流绕组和图 6-40(c) 中的整体旋转的直流绕组彼此等效。它们能产生相同的旋转磁动势，这样，通过坐标系的变换，可以找到与交流三相绕组等效的直流电动机模型，求出 $i_A$、$i_B$、$i_C$ 与 $i_\alpha$、$i_\beta$ 和 $i_d$、$i_q$ 之间准确的等效关系，这就是坐标变换的任务。

### 4. 三相-两相变换

　　先考虑上述第一种坐标变换，即在三相静止绕组 A、B、C 和两相静止绕组 $\alpha$、$\beta$ 之间的变换，简称 3/2 变换。

　　图 6-41 中绘出了 $A$、$B$、$C$ 和 $\alpha$、$\beta$ 两个坐标系,为方便起见,取 $A$ 轴和 $\alpha$ 轴重合,设三相绕组每相有效匝数为 $N_3$,两相绕组每相有效匝数为 $N_2$,各相磁动势为有效匝数与电流的乘积,其空间矢量均位于有关相的坐标上,由于交流磁动势大小随时间变化,图 6-41 中磁动势矢量的长度是随意的。

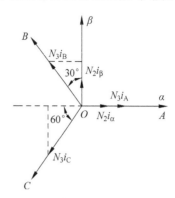

图 6-41　三相和两相坐标系与绕组磁动势的空间矢量

　　设磁动势波形是正弦分布的,当三相磁动势与两相磁动势相等时,两套绕组瞬时磁动势在 $\alpha$、$\beta$ 轴上的投影都应相等,因此

$$N_2 i_\alpha = N_3 i_A - N_3 i_B \sin 30° - N_3 i_C \sin 30° \qquad (6\text{-}74)$$

$$N_2 i_\beta = N_3 i_B \cos 30° - N_3 i_C \cos 30° \qquad (6\text{-}75)$$

写成矩阵形式,得

$$\begin{pmatrix} i_\alpha \\ i_\beta \end{pmatrix} = \frac{N_3}{N_2} \begin{pmatrix} 1 & -\dfrac{1}{2} & -\dfrac{1}{2} \\[2mm] 0 & \dfrac{\sqrt{3}}{2} & -\dfrac{\sqrt{3}}{2} \end{pmatrix} \begin{pmatrix} i_A \\ i_B \\ i_C \end{pmatrix} \qquad (6\text{-}76)$$

为了求反变换,最好将变换矩阵表示成可逆矩阵,为此,在两相系统上人为地增加零轴磁动势,并定义为

$$N_2 i_0 = K N_3 (i_A + i_B + i_C) \qquad (6\text{-}77)$$

将式(6-76)、式(6-77)合在一起,写成矩阵形式,得

$$\begin{pmatrix} i_\alpha \\ i_\beta \\ i_0 \end{pmatrix} = \frac{N_3}{N_2} \begin{pmatrix} 1 & -\dfrac{1}{2} & -\dfrac{1}{2} \\[2mm] 0 & \dfrac{\sqrt{3}}{2} & -\dfrac{\sqrt{3}}{2} \\[2mm] K & K & K \end{pmatrix} \begin{pmatrix} i_A \\ i_B \\ i_C \end{pmatrix} = \boldsymbol{C}_{3/2} \begin{pmatrix} i_A \\ i_B \\ i_C \end{pmatrix} \qquad (6\text{-}78)$$

考虑变换后总功率不变,由 $\boldsymbol{C}_{3/2}^{\mathrm{T}} \boldsymbol{C}_{3/2} = \boldsymbol{E}$ 得

$$\frac{N_3}{N_2} = \sqrt{\frac{2}{3}}, K = \frac{1}{\sqrt{2}}$$

代入式(6-78)得

$$\boldsymbol{C}_{3/2} = \sqrt{\frac{2}{3}} \begin{pmatrix} 1 & -\dfrac{1}{2} & -\dfrac{1}{2} \\[2mm] 0 & \dfrac{\sqrt{3}}{2} & -\dfrac{\sqrt{3}}{2} \\[2mm] \dfrac{1}{\sqrt{2}} & \dfrac{1}{\sqrt{2}} & \dfrac{1}{\sqrt{2}} \end{pmatrix} \qquad (6\text{-}79)$$

在实际电动机中并没有零轴电流,因此实际的电流变换式为

$$\begin{pmatrix} i_\alpha \\ i_\beta \end{pmatrix} = \sqrt{\frac{2}{3}} \begin{pmatrix} 1 & -\dfrac{1}{2} & -\dfrac{1}{2} \\[2mm] 0 & \dfrac{\sqrt{3}}{2} & -\dfrac{\sqrt{3}}{2} \end{pmatrix} \begin{pmatrix} i_A \\ i_B \\ i_C \end{pmatrix} = \boldsymbol{C}_{3/2} \begin{pmatrix} i_A \\ i_B \\ i_C \end{pmatrix} \qquad (6\text{-}80)$$

上式表示从三相静止坐标系到两相静止坐标系的变换。

如果要从两相坐标系变换到三相坐标系,将式(6-79)求逆矩阵后,再除去增加的一列,即得

$$\begin{pmatrix} i_A \\ i_B \\ i_C \end{pmatrix} = \sqrt{\frac{2}{3}} \begin{bmatrix} 1 & 0 \\ -\dfrac{1}{2} & \dfrac{\sqrt{3}}{2} \\ -\dfrac{1}{2} & -\dfrac{\sqrt{3}}{2} \end{bmatrix} \begin{pmatrix} i_\alpha \\ i_\beta \end{pmatrix} = \boldsymbol{C}_{2/3} \begin{pmatrix} i_\alpha \\ i_\beta \end{pmatrix} \tag{6-81}$$

如果三相绕组是Y形连接不带零线,则有 $i_A + i_B + i_C = 0$,代入式(6-80)和式(6-81)并整理后得

$$\begin{pmatrix} i_\alpha \\ i_\beta \end{pmatrix} = \begin{bmatrix} \sqrt{\dfrac{3}{2}} & 0 \\ \dfrac{1}{\sqrt{2}} & \sqrt{2} \end{bmatrix} \begin{pmatrix} i_A \\ i_B \end{pmatrix} \tag{6-82}$$

$$\begin{pmatrix} i_A \\ i_B \end{pmatrix} = \begin{bmatrix} \sqrt{\dfrac{2}{3}} & 0 \\ -\dfrac{1}{\sqrt{6}} & \dfrac{1}{\sqrt{2}} \end{bmatrix} \begin{pmatrix} i_\alpha \\ i_\beta \end{pmatrix} \tag{6-83}$$

按照上面所采用的条件,电流变换阵也就是电压变换阵,它们也是磁链的变换阵。

### 5. 两相-两相旋转变换

图 6-40(b)中和图 6-40(c)中从两相静止坐标系 $\alpha$、$\beta$ 到两相旋转坐标系 $d$、$q$ 的变换称为两相-两相旋转变换,简称 2s/2r 变换,其中,s 表示静止,r 表示旋转。把两个坐标系画在一起,即得图 6-42。图中,两相交流电流 $i_\alpha$ 和 $i_\beta$ 与两个直流电流 $i_d$、$i_q$ 产生同样的以同步转速 $\omega_1$ 旋转的合成磁动势,由于各相绕组匝数相等,可以消去磁动势的匝数,直接用电流 $i_s$ 表示。

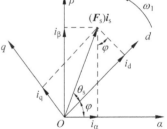

图 6-42 两相静止和旋转坐标系
与磁动势空间矢量

在图 6-42 中,$d$、$q$ 轴和矢量 $\boldsymbol{F}_s$ 都以转速 $\omega_1$ 旋转,分量 $i_d$、$i_q$ 的长度不变,相当于 $d$、$q$ 绕组的直流磁动势,但 $\alpha$、$\beta$ 轴是静止的,$\alpha$ 轴与 $d$ 轴的夹角 $\varphi$ 随时间变化,因此 $i_s$ 在 $\alpha$、$\beta$ 轴上的分量 $i_\alpha$、$i_\beta$ 的长度也随时间变化,相当于 $\alpha$、$\beta$ 绕组交流磁动势的瞬时值,由图 6-42 可见,$i_\alpha$、$i_\beta$ 和 $i_d$、$i_q$ 之间存在下列关系:

$$\begin{cases} i_\alpha = i_d \cos\varphi - i_q \sin\varphi \\ i_\beta = i_d \sin\varphi + i_q \cos\varphi \end{cases} \tag{6-84}$$

写成矩阵形式,得

$$\begin{pmatrix} i_\alpha \\ i_\beta \end{pmatrix} = \begin{pmatrix} \cos\varphi & -\sin\varphi \\ \sin\varphi & \cos\varphi \end{pmatrix} \begin{pmatrix} i_d \\ i_q \end{pmatrix} = \boldsymbol{C}_{2r/2s} \begin{pmatrix} i_d \\ i_q \end{pmatrix} \tag{6-85}$$

式中

$$C_{2\mathrm{r}/2\mathrm{s}} = \begin{pmatrix} \cos\varphi & -\sin\varphi \\ \sin\varphi & \cos\varphi \end{pmatrix} \tag{6-86}$$

是两相旋转坐标系变换到两相静止坐标系的变换阵。

对式(6-85)两边都左乘以变换阵的逆矩阵,即得

$$\begin{pmatrix} i_{\mathrm{d}} \\ i_{\mathrm{q}} \end{pmatrix} = \begin{pmatrix} \cos\varphi & -\sin\varphi \\ \sin\varphi & \cos\varphi \end{pmatrix}^{-1} \begin{pmatrix} i_{\alpha} \\ i_{\beta} \end{pmatrix} = \begin{pmatrix} \cos\varphi & \sin\varphi \\ -\sin\varphi & \cos\varphi \end{pmatrix} \begin{pmatrix} i_{\alpha} \\ i_{\beta} \end{pmatrix} \tag{6-87}$$

则两相静止坐标系变换到两相旋转坐标系的变换阵为

$$C_{2\mathrm{s}/2\mathrm{r}} = \begin{pmatrix} \cos\varphi & \sin\varphi \\ -\sin\varphi & \cos\varphi \end{pmatrix} \tag{6-88}$$

电压和磁链的旋转变换阵也与电流旋转变换阵相同。

**6. 三相静止坐标系到两相旋转坐标系的变换**

要实现从三相静止坐标系 $A$、$B$、$C$ 到两相旋转坐标系 $d$、$q$ 的变换,可以先将三相静止坐标系 $ABC$ 变换到两相静止坐标系 $\alpha$、$\beta$,再从两相静止坐标系变换到两相旋转坐标系 $d$、$q$。

由于 $C_{2\mathrm{s}/2\mathrm{r}}$ 是两相矩阵,为了变成三相矩阵,假想一个 0 轴,使得 $i = i_0$,凑成方阵,式(6-87)的矩阵变换为

$$\begin{pmatrix} i_{\mathrm{d}} \\ i_{\mathrm{q}} \\ i_0 \end{pmatrix} = \begin{pmatrix} \cos\varphi & \sin\varphi & 0 \\ -\sin\varphi & \cos\varphi & 0 \\ 0 & 0 & 1 \end{pmatrix} \begin{pmatrix} i_{\alpha} \\ i_{\beta} \\ i_0 \end{pmatrix} = C_{2\mathrm{s}/2\mathrm{r}} \begin{pmatrix} i_{\alpha} \\ i_{\beta} \\ i_0 \end{pmatrix} \tag{6-89}$$

合并式(6-79)、式(6-89),可得变换式

$$C_{3\mathrm{s}/2\mathrm{r}} = C_{2\mathrm{s}/2\mathrm{r}} C_{3\mathrm{s}/2\mathrm{s}} = \sqrt{\frac{2}{3}} \begin{bmatrix} \cos\varphi & \cos(\varphi - 120°) & \cos(\varphi + 120°) \\ -\sin\varphi & -\sin(\varphi - 120°) & -\sin(\varphi + 120°) \\ \dfrac{1}{\sqrt{2}} & \dfrac{1}{\sqrt{2}} & \dfrac{1}{\sqrt{2}} \end{bmatrix} \tag{6-90}$$

对上面矩阵求逆,即可得到两相旋转坐标系到三相静止坐标系的变换矩阵

$$C_{2\mathrm{r}/3\mathrm{s}} = C_{3\mathrm{s}/2\mathrm{r}}^{-1} = C_{3\mathrm{s}/2\mathrm{r}}^{\mathrm{T}} = \sqrt{\frac{2}{3}} \begin{bmatrix} \cos\varphi & -\sin\varphi & \dfrac{1}{\sqrt{2}} \\ \cos(\varphi - 120°) & -\sin(\varphi - 120°) & \dfrac{1}{\sqrt{2}} \\ \cos(\varphi + 120°) & -\sin(\varphi + 120°) & \dfrac{1}{\sqrt{2}} \end{bmatrix} \tag{6-91}$$

**7. 直角坐标-极坐标变换(K/P 变换)**

图 6-42 中令矢量 $i_{\mathrm{s}}$ 和 $d$ 轴的夹角为 $\theta_{\mathrm{s}}$,已知 $i_{\mathrm{d}}$、$i_{\mathrm{q}}$,求 $i_{\mathrm{s}}$ 和 $\theta_{\mathrm{s}}$,就是直角坐标-极坐标变换,简称 K/P 变换,其变换式为

$$i_{\mathrm{s}} = \sqrt{i_{\mathrm{d}}^2 + i_{\mathrm{q}}^2} \tag{6-92}$$

$$\theta_s = \arctan \frac{i_q}{i_d} \tag{6-93}$$

当 $\theta_s$ 在 $0° \sim 90°$ 之间变化时，$\tan\theta_s$ 的变化范围是 $0 \sim \infty$，这个变化幅度太大，在数字变换器中容易溢出，因此常改用下列方式表示 $\theta_s$ 值。

$$\tan\frac{\theta_s}{2} = \frac{\sin\dfrac{\theta_s}{2}}{\cos\dfrac{\theta_s}{2}} = \frac{\sin\theta_s}{1+\cos\theta_s} = \frac{i_q}{i_s+i_d} \tag{6-94}$$

则

$$\theta_s = 2\arctan\frac{i_q}{i_s+i_d} \tag{6-95}$$

# 6.8　三相异步电动机在不同坐标系上的数学模型

异步电动机的数学模型比较复杂，坐标变换的目的是简化数学模型，6.7.1 节中异步电动机的数学模型是建立在三相静止的 $ABC$ 坐标系上，如果把它变换到两相坐标系上，由于两相坐标轴相互垂直，两相绕组之间没有磁的耦合，仅此一点，就会使数学模型简单许多。

**1. 异步电动机在两相任意旋转坐标系上的数学模型**

设两相旋转坐标 $d$ 轴与三相坐标 $A$ 轴的夹角为 $\theta_1$，$p\theta_1 = \omega_{dqs}$ 为 $dq$ 坐标系相对于定子的角转速，$\omega_{dqr}$ 为 $dq$ 坐标系相对于转子的角转速，要把三相静止坐标系上的电压方程、磁链方程和转矩方程变换到两相旋转坐标系上，可以先利用 3/2 变换将方程式中定子和转子的电压、电流、磁链和转矩都变换到两相静止坐标系 $\alpha\beta$ 上，然后再用旋转变换阵 $\boldsymbol{C}_{2s/2r}$ 将这些变量换到两相旋转坐标系 $dq$ 上。下面是变换后得到的数学模型。

(1) 磁链方程

磁链方程为

$$\begin{bmatrix} \psi_{sd} \\ \psi_{sq} \\ \psi_{rd} \\ \psi_{rq} \end{bmatrix} = \begin{bmatrix} L_s & 0 & L_m & 0 \\ 0 & L_s & 0 & L_m \\ L_m & 0 & L_r & 0 \\ 0 & L_m & 0 & L_r \end{bmatrix} \begin{bmatrix} i_{sd} \\ i_{sq} \\ i_{rd} \\ i_{rq} \end{bmatrix} \tag{6-96}$$

式中，$L_m$ 为 $dq$ 坐标系定子与转子同轴等效绕组间的互感，$L_m = \dfrac{3}{2}L_{ms}$；$L_s$ 为 $dq$ 坐标系定子等效两相绕组的自感，$L_s = \dfrac{3}{2}L_{ms} + L_{ls} = L_m + L_{ls}$；$L_r$ 为 $dq$ 坐标系转子等效两相绕组的自感，$L_r = \dfrac{3}{2}L_{ms} + L_{lr} = L_m + L_{lr}$。

(2) 电压方程

电压方程为

$$u_{sd} = R_s i_{sd} + p\psi_{sd} - \omega_{dqs}\psi_{sq}$$
$$u_{sq} = R_s i_{sq} + p\psi_{sq} + \omega_{dqs}\psi_{sd}$$
$$u_{rd} = R_r i_{rd} + p\psi_{rd} - \omega_{dqr}\psi_{rq} \qquad (6\text{-}97)$$
$$u_{rq} = R_r i_{rq} + p\psi_{rq} + \omega_{dqr}\psi_{rd}$$

将磁链方程式(6-96)代入式(6-97)中,得到 $dq$ 坐标系上的电压-电流方程式如下:

$$\begin{bmatrix} u_{sd} \\ u_{sq} \\ u_{rd} \\ u_{rq} \end{bmatrix} = \begin{bmatrix} R_s + L_s p & -\omega_{dqs}L_s & L_m p & -\omega_{dqs}L_m \\ \omega_{dqs}L_s & R_s + L_s p & \omega_{dqs}L_m & L_m p \\ L_m p & -\omega_{dqr}L_m & R_r + L_r p & -\omega_{dqr}L_r \\ \omega_{dqr}L_m & L_m p & \omega_{dqr}L_r & R_r + L_r p \end{bmatrix} \begin{bmatrix} i_{sd} \\ i_{sq} \\ i_{rd} \\ i_{rq} \end{bmatrix} \qquad (6\text{-}98)$$

（3）转矩方程和运动方程

在 $dq$ 坐标系上的转矩方程为

$$T_e = n_p L_m (i_{sq} i_{rd} - i_{sd} i_{rq}) \qquad (6\text{-}99)$$

运动方程与坐标变换无关,仍为

$$T_e = T_L + \frac{J}{n_p} \frac{d\omega}{dt}$$

其中, $\omega$ 为电动机转子角速度。

式(6-96)、式(6-97)、式(6-99)、式(6-67)构成异步电动机在两相以任意转速旋转的坐标系上的数学模型,它比 $ABC$ 坐标系上的数学模型简单得多,阶次也降低了,但其非线性、多变量、强耦合的性质没有改变。

**2. 异步电动机在两相静止坐标系（$\alpha\beta$ 坐标系）上的数学模型**

异步电动机在两相静止坐标系上的数学模型又称为 Kron 异步电动机方程式或双轴原型电动机基本方程,它是任意旋转坐标系数学模型在坐标转速等于零时的特例。此时, $\omega_{dqs}=0$ ， $\omega_{dqr}=-\omega$ ，对于电压方程,只需将下标由 d、q 改为 $\alpha$ 、 $\beta$ ，则式(6-98)变为

$$\begin{bmatrix} u_{s\alpha} \\ u_{s\beta} \\ u_{r\alpha} \\ u_{r\beta} \end{bmatrix} = \begin{bmatrix} R_s + L_s p & 0 & L_m p & 0 \\ 0 & R_s + L_s p & 0 & L_m p \\ L_m p & \omega L_m & R_r + L_r p & \omega L_r \\ -\omega L_m & L_m p & -\omega L_r & R_r + L_r p \end{bmatrix} \begin{bmatrix} i_{s\alpha} \\ i_{s\beta} \\ i_{r\alpha} \\ i_{r\beta} \end{bmatrix} \qquad (6\text{-}100)$$

同样,磁链方程由式(6-96)变为

$$\begin{bmatrix} \psi_{s\alpha} \\ \psi_{s\beta} \\ \psi_{r\alpha} \\ \psi_{r\beta} \end{bmatrix} = \begin{bmatrix} L_s & 0 & L_m & 0 \\ 0 & L_s & 0 & L_m \\ L_m & 0 & L_r & 0 \\ 0 & L_m & 0 & L_r \end{bmatrix} \begin{bmatrix} i_{s\alpha} \\ i_{s\beta} \\ i_{r\alpha} \\ i_{r\beta} \end{bmatrix} \qquad (6\text{-}101)$$

$\alpha\beta$ 坐标系上的电磁转矩为

$$T_e = n_p L_m (i_{s\beta} i_{r\alpha} - i_{s\alpha} i_{r\beta}) \qquad (6\text{-}102)$$

**3. 异步电动机在 $M$、$T$ 坐标系下的数学模型**

上述变换中所取的是异步电动机以同步转速 $\omega_1$ 旋转的 $d$ 轴,没有确切的几何概念和

物理概念,现在可以进一步规定它的方向,使它具备一定的物理含义。规定 $d$ 轴取在转子磁链 $\psi_r$ 的轴线上,称为 $M$ 轴,超前于它 90° 的 $q$ 轴则称为 $T$ 轴,这样的以同步转速 $\omega_{dqs}=\omega_1$ 在空间旋转的两相坐标系就是 $M$、$T$ 坐标系。由于转子的转速为 $\omega$,因此 $MT$ 轴相对于转子的角速度为 $\omega_{dqr}=\omega_1-\omega=\omega_s$,代入式(6-98),并用 M、T 符号取代 d、q,就可得到 $M$、$T$ 坐标系下的电压方程

$$\begin{bmatrix} u_{sM} \\ u_{sT} \\ u_{rM} \\ u_{rT} \end{bmatrix} = \begin{bmatrix} R_s+L_sp & -\omega_1L_s & L_mp & -\omega_1L_m \\ \omega_1L_s & R_s+L_sp & \omega_1L_m & L_mp \\ L_mp & -\omega_sL_m & R_r+L_rp & -\omega_sL_r \\ \omega_sL_m & L_mp & \omega_sL_r & R_r+L_rp \end{bmatrix} \begin{bmatrix} i_{sM} \\ i_{sT} \\ i_{rM} \\ i_{rT} \end{bmatrix} \tag{6-103}$$

其余 3 个方程均保持不变,只需将下标由 d、q 改为 M、T 即可。例如,在 $M$、$T$ 轴上异步电动机磁链方程为

$$\begin{bmatrix} \psi_{sM} \\ \psi_{sT} \\ \psi_{rM} \\ \psi_{rT} \end{bmatrix} = \begin{bmatrix} L_s & 0 & L_m & 0 \\ 0 & L_s & 0 & L_m \\ L_m & 0 & L_r & 0 \\ 0 & L_m & 0 & L_r \end{bmatrix} \begin{bmatrix} i_{sM} \\ i_{sT} \\ i_{rM} \\ i_{rT} \end{bmatrix} \tag{6-104}$$

# 6.9　基于动态模型按转子磁链定向的矢量控制系统

6.8 节表明,异步电动机的动态数学模型是一个高阶、非线性、强耦合的多变量系统,虽然通过坐标变换可以使之降阶并化简,但并没有改变其非线性、多变量的本质,因此,需要异步电动机调速系统具有高动态性能时,必须面向这样一个动态模型。经过多年的潜心研究,有几种控制方案已经获得了成功应用,目前应用最多的方案有按转子磁链定向的矢量控制系统、按定子磁链控制的直接转矩控制系统,限于篇幅,这里只介绍按转子磁链定向的矢量控制系统。

## 6.9.1　矢量控制系统的基本思路

在 6.8 节中已经阐明,以产生同样的旋转磁动势为准则,三相坐标系上的定子交流电流 $i_A$、$i_B$、$i_C$ 通过三相-两相变换可以等效成两相静止坐标系上的交流电流 $i_\alpha$ 和 $i_\beta$,再通过坐标旋转变换,可以等效成同步旋转坐标系上的直流电流 $i_d$ 和 $i_q$。由于直流电流 $i_d$ 和 $i_q$ 相互垂直,这样交流异步电动机和直流电动机就有类似之处。如前所述,把 $d$ 轴定位于 $\psi_r$ 的方向上,称为 $M$ 轴,把 $q$ 轴称为 $T$ 轴,则 M 绕组相当于直流电动机的励磁绕组,$i_m$ 相当于励磁电流,T 绕组相当于直流电动机的电枢绕组,$i_t$ 相当于与转矩成正比的电枢电流。

既然异步电动机经过坐标变换可以等效成直流电动机,模仿直流电动机的控制策略,得到直流电动机的控制量,经过相应的坐标反变换,就能够控制异步电动机了,由于进行坐标变换的是电流的空间矢量,所以通过坐标变换实现的控制系统就称为矢量控制系统,简称 VC 系统。VC 系统的原理结构图如图 6-43 所示,图中给定信号和反馈信号经过类似于直

流调速系统所用的控制器,产生励磁电流的给定信号 $i_m^*$ 和电枢电流的给定信号 $i_t^*$,经过反旋转变换得到 $i_\alpha^*$、$i_\beta^*$,再经过 2/3 变换得到 $i_A^*$、$i_B^*$ 和 $i_C^*$,把这 3 个电流控制信号和由控制器得到的频率信号 $\omega_1$ 加到电流控制的变频器上,即可输出异步电动机调速所需要的三相变频电流。

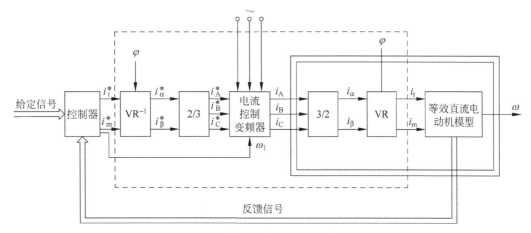

图 6-43 矢量控制系统原理结构图

在设计系统时,如果忽略变频器可能产生的滞后,并认为在控制器后面的反旋转变换器 $VR^{-1}$ 与电动机内部的旋转变换环节 VR 相抵消,2/3 变换器与电动机内部的 3/2 变换环节相抵消,则图中虚线框内部可以删去,而把输入或输出信号直接连接起来就能达到和直流调速系统一样的性能指标。

### 6.9.2　按转子磁链定向的矢量控制方程及其解耦作用

6.9.1 节所述只是矢量控制的基本思路,其中的矢量变换包括三相-两相变换和同步旋转变换,如前所述,如果取 $d$ 轴沿着转子总磁链矢量 $\boldsymbol{\psi}_r$ 的方向,称为 $M$ 轴,而将 $q$ 轴为逆时针转 90°,即垂直于矢量 $\boldsymbol{\psi}_r$ 的方向称为 $T$ 轴。这样的两相同步旋转坐标系就规定为 $M$、$T$ 坐标系,即按转子磁链定向的旋转坐标系。

由于 $M$ 轴取在 $\boldsymbol{\psi}_r$ 的轴线上,故 $\psi_{rM} = \boldsymbol{\psi}_r$,$\psi_{rT} = 0$,代入式(6-104)得

$$\psi_{rM} = L_m i_{sM} + L_r i_{rM} = \boldsymbol{\psi}_r \tag{6-105}$$

$$\psi_{rT} = L_m i_{sT} + L_r i_{rT} = 0 \tag{6-106}$$

把式(6-106)代入式(6-103)第 3、4 行的方程式中,再考虑笼型异步电动机转子是短路的,$u_{rM} = u_{rT} = 0$,于是电压-电流方程可改写成

$$\begin{bmatrix} u_{sM} \\ u_{sT} \\ 0 \\ 0 \end{bmatrix} = \begin{bmatrix} R_s + L_s p & -\omega_1 L_s & L_m p & -\omega_1 L_m \\ \omega_1 L_s & R_s + L_s p & \omega_1 L_m & L_m p \\ L_m p & 0 & R_r + L_r p & 0 \\ \omega_s L_m & 0 & \omega_s L_r & R_r \end{bmatrix} \begin{bmatrix} i_{sM} \\ i_{sT} \\ i_{rM} \\ i_{rT} \end{bmatrix} \tag{6-107}$$

由式(6-107)第 3 行的方程与式(6-105)组成方程组

$$L_m p i_{sM} + (R_r + L_r p) i_{rM} = 0$$

$$L_m i_{sM} + L_r i_{rM} = \psi_r$$

得

$$\psi_r = \frac{L_m}{T_r p + 1} i_{sM} \tag{6-108}$$

式中，$T_r = L_r / R_r$ 为转子励磁时间常数。

由式(6-107)第 4 行与式(6-105)、式(6-106)组成方程组

$$\begin{cases} 0 = \omega_s L_m i_{sM} + \omega_s L_r i_{rM} + R_r i_{rT} \\ L_m i_{sM} + L_r i_{rM} = \psi_r \\ L_m i_{sT} + L_r i_{rT} = 0 \end{cases}$$

得

$$\omega_s = \omega_1 - \omega = \frac{L_m i_{sT}}{T_r \psi_r} \tag{6-109}$$

把式(6-99)中的 $d$、$q$ 轴用 $M$、$T$ 取代，由式(6-105)、式(6-106)组成方程组

$$\begin{cases} \psi_{rM} = L_m i_{sM} + L_r i_{rM} = \psi_r \\ \psi_{rT} = L_m i_{sT} + L_r i_{rT} = 0 \\ T_e = n_p L_m (i_{sT} i_{rM} - i_{sM} i_{rT}) \end{cases}$$

整理得

$$T_e = n_p \frac{L_m}{L_r} i_{sT} \psi_r \tag{6-110}$$

式(6-108)表明，转子磁链 $\psi_r$ 仅由定子电流励磁分量 $i_{sM}$ 产生，与转矩分量 $i_{sT}$ 无关。且定子电流励磁分量 $i_{sM}$ 和转矩分量 $i_{sT}$ 是相互垂直的，从这方面看二者是解耦的。但式(6-110)表明，$T_e$ 同时受到 $i_{sT}$ 和 $\psi_r$ 影响，而 $\psi_r$ 受 $i_{sM}$ 决定，所以从这方面看二者却是耦合的。

按照图 6-43 的矢量控制系统原理结构图模仿直流调速系统进行控制时，可设置磁链调节器和转速调节器分别控制 $\psi_r$ 和 $\omega$，如图 6-44 所示。为了使 $i_{sm}$ 和 $i_{st}$ 完全解耦，除了坐标变换外，还应设法消除或抑制转子磁链 $\psi_r$ 对电磁转矩 $T_e$ 的影响。一种比较直观的办法是，用 ASR 的输出信号除以 $\psi_r$，当控制器的坐标反变换与电动机中的坐标变换对消，且变频器的滞后作用可以忽略时，就可以认为 $i_{sm}$ 和 $i_{st}$ 完全解耦了。这样就可以采用经典控制理论的单变量线性系统综合方法或相应的工程设计方法设计两个调节器了。

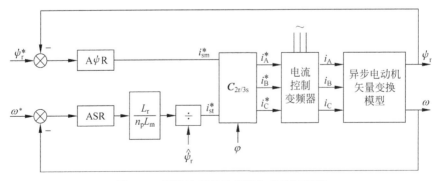

图 6-44　带除法环节的解耦矢量控制系统

## 6.9.3　转子磁链模型

从上面的分析可以知道,要实现按转子磁链定向的系统,关键是要获得转子磁链信号,以满足磁链反馈以及除法环节的需要,在矢量控制系统发展初期,人们曾尝试在电动机中埋设霍尔检测元件来检测磁链,但检测实际转子磁链信号存在许多工艺上的困难。现在在实用的系统中,多采用间接计算方法,即利用容易测得的电压、电流或转速等信号,借助于转子磁链模型,实时计算磁链的幅值和相位。转子磁链模型有电流模型和电压模型两类,限于篇幅,在这里只介绍电流模型。

根据描述磁链与电流关系的磁链方程来计算转子磁链,所得出的模型称为电流模型,电流模型可以在不同的坐标系上获得。

(1) 在两相静止坐标系上转子磁链的电流模型

由实测的三相定子电流通过 3/2 变换很容易得到两相静止坐标系上的电流 $i_{s\alpha}$ 和 $i_{s\beta}$,由式(6-101)第 3、4 行计算转子磁链在 $\alpha$、$\beta$ 轴上的分量为

$$\psi_{r\alpha} = L_m i_{s\alpha} + L_r i_{r\alpha} \tag{6-111}$$

$$\psi_{r\beta} = L_m i_{s\beta} + L_r i_{r\beta} \tag{6-112}$$

则得到

$$i_{r\alpha} = \frac{\psi_{r\alpha} - L_m i_{s\alpha}}{L_r} \tag{6-113}$$

$$i_{r\beta} = \frac{\psi_{r\beta} - L_m i_{s\beta}}{L_r} \tag{6-114}$$

在式(6-100)的第 3、4 行中,由于转子绕组短路,故 $u_{r\alpha} = u_{r\beta} = 0$,得

$$L_m p i_{s\alpha} + L_r p i_{r\alpha} + \omega(L_m i_{s\beta} + L_r i_{r\beta}) + R_r i_{r\alpha} = 0 \tag{6-115}$$

$$L_m p i_{s\beta} + L_r p i_{r\beta} - \omega(L_m i_{s\alpha} + L_r i_{r\alpha}) + R_r i_{r\beta} = 0 \tag{6-116}$$

将式(6-111)~式(6-114)代入式(6-115)和式(6-116),整理后得转子磁链的电流模型为

$$\psi_{r\alpha} = \frac{L_m i_{s\alpha} - \omega T_r \psi_{r\beta}}{T_r p + 1} \tag{6-117}$$

$$\psi_{r\beta} = \frac{L_m i_{s\beta} + \omega T_r \psi_{r\alpha}}{T_r p + 1} \tag{6-118}$$

由式(6-117)和式(6-118)可以计算转子磁链的大小与方向

$$\psi_r = \sqrt{\psi_{r\alpha}^2 + \psi_{r\beta}^2} \tag{6-119}$$

$$\varphi = \arctan\frac{\psi_{r\beta}}{\psi_{r\alpha}} \tag{6-120}$$

式(6-117)和式(6-118)构成转子磁链分量的计算模型,适合于模拟控制,用运算放大器和乘法器就可以实现,采用微机控制时,由于 $\psi_{r\alpha}$ 与 $\psi_{r\beta}$ 之间有交叉关系,离散计算时可能不收敛,也可以采用第二种模型。

(2) 按磁场定向两相旋转坐标系上转子磁链的电流模型

图 6-45 所示是另一种转子磁链电流模型的计算框图,三相定子电流 $i_A$、$i_B$、$i_C$ 经 3/2

变换成两相静止坐标系电流 $i_{s\alpha}$ 和 $i_{s\beta}$,再经同步旋转变换 VR 并按转子磁链定向,得到 $M$、$T$ 坐标系上的电流 $i_{sm}$、$i_{st}$。利用矢量控制方程式(6-108)和式(6-109)可以获得 $\psi_r$ 和 $\omega_s$ 信号,由 $\omega_s$ 与实测转速 $\omega$ 相加得到定子频率 $\omega_1$,再经积分即为转子磁链的相位角 $\varphi$,它也是同步旋转变换的旋转相位角。与第一种模型相比,这种模型更适合于微机实时计算,即容易收敛,也比较准确。

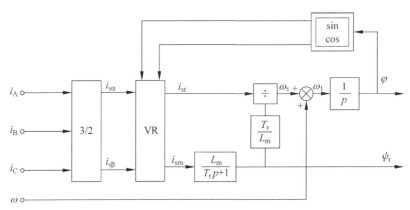

图 6-45　按转子磁链定向两相旋转坐标系上计算转子磁链的电流模型

　　上述两种计算转子磁链的电流模型都需要实测的电流和转速信号,无论转速高低都能适用,但都受到电动机参数变化的影响,例如,电动机温升和频率变化都会影响到转子电阻 $R_r$,磁饱和程度将影响电感 $L_m$ 和 $L_r$,这些影响都将导致磁链幅值与相位信号失真,而反馈信号的失真必然使磁链闭环控制系统的性能降低,这是电流模型的不足之处。

# 6.10　磁链开环转差型矢量控制系统——间接矢量控制

　　在磁链闭环控制的 VC 系统中,转子磁链反馈信号是由磁链模型获得的,其幅值和相位都受到电动机参数变化的影响,造成控制不准确,采用磁链开环控制系统反而简单一些。在这种情况下,可利用矢量控制方程中的转差公式,构成转差型的矢量控制系统,又称间接矢量控制系统,它继承了基于稳态模型转差频率控制系统的优点,又利用基于动态模型的矢量控制规律克服了它的不足之处,图 6-46 绘出了磁链开环转差型矢量控制系统的原理图,其中主电路采用交-直-交电流源型变频器,适用于数千千瓦的大容量装置,对于中、小型容量的装置,则多采用带电流控制内环的电压源型 PWM 变压变频器。

　　转速调节器 ASR 的输出是转矩给定信号 $T_e^*$,由矢量控制方程式(6-109)、式(6-110)可求出定子电流转矩分量给定信号 $i_{st}^*$ 和转差频率给定信号 $\omega_s^*$,$\omega_s^*$ 与实际转速 $\omega$ 相加后得到同步转速指令值 $\omega_1$,经积分环节得到定子 $\alpha$ 轴($\alpha\beta$ 坐标系)与旋转的 $M$ 轴($MT$ 坐标系)之间的夹角 $\varphi$,$\varphi$ 与 $\theta_s$ 相加得到 $i_s$ 与定子轴的夹角 $\varphi+\theta_s$。

　　定子电流励磁分量给定信号 $i_{sm}^*$ 和转子磁链给定信号 $\psi_r^*$ 之间的关系见式(6-108),其中的比例微分环节 $T_r p+1$ 使 $i_{sm}^*$ 在动态中获得强迫励磁效应,从而克服实际磁通的滞后。

　　$i_{st}^*$ 和 $i_{sm}^*$ 经直角坐标-极坐标变换器 K/P 合成后,产生定子电流幅值给定信号 $i_s^*$ 和

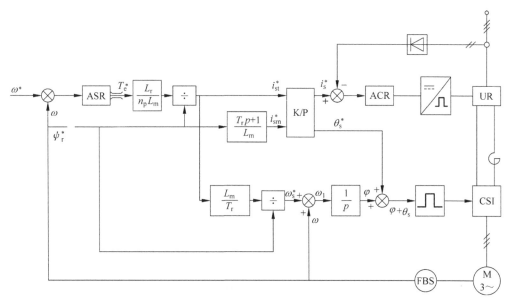

图 6-46　磁链开环转差型矢量控制系统原理图

相角给定信号 $\theta_s^*$，前者通过电流调节器 ACR 控制定子电流的大小，后者则控制逆变器换相的时刻，从而决定定子电流的相位，定子电流相位能得到及时的控制对于动态转矩的发生十分重要。即使电流幅值很大，但如果 $\theta_s$ 相位落后 $90°$，所产生的转矩仍然为零。

转差频率给定信号 $\omega_s^*$ 按矢量控制方程式(6-109)算出，实现转差频率控制功能。

由以上特点可以看出，磁链开环转差型矢量控制系统由于转子磁链是开环的，不能保证转子磁链恒定。其磁场定向由磁链和转矩给定信号确定，靠矢量控制方程保证，并没有用到磁链模型实际计算的转子磁链及其相位，所以属于间接磁场定向。由于矢量控制方程中包含电动机转子参数，定向精度仍受到参数变化的影响。

## 6.11　转速、磁链闭环控制的矢量控制系统——直接矢量控制系统

为了克服磁链开环的缺点，做到磁链恒定，采用转速、磁链闭环控制的矢量控制系统，也即直接矢量控制系统。此系统在转速环内增设控制内环，如图 6-47 所示。图中，ASR、A$\psi$R 和 ATR 分别为转速调节器、磁链调节器和转矩调节器，$\omega$ 为测速反馈环节。转矩内环有助于解耦，是因为磁链对控制对象的影响相当于扰动，转矩内环可以抑制这个扰动，从而改造转速子系统。图 6-47 中的"电流变换和磁链观测"环节就是转子磁链的计算模型。输出的转子磁链信号除用于磁链闭环外还在反馈转矩 $T_e$ 的运算中用到。反馈转矩 $T_e$ 的运算见式(6-110)。

图 6-47 中主电路选择了电流滞环型 PWM 变频器，其目的是为了对输出电流进行控制。"电流变换和磁链观测"环节的输出用在旋转变换中，输出的转子磁链信号用于磁链闭环控制和反馈转矩中。给定转速 $\omega^*$ 经过速度调节器 ASR 输出转矩指令 $T_e^*$，经转矩闭环

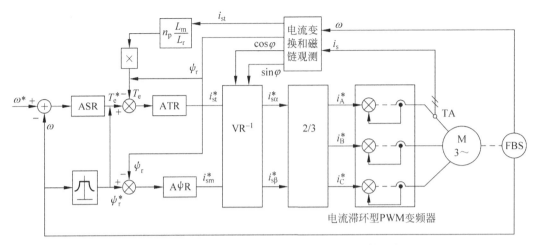

图 6-47　带转矩内环的转速、磁链闭环矢量控制系统

及转矩调节器 ATR 输出得到的电流为定子电流的转矩分量 $i_{st}^{*}$,转速传感器测得的转速 $\omega$ 经函数发生器后得到转子磁链给定值 $\psi_{r}^{*}$,经磁链闭环后,经过磁链调节器 A$\psi$R 输出定子电流给定值 $i_{sm}^{*}$,再经过 VR$^{-1}$ 和 2/3 坐标变换到定子电流给定信号 $i_{A}^{*}$、$i_{B}^{*}$、$i_{C}^{*}$,由电流滞环型逆变器来跟踪三相电流指令,实现异步电动机磁链闭环的矢量控制。系统中还画出了转速正、反向和弱磁升速环节,磁链给定信号由函数发生程序获得,转速调节器的输出作为转矩给定信号,弱磁时它也受到磁链给定信号的控制。

## 6.12　按定子磁链定向控制直接转矩控制系统

交流电动机是一个多变量、非线性、强耦合系统,增加了控制的复杂性。为了提高异步电动机调速系统性能指标,直接转矩控制技术是一种高性能的变频调速技术,其原理框图如图 6-48 所示。从图 6-48 可以看出,按定子磁链定向控制的直接转矩控制系统,分别控制异步电动机的转速和磁链,转速调节器 ASR 的输出作为电磁转矩的给定信号,在后面设置转矩控制内环,它可以抑制磁链变化对转速子系统的影响。该系统摒弃了矢量控制的解耦思想,将定子磁链及电磁转矩作为被控量,实行定子磁场定向,避免了复杂的坐标变换,定子磁链的估算仅涉及定子电阻,减小了对电动机参数的依赖,可以抑制磁链变化对转速子系统的影响,从而使转速和磁链子系统实现了近似解耦,从而获得较高的静、动态性能。

在具体控制上,DTC 系统有如下特点:

(1) 转矩和磁链的控制采用双位式砰-砰控制器,并在 PWM 逆变器中直接用这两个控制信号产生电压的 SVPWM 波形,从而避开了将定子电流分解成转矩和磁链分量,省去了旋转变换和电流控制,简化了控制器结构。

(2) 旋转定子磁链作为被控量,计算磁链的模型可以不受转子参数变化的影响,提高了控制系统的鲁棒性,但如果从数学模型推导按定子磁链控制的规律,显然要比按转子磁链定向时复杂,但是由于采用了砰-砰控制,这种复杂性对控制器并没有影响。

(3) 由于采用了直接转矩控制,在加减速或负载变化的动态过程中,可以获得快速的转

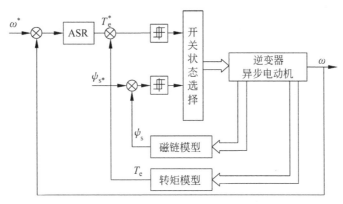

图 6-48　按定子磁链定向控制直接转矩控制系统

矩响应,但必须注意限制过大的冲击电流,以免损坏功率开关器件,因此实际的转矩响应也有限。

## 思考题与习题

**6-1**　交流变频调速的原理是什么?

**6-2**　调频调速时有哪几种控制方式?

**6-3**　为什么调频调速时电压也要随之改变? 当在基频以上调速时,电动机电压是否也要改变? 为什么?

**6-4**　恒 $U_s/\omega_1$ 调速和恒 $E_g/\omega_1$ 调速各有什么特点?

**6-5**　试画出恒 $U_s/\omega_1$ 控制和恒 $E_g/\omega_1$ 控制的机械特性。

**6-6**　正弦波交-交变频器常适用于哪些场合? 为什么?

**6-7**　电压源型逆变器和电流源型逆变器在结构上、性能上各有什么差别?

**6-8**　试简述 EXB841 的工作原理。

**6-9**　正弦波脉宽调制技术的原理是什么?

**6-10**　自然采样法和规则采样法各有什么特点?

**6-11**　电流滞环控制时,环宽大小的确定原则是什么?

**6-12**　试比较正弦波脉宽调制技术、电流滞环跟踪控制技术和电压空间 PWM 矢量控制技术各有什么特点?

**6-13**　把转速开环变频调速系统变为闭环变频系统,为什么不能在反馈环节上加个转速负反馈就能实现?

**6-14**　转差频率控制的基本原理是什么?

**6-15**　转速闭环转差频率控制的变频调速系统有哪些不足之处?

**6-16**　直流电动机数学模型比交流电动机数学模型简单的主要原因是什么?

**6-17**　坐标变换的原则是什么?

**6-18**　交流电动机数学模型从三相坐标系变换到两相坐标系,其性质是否发生变化? 这样变换有什么益处?

**6-19** 试写出从两相旋转坐标系变换到三相静止坐标系的变换公式。

**6-20** 异步电动机矢量控制的 $M$、$T$ 轴是如何定义的？$M$ 轴相对于定子、转子是静止的还是旋转的？若是相对旋转，则它相对于定子、转子的转速各是多少？

**6-21** 矢量控制系统的基本思路是什么？

**6-22** 试比较两种转子磁链电流模型的优缺点。

**6-23** 简述直接矢量控制和间接矢量控制的工作原理。

# 第7章

# 绕线转子异步电动机调速系统

异步电动机的变频调速因具有宽调速范围与高调速性能而得到越来越广泛的应用,同时,为适应各种不同场合的需要,其他交流调速方法也有一定的应用空间。绕线转子异步电动机串级调速系统具有效率高、线路简单、可靠性高与设备初投资低等特点,特别适用于调速范围要求较小的大功率调速系统,尤其在大功率的风机、水泵的调速中,有着广阔的应用领域。

## 7.1 绕线转子异步电动机串级调速原理

绕线转子异步电动机的转子绕组能通过滑环与外部电气设备相连接,因此,除了与笼型异步电动机一样可实现定子侧的调压与变频控制外,还可在转子侧接入电阻或反电动势对它进行转速控制。转子中接电阻的调速方法属于耗能型调速,由于效率低与调速性能差,现已极少应用。

### 7.1.1 异步电动机转子附加电动势时的工作情况

绕线转子异步电动机运行时,其转子相电动势为

$$E_2 = sE_{20} \tag{7-1}$$

式中,$s$ 为异步电动机的转差率;$E_{20}$ 为绕线转子异步电动机在转子不动时的相电动势,或称开路电动势、转子额定相电压。

式(7-1)说明,转子电动势 $E_2$ 与其转差率 $s$ 成正比,同时它的频率 $f_2$ 也与 $s$ 成正比,$f_2 = sf_1$。当转子按常规接线时,转子相电流的方程式为

$$I_2 = \frac{sE_{20}}{\sqrt{R_2^2 + (sX_{20})^2}} \tag{7-2}$$

式中,$R_2$ 为转子绕组每相电阻;$X_{20}$ 为 $s=1$ 时转子绕组每相漏抗。

现在在转子电路中引入一个可控的交流附加电动势 $E_{add}$,并与转子电动势 $E_2$ 串联。$E_{add}$ 应与 $E_2$ 有相同的频率,但与 $E_2$ 同相或反相,如图 7-1 所示。

图 7-1 中转子电路的电流方程式如下:

$$I_2 = \frac{sE_{20} \pm E_{add}}{\sqrt{R_2^2 + (sX_{20})^2}} \qquad (7\text{-}3)$$

由于转子电流 $I_2$ 与负载的大小有直接关系,当电动机的负载转矩 $T_L$ 恒定时,可以认为不论转速高低转子电流 $I_2$ 都不变,即在不同的 $s$ 值下式(7-2)和式(7-3)相等。设附加电动势 $E_{add}=0$ 时,电动机在 $s=s_1$ 的转差率下稳定运行。当加入反向的附加电动势后,电动机转子回路的合成电动势减小了,转子电流和电磁转矩也相应减小,由于负载转矩未变,电动机必然减速,因而 $s$ 增大,转子总电动势增大,转子电流也逐渐增大,直至转差率增大到 $s_2$(大

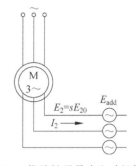

图 7-1 绕线转子异步电动机转子附加电动势的原理图

于 $s_1$)时,转子电流又恢复到原值,电动机进入新的稳定运行状态。此时 $s_1$ 与 $s_2$ 之间有如下关系:

$$\frac{s_1 E_{20}}{\sqrt{R_2^2 + (s_1 X_{20})^2}} = I_2 = \frac{s_2 E_{20} - E_{add}}{\sqrt{R_2^2 + (s_2 X_{20})^2}}$$

可见,改变附加电动势 $E_{add}$ 的大小,即可调节电动机的转差率 $s$,亦即调节电动机的转速。同理,如果引入同相的附加电动势,则可使电动机的转速增大。

## 7.1.2 串级调速的各种运行状态及功率传递关系

在异步电动机转子中串入附加电动势而形成的串级调速系统,从功率关系来看,实质上就是利用附加电动势 $E_{add}$ 来控制异步电动机转子中的转差功率而实现调速的。因此,串级调速的各种基本运转状态,可以通过功率的传递关系来加以说明。

串级调速可实现 5 种基本运转状态,不同运转状态下的功率传递关系如图 7-2 所示。图中忽略了电动机内部的各种损耗,认为定子输入功率 $P_1$ 就是转子电磁功率 $P_{em}$。

### 1. 次同步速的电动状态

如图 7-2(a)所示,转子回路中串入的附加电动势 $E_{add}$ 和 $E_2$ 相位相反,而 $I_2$ 与 $E_2$ 的相位相同,此时转子绕组 $E_2$ 输出的转差功率 $sP_1$ 被 $E_{add}$ 装置吸收,再借助于 $E_{add}$ 装置将吸收的转差功率回馈入电网,异步电动机工作在电动状态。

### 2. 超同步速的电动状态

如图 7-2(b)所示,转子回路中串入的附加电动势 $E_{add}$ 和 $E_2$ 相位相同,而 $I_2$ 与 $E_2$ 的相位相反,电网通过 $E_{add}$ 装置向电动机输入转差功率 $sP_1$。从功率的传递角度来看,超同步速的串级调速就是向异步电动机定子和转子同时输入功率的双馈调速系统。

### 3. 超同步速的发电制动状态

如图 7-2(c)所示,这时电动机转子回路中的转差功率传递方向与次同步速的电动状态

绕线转子异步电动机调速系统 237"

是相同的，$E_{add}$ 装置把转差功率吸收回馈给电网，同时电动机定子也向电网回馈功率。电动机被位能负载拖动时，在超同步速度下产生电气制动，工作在超同步速的发电制动状态，处在第Ⅱ象限工作。

### 4. 次同步速的发电制动状态

如图 7-2(d)所示，电网通过 $E_{add}$ 装置向电动机转子回路输入转差功率 $sP_1$，功率传递方向与超同步速的电动状态相同。这时送入转子的转差功率与电动机轴上输入的机械功率相加，通过定子回馈给电网，电动机在低于同步速下也能产生电气制动转矩，处在第Ⅱ象限工作。

### 5. 倒拉反转的制动状态

如图 7-2(e)所示，在次同步速的电动状态的基础上，如果继续增大附加电动势，可使电

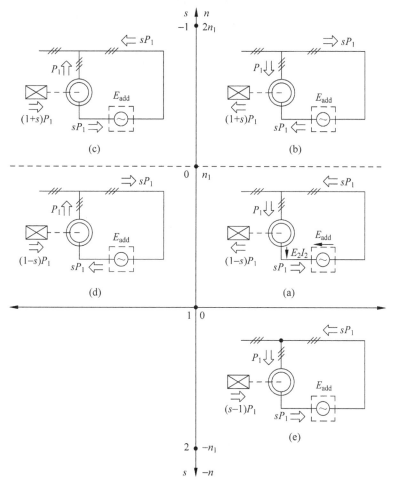

图 7-2　串级调速的基本运转状态与功率传递图

(a) 低于同步速电动状态(1>s>0)；(b) 高于同步速电动状态(s<0)；(c) 高于同步速发电制动状态(s<1)；

(d) 低于同步速发电制动状态(1>s>0)；(e) 倒拉反转制动状态(s>1)

动机的转差率 $s>1$,则电动机将反转,电动机处在第Ⅳ象限工作。这时转子中的转差功率传递方向与次同步速的电动状态是相同的,即 $E_{\text{add}}$ 装置吸收转差功率后回馈给电网。由于这种运转状态回馈的转差功率值很大,就要求 $E_{\text{add}}$ 装置的容量亦很大,故一般不宜应用在这种运转状态。

### 7.1.3　串级调速系统的基本类型

在异步电动机转子回路中串入附加电动势固然可以改变电动机的转速,但由于电动机转子回路感应电动势 $E_2$ 的频率随转差率而变化,所以附加电动势的频率亦必须能随电动机转速而变化。这种调速方法就相当于在转子侧加入了一个可变频、可变幅的电压。由于在工程上获取可变频、可变幅的可控交流电源是有一定难度的,因此常变换到直流电路上来处理,即先将电动机转子电动势整流成直流电压,然后引入一个直流附加电动势,调节直流附加电动势的幅值就可以调节异步电动机的转速。那么,对这个直流附加电动势有什么技术要求呢? 首先它应该是平滑可调的,以满足对电动机转速的平滑调节。另外从功率传递的角度来看,希望能吸收从电动机转子侧传递过来的转差功率并加以利用,譬如把能量回馈电网,而不让它无谓地损耗掉,这就可以大大提高调速的效率。根据上述两点,如果选用工作在逆变状态的晶闸管可控整流器作为产生附加直流电动势的电源,是完全能满足上述要求的。

按产生直流附加电动势的方式不同,次同步串级调速系统可分为电气串级调速系统、机械串级调速系统。

#### 1. 电气串级调速系统

图 7-3 为异步电动机电气串级调速系统原理图。图中异步电动机以转差率 $s$ 在运行,其转子电动势 $sE_{20}$ 经三相不可控整流装置 UR 整流,输出直流电压 $U_d$。工作在逆变状态的三相可控整流装置 UI 除提供可调的直流输出电压 $U_i$ 作为调速所需的附加电动势外,还

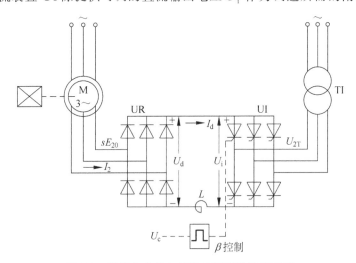

图 7-3　异步电动机电气串级调速系统原理图

可将经 UR 整流后输出的电动机转差功率逆变,并回馈到交流电网。图中 TI 为逆变变压器,$L$ 为平波电抗器。两个整流装置的电压 $U_d$ 与 $U_i$ 的极性以及电流 $I_d$ 的方向如图 7-3 所示。

由此可写出整流后的转子直流回路的电压平衡方程式

$$U_d = U_i + I_d R$$

或

$$K_1 s E_{20} = K_2 U_{2T} \cos\beta + I_d R \tag{7-4}$$

式中,$K_1$、$K_2$ 为 UR 与 UI 两个整流装置的电压整流系数,如果都采用三相桥式整流电路,则 $K_1 = K_2 = 2.34$;$U_{2T}$ 为逆变变压器的二次相电压;$\beta$ 为工作在逆变状态的可控整流装置 UI 的逆变角;$R$ 为转子回路总电阻。

式(7-4)是在未计及电动机转子绕组与逆变变压器的漏抗作用影响的情况下而写出的简化公式。从式中可以看出,$U_d$ 是反映电动机转差率的量,$I_d$ 与转子交流电流 $I_2$ 间有固定的比例关系,所以它可以近似地反映电动机电磁转矩的大小。控制晶闸管逆变角 $\beta$ 可以调节逆变电压 $U_i$。

在电动机负载转矩不变的条件下作稳态运行时,可以近似认为 $I_d$ 为恒值,当增大 $\beta$ 时,逆变电压 $U_i$ 减小,电动机转速因存在机械惯性尚未变化,$U_d$ 仍维持原值,由式(7-4)可知,直流回路电流 $I_d$ 增大,转子电流 $I_2$ 也相应增大,电动机加速;转子整流电压 $U_d$ 随转速增大而减小,直至 $U_d$ 与 $U_i$ 依式(7-4)取得新的平衡,电动机进入新的稳定状态并以较高的转速运行。同理,减小 $\beta$ 时,电动机减速。图 7-3 中除电动机外,其余装置都是静止型的元器件,故称这种系统为静止型电气串级调速系统。由上述原理可见,系统转子侧构成了一个交-直-交有源逆变器,由于逆变器通过变压器与交流电网相连,其输出电压的频率是固定的,因而是一个有源逆变器。由此可见,这种调速系统可以看作是电动机定子恒频恒压供电下的转子变频调速系统。由于其值可平滑连续变化,因而电动机的转速也能平滑地连续调节。这种调速方法因为逆变器能将电动机的转差功率回馈到交流电网,与转子串电阻调速相比,可大大提高调速系统的效率,故称为转差功率回馈型的调速方法。

**2. 机械串级调速系统**

机械串级调速系统在国际上又称为 Kramer 系统,其原理图如图 7-4 所示。异步电动机转子电动势经整流后,接到一台与异步电动机同轴相连的直流电动机上,共同拖动负载。系统中直流附加电动势由直流电动机产生,通过改变直流电动机励磁电流的大小就可以改变电枢感应电动势,相当于改变直流附加电动势的大小,从而实现串级调速。当不计电动机的各种损耗时,异步电动机从电网吸收的功率为 $P$,直接输送给负载的机械功率为 $P(1-s)$,另一部分转差功率 $sP$ 经转子整流器输送给直流电动机。由于直流电动机与异步电动机同轴硬性连接,直流电动机吸收的转差功率 $sP$ 转变为轴上的机械功率仍然又输送给负载。这样当串级调速系统调到低速运转时,负载得到的机械功率总和为 $P(1-s) + sP = P$,具有恒功率的调速特性。因为转速太低时直流电动机不能产生足够的附加电势,所以调速范围不大,通常在 2:1 以内。

在次同步串级调速系统中,电气串级调速系统由于具有效率高、技术成熟、成本低等优点,应用广泛。机械串级调速系统由于在调速范围大时,所需直流电动机容量也大,所以只

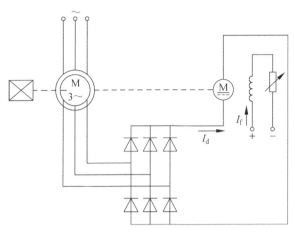

图 7-4 机械串级调速系统原理图

适用于小容量、调速范围小的恒功率生产机械,由于这个缺点目前较少被采用。

## 7.2 串级调速系统的性能

### 7.2.1 串级调速系统的机械特性

在串级调速系统中,电动机的同步转速由电源频率与电动机的结构决定,且恒定不变,但其理想空载转速是可调的,由式(7-4),设 $K_1=K_2$,当 $I_d=0$ 时,有

$$s_0 E_{20} = U_{2T}\cos\beta$$

即

$$s_0 = \frac{U_{2T}\cos\beta}{E_{20}} \tag{7-5}$$

由式(7-5)可见,改变 $\beta$ 时 $s_0$ 也随之改变。在系统中,$\beta$ 的调节范围对应于电动机调速范围的上、下限,一般逆变角的调节范围为 $30°\sim90°$。下限 $30°$ 是为了防止逆变颠覆而设置的最小逆变角,具体数值可根据系统的电气参数来设定。由式(7-4)还可看出,在不同的 $\beta$ 下,异步电动机串级调速时的机械特性是近似平行的,其工作段类似于直流电动机变压调速的机械特性。

在串级调速系统工作时,电动机由于在转子回路中接入了两套变流装置、平波电抗器、逆变变压器等,再计及线路电阻后,实际上相当于在转子回路中接入了一定数值的电阻和电抗,它们的影响在任何转速下都存在,包括逆变电压为零(即 $\beta=90°$)时的最高转速状态。由于转子回路电阻的影响,异步电动机在串级调速运行时其机械特性要比其固有特性软,且使电动机在额定负载时难以达到其额定转速。由式(7-3)及式(7-4)可见,若要求串级调速时电动机仍能达到原有的额定转速,可调节逆变角 $\beta$,使其略大于 $90°$,亦即使逆变器工作于输出较小电压的整流状态,使此整流电压与转子回路总电阻上的电流压降相抵消,则此时的电动机转速为原来的额定转速。由于转子回路电抗的影响,同时考虑到转子回路接入整流

器后转子绕组漏抗引起的换流重叠角使转子电流产生畸变,电动机在串级调速时所能产生的最大转矩比电动机固有特性的最大转矩减少约 17.3%。

**1. 转子整流电路的工作特性**

典型的次同步串级调速系统如图 7-3 所示,该系统中的核心部分是有源逆变器和转子整流器,该转子整流器与一般整流器有以下几点不同。

(1) 转子三相感应电动势的幅值和频率都是转差率 $s$ 的函数。

(2) 折算到转子侧的漏抗值是转差率 $s$ 的函数。

(3) 由于电动机折算到转子侧的漏抗值较大,换流重叠现象严重,转子整流器会出现"强迫延迟换流"现象,从而引起转子整流电路的特殊工作状态。

由于电动机存在漏抗,使换流过程中电流不能突变,因而产生换流重叠角,转子整流器换流重叠角 $\gamma$ 的一般公式为

$$\cos\gamma = 1 - \frac{2X_{D0}}{\sqrt{6}\,E_{20}} I_d \tag{7-6}$$

式中,$X_{D0}$ 为 $s=1$ 时折算到转子侧的电动机定子和转子每相漏抗。

由式(7-6)可知,当 $E_{20}$ 和 $X_{D0}$ 确定时,换流重叠角 $\gamma$ 随着电流 $I_d$ 的增大而增大。当 $I_d < \sqrt{6}\,E_{20}/(4X_{D0})$ 时,$\gamma < 60°$,器件在自然换流点换流;当 $I_d = \sqrt{6}\,E_{20}/(4X_{D0})$ 时,$\gamma = 60°$,此时,若继续增大 $I_d$,会出现强迫延迟换流现象,即器件的起始换流向后延迟一段时间,这段时间用强迫延迟换流角 $\alpha_p$ 来表示,在这一阶段,$\gamma$ 保持 60°不变,而 $\alpha_p$ 在 0°~30°之间变化。当 $\alpha_p = 30°$后再继续增大 $I_d$ 时,$\alpha_p$ 保持 30°不变;而随着 $I_d$ 增大,$\gamma$ 从 60°继续增大。因此,串级调速时转子整流电路有 3 种工作状态。

(1) $0° < \gamma \leqslant 60°$,在自然换流点换流的工作状态为第一工作状态(对应第一工作区)。

(2) 保持 $\gamma = 60°$不变,而 $\alpha_p$ 在 0°~30°之间变化的工作状态为第二工作状态(对应第二工作区)。

(3) $\alpha_p = 30°$不变,随着 $I_d$ 增大,$\gamma$ 从 60°继续增大的工作状态为第三工作状态(对应第三工作区)。该工作状态属于故障工作状态,故不对它进行讨论。

**2. 串级调速系统的转速特性和机械特性**

串级调速系统主电路接线图及相应的等效电路如图 7-5 所示,在等效电路中,忽略了导通二极管、晶闸管的管压降。

(1) 第一工作区的转速特性和机械特性

根据图 7-5(b)所示的等效电路,可以列出其转子整流器在第一工作状态下的电压平衡方程式为

$$sU_{d0} = U_{i0} + I_d \left( 2R_D + \frac{3}{\pi} sX_{D0} + R_L + \frac{3}{\pi} X_T + 2R_T \right) \tag{7-7}$$

式中,$U_{d0}$ 为转子整流器在 $s=1$ 时的理想空载输出电压,$U_{d0} = 2.34E_{20}$;$U_{i0}$ 为逆变器直流侧的理想空载电压,$U_{i0} = 2.34U_{2T}\cos\beta$;$R_D$ 为折算到转子侧的异步电动机每相等效电阻,$R_D = R_2 + sR_1'$;$X_{D0}$ 为在 $s=1$ 时折算到转子侧的异步电动机每相漏抗;$\frac{3}{\pi} sX_{D0} I_d$ 为由转

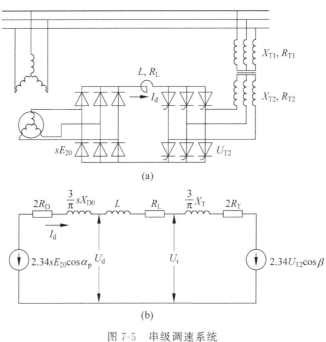

图 7-5　串级调速系统

(a) 主电路；(b) 等效电路

子漏抗引起的换相压降；$R_L$ 为直流平波电抗器的电阻；$R_T$ 为折算到二次侧的逆变变压器每相等效电阻，$R_T = R_{T2} + R'_{T1}$；$X_T$ 为折算到二次侧的逆变变压器每相漏抗，$X_T = X_{T2} + X'_{T1}$；$\dfrac{3}{\pi} X_T I_d$ 为由逆变变压器每相等效漏抗引起的换相压降。

从式(7-7)中可求出转差率 $s$ 为

$$s = \frac{2.34 U_{T2}\cos\beta + I_d\left(\dfrac{3}{\pi} X_T + 2R_D + R_L + 2R_T\right)}{2.34 E_{20} - \dfrac{3}{\pi} X_{D0} I_d} \tag{7-8}$$

将 $s = \dfrac{n_1 - n}{n_1}$ 代入式(7-8)，则转速为

$$n = n_1 \frac{2.34(E_{20} - U_{T2}\cos\beta) - I_d\left(\dfrac{3}{\pi} X_{D0} + \dfrac{3}{\pi} X_T + 2R_D + R_L + 2R_T\right)}{2.34 E_{20} - \dfrac{3}{\pi} X_{D0} I_d} \tag{7-9}$$

令　　　　$U' = 2.34(E_{20} - U_{T2}\cos\beta)$

$$R_\Sigma = \frac{3}{\pi} X_{D0} + \frac{3}{\pi} X_T + 2R_D + R_L + 2R_T$$

$$C'_e = \frac{2.34 E_{20} - \dfrac{3}{\pi} X_{D0} I_d}{n_1}$$

则式(7-9)可简化为

$$n = \frac{U' - I_d R_\Sigma}{C'_e} \tag{7-10}$$

由式(7-10)可见,当转子整流电路运行在第一工作区时串级调速系统所具有的机械特性类似于他励直流电动机调压调速的机械特性。在串级调速系统中,调节 $\beta$ 大小就可以改变 $U'$ 的大小,相当于改变他励直流电动机电枢的外加直流电压。$I_d$ 相当于他励直流电动机的电枢电流。串级调速系统中的等效电阻 $R_\Sigma$ 相当于他励直流电动机的电枢回路总电阻,它决定了机械特性的硬度,由于串级调速系统中的等效电阻 $R_\Sigma$ 比直流电动机电枢回路总电阻要大,故机械特性较软。

异步电动机在不考虑转子损耗时,转子整流器的输出功率就等于电动机的转差功率,即

$$P_s = \left(2.34 s E_{20} - \frac{3}{\pi} s X_{D0} I_d\right) I_d \tag{7-11}$$

而转差功率 $P_s$ 与电动机机械功率的关系为

$$P_s = s T \Omega_1 \tag{7-12}$$

将式(7-11)代入式(7-12)得

$$T = \frac{1}{\Omega_1}\left(2.34 E_{20} - \frac{3}{\pi} X_{D0} I_d\right) I_d \tag{7-13}$$

利用式(7-13)和式(7-7)可以求得串级调速系统在第一工作区的机械特性表达式

$$T = \frac{(2.34 E_{20})^2 \left(\frac{3}{\pi} X_{D0} s_0 + \frac{3}{\pi} X_T + 2R_D + 2R_T + R_L\right)}{\Omega_1 \left(\frac{3}{\pi} s X_{D0} + \frac{3}{\pi} X_T + 2R_D + 2R_T + R_L\right)^2}(s - s_0) \tag{7-14}$$

式中,$s_0$ 为串级调速系统在某 $\beta$ 下理想空载($I_d = 0$)时的转差率,即

$$s_0 = \frac{U_{T2}}{E_{20}}\cos\beta \tag{7-15}$$

将式(7-14)对 $s$ 求导,并令 $\dfrac{dT}{ds}=0$,可求得理论上的最大转矩为

$$T_{1m} = \frac{27 E_{20}^2}{6\pi \Omega_1 X_{D0}} \tag{7-16}$$

将第一、二工作区分界点电流 $I_{d(1-2)} = \dfrac{\sqrt{6} E_{20}}{4 X_{D0}}$ 代入式(7-13)可得第一、二工作区分界点的转矩为

$$T_{(1-2)} = \frac{27 E_{20}^2}{8\pi \Omega_1 X_{D0}} \tag{7-17}$$

将式(7-17)与式(7-16)相比,可得

$$\frac{T_{(1-2)}}{T_{1m}} = 0.75 < 1 \tag{7-18}$$

由式(7-18)可知,$T_{(1-2)} < T_{1m}$,也就是说,串级调速系统在第一工作区运行时,当电动机转矩增大到 $T_{(1-2)}$(两个工作区交界点)后,就转入第二工作区运行,不可能出现式(7-16)所求得的最大转矩,故由式(7-16)所确定的串级调速系统第一工作区的最大转矩 $T_{1m}$ 是不存在的。

(2) 第二工作区的机械特性

同样,在忽略转子电阻损耗及转子整流元件的损耗时,转子整流器的输出功率等于

$$P_s = \left(2.34 s E_{20} \cos\alpha_p - \frac{3}{\pi} s X_{D0} I_d\right) I_d \tag{7-19}$$

可得

$$T = \frac{P_s}{s\Omega_1} = \frac{\left(2.34 E_{20} \cos\alpha_p - \frac{3}{\pi} X_{D0} I_d\right) I_d}{\Omega_1} \tag{7-20}$$

由于第二工作区的电流为

$$I_d = \frac{\sqrt{6} E_{20}}{2 X_{D0}} \sin\left(2\alpha_p + \frac{\pi}{3}\right) \tag{7-21}$$

利用式(7-20)、式(7-21)可以求得串级调速系统在第二工作区的机械特性表达式

$$T = \frac{9\sqrt{3} E_{20}^2}{4\pi\Omega_1 X_{D0}} \sin\left(2\alpha_p + \frac{\pi}{3}\right) \tag{7-22}$$

由式(7-22)可以看出,当 $\alpha_p = 15°$ 时,可得串级调速系统第二工作区内的最大转矩为

$$T_{2m} = \frac{9\sqrt{3} E_{20}^2}{4\pi\Omega_1 X_{D0}} \tag{7-23}$$

在忽略定子电阻时,绕线转子异步电动机固有的最大转矩为

$$T_m = \frac{3 E_{20}^2}{2\Omega_1 X_{D0}} \tag{7-24}$$

比较式(7-23)和式(7-24)可得

$$\frac{T_{2m}}{T_m} = 0.827 \tag{7-25}$$

式(7-25)说明,采用串级调速后,绕线转子异步电动机的过载能力降低了 17.3%。在选择串级调速系统绕线转子异步电动机容量时,应考虑这个因素。

在式(7-22)中令 $\alpha_p = 0$,可得机械特性在第二工作区的起始转矩 $T_{2in}$ 为

$$T_{2in} = \frac{27 E_{20}^2}{8\pi\Omega_1 X_{D0}} = T_{(1-2)} \tag{7-26}$$

可见,两段特性在交点($\gamma = 60°, \alpha_p = 0$)处衔接。

同样,将式(7-17)和式(7-24)相比,可得

$$\frac{T_{(1-2)}}{T_m} = 0.716 \tag{7-27}$$

由于一般绕线转子异步电动机的最大转矩 $T_m \geqslant 2T_N$,$T_N$ 为异步电动机的额定转矩,故 $T_{(1-2)} \geqslant 1.432 T_N$,即串级调速系统在额定转矩下运行时,一般都处于机械特性第一工作区。

根据上述串级调速系统机械特性在两个不同工作区的有关表达式,可画出电气串级调速系统机械特性曲线如图 7-6 所示。由图 7-6 可见,串级调速系统的机械特性比绕线转子异步电动机的固有机械特性软。

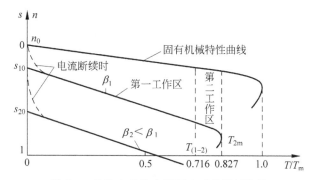

图 7-6 异步电动机串级调速时的机械特性

## 7.2.2 串级调速装置的电压和容量

串级调速装置是指整个串级调速系统中除异步电动机以外为实现串级调速而附加的所有功率部件。从经济角度出发,必须合理地选择这些附加设备的容量,以提高整个调速系统的性能价格比。

串级调速装置的容量主要是指两个交流装置与逆变变压器的容量,它们的选择要从电流与电压的额定值来考虑。影响装置容量的因素除异步电动机本身的功率外,主要是调速系统的调速范围,调速范围越大,$s_{max}$ 也越大,这就要求逆变变压器二次绕组的电压越高,使逆变器中晶闸管承受的电压越高,必须选用高额定电压的晶闸管,而晶闸管额定电流的选择仅与电动机的负载有关,与调速范围无关。所以,交流装置的容量与调速范围呈正比。

逆变变压器与晶闸管-直流电动机调速系统中的整流变压器作用相似,但其容量与二次电压的选择却与整流变压器截然不同。在直流调速系统中,整流变压器的二次电压只要能满足电动机额定电压的要求即可,整流变压器的容量与电动机的额定电压和额定电流有关,而与系统的调速范围无关。在交流串级调速系统中,设置逆变变压器的主要目的就是取得能与被控电动机转子电压相匹配的逆变电压;其次是把逆变器与交流电网隔离,以抑制电网的浪涌电压对晶闸管的影响。这样,由式(7-5)可以写出逆变变压器的二次相电压和异步电动机转子电压之间的关系:

$$U_{T2} = \frac{s_0 E_{20}}{\cos\beta} = \frac{s_{0max} E_{20}}{\cos\beta_{min}} \tag{7-28}$$

式中,$s_{0max}$ 为根据系统调速范围所确定的与电动机最低理想空载转速相对应的最大理想空载转差率;$\beta_{min}$ 为在最大转差率下工作时的逆变角,即最小逆变角 $\beta_{min} = 30°$。则

$$U_{T2} = \frac{s_{0max} E_{20}}{\cos 30°} = 1.15 s_{0max} E_{20} \approx 1.15 E_{20}\left(1 - \frac{1}{D}\right) \tag{7-29}$$

逆变变压器的容量为

$$W_T = 3 U_{T2} I_{T2}$$

将式(7-29)代入上式后可得

$$W_T = 3.45 E_{20} I_{T2}\left(1 - \frac{1}{D}\right) \tag{7-30}$$

由式(7-30)可见，随着系统调速范围的增大，$W_T$ 也相应增大。这在物理概念上也是很容易理解的，因为随着电动机调速范围的增大，通过串级调速装置回馈电网的转差功率也增大，必须有较大容量的串级调速装置来传递与变换这些转差功率。

从这一点出发，串级调速系统往往被推荐用于调速范围不大的场合，而较少用于电力拖动从零速到额定转速的全范围调速。

### 7.2.3 串级调速系统的效率

在串级调速系统中，由定子输入电动机的有功功率常用 $P_1$ 表示，扣除定子铜损 $p_{Cu1}$ 和铁损 $p_{Fe}$ 后，经气隙送到电动机转子的功率即为电磁功率 $P_{em}$。电磁功率在转子中分为两部分，即机械功率 $P_{mech}$ 和转差功率 $P_s$，其中 $P_{mech}=(1-s)P_{em}$，而 $P_s=sP_{em}$。机械功率在扣除电动机的机械损耗 $p_m$ 后从轴上输出给负载。在串级调速系统中，转差功率并未被全部消耗掉，而是扣除了转子铜耗 $p_{Cu2}$、杂散损耗 $p_s$ 和串级调速装置的损耗 $p_{tan}$ 后通过整流器和逆变器返回电网，这部分返回电网的功率称为回馈功率 $P_f$。对整个串级调速系统来说，它从电网吸收的净有功功率应为 $P_{in}=P_1-P_f$。图 7-7(a)所示为串级调速系统的功率传递走向，图 7-7(b)所示为串级调速系统的功率流程图。

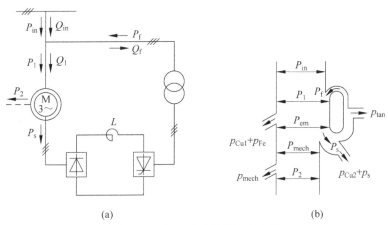

图 7-7 串级调速系统的效率分析

(a) 系统的功率传递；(b) 功率流程图

串级调速系统的效率 $\eta_{sch}$ 是指电动机轴上的输出功率 $P_2$ 与系统从电网输入的净有功功率 $P_{in}$ 之比，即

$$\eta_{sch}=\frac{P_2}{P_{in}}\times100\%=\frac{P_{mech}-p_m}{P_1-P_f}\times100\%$$

$$=\frac{P_{em}(1-s)-p_m}{(P_{em}+p_{Cu1}+p_{Fe})-(P_s-p_{Cu2}-p_s-p_{tan})}\times100\%$$

$$=\frac{P_{em}(1-s)-p_m}{P_{em}(1-s)+p_{Cu1}+p_{Fe}+p_{Cu2}+p_s+p_{tan}}\times100\%$$

$$=\frac{P_{em}(1-s)-p_m}{P_{em}(1-s)-p_m+\sum p+p_{tan}}\times100\% \tag{7-31}$$

式中，$\sum p$ 是异步电动机的总损耗。在串级调速系统中，当电动机的转速降低时，如果负载转矩不变，$\sum p$ 和 $p_{\tan}$ 都基本不变，式(7-31)分子和分母中的 $P_{em}(1-s)$ 项随着 $s$ 的增大而减小，对 $\eta_{sch}$ 值的影响并不太大，因而串级调速系统的效率是很高的。而采用转子回路串电阻调速时，调速系统的效率为

$$\eta_R = \frac{P_2}{P_{in}} \times 100\%$$

$$= \frac{P_{mech} - p_m}{P_{mech} + p_{Cu1} + p_{Fe} + p_{Cu2} + p_s} \times 100\%$$

$$= \frac{P_{em}(1-s) - p_m}{P_{em}(1-s) - p_m + \sum p} \times 100\%$$

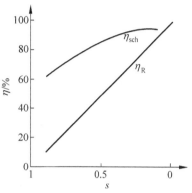

图 7-8　电气串级调速系统与转子回路串
电阻调速时的曲线

其中，$P_{em}(1-s)$ 项随着 $s$ 的变化和串级调速时一样，而所串电阻越大时，$p_{Cu2}$ 越大，$\sum p$ 也越大，因而效率 $\eta_R$ 越低，几乎随着转速的降低成比例地减少。这两种调速方法的效率与转差率之间的关系如图 7-8 所示。

## 7.2.4　串级调速系统的功率因数

串级调速系统的功率因数与系统中的异步电动机、转子侧的整流器及逆变器 3 部分有关。异步电动机的功率因数由其本身的结构参数、负载大小以及运行转差率而定。在串级调速时，由于转子侧的整流器在工作时存在换相重叠角，使转子电流波形滞后于电压波形，当负载电流较大时，转子整流器还会出现强迫延迟导通现象。这些都使整流器通过电动机从电网吸收无功功率，故在串级接线时电动机的功率因数要比正常接线运行时降低 10% 以上。另外，逆变器利用移相控制改变其输出的逆变电压，使其输入电流与电压不同相，因而也消耗无功功率。逆变角越大，消耗的无功功率也越大，在给定逆变角下，串级调速系统从交流电网吸收的总有功功率是电动机吸收的有功功率与逆变器回馈至电网的有功功率之差，然而从交流电网吸收的总无功功率却是电动机和逆变器所吸收的无功功率之和。随着电动机转速的降低，所吸收的无功功率虽然减少了，但从电网吸收的总有功功率减少更多，结果使系统在低速时的功率因数更低。串级调速系统的总功率因数可用下式表示：

$$\cos\varphi_{sch} = \frac{P_{in}}{S} = \frac{P_1 - P_f}{\sqrt{(P_1 - P_f)^2 + (Q_1 - Q_f)^2}} \tag{7-32}$$

式中，$S$ 为系统总的视在功率；$Q_1$ 为电动机从电网吸收的无功功率；$Q_f$ 为逆变器从电网吸收的无功功率。

一般串级调速系统在高速运行时的功率因数为 0.6~0.65，比正常接线时电动机的功率因数减小 0.1 左右，在低速时可降到 0.4~0.5(对调速范围 $D=2$ 的系统)，这是串级调速系统的主要缺点。为此，如何提高功率因数是串级调速系统能否得到广泛应用的关键问题之一。

通常改善串级调速系统功率因数的方法有以下 3 种。

(1) 采用两组逆变器,不对称控制。这是利用两组可控整流器组成纵续连接的逆变器,并进行逆变角的不对称控制。这种方法适用于大功率系统。

(2) 采用具有强迫换相功能的逆变器,在逆变器工作时使晶闸管在自然换流点之后换相,产生容性无功功率以补偿负载的感性无功功率。这种方法对系统功率因数的改善有效,但逆变器线路较复杂。

(3) 在电动机转子直流回路中加斩波控制电路。这种方法对改善系统的功率因数也很有效,且线路比较简单。

# 7.3 转速、电流双闭环串级调速系统

根据生产工艺对调速系统静、动态性能要求的不同,串级调速系统可采用开环控制或闭环控制。由于串级调速系统机械特性的静差率较大,所以开环控制系统只用于对调速性能要求不高的场合。为了提高静态调速精度并获得较好的动态特性,须采用闭环控制,和直流调速系统一样,通常采用具有电流反馈与转速反馈的双闭环控制方式。由于串级调速系统的转子整流器是不可控的,系统本身不能产生电气制动作用,所谓动态性能的改善只是指起动与加速过程性能的改善,减速过程只能靠负载作用自由降速。

## 7.3.1 双闭环控制串级调速系统的组成

图 7-9 所示为双闭环控制的串级调速系统原理图,其结构与双闭环直流调速系统相似,ASR 和 ACR 分别为转速调节器和电流调节器,TG 和 TA 分别为测速发电机和电流互感器。图中转速反馈信号取自与异步电动机同轴相连的测速发电机,电流反馈信号取自逆变器交流侧的电流互感器,也可通过霍尔变换器或直流互感器取自转子直流回路。为防止逆变器逆变颠覆,在电流调节器 ACR 输出电压为零时,应整定触发脉冲输出相位角为 $\beta=$

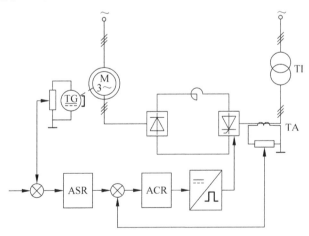

图 7-9 双闭环控制的串级调速系统原理图

$\beta_{\min}$。图 7-9 所示的系统与直流不可逆双闭环调速系统一样,具有静态稳速与动态恒流的作用,所不同的是它的控制作用都是通过异步电动机转子回路来实现的。

## 7.3.2 串级调速系统的动态数学模型

建立双闭环串级调速系统的动态数学模型应先求出系统中各环节的传递函数,进而求出整个系统的动态结构图。在图 7-9 所示的系统中,可控整流装置、调节器以及反馈环节的传递函数与一般系统一样,在此不再赘述,这里主要介绍转子直流回路有关装置和电动机本身的数学模型。

**1. 转子直流回路的传递函数**

根据图 7-5(b)所示的等效电路可以列出转子直流回路的动态电压平衡方程式

$$sU_{d0} - U_{i0} = L\frac{dI_d}{dt} + RI_d \tag{7-33}$$

式中,$U_{d0}$ 为当 $s=1$ 时转子整流器输出的空载电压,$U_{d0}=2.34E_{20}\cos\alpha_p$;$U_{i0}$ 为逆变器直流侧的空载电压,$U_{i0}=2.34U_{T2}\cos\beta$;$L$ 为转子直流回路总电感,$L=2L_D+2L_T+L_L$;$L_D$ 为折算到转子侧的异步电动机每相漏感,$L_D=\dfrac{X_{D0}}{\omega_1}=\dfrac{X_{D0}}{2\pi f_1}$;$L_T$ 为折算到二次侧的逆变变压器每相漏感,$L_T=\dfrac{X_T}{\omega_1}=\dfrac{X_T}{2\pi f_1}$;$L_L$ 为平波电抗器电感;$R$ 为转差率为 $s$ 时转子直流回路等效电阻,$R=\dfrac{3}{\pi}X_{D0}s+\dfrac{3}{\pi}X_T+2R_D+R_L+2R_T$。

把 $s=1-\dfrac{n}{n_1}$ 代入式(7-33)得到

$$U_{d0} - \frac{n}{n_1}U_{d0} - U_{i0} = L\frac{dI_d}{dt} + RI_d \tag{7-34}$$

将式(7-34)两边取拉普拉斯变换,可求得转子直流回路的传递函数

$$\frac{I_d(s)}{U_{d0} - \dfrac{U_{d0}}{n_1}n(s) - U_{i0}} = \frac{K_{Lr}}{T_{Lr}s+1} \tag{7-35}$$

式中,$K_{Lr}$ 为转子直流回路的放大系数,$K_{Lr}=1/R$;$T_{Lr}$ 为转子直流回路的时间常数,$T_{Lr}=L/R$。

转子直流回路的动态结构图如图 7-10 所示。

**2. 异步电动机的传递函数**

以下推导以串级调速系统的第一工作区为依据。

由式(7-13)可知异步电动机的电磁转矩为

$$T = \frac{1}{\Omega_1}\left(U_{d0} - \frac{3}{\pi}X_{D0}I_d\right)I_d = C_M I_d$$

电力拖动系统的运动方程式为

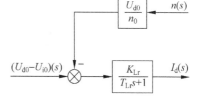

图 7-10 转子直流回路动态结构图

$$T - T_{\text{L}} = \frac{GD^2}{375} \cdot \frac{\mathrm{d}n}{\mathrm{d}t}$$

或

$$C_{\text{M}}(I_{\text{d}} - I_{\text{L}}) = \frac{GD^2}{375} \cdot \frac{\mathrm{d}n}{\mathrm{d}t}$$

式中，$I_{\text{L}}$ 为负载转矩 $T_{\text{L}}$ 所对应的等效直流电流。由此可得异步电动机在串级调速时的传递函数为

$$\frac{n(s)}{I_{\text{d}}(s) - I_{\text{L}}(s)} = \frac{1}{\dfrac{GD^2}{375} \cdot \dfrac{1}{C_{\text{M}}} s} = \frac{K_{\text{M}}}{s} \tag{7-36}$$

式中，$K_{\text{M}} = \dfrac{1}{\dfrac{GD^2}{375} \cdot \dfrac{1}{C_{\text{M}}}}$ 为与 $GD^2$、$C_{\text{M}}$ 有关的系数，因为 $C_{\text{M}}$ 是与电流 $I_{\text{d}}$ 有关的函数，故 $K_{\text{M}}$ 也是 $I_{\text{d}}$ 的函数而不是常数。

**3. 串级调速系统的动态结构图**

为了使系统既能实现速度和电流的无静差调节，又能获得快速的动态响应，转速调节器 ASR 和电流调节器 ACR 一般都选用 PI 调节器，再考虑给定滤波环节和反馈滤波环节就可画出双闭环控制的串级调速系统动态结构图，如图 7-11 所示。

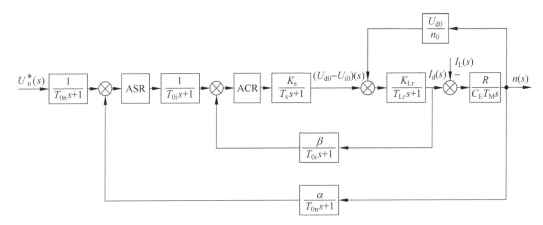

图 7-11　双闭环控制的串级调速系统动态结构图

## 7.3.3　串级调速系统调节器参数的设计

对具有双闭环控制的串级调速系统的动态校正，主要按系统的抗扰性能考虑，即要使系统在负载扰动时有良好的动态响应能力。所以可与直流调速系统一样，在应用工程设计方法进行动态设计时，电流环宜按典型 I 型系统设计，转速环宜按典型 II 型系统设计。但由于在串级调速系统中，转子直流回路的时间常数 $T_{\text{Lr}}$ 及放大系数 $K_{\text{Lr}}$ 都不是常数，而是转速的函数，所以电流环是一个非定常系统。另外异步电动机的机电时间常数 $T_{\text{M}}$ 也不是常数，

而是电流 $I_d$ 的函数,这又和直流调速系统不同。因此,采用工程设计法进行系统综合设计时会带来一定的问题与困难。工程设计时常用的处理方法如下。

(1) 采用自适应控制理论和微机数字控制技术,控制电流调节器和转速调节器的参数,使之能随电动机的实际转速 $n$ 及直流回路电流 $I_d$ 相应地改变。

(2) 进行电流环的校正时,可按调速范围的下限所对应的 $s_{\max}$ 来计算 $T_{Lr}$ 和 $K_{Lr}$,从而计算电流调节器的参数。也可把电流环作为定常系统按 $s_{\max}/2$ 时所确定的 $T_{Lr}$ 和 $K_{Lr}$ 去计算电流调节器的参数。

(3) 转速环一般按典型 II 型系统设计,由于电动机的 $T_M$ 是一个非线性、非定常的系数,所以设计时,可以选用与实际工作点电流值 $I_d$ 相对应的 $T_M$ 值,然后按定常系统进行设计。

## 7.3.4 串级调速系统的起动方式

串级调速系统是依靠逆变器提供附加电动势而工作的,为了使系统能够正常工作,防止逆变器损坏,对系统的起动与停车必须采取合理的措施。总的原则是在起动时必须使逆变器先于电动机接上电网,停车时则比电动机后脱离电网,以防止逆变器交流侧断电,而使晶闸管无法关断,造成逆变器的短路事故。

串级调速系统的起动方式通常有间接起动和直接起动两种。

**1. 间接起动**

工业上应用串级调速的设备,大多数不需要从零速到额定转速作全范围调速,尤其是水泵、风机等生产机械所需的调速范围都不大,对于这些设备,串级调速系统一般只按所需调速范围设计 $s_{\max}$,因此,若在串级调速系统投入后再起动电动机(即下面说的直接起动),电流调节器的调节作用将无法对直流电流的最大值起限制作用,所以这种系统只能采用间接起动方式,即电动机转子串接电阻或频敏变阻器起动,当电动机的转差率减小到串级调速系统设计的最大转差率时再投入串级调速系统运行,同时切除转子电阻或频敏变阻器。由于这类生产机械不经常起动,所用起动电阻或频敏变阻器都可按短时工作制选用,容量与体积都较小。

图 7-12 所示为串级调速系统间接起动控制原理图,起动操作顺序如下。先合上装置电源总开关 S,使逆变器在 $\beta_{\min}$ 下等待工作。然后依次接通接触器 K1,接入起动电阻 R,再接通 K0,把电动机定子回路与电网接通,电动机便以转子串电阻的方式起动。待起动到所设计的 $n_{\min}$ ($s_{\max}$)时接通 K2,使电动机转子接到串级调速装置,同时断开 K1,切断起动电阻,此后电动机就可以串级调速的方式继续加速到所需的转速运行。不允许在未达到最低设计转速以前就把电动机转子回路与串级调速装置连通,否则转子

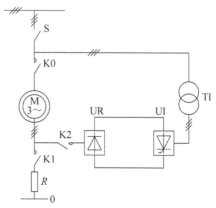

图 7-12 串级调速系统间接起动控制原理图

电压会超过整流器件的电压定额而损坏器件,所以转速检测或起动时间计算必须准确。停车时,由于没有制动作用,应先断开 K2,使电动机转子回路与串级调速装置脱离,再断开 K0,以防止当 K0 断开时在转子侧感生断闸高电压而损坏整流器与逆变器。

### 2. 直接起动

直接起动又称为串级调速方式起动,适用于全范围调速的串级调速系统,这种系统由于设计时考虑到在 $\beta=\beta_{\min}$ 时,逆变电压与转子开路时的整流电压平衡,因此起动时电流调节器可以起限制最大允许电流的作用,在起动控制时让逆变器先于电动机接通交流电网,然后使电动机的定子与交流电网接通,此时转子呈开路状态,可防止因电动机起动时的合闸过电压通过转子回路损坏整流装置,最后再使转子回路与整流器接通。在图 7-12 中,接触器的工作顺序为 S—K0—K2,此时不需要起动电阻。当转子回路接通时,由于转子整流电压小于逆变电压,直流回路无电流,电动机尚不能起动。待发出给定信号后,随着 $\beta$ 的增大,逆变电压降低,产生直流电流,电动机才逐渐加速,直至达到给定转速。

## 7.4 超同步串级调速系统

前面讨论的串级调速系统是通过控制异步电动机中的转差功率来实现转速的调节的。转差功率只能从转子输出并经串级调速装置回馈给电网,功率传递方向是单一的,电动机只工作在低于同步转速的电动状态,属于次同步串级调速系统。

如果把次同步串级调速系统的转子整流器改为可控整流器,如图 7-13 所示,使转差功率既能从转子输出,也能从直流回路向绕线电动机的转子输入,即转差功率可以双向传递,转差功率和转差率都能由正值变为负值,从而使电动机的转速高于同步转速,成为超同步串级调速系统。由于电动机可以从定子和转子两边供电,所以又称为双馈调速系统。

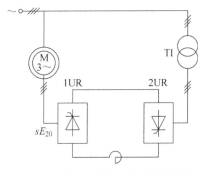

图 7-13　超同步串级调速系统原理图

### 7.4.1　超同步串级调速系统的工作原理

超同步串级调速系统的原理图如图 7-13 所示。它与电气串级调速系统的区别在于把不可控转子整流器 UR 改为可控整流器 1UR,从而使转差功率的传递方向可逆。

当 1UR 处于整流状态,2UR 处于逆变状态时,系统从电动机转子吸收转差功率,整流后再通过 2UR 和逆变变压器送回电网。如果忽略电动机损耗,则定子输入功率 $P_1$、转差功率 $sP_1$ 和轴上输出功率 $(1-s)P_1$ 三者之间的关系为

$$P_1 = sP_1 + (1-s)P_1$$

式中,转差率 $s$ 为正,转差功率由转子输出,电动机转速低于同步转速,系统处于次同步速的电动状态。

若控制触发脉冲使 1UR 工作在逆变状态,2UR 工作在整流状态,则转差功率从电网经串级调速装置传送给电动机转子。与此同时,定子仍从电网吸收功率,电动机处于定子、转子双馈状态,两部分功率相加起来,变换成机械功率从轴上输出。如果功率关系仍写成

$$P_1 = sP_1 + (1-s)P_1$$

则 $s$ 变为负值,上式可改写为

$$P_1 + |s|P_1 = (1+|s|)P_1$$

电动机转速高于同步转速,机械功率从轴上输出,表明电动机仍在电动状态下工作,因此称为超同步速的电动状态,如图 7-2(b)所示。由于定子、转子双馈作用,电动机轴上的输出功率可以大于铭牌上的额定功率,这是超同步速电动状态的优点。

## 7.4.2　超同步串级调速系统的再生制动

图 7-13 所示的串级调速系统也可以运行于次同步状态,只要使 1UR 工作在整流状态,2UR 工作在逆变状态即可。当电动机运行在某一转差率 $s_1(1>s_1>0)$ 的电动状态时,如果突然改变 1UR 与 2UR 的控制角,使它们分别处于逆变与整流状态,则电压 $U_{T2}\cos\alpha_2$ 和 $sE_{20}\cos\beta_1$ 极性都反向,且使 $U_{T2}\cos\alpha_2 > sE_{20}\cos\beta_1$,而转子直流回路电流方向不变,因此转差功率变成负值,变成从转子侧输入。在此瞬间,由于转速来不及变化,电磁转矩也变成负值,表明此时电磁转矩是制动转矩,在 $T$-$s$ 坐标系的第 II 象限工作,成为次同步速的再生制动状态,如图 7-2(d)所示。与此相对应,超同步速的电动状态也可以突然切换到超同步速的再生制动状态。

## 思考题与习题

**7-1**　异步电动机的串级调速是指什么?低同步串级调速系统有几种基本类型?

**7-2**　串级调速系统的组成原理是什么?在起动、调速、停车的过程中,逆变角 $\beta$ 是如何控制的?

**7-3**　试从物理意义上说明串级调速系统机械特性比绕线转子异步电动机的固有机械特性软的原因。

**7-4**　串级调速系统的效率比转子串电阻的效率要高的原因是什么?

**7-5**　简述次同步串级调速系统的优缺点和适用场合。

**7-6**　次同步串级调速系统能否实现快速起动和制动?为什么?

# 第8章

# 交流调速系统的MATLAB仿真

由于交流电动机具有结构简单、维护方便等优点,交流调速系统已成为电动机调速的主要发展方向。但交流调速系统的仿真比直流调速系统复杂,主要原因是交流电动机是一个多变量、强耦合系统,在仿真过程中常常会遇到仿真出错、仿真中止等情况,而且仿真速度要比直流调速系统慢得多。这就要求在深刻理解交流调速系统原理基础上,充分掌握交流调速系统仿真的常用模块,有时候还要对模块进行适当变换和改造。在进行交流调速系统仿真之前,先介绍交流调速系统仿真中常用的几个模块:电动机模块 Machine、电动机测量单元模块 Bus Selector 和函数记录仪模块 XY Graph。

## 8.1　交流调速系统仿真中常用模块简介

### 1. 交流电动机模块

在 MATLAB 模块库中,交流异步电动机有两个模块,一个是使用标幺值单位制,路径为 simscape/SimPowerSystems/Specialized Technology/Machines/Asynchronous Machine pu Units;另一个是使用国际单位制,路径为 simscape/SimPowerSystems/Specialized Technology/Machines/Asynchronous Machine SI Units,前者输出信号的单位均为标幺值,后者输出信号的单位均为国际单位制。

异步电动机的参数可以通过两种方式来确定,一种是直接根据电动机的铭牌数据,如 5HP(表示电机功率是 5 马力)、460V(线电压)、60Hz(频率)、1750RPM(额定转速为 1750r/min)来设定,对话框如图 8-1 所示。另一种就是根据交流电动机具体的定子、转子参数来设定,本书都是采用后者。对话框如图 8-2 所示。

### 2. 交流电动机测量单元模块

新版本已取消交流电动机测量单元模块,采用 Bus Selector 模块来代替,路径为 Simulink/Signal Routing/Bus Selector,当与交流电动机输出端连接后,Bus Selector 模块会出现如图 8-3 所示的对话框。

首先选中右边窗口里的"??? signal1",使其变蓝,单击 Remove 按钮,消除"???

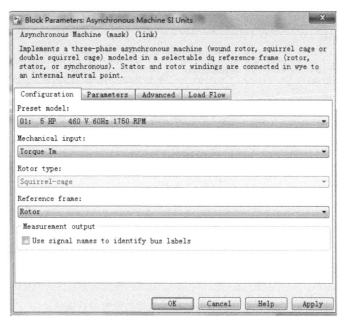

图 8-1  交流电动机参数设置对话框(1)

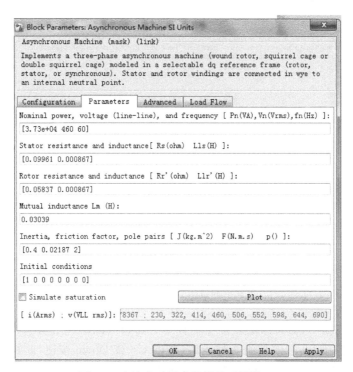

图 8-2  交流电动机参数设置对话框(2)

signal1",再用同样的方式消除"??? signal2",单击左边窗口的 Rotor measurements 前面的小三角图标,展开后选中需要测量的物理量,按下两窗口之间的 Select 按钮,就把需要测量的物理量右移到右边的窗口。该方法同样适用于定子物理量测量、转矩测量等,如图 8-4 所示。

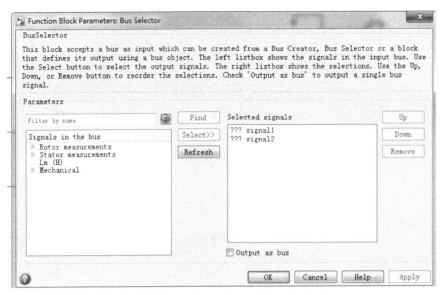

图 8-3　电动机测量信号模块参数设置对话框(1)

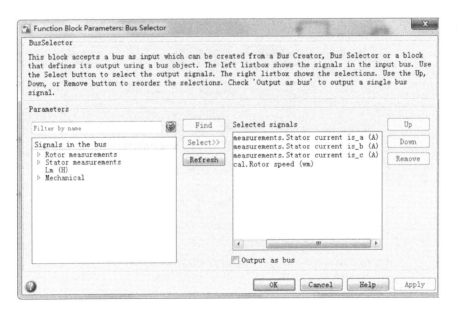

图 8-4　电动机测量信号模块参数设置对话框(2)

　　从图 8-4 可以看出,需要测量的物理量有定子三相电流以及电动机转速等。被测物理量上下顺序也可以变化,选中被测物理量后,单击 Up 或 Down 按钮,此物理量就会按照指令方式上下移动,还可以删除,单击 Remove 按钮,被选中的物理量就被删除。最后单击OK 按钮。

### 3. 旧版本的交流电动机测量单元模块

　　旧版本交流电动机测量单元模块图标如图 8-5 所示,其参数设置对话框如图 8-6 所示。

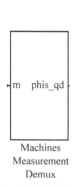

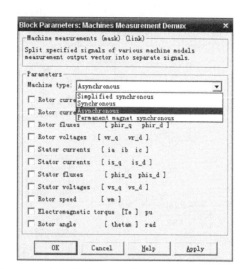

图 8-5　旧版本电动机测量信号模块图标　图 8-6　旧版本电动机测量信号模块参数设置对话框

Machine type 表示电动机类型：有简化模型的同步电动机（Simplified synchronous）、同步电动机（Synchronous）、异步电动机（Asynchronous）和永磁同步电动机（Permanent magnet synchronous）等。

现选择电动机类型为异步电动机，从测量单元对话框可以看出，第 1 路是在三相静止坐标系上的转子电流（Rotor currents）ira、irb、irc；第 2 路、第 3 路和第 4 路分别是在 q、d 轴上的转子电流（Rotor currents）ir_q、ir_d、转子磁链（Rotor fluxes）phir_q、phir_d 和转子电压（Rotor voltages）vr-q、vr_d；第 5 路是在三相静止坐标系上的定子电流（Stator currents）ia、ib、ic；第 6 路、第 7 路和第 8 路分别是在 q、d 轴上的定子电流（Stator currents）is_q、is_d、定子磁链（Stator fluxes）phis_q、phis_d 和定子电压（Stator voltage）vs_q、vs_d；第 9 路是转子转速（Rotor speed）wm；第 10 路是电磁转矩（Electromagnetic torque）Te；第 11 路是转子旋转角度（Rotor angle）thetam。

具体要输出哪些信号时，可根据实际情况，在需要输出的物理量前面的复选框内打"√"即可。

### 4. 函数记录仪模块

函数记录仪模块路径为 Simulink/Sinks/XY Graph，它是用来记录 X 轴和 Y 轴数值的大小，坐标上下限可调。此模块常用于交流电动机定子、转子磁链观测。

## 8.2　单闭环交流调压调速系统的建模与仿真

交流调压调速仿真采用相位控制方法。单闭环交流调压调速系统仿真模型如图 8-7 所示。下面分别介绍各环节建模与参数设置。

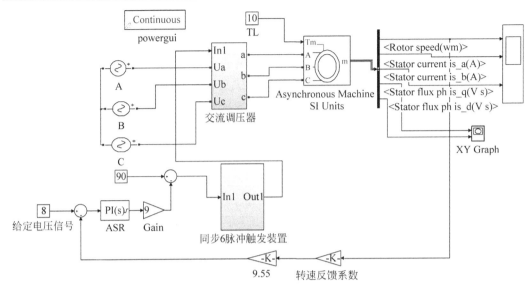

图 8-7　单闭环交流调压调速系统仿真模型

### 1. 系统的建模与模型参数设置

1）主电路建模与参数设置

主电路由三相对称电源、晶闸管组成的三相交流调压器、交流异步电动机、电动机测量单元、负载等部分组成。

三相电源的建模与参数设置与直流调速系统相同，也即三相电源幅值均为 220V，频率均为 50Hz，A 相初始相位角为 0°，B 相初始相位角为 240°，C 相初始相位角为 120°。交流电动机模块采用国际单位制，参数设置如图 8-8 所示。电动机测量单元模块选择定子电流、转子转速和电磁转矩，表明只观测这些物理量。电动机负载为 20。

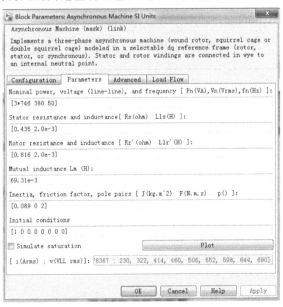

图 8-8　交流电动机参数设置

2) 交流调压器的建模与参数设置

取 6 个晶闸管模块（路径为 simscape/SimPowerSystems/Specialized Technology/Power Electronics/Thyristor），模块符号名称依次改写为"1""2"…"6"。按照图 8-9(a) 所示排列，为了避免在封装这些模块时多出的测量端口，采用 Terminator 模块（路径为 Simulink/Sinks/Terminator）封锁各晶闸管模块的"E"端（测量端），在模型的输出端口分别标上"a""b""c"，模型的输入端口分别标上"Ua""Ub""Uc"，晶闸管参数取默认值。取 Demux 模块，参数设置为"6"，表明有 6 个输出，按照图 8-9(a)中连接。需要注意的是，各晶闸管的连线和 Demux 端口对应。交流调压器仿真模型封装后如图 8-9(b)所示。

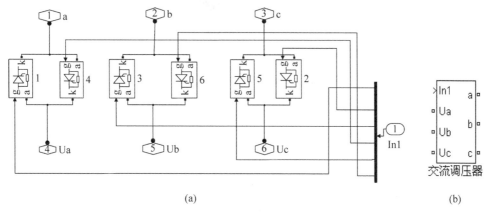

(a)　　　　　　　　　　　　　　　　(b)

图 8-9　交流调压器仿真模型(a)及封装后子系统(b)

3) 控制电路仿真模型的建立与参数设置

控制电路由给定信号模块、调解器模块、信号比较环节模块，同步 6 脉冲触发器装置模块等组成。同步 6 脉冲触发装置模块是采用 6 脉冲触发器和三个电压测量模块封装而成，封装方法与直流调速系统相同，合成频率为 50Hz。注意同步 6 脉冲触发器模块是经过改造的，参见文献[24]，脉冲宽度为 5，双脉冲触发；转速调节器设置比例放大系数 $K_p$ 为 2，积分放大系数 $K_i$ 为 0.6；上下限幅为[10 -10]。

对于反馈环节，取两个 Gain 模块，一个参数设置为 30/3.14，表示把电动机的角速度转化为转速；另一个参数设置为 0.01，表示系统转速反馈系数为 0.01。

**2. 系统仿真参数设置**

仿真选择算法为 ode23tb 算法，仿真开始时间为 0，结束时间为 1.5s。

**3. 仿真结果**

给定电压为 10V 的仿真结果如图 8-10 所示，为了使读者更好地看清电流波形，只选异步电动机 A 相电流。

给定电压为 8V 的仿真结果如图 8-11 所示。

从仿真结果看，在转速从零开始上升的过程中，电动机电流较大，到电动机转速稳定后，电动机电流也保持不变。电动机起动阶段，定子磁链波动较大，稳态后，定子磁链是一个圆形。随着给定电压信号的变化，转速也跟着改变。

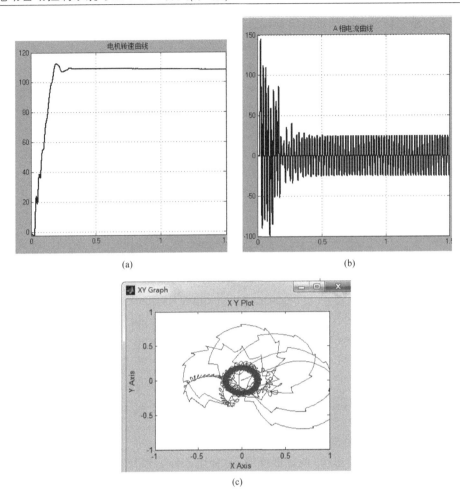

图 8-10 交流调压调速仿真结果(1)

(a) 转速曲线；(b) A 相电流曲线；(c) 定子磁链轨迹

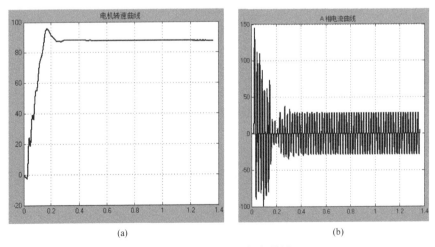

图 8-11 交流调压调速仿真结果(2)

(a) 转速曲线；(b) A 相电流曲线；(c) 定子磁链轨迹

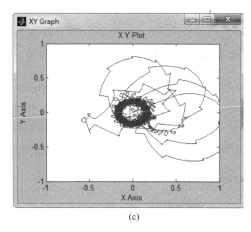

(c)

图 8-11 （续）

当给定电压较小时，就会发现转速波动比较大，这也说明了对于恒转矩的负载，调压调速范围比较小。

## 8.3　变频调速系统的建模与仿真

### 8.3.1　SPWM 内置波调速系统仿真

SPWM 工作原理就是以期望的正弦波作为调制波，以等腰三角波作为载波，用两者交点确定逆变器开关器件的导通，从而获得一系列等幅不等宽的矩形波，按照波形面积等效原则，这个一系列矩形波就和正弦波等效。改变调制波的频率和波幅就能达到同时变频变压的调速要求。基本工作原理已在第 6 章说明，不再赘述。

SPWM 调速系统仿真模型如图 8-12 所示，包括交流电动机本体模块、电动机测量单元模块、负载、逆变器、直流电源和控制电路等模块。

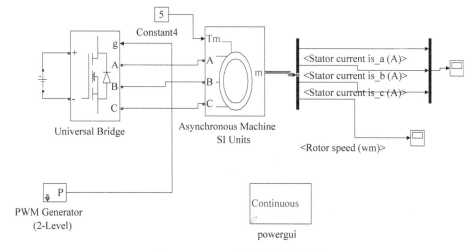

图 8-12　SPWM 调速系统仿真模型

下面介绍各部分环节模型的建立与参数设置。

**1. 主电路模型的建立和参数设置**

主电路由交流异步电动机本体模块、逆变器模块(Universal Bridge)(路径为 simscape/SimPowerSystems/Specialized Technology/Power Electronics/Universal Bridge)、电动机测量单元模块、电源模块和负载模块等组成。逆变器模块参数设置如图 8-13 所示。

直流电源模块参数设置为 780V,电动机本体模块参数设置与 8.2 节相同,负载取 5。

**2. 控制电路建模与参数设置**

在 MATLAB 库中有现成的 SPWM 模块,其模块名为 PWM Generator(2-Level)。模块路径为 simscape/SimPowerSystems/Specialized Technology/Control and Measurements Library/Pulse & Signal Generators/PWM Generator(2-Level)。参数设置如图 8-14 所示。从参数对话框中可以看出载波频率可调。

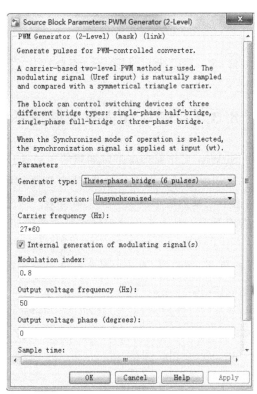

图 8-13　逆变器模块参数设置　　　图 8-14　PWM 发生器模块参数设置

**3. 系统仿真参数设置**

仿真选择算法为 ode23tb 算法,仿真开始时间为 0,结束时间为 5.0s。

### 4. 仿真结果

仿真结果如图 8-15 所示。

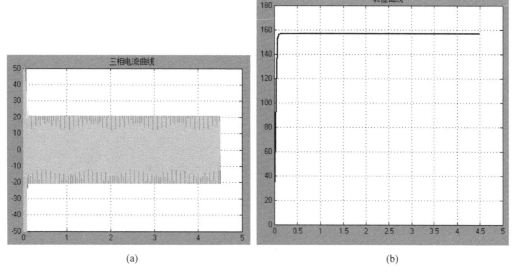

图 8-15  内置调制波的 SPWM 仿真结果

(a) 电流曲线；(b) 转速曲线

从仿真结果看,在电动机转速上升过程中,电动机定子电流较大,当转速达到稳态后,电流也跟着稳定下来。

实际上,从 PWM Generator 模块参数对话框还可以看出,调制波的设置有外设和内设两种,上面就是采用内设调制波。所谓内设调制波,就是模块本身具有频率可调的三相正弦波,而外设调制波,需要外接三相正弦波。下面进行外设调制波的 SPWM 控制仿真模型的建立。

## 8.3.2  SPWM 外置波调速系统仿真

SPWM 外置波调速系统仿真如图 8-16 所示。从仿真模型看,主电路与内置波调速系统相同,但在控制电路中,在图 8-14 PWM Generator(2-Level)模块参数设置时,把对话框里的 Internal generation of modulating signal(s)前面复选框的“√”去掉,则控制器就有了输入端,取正弦波信号模块(Sine Wave)(路径为 Simulink/Sources/Sine Wave),参数设置:正弦波幅值为 0.8,频率为 314rad/s(50Hz),初始相位角为 0rad。另外两个正弦波模块幅值、频率相同,但要把初始相位角依次改为 4 * 3.14/3、2 * 3.14/3 即可。注意:正弦波信号模块频率的单位是 rad/s,也即通常所说的 $\omega$,它与频率单位为 Hz 的关系为 $\omega = 2\pi f$,初始相位角单位是 rad,即通常所说的弧度单位。直流电源和交流电动机模块同前。

再取 Mux 模块,路径为 Simulink/Signal Routing/Mux,参数设置为 3,表示有 3 个输入,按照图 8-16 连接即可。

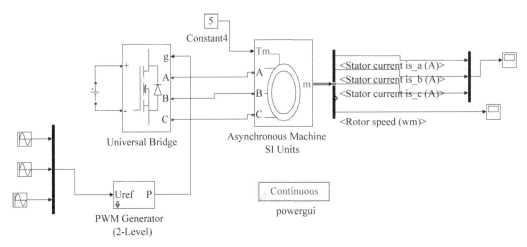

图 8-16  SPWM 外置波调速系统的仿真模型

系统仿真参数设置同上,结束时间取为 5.0s。

仿真结果如图 8-17 所示。

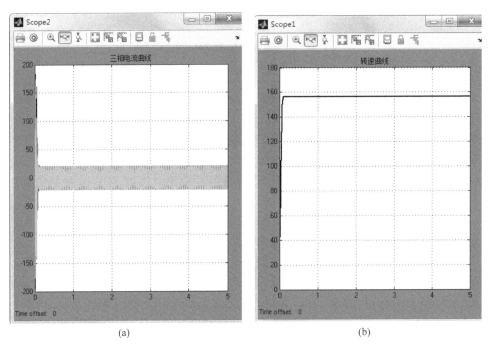

(a)                                            (b)

图 8-17  外置调制波的 SPWM 仿真结果

(a)电流曲线;(b)转速曲线

从仿真结果看,内置与外设的正弦波大致相同,这是由于两种调制波设置参数区别不大。随着调制波频率的变化,输出电压也随之变化,从而保证了电压和频率之比恒定,转速也跟着变化。

## 8.4 电流滞环跟踪控制调速系统仿真

对于交流电动机定子绕组最好通入三相对称正弦波交流电流,这样才能保证合成的电磁转矩为恒定值,所以对定子电流实行闭环控制,保证其正弦波形,可以得到更好的性能指标。

电流跟踪滞环控制就是按照给定的电流信号,对电动机定子电流与给定正弦波电流信号进行比较,当二者偏差超过一定值时,改变开关器件的通断,使逆变器的输出电流增大或减小,电流波形作锯齿波变化,从而将输出电流与给定电流的偏差控制在一定范围内,电动机定子电流接近正弦波。

电流跟踪滞环调速系统仿真模型如图 8-18 所示,它包括交流电动机本体模块、电动机测量单元模块、负载模块、逆变器模块、直流电源模块和控制电路模块等。下面介绍各部分模型的建立和参数设置。

### 1. 主电路模型建立与参数设置

主电路模型是由异步电动机本体模块、电动机测量模块、逆变器模块、直流电源模块等组成。电动机模块和负载模块与 8.3 节相同。直流电源参数改为 780V。在电动机测量单元模块定子电流输出上,采用 Demux 模块把三相定子合成信号分解,目的是为了检测一相电流波形。然后再用 Mux 模块把三个定子电流信号合成输入电流滞环控制器;逆变器选用 Universal Bridge,在参数设置对话框中桥臂数(Number of bridge arms)取 3,电力电子器件取 IGBT/Diodes。其他参数为默认值;负载转矩取 5。

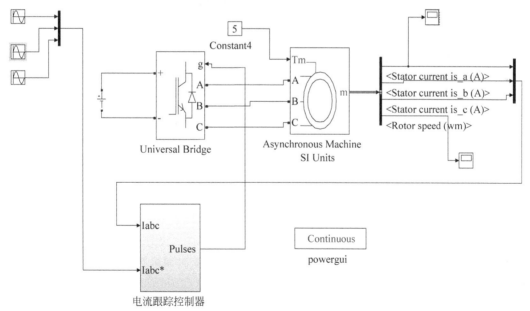

图 8-18 电流跟踪滞环调速系统的仿真模型

### 2. 控制电路建模与参数设置

1)电流滞环跟踪控制器模型的建立

电流滞环跟踪控制器模型是由 Sum 模块、Relay 模块和 Data Type Conversion 模块等组成。Sum 模块参数设置：把模块形状改成矩形(形状改变对仿真无任何影响)，在参数对话框中把信号的相互作用写成"－　＋"即可。

Relay 模块具有继电性质，其路径为 Simulink/Discontinuities/Relay。参数设置主要是环宽的选择，取大了可能造成电流波形误差较大，取小了虽然使得输出电流跟踪给定的效果更好，但也会使得开关频率增大，开关的损耗增加。本次仿真滞环模块参数设置如图 8-19 所示。

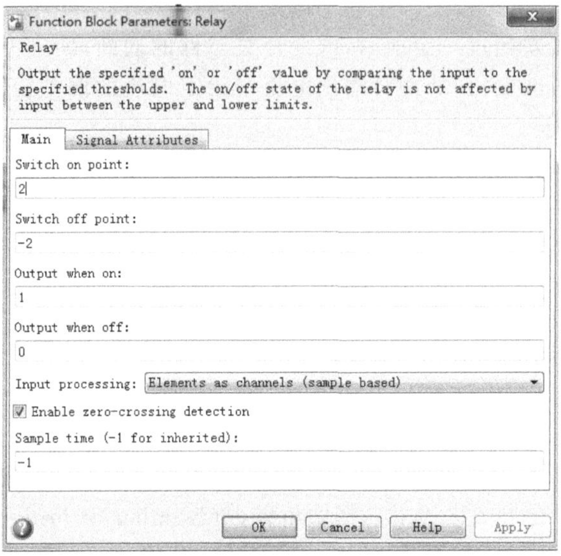

图 8-19　滞环模块参数设置

由于模型中存在 Relay 模块，使得仿真速度变慢。为了加快仿真速度，逆变器下桥臂导通信号不采用 Gain 模块，参数设置为－1 的方法，而是采用数据转换模块(Data Type Conversion)，其路径为 Simulink/Signal Attributes/Data Type Conversion。由于 Relay 模块输出信号是双精度数据，用 Data Type Conversion 模块使得双精度数据变为数字信号(布尔量)，在 Data Type Conversion 参数对话框中把数据类型确定为"boolean"，再用逻辑操作模块(Logical Operator)使上下臂桥信号为"反"。逻辑操作模块(Logical Operator)路径为 Simulink/Math Operations/Logical Operator，参数设置为"NOT"，即非门取"反"的意思。最后再次用到 Data Type Conversion 模块把布尔量转变为双精度数据，参数设置为"double"。电流滞环跟踪控制器模型及封装后如图 8-20 所示。逆变器中电力电子器件为 IGBT/Diodes，6 个开关器件排列是：上臂桥三个开关器件依次编号为 1、3、5，下臂桥三个开关器件依次编号为 2、4、6，与桥式电路中电力电子器件是二极管或晶闸管不同，桥式电路中上臂桥开关器件依次编号为 1、3 、5，下臂桥开关器件依次编号为 4、6、2。注意信号线不能任意连接，必须按照图 8-20 连接才是正确的。

2）给定信号模型的建立与参数设置

给定信号为三个正弦波信号，取三个正弦波信号模块(Sine Wave)，其中一个模块参数设置：正弦波幅值为 50，频率为 314，初始相位角为 0。另外两个正弦波模块幅值、频率与第一个模块相同，但初始相位角分别为 12.56/3、6.28/3。把这三个正弦波信号用 Mux 模块合成一个三维矢量信号加入电流跟踪控制器模型一个输入端。

仿真选择算法为 ode23tb 算法，仿真开始时间为 0，结束时间为 2.0s，其他为默认值。

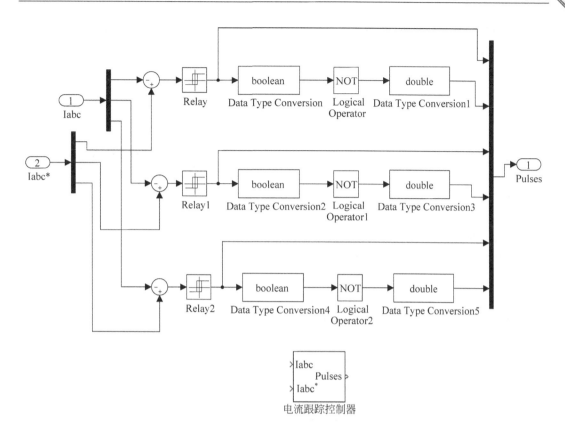

图 8-20 电流滞环跟踪控制器仿真模型及封装后子系统

由于存在 Relay 模块,使得仿真速度非常缓慢,在转速达到稳态值后,仿真速度稍微增加。仿真结果如图 8-21 所示。

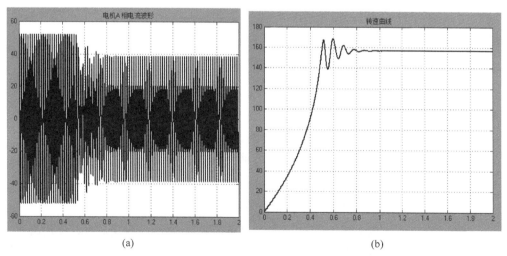

图 8-21 电流滞环跟踪控制仿真结果

(a) 电流曲线;(b) 转速曲线

从仿真结果可以看到,在转速上升期间,定子电流在给定电流附近上下波动,在0.6s附近时转速波动较大,在1s左右转速达到稳定,由于采用滞环跟踪控制,导致转速上升缓慢。

## 8.5 电压空间矢量调速系统的建模与仿真

电压空间矢量调速系统是把电动机和逆变器看成一个整体,按照跟踪圆形旋转磁场来控制逆变器工作,从理论上说,就调速性能而言,应该比SPWM和电流滞环控制更好些。本次仿真只是初步说明在一个周期内逆变器开关工作方式,使得电动机定子磁链为正六边形。

电压空间矢量调速系统仿真有着独特的特点。由于本次仿真采用了Interpreted MATLAB Function模块,所以要编制一个.m文件。首先要建立一个新文件夹,放入电压空间矢量调速系统仿真模型,再把编制的.m文件也放入此文件夹中,才可能使仿真顺利进行。

电压空间矢量调速系统仿真模型如图8-22所示,它包括交流电动机本体模块、电动机测量单元模块、负载模块、逆变器模块和直流电源模块等。电压空间矢量控制器系统与其他交流调速系统仿真不同。下面介绍各部分模型的建立和参数设置。

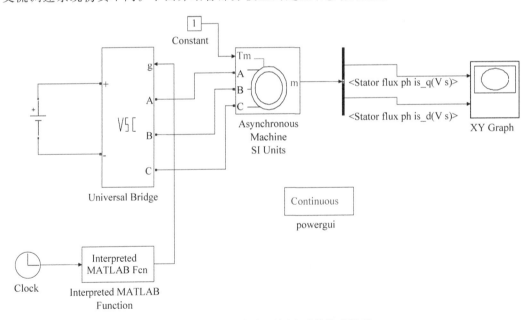

图 8-22　电压空间矢量调速系统仿真模型

### 1. 主电路模型的建立与仿真参数设置

主电路主要由电动机本体模块、电动机测量单元模块、逆变器模块和电源模块组成。电动机测量模块参数根据仿真需要进行设置,本次仿真是为了观测定子磁链波形,故只选择了定子磁链物理量。电源模块参数设置为780V,电动机本体模块参数设置有一些特点。在前面对于电压空间矢量控制分析中已经指出,当忽略定子电阻时,定子三相绕组合成电压方向与磁链方向正交。为了说明电压空间矢量调速系统的意义，故把交流异步电动机定子绕组的电阻取为零，其他参数设置如图 8-23 所示。逆变器也是选用 Universal Bridge，在参数设置对话框中桥臂数（Number of bridge arms）取 3，电力电子器件取理想开关器件 Switching-function based VSC。其他参数为默认值；交流电动机的负载取 1。

**2. 控制电路模型的建立与仿真参数设置**

控制电路由 Clock 模块、Interpreted MATLAB Function 模块组成。Clock 模块路径为 Simulink/Sources/Clock，参数设置 Decimation 为 100，此模块表示输出时间。在控制电路中，本次仿真采用 Interpreted MATLAB Function 模块，其路径为 Simulink/User-Defined Functions/Interpreted MATLAB Function，模块参数设置如图 8-24 所示，即在 MATLAB Function 编辑框中输入一个函数名 chenzhong37。

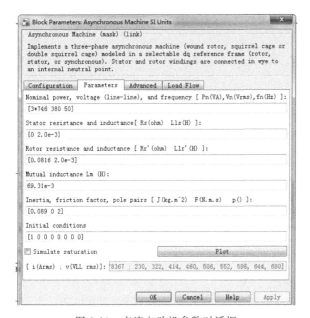

图 8-23　交流电动机参数对话框

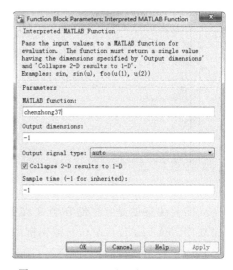

图 8-24　Interpreted MATLAB Function
参数对话框

由于用到 Interpreted MATLAB Function 模块，此模块需要用到函数，所以要专门写 m 函数文件，下面就说明 m 函数文件的编写方法：

（1）启动 MATLAB。

（2）新建文件菜单中函数。

（3）书写 m 函数定义行。

（4）书写程序。

（5）存储到文件夹。

由于函数文件是用来定义子程序的，它有如下特点：

（1）由 Function 起头，后跟的函数名与文件名不相同。

（2）有输入输出单元（变量），可进行变量传递。

(3) 除非用 global 声明,程序中的变量均为局部变量,不保存在工作空间中。

电压空间矢量控制中 m 函数文件如图 8-25 所示。文件第一行是定义函数名,y 表示输出,T1 表示输入,mod 函数的作用是把输入量周期化,mod(T1,0.000628)表示把输入量按照 0.000628s 为一个周期,然后根据不同时刻,决定逆变器的导通。现以程序第 3 行和第 4 行进行说明。当输入时间在[3.14/30000  0]范围时,输出[1 0 0 1 0 1],即逆变器中第 1 个、第 4 个和第 6 个开关器件同时导通。三相桥式电路中电力电子器件不同,排列顺序也不一样,也即输出[1 0 0 1 0 1]时,相当于三相桥式电路中第 1 个、第 2 个、第 6 个开关器件同时导通。

```matlab
编辑器 - F:\陈中专著  2019matlab新建文件夹 (32)\新建文件夹\新建文件夹\chenzhong37.m
chenzhong37.m    +
1    function y= chenzhong33( I1 )
2    I=mod(I1,0.000628)
3    if(I<3.14/30000)&&(I>=0)
4    y=[1 0 0 1 0 1];
5    elseif(I<6.28/30000)&&(I>=3.14/30000)
6    y=[1 0 1 0 0 1];
7    elseif(I<0.000314)&&(I>=6.28/30000)
8    y=[0 1 1 0 0 1];
9    elseif(I<2*6.28/30000)&&(I>=0.000314)
10   y=[0 1 1 0 1 0];
11   elseif(I<5*3.14/30000)&&(I>=4*3.14/30000)
12   y=[0 1 0 1 1 0];
13   else
14    y=[1 0 0 1 1 0];
15   end
16
17
```

图 8-25  m 函数文件的程序

需要注意的是:存储在新文件夹中 m 函数文件名与 Interpreted MATLAB Function 模块中 MATLAB function 编辑框中名称必须一致。

为了放大磁链轨迹,在 XY Graph 参数对话框中进行横、纵坐标设置:x-min 为−0.08,x-max 为 0.105,y-min 为−0.102,y-max 为 0.02。仿真选择算法为 ode23tb 算法,仿真开始时间为 0,结束时间为 0.004s。

仿真结果如图 8-26 所示。

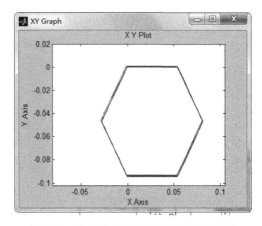

图 8-26  电压空间矢量控制定子磁链轨迹

从仿真结果可以看出,定子磁链是正六边形。本次仿真只是定性说明电压空间矢量控制的工作原理。在实际应用中,还必须把定子磁链逼近圆形,这就要求按照一定的方式增加开关频率,才能将其真正应用到交流调速系统中。

## 8.6　转速开环恒压频比的交流调速系统仿真

转速开环恒压频比的交流调速系统的仿真模型如图 8-27 所示。下面介绍各部分环节的仿真。

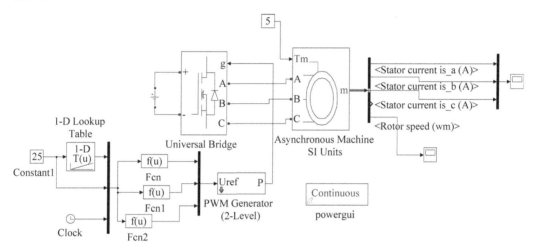

图 8-27　转速开环恒压频比的交流调速系统仿真模型

### 1. 主电路模型的建立与参数设置

主电路由电动机本体模块、逆变器模块、直流电源模块、负载转矩模块等组成。交流电动机模块选择和参数设置与 8.2 节相同。电源模块参数设置为 780V。

### 2. 控制电路模型的建立与参数设置

控制电路由给定信号模块(Constant)、MATLAB Fcn 模块、Fcn 模块和 PWM Generator(2-Level)模块等组成。给定信号为频率 25Hz,从第 6 章分析可知,当电源频率下降到低频时,电压不能同步下降以补偿定子阻抗造成的压降,如图 8-28 所示,当频率大于或等于 50Hz 时,电源相电压为 220V;当频率低于 50Hz 时,电源相电压随着频率降低并不能同步降低,故在频率为 0 处设定电压为 50V。仿真可以采用 MATLAB Fcn 模块,其参数设置为:chenzhong 22. m 函数文件,程序如下:

```
Function y = chenzhong22(f)
if (y >= 50)
y = 220
Else
```

y = (17/5) * f + 50
end

把.m 函数文件和仿真模型存储在同一个文件夹中。

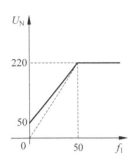

图 8-28　频率与电压关系曲线

但由于采用 MATLAB Fcn 模块会使仿真速度变慢,因此本次仿真时,采用 Look-Up Table 模块,其路径为 Simulink/Look-Up Tables/1-D Look Up Table,参数设置:Table data 为[50:3.4:220],Breakpoints 1 为[0:50],表明输入的频率为 0 到 50Hz,输出电压为 50 到 220V。

Fcn 模块的路径为 Simulink/User-Defined Functions/Fcn。从 Mux 模块输出的是三个信号向量,分别是电压、频率和时间。Fcn、Fcn1、Fcn2 的参数设置分别为 u(1) * sin(u(2) * 6.28 * u(3))/220、u(1) * sin(u(2) * 6.28 * u(3) + 4 * 3.14/3)/220、u(1) * sin(u(2) * 6.28 * u(3) + 2 * 3.14/3)/220,u(1)表示电源相电压,u(2)表示频率,u(3)表示时间。

时钟模块参数设置为 Decimation 10,模块设置与调制波为外设的 SPWM 交流调速系统仿真相同,不再赘述。

仿真选择算法为 ode23tb 算法,仿真开始时间为 0,结束时间为 5s。

仿真结果如图 8-29 所示。

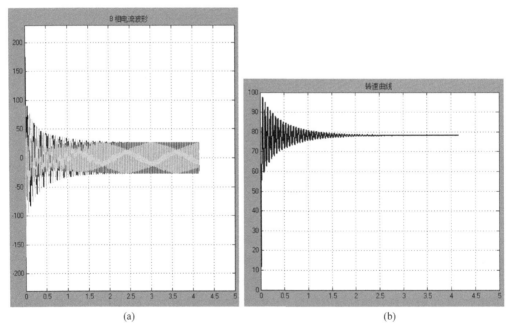

图 8-29　转速开环恒压频比的交流调速系统仿真结果
(a) 电流波形;(b) 转速波形

从仿真结果看,转速很快达到稳态,但转速波动较大。

## 8.7　转差频率改进方案的仿真

　　闭环变频交流调速系统的动、静态性能要比开环变频调速系统强。但是，对于电压源型逆变器，当采用 SPWM 方式控制策略时，由于转差频率控制本身结构的特点，使得电动机无法正常起动，这里提出一种改进的方法，为此类调速系统的起动问题提供了一个解决办法。

　　因为转差频率控制原理毕竟是基于交流异步电动机稳态数学模型基础上，电动机起动过程是个动态过程，按照图 6-38 的控制策略，仿真结果表明，在转差频率控制的转速闭环系统中，无论如何设定调节器参数，当电动机处于起动阶段时，很容易造成起动失败。图 8-30 是此系统的仿真结果。

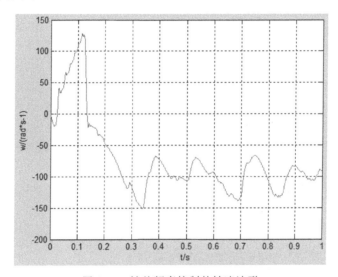

图 8-30　转差频率控制的转速波形

　　之所以造成起动失败的根本原因有：①对于电压源型变频器，当采用 SPWM 方式控制时，频率变化的时刻不一定发生在调制信号一个完整周期的末尾，在调制正弦信号一个周期尚未结束时，频率发生了变化就可能使下一个周期信号的前半周期变宽或变窄，使相应的一个周期频率减小或增加，这时的三相电压的相序也可能出现异常，出现瞬时的负相序，电动机也产生了负的转矩，从而使电动机的转矩和转速发生急剧波动，这就是所谓"跳频"现象，就使得变频器输出的频率降低，进而使转速降低，由于是正反馈，使得电动机转速进一步下降，因此当电压源型变频器采用常用 SPWM 控制时，转差频率控制往往造成无法正常起动。②在起动阶段存在许多扰动，当扰动引起转速波动时候，由于转差频率控制结构的固有缺点，都会导致转速持续下降，最终造成电动机只能在低速下爬行，甚至不能正常起动。

### 1. 转差频率交流异步电动机闭环控制的改进方法

　　既然在交流电动机起动阶段，存在"跳频"和其他扰动影响电动机转速，进而影响电动机的频率，那么就对电动机的频率实现动态补偿，补偿要求是电动机降速越大，补偿就越大，保证电动机在一定频率下正常起动,当电动机达到稳态转速时,补偿为零,使得电动机按照转差功率进行控制。改进的转差频率控制方式如图 8-31 所示。在 PI 调节器饱和时,不是输出最大转差频率 $\omega_{\mathrm{smax}}$,而是输出 $\omega'_{\mathrm{smax}}$,两者之间的关系为

$$\omega'_{\mathrm{smax}} = \omega_{\mathrm{smax}} - K\Delta\omega \tag{8-1}$$

下面详细分析改进方法的整个动态过程。

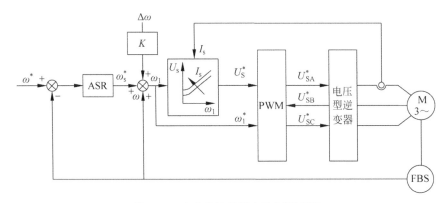

图 8-31　改进的转差频率控制原理图

在 $t=0$ 时,突加给定转速,转速调节器输出饱和,输出限幅为

$$\omega'_{\mathrm{smax}} = \omega_{\mathrm{smax}} - K\Delta\omega$$
$$= \omega_{\mathrm{smax}} - K\omega^* \tag{8-2}$$

由于转速和电流尚未建立,即 $\omega=0$、$I_{\mathrm{s}}=0$,给定定子频率 $\omega_{\mathrm{smax}}$,定子电压为

$$U_{\mathrm{s}} = \sqrt{R_{\mathrm{s}}^2 + (\omega_1 L_{\mathrm{ls}})^2}\, I_{\mathrm{s}} + E_{\mathrm{g}} = Z\omega_1 I_{\mathrm{s}} + \left(\frac{E}{\omega_{1\mathrm{N}}}\right)\omega_1$$
$$= Z\omega_1 I_{\mathrm{s}} + C\omega_1 = C\omega_{\mathrm{smax}} \tag{8-3}$$

电流和转矩快速上升,则

$$I'_{\mathrm{r}} = \frac{E_{\mathrm{g}}}{\sqrt{\left(\dfrac{R'_{\mathrm{r}}}{s}\right)^2 + \omega_1^2 L'^2_{\mathrm{lr}}}} = \frac{C_{\mathrm{g}}}{\sqrt{\left(\dfrac{R'_{\mathrm{r}}}{\omega_{\mathrm{s}}}\right)^2 + L'^2_{\mathrm{lr}}}} \tag{8-4}$$

当 $t=t_1$ 时,电流达到最大值,起动电流等于最大的允许电流

$$I_{\mathrm{smax}} \approx I'_{\mathrm{r}} = \frac{E_{\mathrm{g}}/\omega_1}{\sqrt{\left(\dfrac{R'_{\mathrm{r}}}{\omega_{\mathrm{smax}}}\right)^2 + L'^2_{\mathrm{lr}}}} = \frac{C_{\mathrm{g}}}{\sqrt{\left(\dfrac{R'_{\mathrm{r}}}{\omega_{\mathrm{smax}}}\right)^2 + L_{\mathrm{lr}}^{2'}}} \tag{8-5}$$

起动转矩等于系统的最大允许输出转矩

$$T_{\mathrm{emax}} \approx 3n_{\mathrm{p}}\left(\frac{E_{\mathrm{g}}}{\omega_1}\right)^2 \frac{\omega_{\mathrm{smax}}}{R'_{\mathrm{r}}} = 3n_{\mathrm{p}}C_{\mathrm{g}}^2 \frac{\omega_{\mathrm{smax}}}{R'_{\mathrm{r}}} \tag{8-6}$$

随着电流的建立和转速的上升,定子电压和频率上升,但由于补偿适当,$\omega_{\mathrm{smax}}$ 不变,起动电流和起动转矩不变,电动机在允许的最大输出转矩下加速运行,式(8-6)表明 $T_{\mathrm{emax}}$ 与 $\omega_{\mathrm{smax}}$ 有唯一的对应关系,假设异步电动机的基频为50Hz,固有机械特性的 $s_{\mathrm{N}}=0.12$,对应的最大转差频率为6Hz。起动时,$f_1=40$Hz,$f=0$Hz,转速调节器很快就输出饱和值 $f_{\mathrm{s}}^* =$

5Hz,变频器以 5Hz 的转差频率输出,电动机频率 $f_1^*$ 也为 5Hz,电动机从零速开始起动,在速度加速到 40Hz 之前,已经饱和的调节器输出保持不变,随着电动机的起动,在 $f$(相应于电动机转速)增加的过程中,$f_1^*$ 始终与它同步增长,且总是比它大 5Hz,也就是说随着电动机开始升速,变频器也开始升频,在发生"跳频"时刻,电动机的转速下降,$\Delta\omega = \omega^* - \omega$ 增加,使得输入到逆变器的频率为 $\omega_1 = \omega'_{smax} + K(\omega^* - \omega)$,只要补偿适当,逆变器的频率可以一直保持在 $\omega_{smax}$,当电动机继续升速超过 40Hz 后,调节器退出饱和,经过几次振荡,转速最终稳定,整个起动过程完成。当电动机稳定运行时,$\omega^* = \omega$,补偿为零。因此在调速过程中,实际频率 $f_1^*$ 随着实际转速 $f$ 同步地上升或下降,因而加、减速平滑且稳定,同时,由于在动态过程中转速调节器饱和,系统能用对应于最大转差频率的限幅转矩 $T_{emax}$ 进行控制,保证了在允许条件下的快速性,从而提高了系统动态性能。

在转差频率控制系统调速系统中,主电路是由直流电压源、逆变器、交流电动机等组成。对于逆变器,可以在电力电子模块组中选取 Universal Bridge 模块,取桥臂数为 3,电力电子元件设置为 IGBT/Diodes。交流电动机取 Machines 库中 Asynchronous Machine SI units 模块,参数设置为:交流异步电动机、容量为 $3 \times 746$,电压为 380V、50Hz、$R_s = 0.435\Omega$、$L_{ls} = 0.002H$、$R'_r = 0.816\Omega$、$L'_{lr} = 0.002H$、$L_m = 0.06931H$、$J = 0.089kg \cdot m^2$、二对极。Initial conditions 为[1 0 0 0 0 0 0 0]。直流电压源参数为 880V。

控制电路主要由 look-Up、Fcn、PWM Generator(2-Level)和 PI 调节器等模块组成,look-Up 模块参数设置:Table data 为[50:3.4:220],Breakpoints1 为[0:50],表明输入的频率为 0~50Hz,输出电压为 50~220V,其作用是保持恒压频比,在低频时候适当提高电动机电压,补偿定子绕组造成的压降。

从 Mux 模块输出的是三个信号向量,分别是电压、频率和时间。Fcn、Fcn1、Fcn2 的参数设置分别为 u(1) * sin(u(2) * 6.28 * u(3))/220、u(1) * sin(u(2) * 6.28 * u(3)+4 * 3.14/3)/220、u(1) * sin(u(2) * 6.28 * u(3)+2 * 3.14/3)/220,u(1)表示电源相电压,u(2)表示频率,u(3)表示时间。

时钟模块参数设置为 Decimation 10。PWM Generator(2-Level)模块参数设置为 3 桥臂 6 脉冲,Mode of Operation 为 Unsynchronized,载波频率为 1080Hz。补偿系数 $K = 1$。PI 调节器参数选择"Parallel"形式,设置为 $K_P = P = 10$,$K_I = I = 1$,上下限幅为[5,−10]。转速反馈系数为 2/6.28。

将主电路和控制电路的仿真模型进行连接,即可得图 8-32 改进的转差频率调速系统仿真模型。

系统仿真参数设置:仿真中所选择的算法为 ode23tb 算法,Start 设为 0,Stop 设为 1.0s。为了和转差频率开环调速系统相比较,把负载设置成初始值 50N·m,在 0.3s 时,负载变为 200N·m。

**2. 仿真结果**

仿真结果如图 8-33 所示。

从仿真结果可以看出,对于改进的闭环转差频率调速系统,当给定信号后,在调节器作用下,电动机转速上升阶段的电流接近最大值,使得电动机开始平稳上升,在 0.3s 负载发生变化时,经过系统的自动调节,转速又恢复到原来数值。而对于开环转差频率调速系统,在

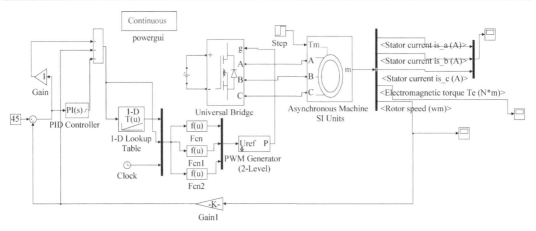

图 8-32　改进的转差频率调速系统仿真模型

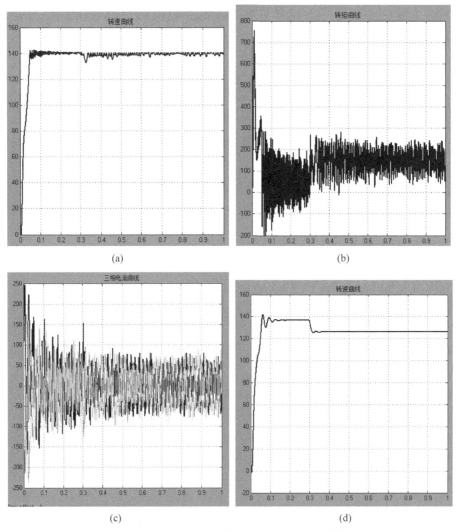

图 8-33　开环转差频率和改进的闭环转差频率调速系统仿真结果

（a）改进的闭环转差频率调速系统转速曲线；（b）改进的闭环转差频率调速系统转矩曲线；

（c）改进的闭环转差频率调速系统三相电流曲线；（d）开环转差频率调速系统转速曲线

0.3s 负载发生变化时,由于系统无法自动调节,转速下降,从而说明改进方法的正确性和优良性。

# 8.8　转速、磁链闭环控制的矢量控制系统仿真

在进行转速、磁链闭环控制的矢量控制系统仿真之前,先介绍 MATLAB 库中一个很重要的模块,即坐标变换模块。

在 MATLAB 模块库中坐标变换模块有两个,一个是三相坐标系到两相坐标系变换模块(abc_dq0 Transformation),其路径为 Simscape/SimPowerSystems/Specialized Technology/Control and Measurements Library/Transformations/abc to dq0;另一个是两相坐标系到三相坐标系变换模块(dq0 to abc),其路径为 Simscape/SimPowerSystems/Specialized Technology/Control and Measurements Library/Transformations/dq0 to abc。

三相坐标系到两相坐标系变换模块如图 8-34 所示。abc 输入端连接需要变换的三相信号,wt 输入端为 d-q 坐标系 d 轴与静止坐标系 A 轴之间夹角的正、余弦信号,输出端 dq0 输出变换后的 d 轴和 q 轴分量以及 0 轴分量,当输入端 wt 输入信号是恒定时,表明是从三相静止坐标系变换到两相静止坐标系;如果输入端 wt 输入信号是变化的,表明是从三相静止坐标系变换到两相旋转坐标系,说明通过 wt 端输入信号的设定,可以决定三相坐标系变换到两相坐标系的类型。也可以用同样的方法确定是两相静止坐标系还是两相旋转坐标系变换到三相静止坐标系。

从三相静止坐标系到两相旋转坐标系变换的数学模型是

$$C_{3s/2r}=\sqrt{\frac{2}{3}}\begin{bmatrix}\cos\theta & \cos(\theta-120°) & \cos(\theta+120°)\\ \sin\theta & -\sin(\theta-120°) & -\sin(\theta+120°)\\ \frac{1}{\sqrt{2}} & \frac{1}{\sqrt{2}} & \frac{1}{\sqrt{2}}\end{bmatrix} \tag{8-7}$$

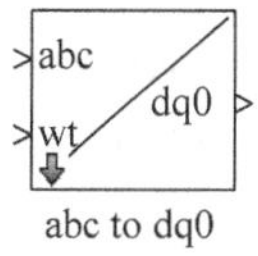

图 8-34　三相坐标系到两相坐标系变换模块

但 MATLAB 模块中,三相坐标系到两相坐标系变换模块 abc-dq0 Transformation 的数学模型却是

$$C_{3s/2r}=\frac{2}{3}\begin{bmatrix}\cos\omega t & \cos(\omega t-120°) & \cos(\omega t+120°)\\ -\sin\omega t & -\sin(\omega t-120°) & -\sin(\omega t+120°)\\ \frac{1}{2} & \frac{1}{2} & \frac{1}{2}\end{bmatrix} \tag{8-8}$$

从上面两个公式可以看出两者是有差别的,因此不能直接应用 MATLAB 中的坐标变换模块。如果把矩阵系数乘以 $\sqrt{3/2}$ 时,二者就完全相等。同样,两相坐标系变换到三相坐标系,在应用 dq0-abc Transformation 模块时系数上也应当进行适当调整。因此对坐标变换模块正确的理解是按转子磁链定向矢量控制进行仿真的关键。

按转子磁链定向的转速、磁链闭环控制的矢量调速系统仿真模型如图 8-35 所示,下面介绍各部分建模与参数设置。

**1. 主电路建模与参数设置**

主电路由电动机本体模块(Asynchronous Machine SI Units)、逆变器模块(Universal

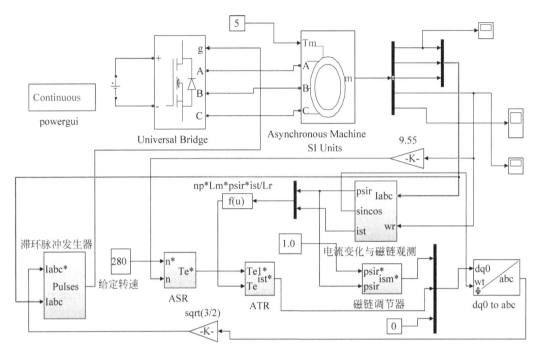

图 8-35　按转子磁链定向的转速、磁链闭环控制的矢量调速系统仿真模型

Bridge)、直流电源模块(DC Voltage)、负载转矩模块(Constant)和电动机测量单元模块(Machines Measurement Demux)组成。

对于电动机本体模块参数,为了使后面的参数设置能够更好理解,特把电动机本体模块参数写出。参数设置为交流异步电动机、容量为 $3\times746$,线电压 380V、频率 50Hz、二对极。$R_s=0.435\Omega$、$L_{ls}=0.002H$、$R'_r=0.816\Omega$、$L'_{lr}=0.002H$、$L_m=0.069H$、$J=0.9kg\cdot m^2$,Initial conditions 为 $[1\ 0\ 0\ 0\ 0\ 0\ 0\ 0]$。则定子绕组自感 $L_s=L_m+L_{ls}=0.071H$,转子绕组自感 $L_r=L_m+L'_{lr}=0.071H$,转子时间常数 $T_r=\dfrac{L'_r}{R'_r}=0.087$。即除电压、频率和转动惯量改动外,其他参数都是默认值。逆变器模块参数设置:桥臂数取 3,电力电子器件确定为 IGBT/Diodes、其他参数为默认值。电源参数设置为 780V。电动机测量单元模块参数设置是异步电动机,检测的物理量有定子电流、转速和转矩等,负载转矩取 6。

**2. 控制电路建模与参数设置**

滞环脉冲发生器与电流滞环控制仿真完全相同,也是由 Sum 模块、Relay 模块、Logical Operator 模块和 Data Type Conversion 模块等组成。在 Relay 模块参数设置中,环宽确定为 12,即 Switch on point 为 6,Switch off point 为 $-6$,Output when on 为 1,Output when off 为 0。

电流变换与磁链观测仿真模型及封装后子系统如图 8-36 所示。下面介绍磁链观测模型各部分模块的建立与参数设置。

从三相坐标系到两相坐标系变换时,幅值是不同的,相差 $\sqrt{3/2}$ 倍数,故在 abc_dq0 模块后加个 Gain 模块,参数设为 $\sqrt{3/2}$,从 Demux 模块出来三个量,从上到下依次为 $d$ 轴、$q$ 轴和 0 轴物理量 $i_{sm}$、$i_{st}$ 和 $i_0$,由于不需要 0 轴的物理量 $i_0$,所以用 Terminator 模块把第三个

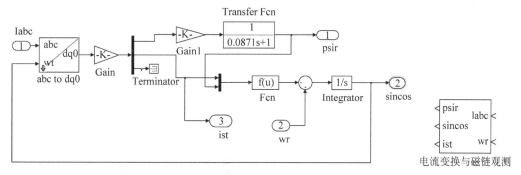

图 8-36 电流变换与磁链观测仿真模型及封装后子系统

信号(即 0 轴电流)封锁。最上面的物理量为 $d$ 轴电流 $i_{sm}$,乘以 $L_m=0.069$,再加入 Transfer Fcn 模块(路径为 Simulink/Continuous/Transfer Fcn),参数设置为 Numerator coefficients[1],Denominator coefficients [0.087 1]。其中 $T_r=0.087$,就得到转子磁链 $\psi_r$。

在 Fcn 模块参数设置对话框中,参数设定为 0.069 * u(1)/(u(2) * 0.087+1e-3),0.069 是 $L_m$ 数值。u(1)是 $i_{st}$ 信号,u(2)是 $\psi_r$ 信号,0.087 是 $T_r$ 数值,由于 u(2)是变量,为了防止在仿真过程中分母出现 0 而使仿真中止,在分母中加入 1e-3,即 0.001。

从 Fcn 输出信号为 $\omega_s$,与转速信号 $\omega$ 相加,就成为定子频率信号 $\omega_1$,用 Integrator 模块(路径为 Simulink/Continuous/Integrator)对定子频率信号积分后就是同步旋转相位角信号,并自动进行正弦和余弦计算。

为了抑制转子磁链和电磁转矩的耦合性,还是采用 Fcn 模块,函数定义为 $n_p * L_m * u(1) * u(2)/L_r$,其中 u(1)为转子磁链 $\psi_r$,u(2)为 $i_{st}$。从 Fcn 模块出来的物理量为电动机电磁转矩 $T_e$,具体写成 2 * 0.069 * u(1) * u(2)/0.071。

由于从电动机检测单元出来的转速信号单位为 $\omega$,故用 Gain 模块使它变为单位为 rad/s 的转速信号,参数设为 60/6.28,连接到调节器 ASR 端口。

给定信号有转子磁链和转速信号,分别经过磁链调节器、ASR、ATR 调节器后通过 dq0_abc 模块变成三相坐标系上的电流,因为 MATLAB 模块库中坐标变换模块的幅值需要乘以系数,故用 Gain 模块(参数设置为 $\sqrt{3/2}$)连接到滞环脉冲发生器,作为电流给定信号。

磁链调节器、转矩调节器和转速调节器均采用 PI 调节器,然后进行封装,图 8-37 是转速调节器的模型及封装后的子系统,磁链调节器和转矩调节器建模方法与此相同。各参数设置如下。

ASR:选择 Parallel 形式,$K_p=P=8$,$K_i=I=3$,上下限幅为[200 -200]

ATR:选择 Parallel 形式,$K_p=P=1$,$K_i=I=3$,上下限幅为[100 -100]

A$\psi$R:选择 Parallel 形式,$K_p=P=1.8$,$K_i=I=100$,上下限幅为[13 -13]

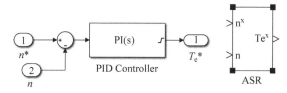

图 8-37 转速调节器的模型及封装后的子系统

转子磁链信号给定值为 1.0。

仿真选择算法为 ode23tb 算法,仿真开始时间为 0,结束时间为 3.0s。

仿真结果如图 8-38 所示。

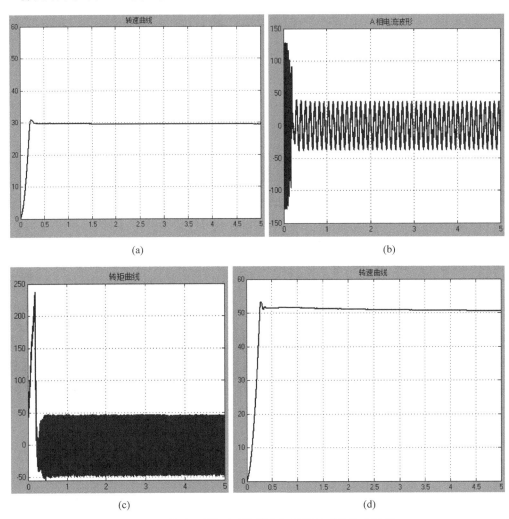

(a)           (b)

(c)           (d)

图 8-38 转速、磁链闭环控制的矢量控制系统仿真结果

(a) $n^*=280\text{r/min}$ 矢量控制转速波形;(b) $n^*=280\text{r/min}$ 矢量控制电流波形;

(c) $n^*=280\text{r/min}$ 矢量控制转矩波形;(d) $n^*=480\text{r/min}$ 矢量控制转速波形

从仿真结果可以看出,当给定信号 $n^*=280\text{r/min}$ 时,在调节器作用下,电动机转速上升阶段的电流接近最大值,使得电动机开始平稳上升,在 0.6s 左右时转速超调,电流很快下降,转速达到稳态 280r/min;当给定信号 $n^*=480\text{r/min}$ 时,转速稳态值接近为 480r/min。说明异步电动机的转速随着给定信号的变化而发生改变。整个变化曲线与实际情况非常类似。

MATLAB R2014a 版本依然保留旧版本的坐标变换模块,其图标如图 8-39 所示。它与新版本的最大区别是在搭建电流

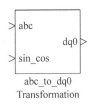

图 8-39 $C_{3/2}$ 坐标系模块

变换与磁链观测模块时,必须增加正弦、余弦模块,同时其数学模型是

$$C_{3s/2r} = \frac{2}{3} \begin{pmatrix} \sin\omega t & \sin(\omega t - 120°) & \sin(\omega t + 120°) \\ \cos\omega t & \cos(\omega t - 120°) & \cos(\omega t + 120°) \\ \dfrac{1}{2} & \dfrac{1}{2} & \dfrac{1}{2} \end{pmatrix} \tag{8-9}$$

可以看出与新版本有差别,如果把 abc_dq0 模块的旋转角度加上 90°,同时矩阵系数乘以 $\sqrt{3/2}$ 时,二者完全相等。

旧版本电流变换与磁链观测仿真模型及封装后子系统如图 8-40 所示。

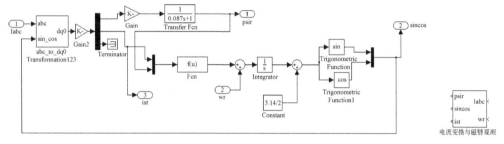

图 8-40　旧版本电流变换与磁链观测仿真模型及封装后子系统

采用旧版本搭建转速、磁链闭环控制的矢量控制系统仿真模型如图 8-41 所示。

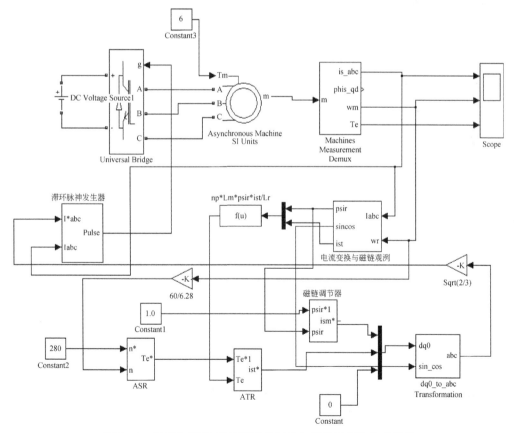

图 8-41　旧版本转速、磁链闭环控制的矢量控制系统仿真模型

调节器参数与新版本相同,仿真结果也相同。不再赘述。

## 8.9　定子磁链定向控制直接转矩控制系统仿真

要实现按定子磁链定向控制的直接转矩控制系统,还必须获得定子磁链和转矩信号,在实用系统中,多是借助定子磁链和转矩的数学模型,实时计算磁链的幅值和转矩。

基于 MATLAB 工具箱的仿真,实际上是根据系统的数学模型进行计算。模块和参数的选择,既要能对系统正确反映,又要能得出正确的结果。下面给出按定子磁链定向的直接转矩控制系统各部分环节的仿真模型。

### 1. 主电路和控制电路建模及参数设置

1) 主电路的建模和参数设置

在按定子磁链定向控制的直接转矩控制的调速系统中,主电路是由直流电压源、逆变器、交流电动机等模块组成。对于逆变器,可以在电力电子模块组中选取 Universal Bridge 模块。取臂数为3,电力电子元件设置为 MOSFET/Diodes。交流电动机取 Machines 库中 Asynchronous Machine SI units 模块,参数设置与 8.2 节相同。直流电压源参数为 780V。

2) 控制电路建模和参数设置

(1) 脉冲发生器建模。

由直接转矩控制的工作原理可知,此系统采用电压空间矢量控制的方法,当电动机转速较高,定子电阻造成的压降可以忽略时,其定子三相电压合成空间矢量 $u_s$ 和定子磁链幅值 $\Psi_m$ 的关系式为

$$u_s \approx \frac{d}{dt}(\Psi_m e^{j\omega_1 t}) = j\omega_1 \Psi_m e^{j\omega t_1}$$
$$= \omega_1 \Psi_m e^{j(\omega_1 t + \frac{\pi}{2})} \tag{8-10}$$

式(8-10)表明电动机旋转磁场的轨迹问题可以转化为电压空间矢量的运动轨迹问题。在电压空间矢量控制时有 8 种工作状态,开关管 $VT_1$、$VT_2$、$VT_3$ 导通,$VT_2$、$VT_3$、$VT_4$ 导通,$VT_3$、$VT_4$、$VT_5$ 导通等,为了叙述方便,依次用电压矢量 $u_1$、$u_2$、$u_3$、$u_4$、$u_5$、$u_6$、$u_7$、$u_8$ 表示,其中 $u_7$、$u_8$ 为零矢量。

从直接转矩控制原理可以知道脉冲发生器作用是在 $\Delta T_e$、$\Delta\Psi$ 都大于零时按照 $u_1$、$u_2$、$u_3$、$u_4$ 等顺序依次导通开关管,故采用 6 个 PWM 模块,参数设置:峰值为 1,周期为 0.02s,脉冲宽度为 50%。但 6 个 PWM 模块延迟时间分别设置为 0、0.0033、0.0066、……、0.0165s。

由给定的定子磁链 $\Psi^*$ 以及转速调节器 PI 输出的给定转矩 $T_e^*$ 与电动机输出的 $\Psi$、$T_e$ 相比较,当偏差大于零时,PWM 脉冲发生器控制逆变器上(下)桥臂功率开关器件动作,按正常顺序导通。但如果偏差均小于零或有一个小于零时,PWM 脉冲必须给出零矢量,也即只能使开关管 $VT_1$、$VT_3$、$VT_5$ 同时导通,$VT_2$、$VT_4$、$VT_6$ 截止。为了达到这种要求,现假设 $T_e^*$、$T_e$、$\Psi^*$、$\Psi$ 等参数较高时为 1,相对低时为 0,由以上说明可以列出电压空间矢量状态,见表 8-1。

表 8-1　电压空间矢量状态表

| $T_e^*$ | $T_e$ | $\Psi^*$ | $\Psi$ | 电压矢量 |
|---|---|---|---|---|
| 1 | 0 | 1 | 0 | $u_1,u_2,\cdots,u_6$ |
| 1 | 0 | 0 | 1 | $u_7$ |
| 0 | 1 | 1 | 0 | $u_7$ |
| 0 | 1 | 0 | 1 | $u_7$ |

从表 8-1 可以看出，对于 $\Delta T_e$、$\Delta \Psi$ 的值，当两个都大于零时，Relay 模块输出应为 1；当有一个小于零或两个都小于零时，Relay 模块对应的输出应为 0。也即 Relay 模块的参数设置是：环宽为 1，输出为 1 或 0。采用这种方法的好处在于可以和后面的逻辑运算模块进行协调控制。

由于需要对 PWM 脉冲进行控制，所以采用逻辑运算模块。下面以第一个开关管的 PWM 为例说明控制原理。第一个、第三个和第五个开关管控制方式相同。

当 $T_e^*>T_e$、$\Psi^*>\Psi$ 时，两个 Relay 模块输出均为 1，应该按 $u_1,u_2,u_3\cdots$ 正常的顺序依次导通开关管，但当 $T_e^*<T_e$、$\Psi^*<\Psi$ 成立或其中一个成立时，两个 Relay 模块输出均为 0 或其中一个为 0，开关管的触发脉冲应为 1，即零矢量，真值表见表 8-2。

表 8-2　第一个开关管的导通状态

| $T_e^*$ | $T_e$ | $\Psi^*$ | $\Psi$ | PWM$'$ | PWM |
|---|---|---|---|---|---|
| 1 | 0 | 1 | 0 | × | × |
| 0 | 1 | 1 | 0 | × | 1 |
| 1 | 0 | 0 | 1 | × | 1 |
| 0 | 1 | 0 | 1 | × | 1 |

表 8-2 中，1 表示为较高值，0 表示为相对低值，× 表示任意电平，PWM$'$ 表示原有的触发脉冲，PWM 表示控制后的触发脉冲。

从表 8-2 的真值表可以设计出控制方案，采用两个逻辑模块搭建第一个开关管的 PWM 触发脉冲模型，参数设置一个为 NAND，另一个为 OR，如图 8-42 所示。

从图 8-42 可以看出，In3 是转矩之差的处理后结果，In4 是定子磁链之差的处理后结果，当二者均大于零时，输出为 1，经过 NAND 模块处理后，为低电平 0，与 PWM$'$ 原有脉冲进行相"或"后，输出的 PWM 脉冲保持不变，还是原有的 PWM$'$ 脉冲；当 In3、In4 有一个为零或两个都为零时，经过 NAND 模块处理后，为高电平 1，与 PWM$'$ 原有脉冲进行相"或"后，输出的 PWM 脉冲始终为 1，从而保证了零矢量。

对于第二个、第四个和第六个开关管的 PWM 控制原理，也可列出真值表，见表 8-3。

表 8-3　第二个开关管的导通状态

| $T_e^*$ | $T_e$ | $\Psi^*$ | $\Psi$ | PWM$'$ | PWM |
|---|---|---|---|---|---|
| 1 | 0 | 1 | 0 | × | × |
| 0 | 1 | 1 | 0 | × | 0 |
| 1 | 0 | 0 | 1 | × | 0 |
| 0 | 1 | 0 | 1 | × | 0 |

从表 8-3 的真值表可以设计出控制方案,采用逻辑运算模块搭建第二个开关管的 PWM 触发脉冲模型,如图 8-43 所示。

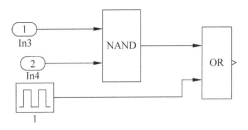

图 8-42 第一个开关管的 PWM 脉冲控制

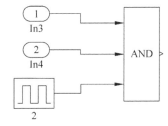

图 8-43 第二个开关管的 PWM 脉冲控制

从图 8-43 可以看出,当 In3、In4 二者均大于零时,输出为 1,与 PWM′ 原有脉冲进行相 "与"后,经过 AND 模块处理后,输出的 PWM 脉冲保持不变,还是原有的 PWM′ 脉冲;当 In3、In4 有一个为零或两个都为零时,经过 AND 模块处理后,PWM 为低电平 0,从而保证 了第二个、第四个和第六个开关管截止。

PWM 触发脉冲模型及封装后子系统如图 8-44 所示 。特别要注意的是,这些逻辑操作 模块的采样时间全部由默认值改为 $50\mathrm{e}-6$。

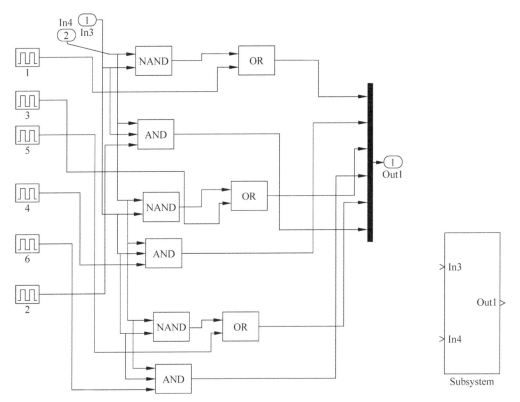

图 8-44 PWM 触发脉冲模型及封装后子系统

(2) 定子磁链模型。

在建立定子磁链模型时,先写出 $dq$ 坐标系上定子磁链的数学模型:

$$\begin{pmatrix} \boldsymbol{\Psi}_{sd} \\ \boldsymbol{\Psi}_{sq} \end{pmatrix} = \begin{pmatrix} L_s & 0 & L_m & 0 \\ 0 & L_s & 0 & L_m \end{pmatrix} \begin{pmatrix} i_{sd} \\ i_{sq} \end{pmatrix} \tag{8-11}$$

式中，$L_m$ 为 $dq$ 坐标系定子与转子同轴等效绕组的互感，$L_m = \dfrac{3}{2}L_{ms}$；$L_s$ 为 $dq$ 坐标系定子等效两相绕组的自感，$L_s = L_m + L_{ls}$。

式(8-11)是在 $dq$ 坐标系上的定子磁链，由于直接转矩控制需要的是 $\alpha\beta$ 坐标系上的定子磁链，还必须把上式进行坐标转换。

式(8-11)两边都左乘以两相旋转坐标系到两相静止坐标系的变换矩阵 $\boldsymbol{C}_{2r/2s}$，得到两相旋转坐标系变换到两相静止坐标系的变换方程为

$$\begin{pmatrix} \cos\varphi & -\sin\varphi \\ \sin\varphi & \cos\varphi \end{pmatrix} \begin{pmatrix} \boldsymbol{\Psi}_{sd} \\ \boldsymbol{\Psi}_{sq} \end{pmatrix} = \begin{pmatrix} \cos\varphi & -\sin\varphi \\ \sin\varphi & \cos\varphi \end{pmatrix} \begin{pmatrix} L_s & 0 & L_m & 0 \\ 0 & L_s & 0 & L_m \end{pmatrix} \begin{pmatrix} i_{sd} \\ i_{sq} \end{pmatrix} \tag{8-12}$$

即

$$\begin{pmatrix} \boldsymbol{\Psi}_{s\alpha} \\ \boldsymbol{\Psi}_{s\beta} \end{pmatrix} = \begin{pmatrix} \cos\varphi & -\sin\varphi \\ \sin\varphi & \cos\varphi \end{pmatrix} \begin{pmatrix} L_s & 0 & L_m & 0 \\ 0 & L_s & 0 & L_m \end{pmatrix} \begin{pmatrix} i_{sd} \\ i_{sq} \end{pmatrix} \tag{8-13}$$

对于定子绕组而言，在静止坐标系上的数学模型是任意旋转坐标系数学模型当坐标旋转等于零时的特例，当 $\varphi = 0$ 时，即为定子磁链在 $\alpha\beta$ 坐标系上的变换矩阵，即

$$\boldsymbol{C}_{2r/2s} = \begin{pmatrix} 1 & 0 \\ 0 & 1 \end{pmatrix} = \boldsymbol{E} \tag{8-14}$$

从式(8-14)可以看出，对于定子绕组的磁链方程，其 $dq$ 坐标系和 $\alpha\beta$ 坐标系的方程完全相同，故设计定子磁链模型及封装后子系统如图 8-45 所示。

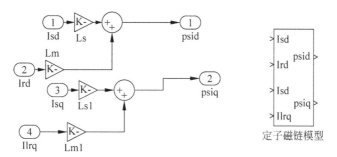

图 8-45 定子磁链模型及封装后子系统

其参数为 $L_m = \dfrac{3}{2}L_{ms} = 0.103965$，$L_s = L_m + L_{ls} = 0.105965$。

(3) 转矩模型的建立。

由于 MATLAB 模型中的交流电动机测量模块只有 $dq$ 坐标系上的值，而没有 $\alpha\beta$ 坐标系上的值，故采用的转矩方程为

$$T_e = pL_m(i_{sq}i_{rd} - i_{sd}i_{rq}) \tag{8-15}$$

搭建转矩模型如图 8-46 所示，其参数为 $p = 2$，$L_m = 0.103965$。

由于转矩模型输入的是电动机测量模块上 $dq$ 坐标系上的定子、转子电流，在电动机测量模块中，其定子、转子电流的值与 $T_e$ 有关，当 $\Delta T_e = 0$ 时，就会出现仿真终止的情况，为

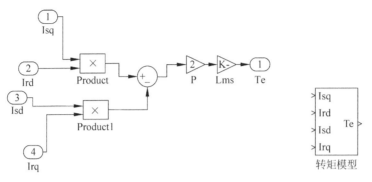

图 8-46 转矩模型及封装后子系统

了防止这种情况发生,在转矩模型后端加一个保持模块(Memory),参数设置为 0,即可达到要求。

(4) 调节器的建模与参数设置。

转速调节器采用 PI 调节器,参数设置为:选择 Parallel 形式,$K_p = P = 100$,$K_i = I = 10$,上下限幅为 $[800 \quad -1]$。

将主电路和控制电路的仿真模型进行连接,即可得图 8-47 所示按定子磁链控制的直接转矩控制系统的仿真模型。Relay 模块的环宽为 0.4,也即 Switch on point 为 0.2 ,Switch off point 为 $-0.2$,Output when on 为 1,Output when off 为 0。

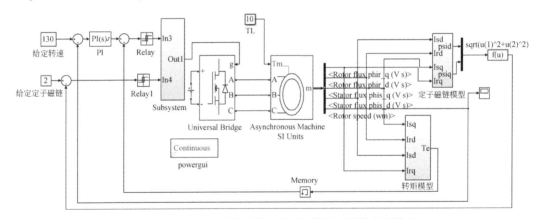

图 8-47 按定子磁链控制的直接转矩控制系统的仿真模型

系统仿真参数设置:仿真中所选择的算法为 ode23tb 算法,Start 设为 0,Stop 设为 3.0s。

**2. 仿真结果**

仿真结果如图 8-48 和图 8-49 所示,图 8-48 是恒转矩负载为 10N·m 时的仿真结果,而图 8-49 是转矩负载变化时的仿真结果,开始时负载为 10N·m,在 1.0s 时的负载变为 50N·m。

从仿真结果可以看出,对于恒转矩负载,当给定信号 $\omega^* = 140 \mathrm{rad/s}$ 时,在调节器作用下电动机转速很快上升,最后稳定在 140rad/s;当给定信号 $\omega^* = 120 \mathrm{rad/s}$ 时,电动机转速最终稳定在 120rad/s。而当负载产生变化时,由于系统的自动调节,使得转速很快上升至原

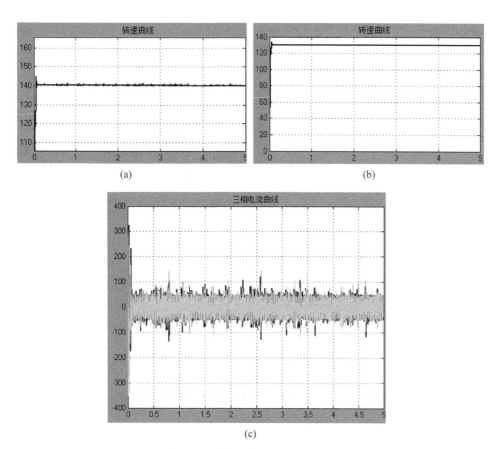

图 8-48 恒转矩负载系统仿真结果

（a）$\omega^* = 140\text{rad/s}$ 转速波形；（b）$\omega^* = 130\text{rad/s}$ 转速波形；（c）$\omega^* = 140\text{rad/s}$ 电动机三相电流波形

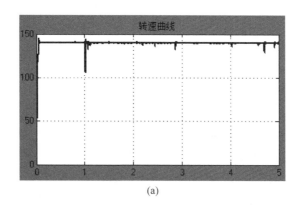

图 8-49 变转矩负载系统仿真结果

（a）$\omega^* = 140\text{rad/s}$ 转速波形；（b）$\omega^* = 140\text{rad/s}$ 电动机三相电流波形；（c）$\omega^* = 140\text{rad/s}$ 电动机转矩波形

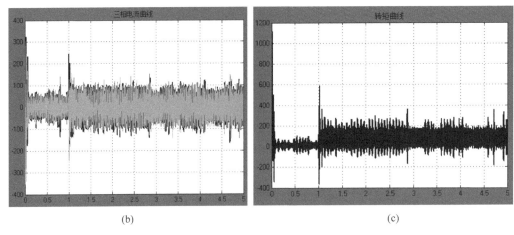

图 8-49 　(续)

来的给定转速,表明系统动态性能较好。电动机的稳态转速由给定转速信号控制,对于闭环内的扰动能够进行克服。在电动机起动阶段,电流和转矩波动都较大,且在稳定时转速和磁链都是在一定幅度内上下波动。与直接转矩控制理论相符合。整个变化曲线和实际情况非常类似。

## 8.10　绕线转子异步电动机双馈调速系统仿真

图 8-50 是双闭环异步电动机串级调速的仿真模型。下面介绍各部分仿真模型的建立与参数设置。

**1. 主电路仿真模型的建立与参数设置**

主电路是由三相电源、绕线转子异步电动机、桥式整流电路、电感、逆变器及逆变变压器组成。

电源模块取交流电压源模块(AC Voltage Source),参数设置与前面相同,不再赘述。异步电动机模块(Asynchronous Machine)参数设置:绕线转子异步电动机,额定容量为 $3\times746$V·A,线电压 380V、频率 50Hz、二对极。$R_s=0.435\Omega$、$L_{ls}=0.002$H、$R'_r=0.816\Omega$、$L'_{lr}=0.002$H、$L_m=0.069$H、$J=0.089$kg·m$^2$,Initial conditions 为 $[1\ 0\ 0\ 0\ 0\ 0\ 0]$。整流桥模块(Universal Bridge)参数设置:电力电子器件为 Diodes,其他参数为默认值。逆变桥模块(Universal Bridge)参数设置:电力电子器件为 Thyristors,其他参数亦为默认值。平波电抗器模块(路径为 simscape/SimPowerSystems/Specialized Technology/Elements/Series RLC Branch)参数设置:电感(Inductance)为 1e-3,电感初始电流为 1。逆变变压器模块路径为 simscape/SimPowerSystems/Specialized Technology/Elements/Three-Phase Transformer(Two-Windings),参数设置如图 8-51 所示。

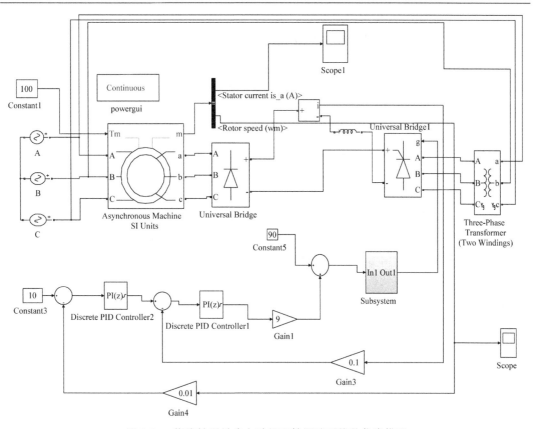

图 8-50　绕线转子异步电动机双馈调速系统的仿真模型

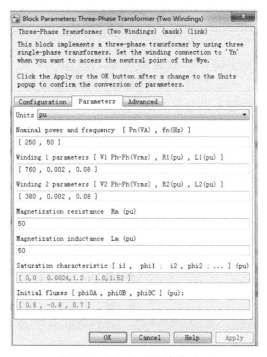

图 8-51　逆变变压器参数设置

**2. 控制电路仿真模型的建立与参数设置**

控制电路由给定信号(Constant 模块)、PI 调节器(Discrete PI Controller 模块)、比较信号(Sum 模块)、同步 6 脉冲发生装置(由一个同步合成频率,积分模块等封装而成,与直流调速系统仿真中同步 6 脉冲发生装置完全相同)、转速反馈信号(Gain 模块)和电流反馈信号(Gain 模块)等组成。

给定信号参数设置为 10。转速调节器参数设置:选择 Parallel 形式,$K_p = P = 0.1$、$K_i = I = 1$,上下限幅为[10 −10]。电流调节器参数设置:选择 Parallel 形式,$K_p = P = 0.1$、$K_i = I = 1$,上下限幅为[10 −10]。电流反馈系数为 0.1,转速反馈系数为 0.01。

由于同步 6 脉冲触发装置的输入信号是导通角,整流桥处于逆变状态时导通角范围为 $90° \leqslant \alpha \leqslant 180°$,由于从速度调节器输出信号的数值可能小于 90 而整流桥处于整流状态。在仿真中电流调节器输出信号不能直接接入同步触发器的输入端,必须经过适当转换,使得电流调节器输出信号与逆变桥的输出电压对应。即当电流调节器输出信号为 0 时,整流桥的逆变电压为 0,限幅器输出达到限幅 $U_i^*$(10V)时,整流桥输出电压为最大值 $U_{d0(max)}$,因此转换模型如图 8-52 所示。

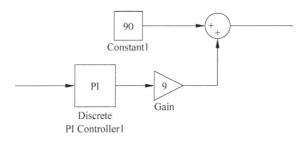

图 8-52  电路转换仿真模型

从转换模型可知,当电流调节器 ACR 输出为 0 时,同步 6 脉冲触发器的输入信号 $\alpha$ 为 90°,逆变桥的输出电压 0;当电流调节器 ACR 输出为最大限幅(10V)时,同步 6 脉冲触发器的输入信号为 180°,逆变桥输出电压为 $U_{d0(max)}$。

仿真选择算法为 ode23tb 算法,仿真开始时间为 0,结束时间为 5.0s。

仿真结果如图 8-53 所示。

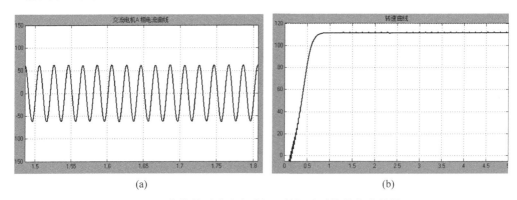

(a)　　　　　　　　　　　　　　　　(b)

图 8-53  绕线转子异步电动机双馈调速系统的仿真结果

(a) 电流曲线;(b) 转速曲线

　　从仿真结果看,在异步电动机转速上升阶段,定子电流波动比较大,当转速稳定下来后,定子电流也随之稳定。

　　本章对交流调速系统只是定性进行了仿真,主要介绍交流调速系统仿真模型的建立与主要参数的设置。在进行定量仿真时,把调速系统中各部分实际参数代入各模块即可。

## 思考题与习题

　　**8-1**　试说明交流仿真中常用模块的作用。

　　**8-2**　试对交流开环调压调速系统进行仿真。

　　**8-3**　试采用 MATLAB Fcn 模块重新对转速开环恒压频比的交流调速系统进行仿真,并比较仿真速度及结果。

　　**8-4**　转速、磁链闭环控制的矢量控制系统仿真中改变 3 个调节器参数,观察参数对仿真结果有何影响?

# 第9章

# 智能控制在直流调速系统中的应用

常规 PID 控制器结构简单,稳定性好,可靠性高,广泛应用于直流调速系统,但它存在两个固有的缺陷:PID 参数较难整定;自适应性差。这对具有一定非线性、时变性和不确定性的直流调速系统来说,当电动机参数发生变化或外界干扰较大时,传统 PID 控制则难以获得良好的控制性能。因为 PID 控制本质上是一种线性控制方法,控制性能取决于被控对象的精确数学模型。人工神经网络具有很强的自适应、非线性映射与并行处理能力,不依赖于被控对象的精确数学模型。对于非线性、时变性与不确定性的系统,如果采用神经网络控制将具有很强的适应能力、很好的实时性与鲁棒性。将神经网络与 PID 相结合,可以取得较好的控制效果,它们主要有两种结合方式:①采用单神经元结构,神经元输入权值一一对应 PID 的三个参数,神经元的输入值为经过比例、积分和微分处理后的偏差值;②在常规 PID 控制器的基础上增加一个神经网络,用神经网络在线调节 PID 的三个参数。模糊控制不需要系统精确的数学模型和复杂计算,只依赖于人们对系统行为的理解并基于适当的控制规则,这对具有非线性、时变性和耦合特征的控制对象尤为实用,并且用此方法设计计算比较简单,易于实现。通过模糊推理器对常规 PID 控制器的三个参数实时在线调整,构成模糊自适应 PID 控制器,既可以将专家经验有效地应用到 PID 参数整定中,又可以保持常规 PID 控制器结构简单的优点。本章将着重介绍单神经元 PID 控制器、BP 神经网络 PID 控制器、RBF 神经网络 PID 控制器和模糊自适应 PID 控制器在双闭环直流调速系统中的应用。

## 9.1  常规 PID 控制原理

常规 PID 控制系统原理框图如图 9-1 所示,系统由 PID 控制器和被控对象两部分组成。

常规 PID 控制器作为一种线性控制器,它用系统给定信号 $r_{in}(t)$ 减去系统实际输出信号 $y_{out}(t)$ 得到误差信号

$$e(t) = r_{in}(t) - y_{out}(t) \tag{9-1}$$

PID 的控制规律为

$$u(t) = k_p \left( e(t) + \frac{1}{T_I} \int_0^t e(t)\,dt + \frac{T_D \, de(t)}{dt} \right) \tag{9-2}$$

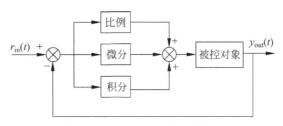

图 9-1 常规 PID 控制系统框图

等式两边取拉普拉斯变换,并做适当变形可得

$$G(s) = k_p \left( 1 + \frac{1}{T_I s} + T_D s \right) \tag{9-3}$$

式中,$k_p$ 为比例系数;$T_I$ 为积分时间常数;$T_D$ 为微分时间常数。

常规 PID 控制器各校正环节的作用如下。

(1) 比例环节:成比例地反映控制系统的偏差信号,偏差一旦产生,控制器立即产生控制作用,以减少偏差。

(2) 积分环节:主要用于消除稳态误差,提高系统的无差度。积分作用的强弱取决于积分时间常数 $T_I$,$T_I$ 越大,积分作用越弱,反之则越强。

(3) 微分环节:反映偏差信号的变化趋势,并在偏差信号变得太大之前,在系统中引入一个有效的早期修正信号,从而加快系统的动作速度,减少调节时间。

当双闭环直流调速系统中 ASR 和 ACR 均采用常规 PID 控制器时,由于该系统具有一定的非线性、时变性和不确定性,而精确的数学模型又难以建立,加上常规 PID 控制本质上又是一种线性控制方法,依赖于被控对象的精确数学模型,故采用常规的比例积分微分 PID 调节常常顾此失彼,需要采用新的控制方法。

## 9.2 人工神经网络介绍

人工神经网络是对人脑或自然神经网络若干基本特性的抽象和模拟。或者说,人工神经网络技术,是根据所掌握的生物神经网络机理的基本知识,按照控制工程的思路和数学描述方法,建立相应的数学模型,并采用适当算法,有针对性地确定数学模型的参数(如连接权值,阈值等),以便获得某个特定问题的解。

### 9.2.1 人工神经元模型

生物神经元经抽象化后,可得到如图 9-2 所示的一种人工神经元模型。它有三个基本要素。

(1) 连接权

连接权对应于生物神经元的突触,各个生物神经元之间的连接强度由连接权的权值表示,权值为正表示激活,为负表示抑制。

(2) 求和单元

求和单元用于求各输入信号的加权和。

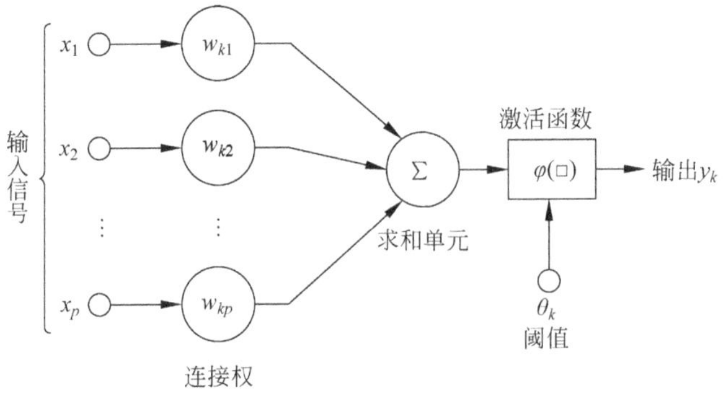


图 9-2 人工神经元模型

(3) 激活函数

激活函数起非线性映射作用,并将人工神经元输出幅度限制在一定范围内,一般限制在(0,1)或(−1,1)之间。此外,还有一个阈值 $\theta_k$(或偏值 $b_k = -\theta_k$)。

以上作用可分别用数学公式表达出来,即

$$u_k = \sum_{j=1}^{p} w_{kj} x_j \tag{9-4}$$

$$v_k = \text{net}_k = u_k - \theta_k \tag{9-5}$$

$$y_k = \varphi(v_k) \tag{9-6}$$

式中,$x_1, x_2, \cdots, x_p$ 为输入信号,它相当于生物神经元的树突,为人工神经元的输入信息;$w_{k1}, w_{k2}, \cdots, w_{kp}$ 为神经元 $k$ 的权值;$u_k$ 为线性组合结果;$\theta_k$ 为阈值;$\varphi(\cdot)$为激活函数;$y_k$ 为神经元 $k$ 的输出,它相当于生物神经元的轴突,为人工神经元的输出信息。

## 9.2.2 人工神经网络的结构模型

神经网络是由若干神经元以一定的连接形式连接而成的复杂的互连系统,神经元之间的互连模式将对神经网络的性质和功能产生重要的影响,其中,前馈网络和反馈网络是两种典型的结构模型。

(1) 前馈网络

网络分为若干层,各层依次排列,从输入层到隐含层再到输出层,第 $i$ 层的神经元只接受第 $i-1$ 层神经元的输出信号,各神经元之间没有反馈,前馈网络如图 9-3 所示。

从学习的观点来看,前馈网络是一种强有力的学习系统,其结构简单而易于编程;从系统的观点看,前馈网络是一个静态非线性映射,通过简单非线性处理单元的复合映射,可获得复杂的非线性处理能力。大部分前馈网络都是学习网络,它们的分类能力和模式识别能力一般都强于反馈网络,典型的前馈网络有感知器网络、BP 网络等。

(2) 反馈网络

反馈网络中,每个节点都表示一个计算单元,同时接受外加输入和其他节点的反馈输入,甚至包括自环反馈,每个节点也都直接向外部输出。这样的神经网络如图 9-4 所示。反馈网络是一种反馈动力学系统,它需要工作一段时间才能达到稳定。Hopfield 神经网络是

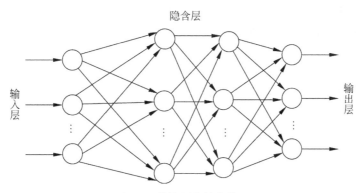

图 9-3    前馈网络结构模型

反馈网络中最简单且应用广泛的模型,它具有联想记忆的功能。

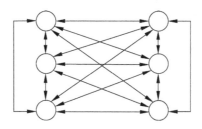

图 9-4    反馈网络结构模型

# 9.3    基于单神经元 PID 控制的双闭环直流调速系统

由具有自学习和自适应能力的单神经元构成单神经元自适应 PID 控制器,不但结构简单,而且能够适应环境的变化,有较强的鲁棒性。单神经元 PID 控制的双闭环直流调速系统可以较好地减小系统的误差、改善系统的动态性能、减少超调和调节时间,使直流电动机的控制品质得以提升。

## 9.3.1    单神经元 PID 控制原理

### 1. 单神经元学习算法

单神经元学习算法就是调整连接权值 $w_i$ 的规则,它是单神经元控制器的核心,并反映了其学习能力。学习算法如下:

$$w_i(k+1) = w_i(k) + \eta r_i(k) \tag{9-7}$$

式中,$r_i(k)$ 为随过程递减的学习信号;$\eta$ 为学习效率,$\eta > 0$。

(1) 无监督 Hebb 学习规则

它的基本思想是:如果两个神经元同时被激活,则它们之间的连接强度的增强与它们激励的乘积成正比,以 $o_i$ 表示神经元 $i$ 的激活值(输出)、$o_j$ 表示神经元 $j$ 的激活值、$w_{ij}$ 表示神经元 $i$ 和神经元 $j$ 的连接权值,则 Hebb 学习规则可以表示为:

$$\Delta w_{ij}(k) = \eta o_i(k) o_j(k) \tag{9-8}$$

(2) 有监督 Delta 学习规则

在无监督 Hebb 学习规则中,引入教师信号,即将式(9-8)中的 $o_i$ 换成期望输出 $d_i$ 与实际输出 $o_i$ 之差,即为有监督 Delta 学习规则,则

$$\Delta w_{ij}(k) = \eta [d_i(k) - o_i(k)] o_j(k) \tag{9-9}$$

(3) 有监督 Hebb 学习规则

将无监督 Hebb 学习规则和有监督 Delta 学习规则结合起来就构成有监督 Hebb 学习规则,则

$$\Delta w_{ij}(k) = \eta [d_i(k) - o_i(k)] o_i(k) o_j(k) \tag{9-10}$$

这种学习规则使神经元通过关联搜索对未知的外界做出反应,即在教师信号 $d_i(k) - o_i(k)$ 的指导下,对环境信息进行相关的学习和自组织,使相应的输出增强或减弱。

**2. 单神经元 PID 控制器结构与控制算法**

单神经元 PID 控制器的结构如图 9-5 所示。图中,转换器的输入为 $r_{in}(k) - y_{out}(k)$,转换器的输出为神经元学习控制所需要的状态量 $x_1(k)$、$x_2(k)$ 和 $x_3(k)$。它们的关系如下:

$$\begin{cases} x_1(k) = e(k) \\ x_2(k) = \Delta e(k) = e(k) - e(k-1) \\ x_3(k) = \Delta^2 e(k) = e(k) - 2e(k-1) + e(k-2) \\ z(k) = r_{in}(k) - y_{out}(k) = e(k) \end{cases} \tag{9-11}$$

式中,$z(k)$ 为性能指标。

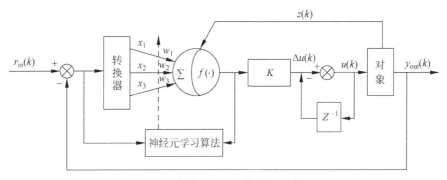

图 9-5  单神经元 PID 控制器的结构

图 9-5 中,$w_i(k)$ 为对应于 $x_i(k)$ 的加权系数,$K$ 为神经元的比例系数($K > 0$)。神经元通过关联搜索来产生控制信号,即

$$\Delta u(k) = K \sum_{i=1}^{3} w_i(k) x_i(k) \tag{9-12}$$

$$u(k) = u(k-1) + \Delta u(k) = u(k-1) + K \sum_{i=1}^{3} w_i(k) x_i(k) \tag{9-13}$$

单神经元 PID 控制器是通过对加权系数的调整来实现自适应、自组织功能的,采用有监督 Hebb 学习规则。为保证学习算法的收敛性和控制的鲁棒性,进行规范化处理后可得

$$\begin{cases} u(k) = u(k-1) + K \sum_{i=1}^{3} w'(k) x_i(k) \\ w'_i(k) = w_i(k) / \sum_{i=1}^{3} |w_i(k)| \\ w_1(k+1) = w_1(k) + \eta_1 z(k) u(k) x_1(k) \\ w_2(k+1) = w_2(k) + \eta_P z(k) u(k) x_2(k) \\ w_3(k+1) = w_3(k) + \eta_D z(k) u(k) x_3(k) \end{cases} \tag{9-14}$$

式中,$\eta_P$,$\eta_1$,$\eta_D$ 分别是比例、积分、微分的学习速率。这里,对比例、积分和微分采用了不同的学习速率 $\eta_P$,$\eta_1$,$\eta_D$,以便对不同的权系数进行调整。$K$ 值的选择非常重要,$K$ 越大,系统的快速性越好,但超调量就会增大,甚至可能会使系统不稳定。当被控对象时延增大时,$K$ 必须减少,以保证系统稳定运行。

## 9.3.2　双闭环直流调速系统的单神经元自适应 PID 控制模型建立及参数设置

基于单神经元 PID 控制的双闭环直流调速系统结构如图 9-6 所示。

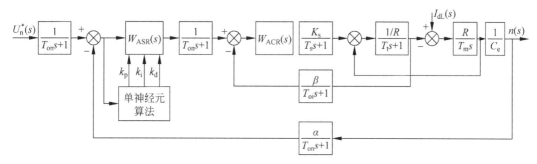

图 9-6　基于单神经元 PID 控制的双闭环直流调速系统结构图

在图 9-6 中,电流调节器仍然采用 PI 调节器,以提高系统的响应速度,实现对电流限幅。这里电流环被校正为典型 I 型系统,主要采用工程设计方法设计参数。转速调节器采用基于单神经元的 PID 控制器,其参数由单神经元自学习调整得到,从而克服系统运行过程中各种不利因素对系统所造成的影响,以达到较好的控制效果。

直流电动机参数如下:额定电压 220V,额定电流 136A,额定转速 1460r/min,电动势系数 $C_e = 0.132$V·min/r,允许过载倍数 $\lambda = 1.5$;晶闸管装置放大系数 $K_s = 40$;电枢回路总电阻 $R = 0.5\Omega$;电枢时间常数 $T_1 = 0.03$s,励磁时间常数 $T_m = 0.075$s。

基于 MATLAB 的 Simulink 工具箱建立了基于单神经元 PID 控制的双闭环直流调速

系统仿真模型,如图 9-7 所示,通过实际的仿真实验测试单神经元 PID 控制器的性能。实验中电流 PI 调节器采用工程设计方法得到,形式为 $k_\mathrm{p}\dfrac{\tau s+1}{\tau s}$,把 $k_\mathrm{p}\dfrac{\tau s+1}{\tau s}$ 写成 $k_\mathrm{p}+\dfrac{k_\mathrm{p}}{\tau s}$ 的形式,即 ACR 调节器的比例系数 $k_\mathrm{p}=1.013$,积分系数 $k_\mathrm{i}=\dfrac{k_\mathrm{p}}{\tau_\mathrm{i}}=\dfrac{1.013}{0.03}=33.77$,调节器上下限幅取为 $[-10\ 10]$。ACR 调节器参数设置如图 9-8 所示。由于在 Simulink 中,不能用传递函数来表示单神经元 PID 控制器,无法简单地对控制系统进行仿真建模,因此在仿真系统中通过建立 S-函数并封装得到单神经元 PID 控制器模块,仿真结构如图 9-9 所示,该模块可直接用于闭环系统建模。图 9-9 中增益模块 Gain1 参数设置为 1/10,增益模块 Gain2 参数设置为 10,这样设置的目的在于分别对单神经元 PID 控制器的输入量进行归一化处理和输出量进行反归一化处理。另外,由于电动机和电源过载能力的限制,必须对电枢电流进行限制,因此控制器的输出量 $u$ 有最大限幅值 $\pm u_\mathrm{m}$(本系统 $u_\mathrm{m}=\pm10\mathrm{V}$),仿真中设置限幅模块(Saturation),上下限幅为 $[-10,10]$。

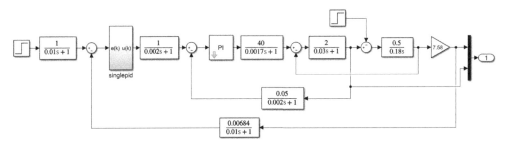

图 9-7　单神经元 PID 控制的双闭环直流调速系统仿真模型

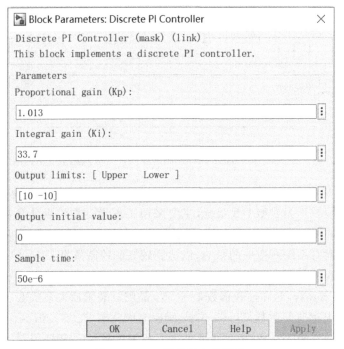

图 9-8　ACR 调节器参数设置

1
e(k)
1/10
Gain1
1
z
1
z
sn_pid
10
Gain2
Saturation
1
u(k)
1
z

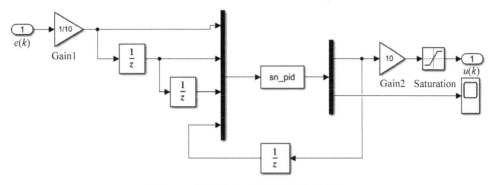

图 9-9　单神经元 PID 控制器仿真结构

S-函数名称、参数名设置如图 9-10 所示，S-函数参数值设置如图 9-11 所示。

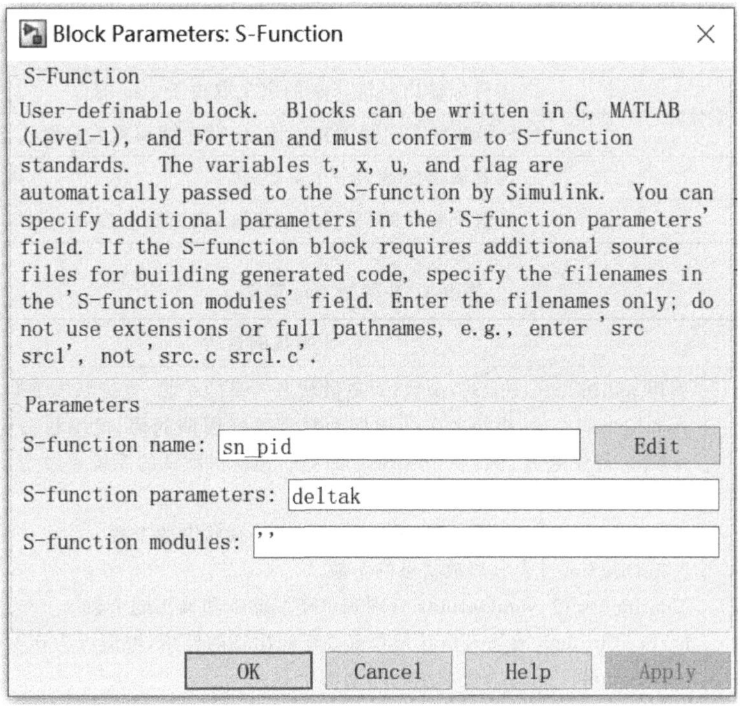

Block Parameters: S-Function
S-Function
User-definable block. Blocks can be written in C, MATLAB (Level-1), and Fortran and must conform to S-function standards. The variables t, x, u, and flag are automatically passed to the S-function by Simulink. You can specify additional parameters in the 'S-function parameters' field. If the S-function block requires additional source files for building generated code, specify the filenames in the 'S-function modules' field. Enter the filenames only; do not use extensions or full pathnames, e.g., enter 'src src1', not 'src.c src1.c'.
Parameters
S-function name: sn_pid
Edit
S-function parameters: deltak
S-function modules: ''
OK
Cancel
Help
Apply

图 9-10　S-函数名称、参数名设置

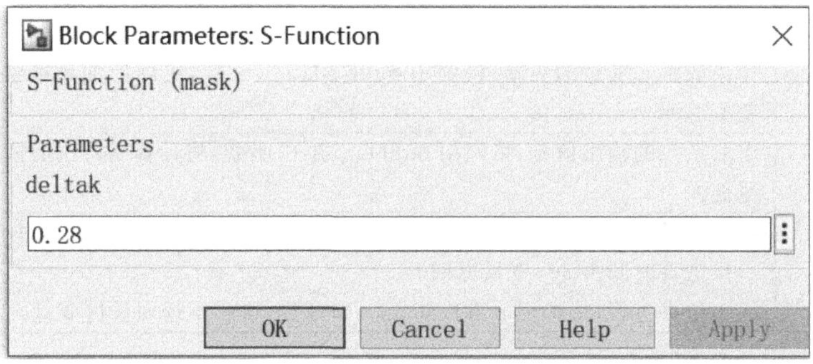

Block Parameters: S-Function
S-Function (mask)
Parameters
deltak
0.28
OK
Cancel
Help
Apply

图 9-11　S-函数参数值设置

S-函数是有固定格式的,用 MATLAB 语言编写的 S-函数的引导语句为:

function [sys, x0,str,ts] = fun(t,x,u,flag,p1,p2, …,pn)

其中,fun 为 S-函数的函数名,输入变量的说明见表 9-1,输出变量的说明见表 9-2,S-函数 flag 定义见表 9-3。

表 9-1　S-函数输入变量表

| 变量名 | 定　　义 | 变量名 | 定　　义 |
| --- | --- | --- | --- |
| t | 仿真时间的当前值 | flag | S-函数标志位 |
| x | S-函数状态向量的当前值 | p1,p2,…,pn | 选择参数列表 |
| u | 输入向量的当前值 | | |

表 9-2　S-函数输出变量表

| 变　量　名 | 定　　义 |
| --- | --- |
| sys | 多目标输出向量,sys 的定义取决于 flag 的值 |
| x0 | S-函数状态向量的初始值,包括连续和离散两种状态 |
| str | 设置输出变量为一个空矩阵 |
| ts | 设置采样时间、采样延迟矩阵,该矩阵应该为双列矩阵 |

表 9-3　S-函数 flag 定义

| Flag 的值 | S-函数的行为 |
| --- | --- |
| 0 | 调用 mdlInitializeSizes()函数,对离散状态变量的个数、连续状态变量的个数,模块输入和输出的个数,模块的采样周期个数和采样周期的值、模块状态变量的初始向量 x0 等。首先通过 sizes=simsizes(sizes)语句获得默认的系统参数变量。得出的 sizes 为一个结构体变量,其常用成员为:<br>NumContStates 表示 S-函数描述的模块中连续状态的个数。<br>NumDiscStates 表示离散状态的个数。<br>NumInputs 和 NumOutputs 分别表示模块输入和输出的个数。<br>DirFeedthrough 为输入信号是否直接在输出端的标识,取值可为 0、1。<br>NumSampleTimes 为模块采样周期的个数。<br>按照要求设置好的结构体 sizes 通过 sys=simsizes(sizes)语句赋值给 sys 参数。除 sys 外还应设置系统的初始状态变量 x0,说明变量 str 和采样周期变量 ts |
| 1 | 作连续状态变量的更新,将调用 mdlDerivatives()函数,更新后的连续状态变量将由 sys 变量返回 |
| 2 | 作离散状态变量的更新,将调用 mdlUpdate()函数,更新后的离散状态变量将由 sys 变量返回 |
| 3 | 求取系统的输出信号,将调用 mdlOutputs()函数,将计算所得出的输出信号由 sys 变量返回 |
| 4 | 调用 mdlGetTimeOfNextVarHit()函数,计算下一步的仿真时刻,并将计算得出的下一步仿真时间由 sys 变量返回 |
| 9 | 终止仿真过程,将调用 mdlTerminate()函数,这时不返回任何变量 |

S-函数编写方法如下:

(1)启动 MATLAB。

(2)执行 File→New→M—file 命令。

(3)书写 S-函数定义行。

(4)书写程序。

(5)保存到文件夹。

在仿真框图 9-5 中,单神经元 PID 控制器的 S-函数仿真程序书写如下:

```
function [sys,x0,str,ts] = sfunction(t,x,u,flag,deltak)
switch flag,
    case 0,                              % 调用初始化函数
        [sys,x0,str,ts] = mdlInitializeSizes;
    case 2,                              % 调用离散状态更新函数
        sys = mdlUpdate(t,x,u,deltak);
    case 3,                              % 调用输出量的计算输出函数
        sys = mdlOutputs(t,x,u);
    case {1,4,9},                        % 未使用的 flag 值
        sys = [];
    otherwise                            % 处理错误
        error(['Unhandled flag = ',num2str(flag)]);
    end
function [sys,x0,str,ts] = mdlInitializeSizes     % 模型初始化
sizes = simsizes;                        % 读取系统变量的默认值
sizes.NumContStates = 0;                 % 系统没有连续变量
sizes.NumDiscStates = 3;                 % 系统有 3 个离散变量,为系统的权值
sizes.NumOutputs = 4;                    % 系统有 4 个输出变量,分别为控制率和归一化的权值
sizes.NumInputs = 4;                     % 系统有 4 个输入变量,分别为误差的 3 个时刻值即控制率
sizes.DirFeedthrough = 1;                % 输入信号直接在输出中反映出来
sizes.NumSampleTimes = 1;                % 系统只有 1 个采样时间
sys = simsizes(sizes);                   % 设置系统模型变量
x0 = [23.5,0.52,0.001];                  % 在此定义系统状态变量的初始值
str = [];
ts = [-1 0];                             % 继承输入变量的采样时间

function sys = mdlUpdate(t,x,u,deltak)   % 状态更新函数
sys = x + deltak * u(1) * u(4) * (2 * u(1) - u(2));

function sys = mdlOutputs(t,x,u)         % 计算输出信号函数
xx = [u(1) - u(2) u(1) u(1) + u(3) - 2 * u(2)];
sys = [u(4) + 0.52 * xx * x/sum(abs(x));x/sum(abs(x))];
```

## 9.3.3 仿真结果

仿真选择算法为 ode23tb 算法,仿真开始时间为 0,结束时间为 10s。

仿真结果如图 9-12 所示。

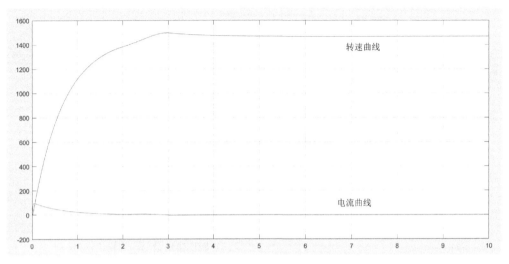

图 9-12　单神经元 PID 控制的双闭环直流调速系统仿真结果

从仿真结果可以看出,当给定信号为 10V 时,电动机起动过程中转速上升快,过渡过程时间短,超调量小,在 3s 左右达到稳态,稳态时转速为 1460r/min。

## 9.4　基于 BP 神经网络 PID 控制的双闭环直流调速系统

BP 神经网络参数自整定 PID 控制器应用于双闭环直流调速系统中时,首先确定 BP 网络的结构,然后计算网络各层的输入和输出,再根据增量式 PID 控制算法计算控制器的输出。根据系统不同的运行工况,利用 BP 网络的在线自学习能力对 PID 控制器的三个参数进行实时调整,从而获得最佳的 PID 控制参数,实现直流电动机转速的调节,系统的动态响应快、超调量小、稳态精度高,具有良好的抗扰性能和鲁棒性能。

### 9.4.1　基于 BP 神经网络参数自整定的 PID 控制原理

神经网络具有任意非线性表达能力,可以通过对系统性能的学习来实现具有最佳组合的 PID 控制。利用 BP 神经网络可以建立参数 $k_p$、$k_i$、$k_d$ 自整定的 PID 控制器。基于 BP 神经网络的 PID 控制系统结构框图如图 9-13 所示,控制器由两部分组成。

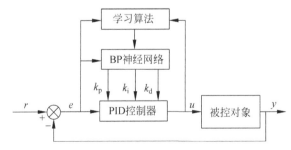

图 9-13　BP 神经网络 PID 控制系统结构图

（1）经典增量式 PID 控制器。直接对系统转速进行闭环控制,并且三个参数 $k_p$、$k_i$、$k_d$ 通过在线整定获得。

（2）BP 神经网络。根据系统的运行状态,实时调整 PID 控制器的参数,以达到某种性能指标的最优化。使输出层神经元的输出状态对应于 PID 控制器的比例积分微分参数,通过神经网络的自学习、加权系数调整,使神经网络输出对应于某种最优控制规律下的 PID 控制器参数。

增量式 PID 控制器算法为

$$u(k) = u(k-1) + k_p\left[e(k) - e(k-1)\right] + k_i e(k) +$$
$$k_d\left[e(k) - 2e(k-1) + e(k-2)\right] \tag{9-15}$$

式中,$k_p$、$k_i$、$k_d$ 分别为比例、积分、微分系数;$k$ 为采样序号,$e(k)$、$e(k-1)$、$e(k-2)$ 分别为第 $k$、$k-1$、$k-2$ 时刻所得的误差信号;$u(k)$、$u(k-1)$ 分别为第 $k$、$k-1$ 时刻 PID 控制器的输出。

将 $k_p$、$k_i$、$k_d$ 视为依赖于系统运行状态的可调参数时,式(9-15)可描述为

$$u(k) = f\left[u(k-1), k_p, k_i, k_d, e(k), e(k-1), e(k-2)\right] \tag{9-16}$$

式中,$f(\cdot)$ 是与 $k_p$、$k_i$、$k_d$、$e(k)$、$e(k-1)$、$e(k-2)$、$u(k)$、$u(k-1)$ 有关的非线性函数。所以,可以用 BP 神经网络通过训练和学习来逼近 $f(\cdot)$,找到一个能使其取得最小值的 $k_p$、$k_i$ 和 $k_d$,即最优控制规律。

BP 神经网络结构如图 9-14 所示,它是一种有隐含层的 3 层前馈网络,包括输入层、隐含层和输出层。输出层的 3 个输出分别对应于 PID 控制器的三个可调参数 $k_p$、$k_i$ 和 $k_d$。由于 $k_p$、$k_i$ 和 $k_d$ 不能为负,所以输出层神经元的变换函数取非负的 Sigmoid 函数,而隐含层神经元的变换函数可取正负对称的 Sigmoid 函数。

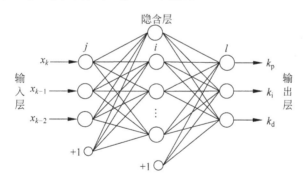

图 9-14　BP 神经网络结构图

BP 神经网络的输入为

$$o_j^{(1)} = x(j) \quad (j = 0, 1, \cdots, M) \tag{9-17}$$

隐含层的输入输出为

$$\begin{cases} net_i^{(2)}(k) = \sum_{j=0}^{3} w_{ij}^{(2)} o_j^{(1)}(k) \\ o_i^{(2)}(k) = f\left[net_i^{(2)}(k)\right] \end{cases} \quad (i = 0, 1, \cdots, 7) \tag{9-18}$$

输出层的输入输出为

$$
\begin{cases}
net_l^{(3)}(k) = \sum_{i=0}^{8} w_{li}^{(3)} o_i^{(2)}(k) \\
o_l^{(3)}(k) = g\left[net_i^{(3)}(k)\right] \\
o_0^{(3)}(k) = k_p & (l=0,1,2) \\
o_2^{(3)}(k) = k_i \\
o_3^{(3)}(k) = k_d
\end{cases} \tag{9-19}
$$

以输出误差二次方为性能指标,性能指标函数为

$$
J = \frac{1}{2}\left[y_r(k+1) - y(k+1)\right]^2 = \frac{1}{2}z^2(k+1) \tag{9-20}
$$

按照梯度下降法修正网络的加权系数,并附加一个使搜索快速收敛全局极小的惯性项,则 BP 神经网络输出层的加权系数修正公式为

$$
\begin{cases}
\Delta w_{li}^{(3)}(k+1) = \eta \delta_l^{(3)} o_i^{(2)}(k) + \alpha \Delta w_{li}^{(3)}(k) \\
\delta_l^{(3)} = e(k+1)\mathrm{sgn}\left(\dfrac{\partial y(k+1)}{\partial u(k)}\right)\dfrac{\partial u(k)}{\partial o_l^{(3)}(k)}g'\left[net_l^{(3)}(k)\right]
\end{cases} \quad (l=0,1,2) \tag{9-21}
$$

式中,$g'(x) = g(x)[1-g(x)]$。

同理,可得隐含层加权系数的计算公式为

$$
\begin{cases}
\Delta w_{ij}^{(2)}(k+1) = \eta \delta_i^{(2)} o_j^{(1)}(k) + \alpha \Delta w_{ij}^{(2)}(k) \\
\delta_i^{(2)} = f'\left[net_i^{(2)}(k)\right]\sum_{l=0}^{2}\delta_l^{(3)} w_{li}^{(3)}(k)
\end{cases} \quad (i=0,1,\cdots,7) \tag{9-22}
$$

式中,$f'(x) = [1-f^2(x)]/2$。

由此,BP 神经网络 PID 控制算法可总结归纳为:

(1) 确定 BP 神经网络的结构,即确定输入层和隐含层的节点个数,选取各层加权系数的初值 $w_{ij}^{(2)}(0)$、$w_{li}^{(3)}(0)$,选定学习速率 $\eta$ 和惯性系数 $\alpha$,此时 $k=1$;

(2) 采样给定和反馈信号,即 $r(k)$ 和 $y(k)$,计算误差 $e(k)=r(k)-y(k)$;

(3) 确定输入量,同时进行归一化处理;

(4) 根据式(9-17)~(9-19),计算各层神经元的输入、输出,神经网络输出层的输出即为 PID 控制器的三个可调参数 $k_p$、$k_i$ 和 $k_d$;

(5) 根据式(9-15),计算 PID 控制器的控制输出 $u(k)$,同时进行反归一化处理;

(6) 进行神经网络学习,实时自动调整输出层和隐含层的加权系数 $w_{li}^{(3)}(k)$ 和 $w_{ij}^{(2)}(k)$,实现 PID 控制参数的自适应调整;

(7) 设置 $k=k+1$,返回步骤 2)。

## 9.4.2 双闭环直流调速系统的 BP 神经网络 PID 控制模型建立及参数设置

基于 BP 神经网络 PID 控制的双闭环直流调速系统结构图如图 9-15 所示。

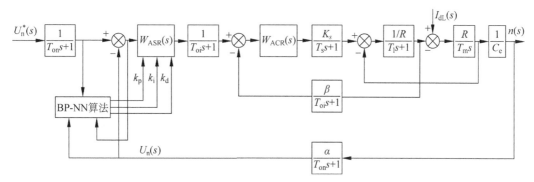

图 9-15 基于 BP 神经网络 PID 控制的双闭环直流调速系统结构图

图中，电流调节器仍然采用 PI 调节器，以提高系统的响应速度，实现电流限幅。这里电流环被校正为典型 I 型系统，其参数采用工程设计方法设计。转速调节器采用基于 BP 神经网络的 PID 控制器，其参数由 BP 神经网络自学习调整得到，从而克服系统运行过程中各种不利因素对系统所造成的影响，以达到较好的控制效果。

直流电动机参数同 9.3.2 节。

基于 MATLAB 的 Simulink 工具箱建立了基于 BP 神经网络 PID 控制的双闭环直流调速系统仿真模型，如图 9-16 所示，通过实际的仿真实验测试 BP 神经网络 PID 控制器的性能。实验中电流 PI 调节器采用工程设计方法得到，形式为 $k_p \frac{\tau s+1}{\tau s}$，把 $k_p \frac{\tau s+1}{\tau s}$ 写成 $k_p + \frac{k_p}{\tau s}$ 的形式，即 ACR 调节器的比例系数 $k_p = 1.013$，积分系数 $k_i = \frac{k_p}{\tau_i} = \frac{1.013}{0.03} = 33.77$，调节器上下限幅取为 $[-10\ 10]$。ACR 调节器参数设置如图 9-17 所示。由于在 Simulink 中，不能用传递函数来表示 BP 神经网络 PID 控制器，无法简单地对控制系统进行仿真建模，因此在仿真系统中通过建立 S-函数并封装得到 BP 神经网络 PID 控制器模块，仿真结构图如图 9-18 所示，该模块可直接用于闭环系统建模。

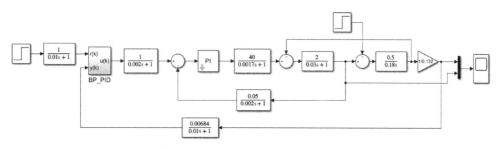

图 9-16 BP 神经网络 PID 控制的双闭环直流调速系统仿真模型

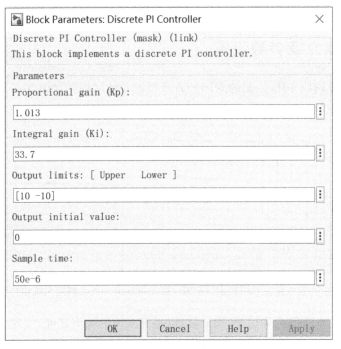

图 9-17 ACR 调节器参数设置

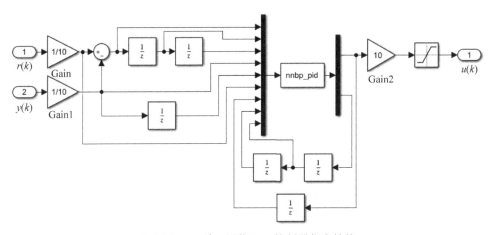

图 9-18 BP 神经网络 PID 控制器仿真结构

S-函数名称、参数名设置如图 9-19 所示,S-函数参数值设置如图 9-20 所示。

在仿真框图中,基于 BP 网络的 PID 控制器的 S-函数仿真程序书写如下:

```
function [sys,x0,str,ts] = nnbp_pid(t,x,u,flag,T,nh,xite,alfa,kF1,kF2)
switch flag,
    case 0,[sys,x0,str,ts] = mdlInitializeSizes(T,nh);
    case 3,sys = mdlOutputs(t,x,u,T,nh,xite,alfa,kF1,kF2);
    case{1,2,4,9},sys = [];
    otherwise,error(['Unhandled flag = ',num2str(flag)]);
end;
```

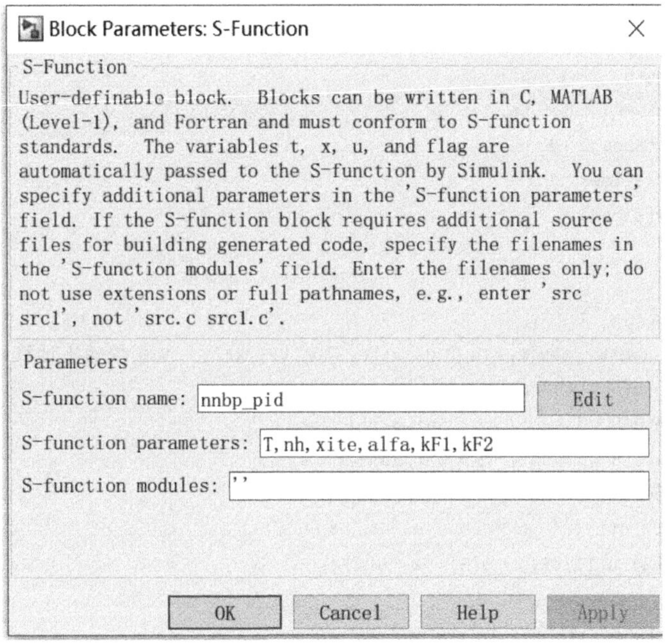


图 9-19　S-函数名称、参数名设置

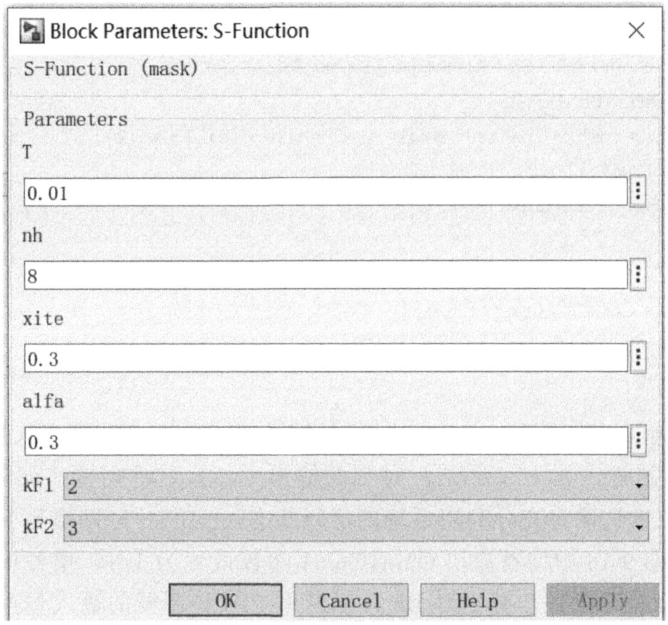


图 9-20　S-函数参数值设置

```
function [sys,x0,str,ts] = mdlInitializeSizes(T,nh)        % 初始化函数
sizes = simsizes;                                          % 读入模板,得出默认的控制量
sizes.NumContStates = 0;
sizes.NumDiscStates = 0;
sizes.NumOutputs = 1 + 6 * nh;
sizes.NumInputs = 7 + 12 * nh;
sizes.DirFeedthrough = 1;
sizes.NumSampleTimes = 1;
sys = simsizes(sizes);
x0 = [];
str = [];
ts = [T 0];
function sys = mdlOutputs(t,x,u,T,nh,xite,alfa,kF1,kF2)    % 系统输出计算函数
wi_2 = reshape(u(8:7 + 3 * nh),nh,3);
wo_2 = reshape(u(8 + 3 * nh:7 + 6 * nh),3,nh);
wi_1 = reshape(u(8 + 6 * nh:7 + 9 * nh),nh,3);
wo_1 = reshape(u(8 + 9 * nh:7 + 12 * nh),3,nh);
xi = [u(6),u(4),u(1)];
xx = [u(1) - u(2);u(1);u(1) + u(3) - 2 * u(2)];
I = xi * wi_1';
Oh = non_transfun(I,kF1);
K = non_transfun(wo_1 * Oh',kF2);
uu = u(7) + K' * xx;
dyu = sign((u(4) - u(5))/(uu - u(7) + 0.0000001));
dK = non_transfun(K,3);
delta3 = u(1) * dyu * xx. * dK;
wo = wo_1 + xite * delta3 * Oh + alfa * (wo_1 - wo_2);
dOh = non_transfun(Oh,3);
wi = wi_1 + xite * (dOh. * (delta3' * wo))' * xi + alfa * (wi_1 - wi_2);
sys = [uu;wi(:);wo(:)];
function W1 = non_transfun(W,key)                         % 激活函数近似
switch key
    case 1,W1 = (exp(W) - exp( - W))./(exp(W) + exp( - W));
    case 2,W1 = exp(W)./(exp(W) + exp( - W));
    case 3,W1 = 2./(exp(W) + exp( - W)).^2;
end
```

仿真中 BP 神经网络采用 3-8-3 的结构,如图 9-21 所示,即网络输入层有 3 个节点,分别为系统 $k$ 时刻的输入 $r(k)$,系统 $k$ 时刻的输出 $y(k)$,$k$ 时刻转速调节器 ASR 的输入 $e(k)$,这些输入点的选取将充分利用系统的运行状态,让 BP 神经网络更好地实时对系统进行控制和调节。图 9-18 中增益模块 Gain,Gain1 参数设置为 1/10,增益模块 Gain2 参数设置为 10,这样设置的目的在于分别对 BP 神经网络 PID 控制器的输入量进行归一化处理和输出量进行反归一化处理。另外,由于电动机和电源过载能力的限制,必须对电枢电流进行限制,因此控制器的输出量 $u$ 有最大限幅值 $\pm u_m$(本系统 $u_m = \pm 10V$)。其他仿真参数设置为:学习速率 0.3,惯性系数 0.3,采样时间 0.01s,仿真算法 ode23tb 算法。

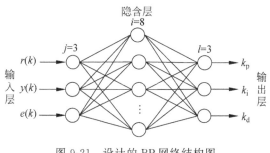

图 9-21 设计的 BP 网络结构图

## 9.4.3 仿真结果

仿真选择算法为 ode23tb 算法,仿真开始时间为 0,结束时间为 5s。

仿真结果如图 9-22 所示。

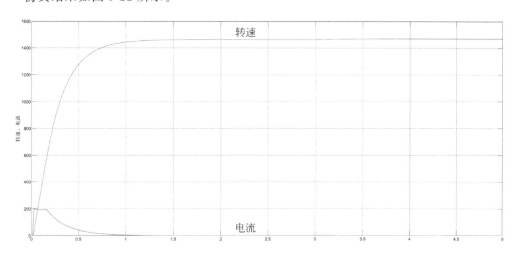

图 9-22 BP 神经网络 PID 控制的双闭环直流调速系统仿真结果

从仿真结果可以看出,BP 神经网络 PID 控制的双闭环直流调速系统具有较小的超调量、较短的调节时间,电动机起动后在 1.2s 左右达到稳态,稳态时转速为 1460r/min,系统具有较好的动态响应特性和静态特性。

# 9.5 基于 RBF 神经网络 PID 控制的双闭环直流调速系统

## 9.5.1 基于 RBF 神经网络参数自整定 PID 控制

### 1. 神经网络学习算法

RBF 神经网络是一种三层前向网络,输入层节点将输入信号传递到隐含层,隐含层节点一般取高斯函数,该函数能对输入产生局部响应,隐含层节点到输出节点的映射是线性的。理论上已经证明 RBF 神经网络能以任意精度逼近一个给定的非线性函数,而且学习速度快并能避免局部极小问题。这里选取 3-6-1 的 RBF 神经网络结构,即输入层有 3 个节点,隐含层有 6 个节点,输出层有 1 个节点。RBF 神经网络结构如图 9-23 所示。

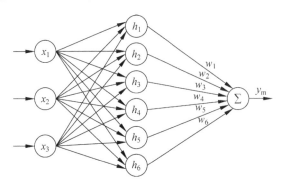

图 9-23　RBF 神经网络结构

在 RBF 神经网络结构中,$X=[x_1,x_2,x_3]^T$ 为网络的输入向量。设 RBF 神经网络的径向基向量 $H=[h_1,h_2,\cdots,h_j,\cdots,h_6]^T$,其中 $h_j$ 为高斯基函数:

$$h_j = \exp(-\frac{\parallel X-C_j \parallel^2}{2b_j^2}), \quad j=1,2,\cdots,6 \tag{9-23}$$

网络的第 $j$ 个节点的中心矢量为 $C_j=[c_{j1}\cdots c_{ji}\cdots c_{j3}]^T$,其中,$i=1,\cdots,3$

设网络的基宽向量为

$$B=[b_1,b_2,\cdots,b_j,\cdots,b_6]^T \tag{9-24}$$

式中,$b_j$ 为节点 $j$ 的基宽度参数,且为大于零的数。网络的权向量为

$$W=[w_1,w_2,\cdots,w_j,\cdots,w_6]^T \tag{9-25}$$

辨识网络的输出为

$$y_m(k)=w_1h_1+w_2h_2+\cdots+w_6h_6 \tag{9-26}$$

辨识器的性能指标函数为

$$J=\frac{1}{2}(y(k)-y_m(k))^2 \tag{9-27}$$

根据梯度下降法,输出权、节点中心及节点基宽参数的迭代算法如下:

$$w_j(k)=w_j(k-1)+\eta(y(k)-y_m(k))h_j+\alpha(w_j(k-1)-w_j(k-2)) \tag{9-28}$$

$$\Delta b_j=(y(k)-y_m(k))w_jh_j\frac{\parallel X-C_j \parallel^2}{b_j^3} \tag{9-29}$$

$$b_j(k)=b_j(k-1)+\eta\Delta b_j+\alpha(b_j(k-1)-b_j(k-2)) \tag{9-30}$$

$$\Delta c_{ji}=(y(k)-y_m(k))w_jh_j\frac{x_i-c_{ji}}{b_j^2} \tag{9-31}$$

$$c_{ji}(k)=c_{ji}(k-1)+\eta\Delta c_{ji}+\alpha(c_{ji}(k-1)-c_{ji}(k-2)) \tag{9-32}$$

式中,$\eta$ 为学习速率; $\alpha$ 为动量因子。

Jacobian 阵(即为对象的输出对控制输入的灵敏度信息)算法为

$$\frac{\partial y(k)}{\partial u(k)} \approx \frac{\partial y_m(k)}{\partial u(k)} = \sum_{j=1}^{6} w_j h_j \frac{c_{ji} - x_1}{b_j^2} \tag{9-33}$$

式中,$x_1 = u(k)$。

### 2. RBF 神经网络 PID 整定原理

采用增量式 PID 控制器,控制误差为

$$e(k) = r(k) - y(k) \tag{9-34}$$

PID 三项输入为

$$xc(1) = e(k) - e(k-1) \tag{9-35}$$

$$xc(2) = e(k) \tag{9-36}$$

$$xc(3) = e(k) - 2e(k-1) + e(k-2) \tag{9-37}$$

控制算法为

$$u(k) = k_p \cdot xc(1) + k_i \cdot xc(2) + k_d \cdot xc(3) \tag{9-38}$$

神经网络整定指标为

$$E(k) = \frac{1}{2}(r(k) - y(k))^2 = \frac{1}{2}e(k)^2 \tag{9-39}$$

$k_p, k_i, k_d$ 的调整采用梯度下降法:

$$\Delta k_p = -\eta \frac{\partial E}{\partial k_p} = -\eta \frac{\partial E}{\partial y} \frac{\partial y}{\partial u} \frac{\partial u}{\partial k_p} = \eta e(k) \frac{\partial y}{\partial u} xc(1) \tag{9-40}$$

$$\Delta k_i = -\eta \frac{\partial E}{\partial k_i} = -\eta \frac{\partial E}{\partial y} \frac{\partial y}{\partial u} \frac{\partial u}{\partial k_i} = \eta e(k) \frac{\partial y}{\partial u} xc(2) \tag{9-41}$$

$$\Delta k_d = -\eta \frac{\partial E}{\partial k_d} = -\eta \frac{\partial E}{\partial y} \frac{\partial y}{\partial u} \frac{\partial u}{\partial k_d} = \eta e(k) \frac{\partial y}{\partial u} xc(3) \tag{9-42}$$

式中,$\frac{\partial y}{\partial u}$ 为被控对象的 Jacobian 信息,可通过对前面的 RBF 神经网络的辨识得到。

RBF 神经网络整定 PID 控制系统的结构如图 9-24 所示。

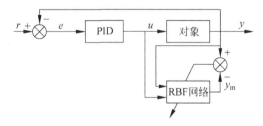

图 9-24　RBF 神经网络整定 PID 控制系统的结构框图

## 9.5.2　双闭环直流调速系统的 RBF 神经网络 PID 控制模型建立及参数设置

基于 RBF 神经网络 PID 控制的双闭环直流调速系统结构图如图 9-25 所示。

图中,电流调节器仍然采用 PI 调节器,以提高系统的响应速度,实现电流限幅。这里电

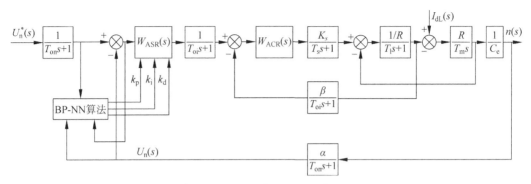

图 9-25　RBF 神经网络 PID 控制的双闭环直流调速系统结构图

流环被校正为典型 Ⅰ 型系统,其参数采用工程设计方法设计。转速调节器采用基于 RBF 神经网络的 PID 控制器,其参数由 RBF 神经网络自学习调整得到,从而克服系统运行过程中各种不利因素对系统所造成的影响,以达到较好的控制效果。

直流电动机参数同 9.3.2 节。

基于 MATLAB 的 Simulink 工具箱建立了基于 RBF 神经网络 PID 控制的双闭环直流调速系统仿真模型,如图 9-26 所示。通过实际的仿真实验测试 RBF 神经网络 PID 控制器的性能。实验中电流 PI 调节器采用工程设计方法得到,形式为 $k_p \dfrac{\tau s+1}{\tau s}$,把 $k_p \dfrac{\tau s+1}{\tau s}$ 写成 $k_p+\dfrac{k_p}{\tau s}$ 的形式,即 ACR 调节器的比例系数 $k_p=1.013$,积分系数 $k_i=\dfrac{k_p}{\tau_i}=\dfrac{1.013}{0.03}=33.77$,调节器上下限幅取为[−10 10]。ACR 调节器参数设置如图 9-27 所示。由于在 Simulink 中,不能用传递函数来表示 RBF 神经网络 PID 控制器,无法简单地对控制系统进行仿真建模,因此在仿真系统中通过建立 S-函数并封装得到 RBF 神经网络 PID 控制器模块,仿真结构图如图 9-28 所示,该模块可直接用于闭环系统建模。

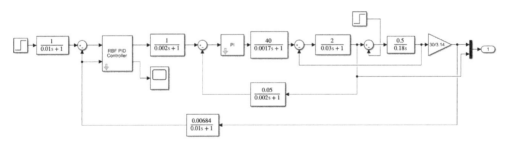

图 9-26　RBF 神经网络 PID 控制的双闭环直流调速系统仿真模型

S-函数名称、参数名设置如图 9-29 所示,S-函数参数值设置如图 9-30 所示。

在仿真框图中,基于 RBF 网络的 PID 控制器的 S-函数仿真程序书写如下:

```
function [sys,x0,str,ts] = nnrbf_pid(t,x,u,flag,T,nn,K_pid,...
        eta_pid,theta,alfa,beta0,w0)
switch flag,
    case 0, [sys,x0,str,ts] = mdlInitializeSizes(T,nn);
    case 2, sys = mdlUpdates(u);
```

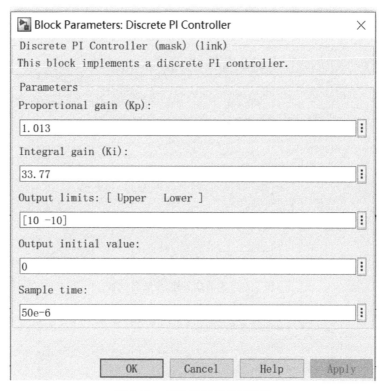

图 9-27　ACR 调节器参数设置

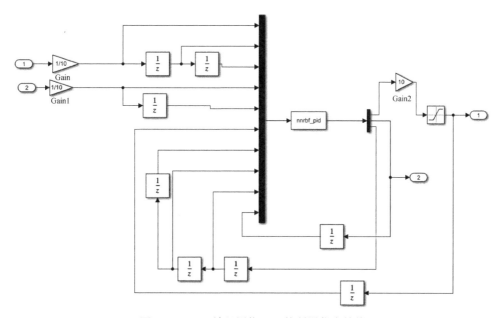

图 9-28　RBF 神经网络 PID 控制器仿真结构

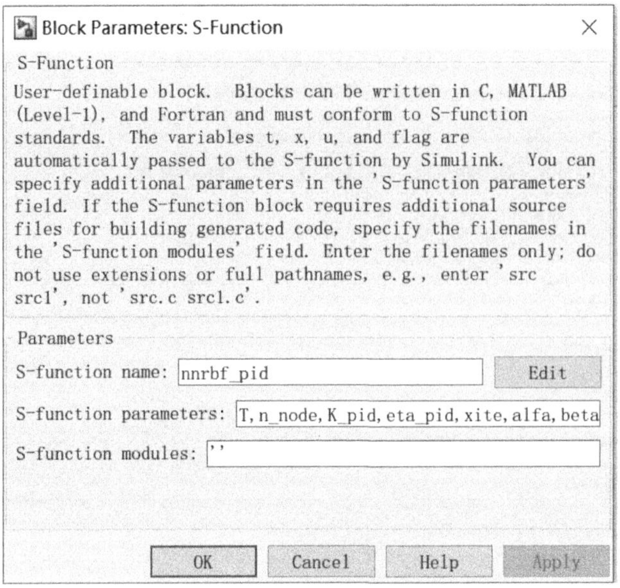

图 9-29　S-函数名称、参数名设置

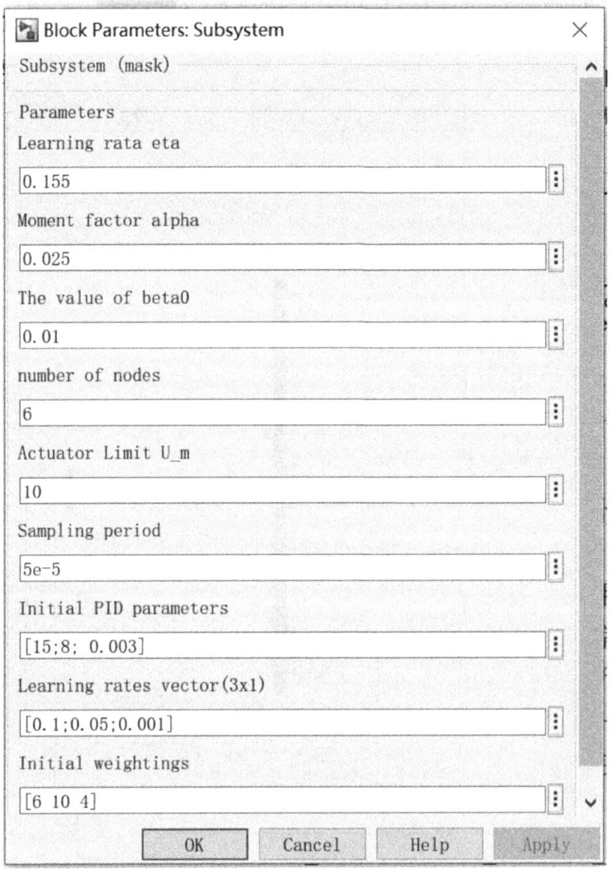

图 9-30　S-函数参数值设置

```
    case 3, sys = mdlOutputs(t,x,u,T,nn,K_pid,eta_pid,...
                        theta,alfa,beta0,w0);
    case {1, 4, 9}, sys = [];
    otherwise, error(['Unhandled flag = ',num2str(flag)]);
end
function [sys,x0,str,ts] = mdlInitializeSizes(T,nn)
sizes = simsizes;
sizes.NumContStates = 0; sizes.NumDiscStates = 3;
sizes.NumOutputs = 4 + 5 * nn; sizes.NumInputs = 9 + 15 * nn;
sizes.DirFeedthrough = 1; sizes.NumSampleTimes = 1;
sys = simsizes(sizes); x0 = zeros(3,1); str = []; ts = [T 0];
function sys = mdlUpdates(u)
sys = [u(1) - u(2); u(1); u(1) + u(3) - 2 * u(2)];
function sys = mdlOutputs(t,x,u,T,nn,K_pid,eta_pid,...
                        theta,alfa,beta0,w0)
ci3 = reshape(u(7:6 + 3 * nn),3,nn); ci2 = reshape(u(7 + 5 * nn:6 + 8 * nn),3,nn);
ci1 = reshape(u(7 + 10 * nn: 6 + 13 * nn),3,nn);
bi3 = u(7 + 3 * nn: 6 + 4 * nn); bi2 = u(7 + 8 * nn: 6 + 9 * nn);
bi1 = u(7 + 13 * nn: 6 + 14 * nn); w3 = u(7 + 4 * nn: 6 + 5 * nn);
w2 = u(7 + 9 * nn: 6 + 10 * nn); w1 = u(7 + 14 * nn: 6 + 15 * nn); xx = u([6;4;5]);
if t == 0
    ci1 = w0(1) * ones(3,nn);   bi1 = w0(2) * ones(nn,1);
    w1 = w0(3) * ones(nn,1);   K_pid0 = K_pid;
else, K_pid0 = u(end - 2:end); end
for j = 1: nn
     h(j,1) = exp( - norm(xx - ci1(:,j))^2/(2 * bi1(j) * bi1(j)));
end
dym = u(4) - w1' * h; w = w1 + theta * dym * h + alfa * (w1 - w2) + beta0 * (w2 - w3);
for j = 1:nn
    dbi(j,1) = theta * dym * w1(j) * h(j) * (bi1(j)^( - 3)) * norm(xx - ci1(:,j))^2;
    dci(:,j) = theta * dym * w1(j) * h(j) * (xx - ci1(:,j)) * (bi1(j)^( - 2));
end
bi = bi1 + dbi + alfa * (bi1 - bi2) + beta0 * (bi2 - bi3);
ci = ci1 + dci + alfa * (ci1 - ci2) + beta0 * (ci2 - ci3);
dJac = sum(w. * h. * ( - xx(1) + ci(1,:)')./bi.^2);
KK = K_pid0 + u(1) * dJac * eta_pid. * x; % eta_pid 是变化速率
sys = [KK' * x; KK; ci(:); bi(:); w(:)]; % u(6) + KK' * x,KK 是 PID 参数,x 是 PID 各个误差值
```

仿真中 RBF 辨识网络采用 3-6-1 的结构,即网络辨识的输入有 3 个,分别为 $u(k)$、$y_{out}(k)$ 和 $y_{out}(k-1)$。图 9-28 中增益模块 Gain,Gain1 参数设置为 $1/10$,增益模块 Gain2 参数设置为 10,这样设置的目的在于分别对 RBF 神经网络 PID 控制器的输入量进行归一化处理和输出量进行反归一化处理。另外,由于电动机和电源过载能力的限制,必须对电枢电流进行限制,因此控制器的输出量 $u$ 有最大限幅值 $\pm u_m$(本系统 $u_m = \pm 10V$)。其他仿真参数设置为:学习速率 $0.155$,惯性系数 $0.025$,初始 PID 参数 $[15;8;0.003]$。

## 9.5.3 仿真结果

仿真选择算法为 ode23tb 算法,仿真开始时间为 0,结束时间为 10s。

仿真结果如图 9-31 所示。

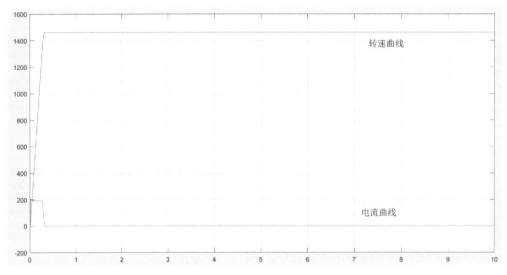

图 9-31  RBF 神经网络 PID 控制的双闭环直流调速系统仿真结果

从仿真结果可以看出，RBF 神经网络 PID 控制的双闭环直流调速系统具有较小的超调量、较短的调节时间，电动机起动后在 0.37s 左右达到稳态，稳态时转速为 1462r/min，系统具有较好的动态响应特性和静态特性。

# 9.6　模糊控制基本理论

模糊控制器主要由模糊化模块、模糊推理模块、解模糊模块和知识库模块四部分组成，模糊控制器结构如图 9-32 所示。

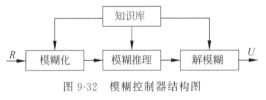

图 9-32　模糊控制器结构图

### 1. 模糊化模块

该模块根据特定算法将准确输入量值转换为模糊输入量值。在转化过程中，首先将采样得到的精确输入量除以量化因子进行量化处理，然后得到在模糊控制论域范围内的量化值，接着再将量化后的值进一步模糊化处理，得到模糊的输入值。

### 2. 模糊推理模块

该模块结合模糊逻辑规则处理已模糊化后的输入值，得到输出的模糊值。

### 3. 解模糊模块

为确保被控对象的正常运行，控制器的控制输出必然为准确值而非模糊值，因此虽然被控对象采用模糊控制器代替传统 PI 控制器作为控制策略，但是输出量要经过解模糊处理。

该模块的作用就是将已经被模糊推理模块处理过的模糊输出值进行与模糊化模块相反的操作,从而得到精确的输出值。

**4. 知识库模块**

该模块包含了数据库信息和模糊控制规则库的逻辑规则。数据库主要包括了输入输出变量的隶属度函数以及模糊控制器所采用的输入输出量化因子值等信息。模糊控制规则库则包含了一系列用模糊语言所描写的计算机语言规则,这些规则通常由控制专家将控制规则与实际操作经验相结合,人为地将它们抽象为数学逻辑规则,然后利用计算机语言写出具体的控制逻辑规则。

以系统误差和误差变化率作为输入变量的二元输入模糊控制器系统框图如图 9-33 所示。

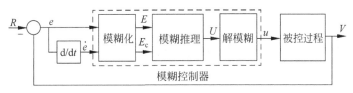

图 9-33 模糊控制器系统框图

图中,根据控制器的给定值 $R$ 和反馈值 $V$ 计算获得系统误差 $e$。$e$、$\dot{e}$ 分别为误差和误差变化率的精确值,$E$、$E_c$ 分别为模糊化处理后的误差和误差变化率模糊值,$u$ 为模糊控制器的最终精确输出值。

## 9.7 基于模糊自适应 PID 控制的双闭环直流调速系统

模糊自适应 PID 控制器应用于双闭环直流调速系统中,以转速偏差 $e$ 和偏差变化率 $e_c$ 作为输入变量,以常规 PID 控制器的三个参数 $k_p$、$k_i$ 和 $k_d$ 为输出变量,通过分析系统行为,找出常规 PID 控制器的三个参数和转速偏差、偏差变化率之间的模糊关系,获得模糊控制规则表,利用模糊推理器对三个参数进行在线实时调整,从而满足不同时刻转速偏差、偏差变化率对 PID 参数自整定的要求,系统具有动态响应速度快、超调量小、稳态精度高和鲁棒性强等特点。

### 9.7.1 模糊自适应 PID 控制原理

由于操作者经验不好描述,控制对象过程中参数多变的问题,模糊理论可有效解决。对于采用模糊数学的基本理论,把规则的条件、操作用模糊集表示,并把这些模糊控制规则以及有关评价指标、初始 PID 参数等信息作为知识存入计算机知识库中,然后计算机根据系统的响应情况,运用模糊推理,则可自动实现对 PID 参数的最佳调整,这就是模糊自适应 PID 控制。模糊自适应 PID 控制器的结构如图 9-34 所示。

图中,模糊自适应 PID 控制器主要由模糊推理器和参数可调整的 PID 控制器两部分组

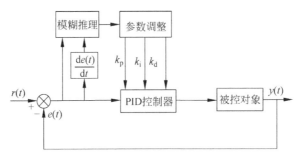

图 9-34　模糊自适应 PID 控制器结构框图

成，模糊推理器以偏差 $e$ 和偏差变化率 $e_c$ 作为输入，以传统 PID 控制器的三个参数 $k_p$、$k_i$ 和 $k_d$ 为输出，采用模糊推理方法实现对这三个参数的在线自适应调整，调整后的参数则被应用到常规 PID 控制中用以提高系统控制性能。

## 9.7.2　双闭环直流调速系统的模糊自适应 PID 控制模型建立及参数设置

基于模糊自适应 PID 控制的双闭环直流调速系统结构图如图 9-35 所示。

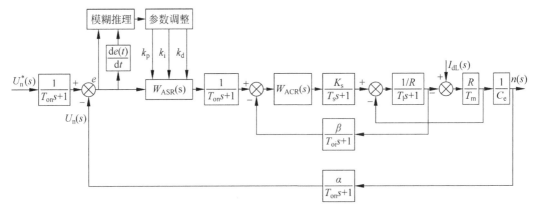

图 9-35　基于模糊自适应 PID 控制的双闭环直流调速系统结构图

图中，电流调节器仍然采用 PI 调节器，以提高系统的响应速度，实现电流限幅。这里电流环被校正为典型 I 型系统，其参数采用工程设计方法设计。转速调节器采用模糊自适应 PID 控制器，其参数由模糊推理器在线实时调整得到，从而克服系统运行过程中各种不利因素对系统所造成的影响，以达到较好的控制效果。

给定的直流电动机仿真参数为：额定电压 220V，额定电流 55A，额定转速 1000r/min，电动势系数 $C_e = 0.1925$V·min/r，允许过载倍数 $\lambda = 1.5$；晶闸管装置放大系数 $K_s = 44$；电枢回路总电阻 $R = 1.0\Omega$；电枢时间常数 $T_1 = 0.017$s；励磁时间常数 $T_m = 0.075$s。

基于 MATLAB 的 Simulink 工具箱建立了模糊自适应 PID 控制的双闭环直流调速系统仿真模型，如图 9-36 所示。通过实际的仿真实验测试模糊自适应 PID 控制器的性能。实验中电流 PI 调节器采用工程设计方法得到,形式为 $k_p \dfrac{\tau s+1}{\tau s}$,把 $k_p \dfrac{\tau s+1}{\tau s}$ 写成 $k_p + \dfrac{k_p}{\tau s}$ 的形式,即 ACR 调节器的比例系数 $k_p = 0.43$,积分系数 $K_i = \dfrac{K_p}{\tau_i} = \dfrac{0.43}{0.017} \approx 25.3$,调节器上下限幅取为 $[-10 \ 10]$。由于在 Simulink 中,不能用传递函数来表示模糊自适应 PID 控制器,无法简单地对控制系统进行仿真建模,因此在仿真系统中通过借助模糊逻辑工具箱建立并封装得到模糊自适应 PID 控制器模块,仿真结构图如图 9-37 所示,该模块可直接用于闭环系统建模。由于电动机和电源过载能力的限制,必须对电枢电流进行限制,因此控制器的输出量 $u$ 有最大限幅值 $\pm u_m$(本系统 $u_m = \pm 10\mathrm{V}$)。

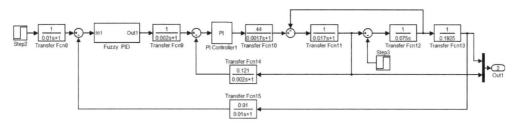

图 9-36　模糊自适应 PID 控制的双闭环直流调速系统仿真模型

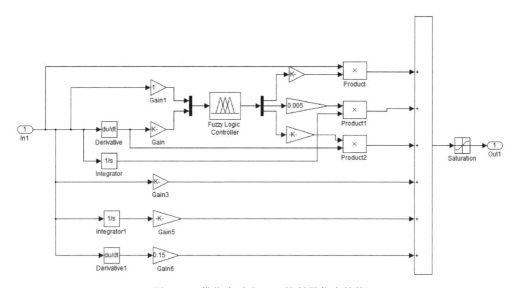

图 9-37　模糊自适应 PID 控制器仿真结构

下面重点介绍模糊自适应 PID 控制器的 MATLAB 仿真模型的建立。

### 1. 模糊自适应 PID 控制器的设计

(1) 确定输入变量并模糊化

将电动机转速的实测值与给定值相比较算出偏差 $e$ 和偏差变化率 $e_c$ 作为输入变量,论域定义为:$e, e_c = \{-3, -2, -1, 0, 1, 2, 3\}$,模糊子集定义为:$e, e_c = \{\mathrm{NB, NM, NS, ZO, PS, PM, PB}\}$,服从高斯型隶属度函数分布曲线。

（2）确定输出变量和隶属函数

以 PID 控制器的 $k_p$、$k_i$、$k_d$ 三个参数作为输出变量。$k_p$、$k_i$ 和 $k_d$ 的论域定义为$\{-3,-2,-1,0,1,2,3\}$；$k_p$、$k_i$、$k_d$ 的模糊子集为$\{NB,NM,NS,ZE,PS,PM,PB\}$，服从三角隶属函数分布曲线。

（3）确定模糊控制规则

模糊推理器的核心是由"if…then…"语句构成的一系列的模糊控制规则，选取合适的控制规则将直接关系到双闭环调速系统性能的优劣。通过总结工程人员的技术知识和现场实际操作经验，获得了三个输出参数的模糊规则表，如表 9-4、表 9-5 和表 9-6 所示。

表 9-4　$k_p$ 的模糊规则表

| $k_p$ | | $e$ | | | | | | |
|---|---|---|---|---|---|---|---|---|
| | | NB | NM | NS | ZE | PS | PM | PB |
| $e_c$ | NB | PB | PB | PM | PM | PS | PS | ZO |
| | NM | PB | PB | PM | PM | PS | ZO | ZO |
| | NS | PM | PM | PM | PS | ZO | NS | NM |
| | ZO | PM | PS | PS | ZO | NS | NM | NM |
| | PS | PS | PS | ZO | NS | NS | NM | NM |
| | PM | NM | ZO | NS | NM | NM | NM | NB |
| | PB | ZO | NS | NS | NM | NM | NB | NB |

表 9-5　$k_i$ 的模糊规则表

| $k_p$ | | $e$ | | | | | | |
|---|---|---|---|---|---|---|---|---|
| | | NB | NM | NS | ZE | PS | PM | PB |
| $e_c$ | NB | PS | PS | ZO | ZO | ZO | PB | PB |
| | NM | NS | NS | NS | NS | ZO | NS | PM |
| | NS | NB | NB | NM | NS | ZO | PS | PM |
| | ZO | NB | NM | NM | NS | ZO | PS | PM |
| | PS | NM | NM | NS | ZO | ZO | PS | PS |
| | PM | NM | NS | NS | ZO | ZO | PS | PS |
| | PB | PS | ZO | ZO | ZO | ZO | PB | PB |

表 9-6　$k_d$ 的模糊规则表

| $k_p$ | | $e$ | | | | | | |
|---|---|---|---|---|---|---|---|---|
| | | NB | NM | NS | ZE | PS | PM | PB |
| $e_c$ | NB | PS | PS | ZO | ZO | ZO | PB | PB |
| | NM | NS | NS | NS | NS | ZO | NS | PM |
| | NS | NB | NB | NM | NS | ZO | PS | PM |
| | ZO | NB | NM | NM | NS | ZO | PS | PM |
| | PS | NM | NM | NS | ZO | ZO | PS | PS |
| | PM | NM | NS | NS | ZO | ZO | PS | PS |
| | PB | PS | ZO | ZO | ZO | ZO | PB | PB |

（4）在线自校正

模糊控制规则表制定好以后，假设 $e$、$e_c$ 和 $k_p$、$k_i$、$k_d$ 均服从正态分布，可以得出各模糊子集的隶属度，根据各模糊子集的隶属度赋值表和各参数模糊控制模型，应用模糊合成推理设计 PID 参数的模糊矩阵表，查出修正参数 $\Delta k_p$、$\Delta k_i$ 和 $\Delta k_d$，结合预整定值 $k'_p$、$k'_i$ 和 $k'_d$，利用式（9-43）～式（9-45）即可计算出当前的 $k_p$、$k_i$ 和 $k_d$：

$$k_p = k'_p + \Delta k_p \tag{9-43}$$

$$k_i = k'_i + \Delta k_i \tag{9-44}$$

$$k_d = k'_d + \Delta k_d \tag{9-45}$$

在线运行过程中，双闭环直流调速控制系统通过对模糊规则结果的处理、查表和运算，从而完成在线自校正，工作流程如图 9-38 所示。

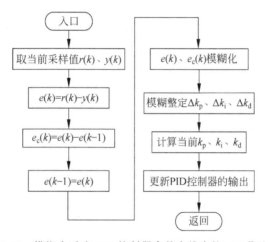

图 9-38　模糊自适应 PID 控制器参数在线自校正工作流程

### 2. 基于 MATLAB 模糊逻辑工具箱设计控制器

（1）模糊推理系统模型的确立

在 MATLAB 的命令窗口输入 fuzzy 命令启动模糊推理系统编辑界面，如图 9-39 所示。在该界面中，默认的系统是单输入单输出的，建立本例模糊推理系统模型需要双路输入、三路输出，信号由菜单项 Edit→Add Variable→Input/Output 来添加。本例模糊推理系统采用 Mamdani 决策方法，采用重心法解模糊。

（2）隶属函数的确立

选择 Edit→Membership Functions Editor 菜单项，则可进入模糊推理隶属度函数编辑界面，如图 9-40 所示。在该界面中，选择 Edit→Add MFs 菜单，选择高斯形隶属函数，确定各输入输出变量的模糊子集和论域。

（3）编辑模糊推理系统

选择 Edit→Rules 菜单项，则可进入模糊推理规则编辑界面，如图 9-41 所示，将控制规则逐一输入进该界面。可以由 Add rule 添加规则，用 Change rule 修改规则。模糊控制规则表通过如下的逻辑语句表达：

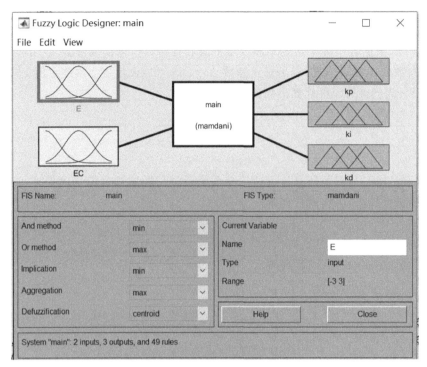

图 9-39　模糊推理系统编辑界面

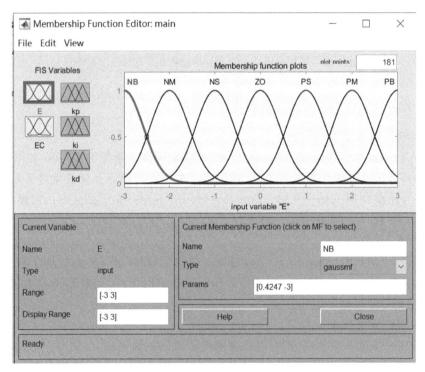

图 9-40　模糊推理隶属度函数编辑界面

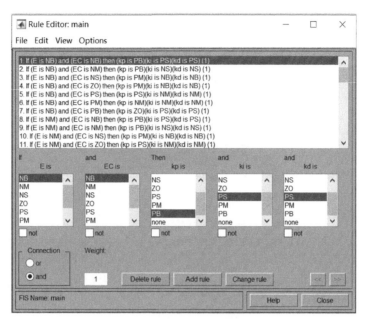

图 9-41  模糊推理规则编辑界面

If ( e is Ai ) and ( $e_c$ is Bi ) then ( $k_p$ is Ci ) ( $k_i$ is Di ) ( $k_d$ is Ei )

这里的 Ai,Bi,Ci,Di,Ei 是指相应变量的模糊集合,i＝1,2,3,…,49。例如对应表 9-4、表 9-5、表 9-6 的第一列规则,模糊推理的条件语句可以写为:

If ( e is NB ) and ( $e_c$ is NB ) then ( $k_p$ is PB ) ( $k_i$ is PS ) ( $k_d$ is PS )
If ( e is NB ) and ( $e_c$ is NM ) then ( $k_p$ is PB ) ( $k_i$ is NS ) ( $k_d$ is NS )
If ( e is NB ) and ( $e_c$ is NS ) then ( $k_p$ is PM ) ( $k_i$ is NB ) ( $k_d$ is NB )
If ( e is NB ) and ( $e_c$ is ZO ) then ( $k_p$ is PM ) ( $k_i$ is NB ) ( $k_d$ is NB )
If ( e is NB ) and ( $e_c$ is PS ) then ( $k_p$ is PS ) ( $k_i$ is NM ) ( $k_d$ is NM )
If ( e is NB ) and ( $e_c$ is PM ) then ( $k_p$ is NM ) ( $k_i$ is NM ) ( $k_d$ is NM )
If ( e is NB ) and ( $e_c$ is PB ) then ( $k_p$ is ZO ) ( $k_i$ is PS ) ( $k_d$ is PS )

以此类推,模糊自适应 PID 控制器的条件语句共 49 条。

建立起模糊控制规则后,由 View→Surface 可以显示模糊控制器的输入输出关系曲线,如图 9-42 所示。显然,模糊控制是一种非线性控制。

## 9.7.3  仿真结果

仿真选择算法为 ode23tb 算法,仿真开始时间为 0,结束时间为 2s。

仿真结果如图 9-43 所示。

从仿真结果可以看出,模糊自适应 PID 控制的双闭环直流调速系统具有较小的超调量、较短的调节时间,电动机起动后在 0.2s 时上升到给定转速,超调量为 1%,0.24s 左右达到稳态,稳态时转速为 1000r/min,系统具有动态响应能力快、超调量小、稳态精度高等特点。

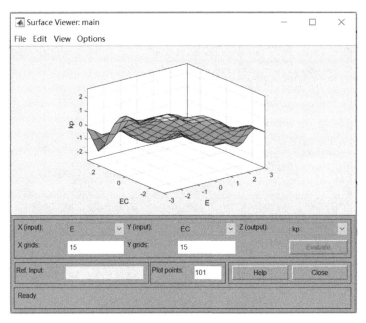

图 9-42　模糊控制器的输入输出曲线

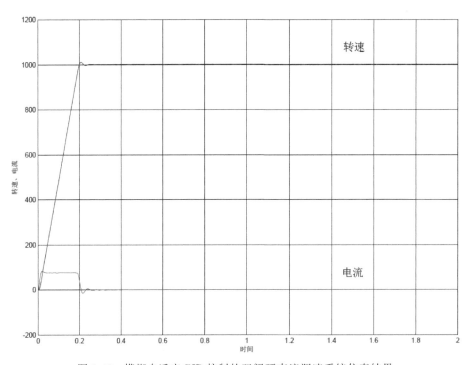

图 9-43　模糊自适应 PID 控制的双闭环直流调速系统仿真结果

## 思考题与习题

**9-1**　S-函数编写过程中需要注意哪些问题？

**9-2**　试基于 Simulink 工具箱创建增量式数字 PID 控制器仿真模型。

**9-3**　BP 神经网络 PID 控制的双闭环直流调速系统仿真模型中，改写 S-函数，用示波器观察比例、积分和微分三个参数。

**9-4**　试采用其他智能控制方法对双闭环直流调速系统进行重新建模与仿真。

# 参 考 文 献

[1]   陈伯时.电力拖动自动控制系统：运动控制系统[M].3 版.北京：机械工业出版社,2007.
[2]   陈伯时.电力拖动自动控制系统[M].2 版.北京：机械工业出版社,1992.
[3]   童福尧.电力拖动自动控制系统习题例题集[M].北京：机械工业出版社,1992.
[4]   马志源.电力拖动控制系统[M].北京：科学出版社,2004.
[5]   宋书中,常晓玲.交流调速系统[M].北京：机械工业出版社,2006.
[6]   王兆安,黄俊.电力电子技术[M].4 版.北京：机械工业出版社,2004.
[7]   周渊深.交直流调速系统与 MATLAB 仿真[M].北京：中国电力出版社,2003.
[8]   洪及刚.电力电子和电力拖动控制系统的 MATLAB 仿真[M].北京：机械工业出版社,2003.
[9]   孙亮.MATLAB 语言与控制系统仿真[M].北京：北京工业大学出版社,2006.
[10]  冯垛生,邓则名.电力拖动自动控制系统[M].广州：广东高等教育出版社,1998.
[11]  史国生.交直流调速系统[M].北京：化学工业出版社,2002.
[12]  胡崇岳.现代交流调速技术[M].北京：机械工业出版社,1998.
[13]  范正翘.电力传动与自动控制系统[M].北京：北京航空航天大学出版社,2004.
[14]  李宁,陈桂.运动控制系统[M].北京：高等教育出版社,2004.
[15]  张崇巍,李汉强.运动控制系统[M].武汉：武汉理工大学出版社,2002.
[16]  唐永哲.电力传动自动控制系统[M].西安：西安电子科技大学出版社,1998.
[17]  张世铭.电子拖动直流调速系统[M].2 版.武汉：华中理工大学出版社,1995.
[18]  张燕宾.SPWM 变频调速应用技术[M].北京：机械工业出版社,2002.
[19]  倪忠远.直流调速系统[M].北京：机械工业出版社,1996.
[20]  周绍英,储方杰.交流调速系统[M].北京：机械工业出版社,1996.
[21]  王君艳.交流调速[M].北京：高等教育出版社,2003.
[22]  陈中,顾春雷.基于 MATLAB 的配合控制有环流可逆直流调速系统的仿真[J].盐城工学院学报：
      自然科学版,2008(4).
[23]  陈中,朱代忠.基于 MATLAB 逻辑无环流直流可逆调速系统仿真[J].微电机,2009(1).
[24]  陈中.基于 MATLAB 的电力电子技术和交直流调速系统仿真[M].北京：清华大学出版社,2014.
[25]  陈冲,胡国文.基于神经网络控制的直流调速系统仿真与分析[J].计算机仿真,2013(30).

# 图 书 资 源 支 持

感谢您一直以来对清华大学出版社图书的支持和爱护。为了配合本书的使用，本书提供配套的资源，有需求的读者请扫描下方的"书圈"微信公众号二维码，在图书专区下载，也可以拨打电话或发送电子邮件咨询。

如果您在使用本书的过程中遇到了什么问题，或者有相关图书出版计划，也请您发邮件告诉我们，以便我们更好地为您服务。

## 我们的联系方式：

地　　址：北京市海淀区双清路学研大厦 A 座 714

邮　　编：100084

电　　话：010-83470236　010-83470237

资源下载：http://www.tup.com.cn

客服邮箱：tupjsj@vip.163.com

QQ：2301891038（请写明您的单位和姓名）

教学资源·教学样书·新书信息

人工智能科学与技术
人工智能|电子通信|自动控制

资料下载·样书申请

书圈

**用微信扫一扫右边的二维码，即可关注清华大学出版社公众号。**